天体演化的能态热力学

——邓昭镜论文集

邓昭镜　著

南京大学出版社

图书在版编目(CIP)数据

天体演化的能态热力学 : 邓昭镜论文集 / 邓昭镜著.
—南京 : 南京大学出版社, 2015.9
ISBN 978-7-305-15593-2

Ⅰ. ①天… Ⅱ. ①邓… Ⅲ. ①天体演化—能级—热力学—文集 Ⅳ. ①P131-53②P14-53

中国版本图书馆 CIP 数据核字(2015)第 168247 号

出版发行 南京大学出版社
社 址 南京市汉口路 22 号 邮 编 210093
出 版 人 金鑫荣

书 名 天体演化的能态热力学——邓昭镜论文集
著 者 邓昭镜
责任编辑 耿士祥 吴 汀 编辑热线 025-83592146

照 排 南京南琳图文制作有限公司
印 刷 南京大众新科技印刷有限公司
开 本 787×1092 1/16 印张 18.75 字数 411 千
版 次 2015 年 9 月第 1 版 2015 年 9 月第 1 次印刷
ISBN 978-7-305-15593-2
定 价 80.00 元

网址：http://www.njupco.com
官方微博：http://weibo.com/njupco
官方微信号：njupress
销售咨询热线：(025) 83594756

序一:求真不易　探索艰辛

多年前我就认识邓昭镜先生了。随着应邀到西南师范大学(现西南大学)进行学术交流的次数增多,我进一步了解到邓先生是一位为人处世低调、学术功底扎实、科研成果突出、对该校学科建设贡献很大而备受学生崇敬的好教授。也许是我俩年龄相差无几、教育背景相似、价值追求相同,不知不觉就成了惺惺相惜的朋友。

1998 年初,时年 66 岁的邓先生怅然若失地从他深爱的教学科研岗位上退了下来。本该悠闲养老、颐养天年的他,却因放不下萦怀多年的科学问题又一头扎进了他那简朴的书房,继续耕耘在当代科学前沿的高地上。他像猎人发现了新的猎物一样,对"热寂论"批判和贝肯斯坦黑洞热力学暴露出来的问题兴奋不已,他决定追根溯源,一探究竟。兴趣和好奇心给了他强大的动力,使他居然在长期得不到专项经费支持的条件下,孤军奋战、锲而不舍地坚持了十六个春秋。十年磨一剑,斩获甚丰,概而言之如下:他以惊人的勇气和自信,重新开启了对负能谱系统的深入研究;构建了负能谱热力学和负能谱黑洞热力学理论;发现了爱因斯坦引力场论中时空背景空间曲率符号 k 跟星体运行的时空背景,星体的内能、温度及胀缩之间的关联,顺理成章地把天体演化的热力学建立在爱因斯坦宇宙论的基础上。负能谱热力学理论是一个自身简洁自洽、又与现有科学理论相容的知识体系,它恰与克劳修斯热力学逻辑互补,在克服贝肯斯坦黑洞热力学各种困难中显示了强大的生命力。这些理论一旦证实,将为解开天体演化之谜提供一把新的钥匙。

十六年来,邓先生在负能谱热力学方面发表了论文 50 余篇。2007 年 4 月他又在总结前期研究成果的基础上出版了《负能谱及负能谱热力学》专著一部。按他的本意,是想把 2007 年以后的研究成果进行一次新的总结,将《负能谱及负能谱热力学》一书修订再版。不幸的是,2012 年 4 月初的一次车祸极大地损害了他的健康,以至于要实现这一宏愿邓先生已力不从心了。为了给培育他的母校和行将告别的科学生涯留下一份纪念,他决定筛选部分已发表和待发表的论文结集出版,这部论文集集中展示了他建构负能谱热力学理论的原始论述,他也想借此机会向国内外专家请教、切磋。

创新是科学的灵魂,也是这部论文集最大的亮点。翻开这部论文集不难发现,篇篇都是邓先生独立思考、大胆创新之力作,令人耳目一新的知识创新点随处可见。例如:引力场是负能谱产生之源;负能谱系统不仅可以存在而且可以稳定存在;中子星和坍缩的黑洞就是实际存在的负能谱系统;负能谱的自发演化遵循熵减少规律;克劳修斯热力学第二定律有局限性,它只适用于正能谱系统;贝肯斯坦黑洞热力学的根本错误就在于,用正能谱系统的热力学(克劳修斯热力学)去表征本属负能谱系统的黑洞的性状及演化；背景时空的空间曲率对天体演化起着基础性的作用等。

诚然，这些大胆的论断目前还处于“科学假说”的形态，还有待科学实践的严格检验，但它们毕竟是本土中国人在热力学和宇宙学领域的一项原始创新，彰显了中国学者求真的科学探索。我相信，邓先生的理论无论正确与否，对科学的发展都是一种贡献，这就是我乐意为本书作序的缘由。

要积极促进国家的发展，建成创新型强国，就必须重视原始创新。尽管我国的科技事业取得了举世瞩目的成就，但原始创新之路还任重而道远，需要更多的人不懈努力。邓昭镜先生在这方面已经尽力了，我希望进一步深化科研立项制度改革，使今后类似邓先生情况的学者能得到各级政府及时的专项支持和各种帮助，使他们与在岗学者一样享有人生出彩的机会，使国人的建成创新强国之梦尽早变为现实。

2015 年 1 月

序二：寻宇宙新规而求索

为寻觅天体演化的热力学新规律，为探索黑洞演变的热力学真谛，邓教授在科学新苑辛勤耕耘数十载，呕心沥血，吐尽思絮，至老未停。此文集把邓教授多年的有关天体演化、负能谱热力学及黑洞研究的论文收集起来分类编辑出版，这对作者是莫大的欣慰之事，而对读者和物理学界又奉献出了一部有价值的认识宇宙、研究黑洞的学术文献。这些论文反映了邓教授对宇宙物质和黑洞的演化的许多新颖的思考，是他研究天体演化及建立负能谱热力学的最原始的叙述。文章中既有严谨的数学推导，合理的逻辑证论，也有通俗的文字描述，普通读者也会从这些描述中了解作者对宇宙及黑洞的全新的观点，领悟到作者不囿传统定势、敏于标新立异的科学精神。

负能谱热力学，指出了负能谱物质系统（强引力场中的物质系统）的演化遵从熵减少原理；证明了稳态黑洞内部是一个负能谱系统（还有中子星、白矮星及自收缩冷星云），因而黑洞物质在引力聚集形成黑洞的过程中，它的熵也是减少的。“黑洞熵减少”这一论断推翻了传统的黑洞热力学的“黑洞熵增加”的固有观念，无疑是对当今黑洞理论基本观点的冒犯，可以说是对黑洞热力学的基本定律提出了颠覆性的挑战。作者面对的是全球一百多位科学家，这些人包括霍金（1942—　，英国理论物理学家）、贝肯斯坦（1947—　，以色列物理学家），彭罗斯（1931—　，英国数学、物理学家）等在这一领域中领先的一流学者，这需要有坚定的超人的勇气，而这种勇气来自于他对自己构建的负能谱热力学理论的自信。

负能谱热力学是在与传统的黑洞热力学的争辩中逐步建立起来而完善的。两种热力学对宇宙中物质的能谱系统（正、负能谱）、宇宙中两类物质系统的不可逆自发过程（膨胀和收缩）的演化规律、宇宙时间箭头的规定等有着不同的看法；两种黑洞热力学定律在黑洞的温度（绝对温度）符号（第零定律）、功热关系（第一定律）、演化规律（第二定律）、温熵关系（第三定律）等描述上迥然相异，存在着尖锐的理论对立。此文集里相当一部分文章反映了这些不同和对立，以及作者对当今黑洞热力学定律的质疑和批判，它从不同的视角论述了负能谱黑洞热力学的科学性。宇宙中是否存在稳定的负能谱物质系统？克劳修斯熵增原理是宇宙物质演化过程的普适原理吗？引力场是产生熵之源还是吸收熵之沟？贝肯斯坦-霍金熵是黑洞的熵吗？这些问题的争辩在文集里作者都有着是或不是的答复及其理由的科学阐述。

负能谱热力学不赞同黑洞热力学的观点，但它并不反对经典热力学，只是认为克劳修斯熵增原理不是宇宙物质演化过程的普适原理。邓教授把克劳修斯熵增原理成立的物质系统称为正能谱系统，他认为宇宙中不仅存在着正能谱系统，同时还存在着熵减原理成立的负能谱系统。在正、负能谱的研究中，他发现负能谱热力学与正能谱热力学之间不仅有着对立的一面，同时普遍存在着各种互补对应的关系，它们正好可以组成一个逻辑互补、简洁、对称、完全自洽的热力学理论体系。这一理论体系中正、负能谱的对立和统一，反映了在特定的能谱条件下，宇宙物质系统遵循不同的演化规律，即正能谱物质系统的熵增加，负能谱（如黑洞）物质系统的熵减小。正、负能谱的对立统一的思想，反映了作者唯物辩证法的宇宙观，他深信自然界中的一切物质运动本来就是辩证进行着的，唯物辩证法是人类认识自然探索宇宙的最有效的科学方法。从邓教授主编的《物理学中的辩证法》一书（该书曾被教育部师范教育司列为中小学教师继续教育教材）可看出他对辩证唯物主义的偏爱，唯物辩证观是他著书立论之本，辩证法是他思考物理问题的主要方法，所以作者在论证负能谱热力学的理论或反驳黑洞热力学的谬误时常常采用辩证逻辑的方法，这也是本文集的一大亮点。

要特别指出的是，文集第一章的几篇论文是邓教授近期对天体演化研究的成果。爱因斯坦场方程决定了引力场和物质同在。引力场是物质存在的时-空背景场，物质及其相应的物质场只能运行在时-空背景场（引力场）中，时-空背景场的空间曲率符号 k 决定了时-空背景场（引力场）的存在形式（是双曲型时-空的引力场还是椭圆型时-空的引力场，或者是平直时-空）。邓教授在爱因斯坦理论的基础上论证了运行在时-空背景场上的星体系统的内能、温度符号、压强的正负及胀缩与 k 的相关性，这样便把热力学理论建立在爱因斯坦的宇宙论的基础上。作者用这一理论分析了“大爆炸的产生”、“黑洞的形成”的原因，批评了“热寂论”、“宇宙始终在加速膨胀”等观点的错误，进而提出了“天体系统自膨胀和自收缩的无限循环”的理论。

邓教授 1956 年毕业于西南师范学院物理系，后留校任教，是新中国成立以后成长起来的研究自然科学的学者。1979 年评为副教授，后主讲物理系研究生专业课程，并成为西南师大第一批学术带头人。1985 年，他的第一本专著《经典的与量子的理想体系》由重庆科学技术出版社出版；1993 年，他获国务院颁发的特殊津贴；1995 年，因他的努力，西南师大物理学院与江苏师范大学物理学院共同获得了一个“凝聚态物理”博士授予点；1997 年，他获曾宪梓教育基金三等奖；2009 年，中华人民共和国成立 60 周年纪念，西南大学授予六十人“突出贡献奖”，他是其中之一。1998 年退休后，他开始了天体演化及能谱理论的研究，使他接触到当今黑洞的理论，他以一个科学家的敏感，发现了该理论的缺陷，激发了他研究黑洞的兴趣，于是一发不可收，十余年来他痴情黑洞和负能谱热力学的研究，在学术期刊上发表了几十篇有关负能谱热力学及黑洞的论文，并于 2007 年出版了专著《负能谱及负能谱热力学》（西南师范大学出版社），该书集中反映了这一时期他研究负能谱热力学及黑洞的主要学术成就。2009 年，中华人民共和国成立 60 周年之际，重庆晨报记者黄晔在北碚访问了邓教授。《退休教授耗时九年，挑战霍金黑洞理论》文章见报之后，在全国各网站引起了网友们的极大关注和热议。“重庆高教老协西南大学分会一支会”曾经做过统计，仅搜孤网友的原始评论就达 852 条之多，许多评论甚是感人，也让我们深省。有的说这本书算是我们民族的科学原创了；有的说它是基础理论的重大突破；也有的称它是国人在理论上取得的世界性突破。网友们对邓教授敢于挑战西方科学权威，理论创新的精神表达了他们的敬重和景仰。现选摘一二于下：

如此高龄的老教授，九年如一日为追求科学真理，贡献毕生精力，不管结果如何，其为科学献身的坚毅精神，很值得年青人学习。

——浙江省杭州市网友

这是我十几年来看到的一位中国真正的教授，有这样的精神和治学态度，中国才有希望，向你致敬！

——西安市网友

这才是一个科研工作者，可惜中国目前这样的人太少了。做科研需要兴趣和投入，可是目前以做科研为幌子的人太多了。向老教授致敬，他是我等楷模。

——搜狐加拿大网友

这样的人才国家还等什么？为什么不赶紧支持？说不定中国人得诺贝尔奖就要到来了。

——北京市网友

若是黑洞的聚集是熵减少的过程，不管是不是正确的，这样就可以非常容易理解为什么黑洞可以形成了。虽然我没有看过该教授的推演过程，至少中国目前就缺乏这样的人才。做外贸可以让我们现在富起来，引进科学家和863可以让我们30年一直富有，而这样的研究可以使我们100年以后成为主宰。例如，没有牛顿，西方还在中世纪呢！没有爱因斯坦，美国还不知道是不是世界第一！熵定律可以使得我们做出先进的发动机，想去哪就去哪（按光年计算）！强烈支持邓教授！

——江苏省网友

热、量子和引力是本世纪物理学前沿热议的话题，上世纪黑洞研究一开始，研究者们便追寻量子（力学）和引力（相对论）的融合，企图用二者结合的方法来研究黑洞，遇到与热现象有关的问题，他们便不恰当地用类比的方法去解决，进而建立了黑洞热力学。黑洞热力学不是真正的“热”力学，从建立开始便碰到了一系列的违背热力学基本原理的困难。同时，量子和引力融合的方法自身也遇到了一个理论的困扰，按相对论理论，没有任何物质能逃离黑洞（即使是“霍金辐射”，也只是一种“热”辐射，辐射并不包括黑洞内的任何信息），而量子理论则允许能量和信息从黑洞里逸出。为了解释这一所谓“黑洞悖论”，学者们认为应该建立一个新的理论构架，将引力和自然界其他力统一起来。半个多世纪过去了，无论是圈还是弦，或M理论，到目前为止仍然没有解决这个问题。为了摆脱理论的困扰，霍金最近提出由于找不到黑洞的边界（视界），黑洞是不存在的。难道黑洞研究已走到穷途末路了吗？追源反思，究其原因与“热”在这些引力研究中缺位不无关系。

邓教授的黑洞研究却另辟蹊径，走的是热和引力结合的研究路线。他在高校长期从事热统理论研究及教学，是这一领域的学有专精的学者，他利用自己的专业优势和精湛的学识，依据热力学的基本概念和原理去研究宇宙的引力现象，去研究宇宙中黑洞的形成及演化规律，从而建立了负能谱热力学。负能谱热力学传承了经典热力学的方法及克劳修斯（Clausius）、波耳兹曼（Boltzman）及卡拉西奥多里（Caratheódory）的热力学理论，扩大了原有（正能谱）热力学的研究领域，将热力学研究从平直时-空扩展到弯曲时-空中；将过去仅建立在经典理论和量子理论基础上的热力学统计理论进一步扩展到广义相对论和相对论量子理论中；将一般常规的低密度物质系统的热理论研究扩展到由引力场支配的高密度物质系统中。可以说负能谱热力学是地地道道的"热"力学，用这一理论去研究黑洞不仅避免了黑洞热力学碰到的理论和逻辑的困扰，而且还很好地解释了黑洞的性态和演化。

邓教授的天体演化的热力学为我们研究宇宙物质及宇宙的演化提供了新的视角，文集中有关黑洞的观点，涉及当今黑洞研究者们正在反思、亟待解决的问题，这些都值得相关人士一读。正、负能谱并存的理念，必将改变我们对宇宙整体的认识，热力学理论在宇宙时空这个更高的层面上实现了统一，使我们看到了一个适用于宇宙时空背景中的热力学统一理论的美妙前景。

重庆复旦中学物理特级教师　陈华林

2015 年 1 月

目　录

第一章　天体演化运行中的基本规律 …… 1

等效原理与引力场的能量-动量表示 …… 3

根据等效原理具体地推导纯引力场能量-动量表示 …… 8

天体演化中星体背景时空之基础作用 …… 13

天体演化中正、反粒子对激发——Dirac 方程 …… 19

宇宙的演化、星体的内能和 Einstein 场方程 …… 23

“热寂论”、热力学第二定律的局限性和负温度系统 …… 28

第二章　天体演化中的能谱理论 …… 39

负能谱存在的必然性——Landau 的负能谱理论 …… 41

负能谱存在的必然性——相对论量子理论 …… 45

负能谱存在的必然性——处于全无界能谱中的黑洞 …… 49

再论负能谱系统存在的必然性 …… 54

高密度物质是负能谱系统存在的必然形式 …… 64

负能谱中的黑洞热力学 …… 70

白矮星系统 …… 78

一个对称、互补而自洽的热力学，正、负能谱系统热力学 …… 84

由自引力支配的负能谱系统的稳定性 …… 88

第三章　天体演化中的热力学规律 …… 95

概率函数中 $\beta\varepsilon_i$ 因子乘积的符号与能谱结构 …… 97

关于黑洞热力学第 0 定律 …… 104

热力学第 0 定律在热力学中的基础作用

——试论温度和熵在热力学中建立的严格次序 …… 110

相对论热力学第 0 定律和温度 …… 114

关于黑洞热力学第一定律 …… 120

贝肯斯坦(B)-斯马尔(S)公式与黑洞热力学第一定律 …… 127

从相空间理论研究黑洞形成的熵演化…………………………………… 132
Caratheódory 定理与热力学第二定律…………………………………… 136
负能谱系统中“热”的自发传输规律和“热-功”转化规律 ………………… 144
负能态系统中热量自发地由低温流向高温……………………………… 149
负能谱中黑洞的熵………………………………………………………… 154
两类自发演化过程与相对论热力学……………………………………… 163
黑洞熵的演化规律与热力学第三定律…………………………………… 176
自引力系统能态热力学…………………………………………………… 185
第四章　正、负能谱的温度，熵的演化及膨胀和收缩 ……………………… 195
系统的能谱、温度和熵的演化(Ⅰ)——平衡系统 ……………………… 197
系统的能谱、温度和熵的演化(Ⅱ)——非平衡系统 ……………………… 205
温度 T 是物系内能密度 $\langle \varepsilon_i \rangle$ 的正相关函数………………………………… 211
自膨胀与自收缩星系的演化……………………………………………… 217
自膨胀星体的内能和它的熵的演化……………………………………… 223
自聚集星体的内能和它的熵的演化……………………………………… 227
一个实际存在的负能谱系统——白矮星………………………………… 232
第五章　对 J. D. Bekenstein 黑洞热力学理论的批判 …………………… 241
J. D. Bekenstein 黑洞热力学理论的内在桎梏…………………………… 243
关于黑洞热力学第 0 定律………………………………………………… 251
热力学第一定律和黑洞热力学第一定律………………………………… 257
引力场是产生熵之源还是吸收熵之沟…………………………………… 265
星系内黑洞形成过程的熵演化…………………………………………… 274
黑洞熵与贝肯斯坦-霍金熵 ……………………………………………… 283
致　谢……………………………………………………………………… 289

第一章　天体演化运行中的基本规律

本章提要

1. 引力场遵从等效原理，不能用张量来描写，只能用赝张量表示。引力场和物质同在，它们是由 Einstein 场方程决定的相互伴生的整体。引力场是物质存在的时-空背景场，物质及其相应的物质场都必然且只能运行在时-空背景场（引力场）中。时-空背景场（引力场）的存在形式（双曲型或椭圆型），由时-空背景场的曲率 k 决定。

2. 星体是在标度因子 $R(t)$ 为半径张成的曲面上运行的，宇宙曲面是膨胀还是收缩，取决于星体（或宇宙）的内能 E 的正、负；星体的内能 E 正比于宇宙曲面上所论点的时-空背景场的曲率 k，且与压强 P 呈正关联。当 $k=-1$ 时，E 正定（$\geqslant 0$），正能态星体在双曲面时-空曲面上运行，因压强 P 正定（$\geqslant 0$），必然加速地膨胀；当 $k=1$ 时，E 负定（$\leqslant 0$），负能态星体在椭圆时-空曲面上运行，因压强 P 负定（$\leqslant 0$），必然加速地收缩，如在椭圆时-空背景场中运行的黑洞，物质粒子必将在引力场强制下，自发地相互吸引而聚集；当 $k=0$ 时，星体处于平直时-空中，正能态中的星体必然以略高于引力势能的状态缓慢地膨胀，负能态中的星体必然以略低于引力势能的状态缓慢地收缩。

3. 当物系粒子状态进入由 Plank 常量 $\hbar$ 限制的状态时，它已不是经典系统了，而是相对论量子系统。相对论量子系统必然遵从 Dirac 量子场论规律，它的运行规律必然是 Dirac 波动方程。这个方程既能确立粒子系波函数的正能谱解，又能确立粒子系波函数的负能谱解。

等效原理与引力场的能量-动量表示

摘　要:等效原理是作为时-空背景的引力场的独特规律,又是引力场借以区别于所有其他物质场(或非背景场)的最独特的性质,正因为如此,和所有其他物质不同,引力场的能量-动量不可能用张量表示,或者说不可能定域化,对此学术界曾引发了一场争论,提出了引力场能量-动量的各种表述,纵观各种表述,只有 Landau 提出的能量-动量赝张量表述才是最能反映等效原理要求的表述,因此,就比较而言,Landau 和 Hans 提出的关于引力场的能量-动量赝张量表述是更为合理的表述,重温 Landau 和 Hans 关于引力场能量-动量赝张量表述,以阐明如何依靠等效原理来探求纯引力场的能量-动量表述。

关键词:等效原理;守恒律;能量-动量张量;能量-动量赝张量

1. 引力场是物质的时-空背景场

引力场是物质赖以存在的时-空背景场[1],给定了引力场就给定了物质赖以存在的时-空背景的几何结构,从而进一步决定了物质在时-空背景上的分布,因此,时-空中物质的分布及其演化将直接受作为时-空背景的引力场的制约;反之,物质的时-空分布及其演化又不断产生和改变着它的时-空背景场的几何结构,物质和它的时-空背景——引力场之间这种相互制约的密切关系正确地反映在下面给出的 Einstein 场方程中。

$$T^{ik}=-\frac{c^4}{8\pi G}\left(R^{ik}-\frac{1}{2}g^{ik}R\right) \tag{1}$$

同时,在与一切其他场比较中,最能显示作为物质时-空背景的引力场的独特之处的,莫过于等效原理,等效原理表明,在时-空任一点的领域中被加速场与引力场等效[2]。因此在时-空任一点的领域里,总可以通过坐标系的适当选择而消除该点的引力场,但对一切非背景场(如电磁场)都不可能具有这种等效性。把能在时-空任一点上消除该点引力场的坐标系称为局部惯性系。也正由于引力场具有这一独特的基本属性,它和所有非背景场完全不同,引力场本身的能量-动量绝对不可能用张量来表征,而只能用被称为仿射联络的 Christoffel 符号 Γ^i_{kl}(或度规的一次导量 $g^{bm}_{,k}$)来表征,不仅如此,引力场本身的能量-动量还必须用 Γ^i_{kl}(或 $g^{bm}_{,k}$)的二次齐式的形式来表示,这是因为:① Γ^i_{kl} 的二次齐式正好反映了弯曲时-空几何曲面的基本特征;② 在任一点的局部惯性系中,这类二次齐式恰好能够化为零。现在如果一方面既承认等效原理,又想寻求引力场表征的定域化,即寻找引力场能量-动量的张量表示,显然是行不通的,因为这两者在逻辑上是直接对立的。既然引力场在时-空任一点的局部惯性系中要化为零(即在局部惯性系中消除引力场),就可以通过比较时-空任一点上实际(弯曲)时-空坐标系与局部惯性系中引力场的表述来探求引力场的能量-动量在实际(弯曲)时-空坐标系中的表征,例如可以在地球表面上任一点处比较粒子在自由降落坐标系中的能量表示 ε^0 和地球(即实际的弱引力场)坐标系中粒子的能量表示 ε。前者为 $\varepsilon^0=\frac{1}{2}mv^2(x^i)$,后者为$\varepsilon=\frac{1}{2}mv^2(x^i)+\varphi(x^i)$,两者之差即地球的引力势能 $U(x^i)$:

$$U(x^i)=\varepsilon-\varepsilon^0=\varphi(x^i) \tag{2}$$

Landau 和 Hans 就是根据等效原理这一思路来探求(或建立)纯引力场的能量-动量赝张量表示的[3,4],本文正是按照这一思路来进一步阐述 Landau 和 Hans 关于纯引力场能量-动量赝张量表述的合理性。

2. 按等效原理建立引力场的能量-动量赝张量

首先,在平直时-空中(即不存在引力场时),纯物质的能量-动量密度是守恒量,这时物质场的能量-动量密度 T^{ik} 必须守恒,即

$$\frac{\partial T^{ik}}{\partial x^k}=\frac{\partial T_i^k}{\partial x^k}=0 \tag{3}$$

表明纯物质的能量-动量张量 T^{ik}(或 T_i^k)的普通导数等于零,当有引力场出现时,时-空受到弯曲,这时 T^{ik}(或 T_i^k)的普通导数必须用相应的协变导数来代替[3],这时有

$$T^k_{i;k}=\frac{\partial T_i^k}{\partial x^k}+\Gamma^k_{mk}T^m_j-\Gamma^m_{ik}T^k_m=\frac{1}{\sqrt{-g}}\frac{\partial(T_i^k\sqrt{-g})}{\partial x^k}-\frac{1}{2}\frac{\partial g_{ik}}{\partial x^i}T^{ik}=0 \tag{4}$$

(4)式表明当有引力场出现时,T_i^k 的普通导数不再为零,T_i^k 不再是一个守恒量[3]。

现在,在局部惯性系中来表示场方程(1),由于处在局部惯性系中 g^{ik} 的一次导量 $g^{ik}_{,l}$(或 Γ^i_{kl})都可略去,因此场方程(1)的右端中的 R^{ik} 可表示为[5]

$$R^{ik}=\frac{1}{2}g^{im}g^{kp}g^{ln}\left\{\frac{\partial^2 g_{lp}}{\partial x^n\partial x^m}+\frac{\partial^2 g_{nm}}{\partial x^l\partial x^p}-\frac{\partial^2 g_{ln}}{\partial x^m\partial x^p}-\frac{\partial^2 g_{mp}}{\partial x^l\partial x^n}\right\} \tag{5}$$

既然处于局部惯性系中,则对上式中花括号中的 4 个二次偏导数项,前面的度规张量 g^{im}, g^{kp} 和 g^{ln} 皆可自由地跨越一次偏导数,例如对第 1 个二次偏导数项,若适当变换虚指标,并注意 $g^{im}g^{ik}=g^{lm}\delta^i_l g^{ik}=g^{lm}g^{ik}$,则有

$$\frac{1}{2}g^{im}g^{kp}g^{ln}\frac{\partial^2 g_{lp}}{\partial x^n\partial x^m}=\frac{1}{2}\frac{\partial}{\partial x^n}\left\{g^{im}g^{kp}g^{ln}\frac{\partial g_{lp}}{\partial x^m}\right\}$$

$$=-\frac{1}{2}\frac{\partial}{\partial x^n}\left\{g^{im}g^{kp}g_{lp}\frac{\partial g^{ln}}{\partial x^m}\right\}=-\frac{1}{2}\frac{\partial}{\partial x^l}\left\{g^{lm}\frac{\partial g^{ki}}{\partial x^m}\right\}$$

同理,第 2 个二次导量项变换为

$$\frac{1}{2}g^{im}g^{kp}g^{ln}\frac{\partial^2 g_{nm}}{\partial x^l\partial x^p}=-\frac{1}{2}\frac{\partial}{\partial x^l}\left\{g^{ik}\frac{\partial g^{lm}}{\partial x^m}\right\}$$

于是(5)式中前两项可以表示为

$$\frac{1}{2}g^{im}g^{kp}g^{ln}\left\{\frac{\partial^2 g_{lp}}{\partial x^n \partial x^m}+\frac{\partial^2 g_{nm}}{\partial x^l \partial x^p}\right\}=-\frac{1}{2}\frac{\partial}{\partial x^l}\frac{\partial}{\partial x^m}(g^{lm}g^{ik})$$

按同样方式可以变换(5)式的后两面项，表示为

$$-\frac{1}{2}g^{im}g^{kp}g^{ln}\left\{\frac{\partial^2 g_{ln}}{\partial x^m \partial x^p}+\frac{\partial^2 g_{mp}}{\partial x^l \partial x^n}\right\}=\frac{1}{2}\frac{\partial}{\partial x^l}\frac{\partial}{\partial x^m}(g^{il}g^{km})$$

于是(5)式可以变换为

$$R^{ik}=-\frac{1}{2}\frac{\partial}{\partial x^l}\frac{\partial}{\partial x^m}(g^{ik}g^{lm}-g^{il}g^{km}) \tag{6}$$

(6)式是在局部惯性系中表示的 R^{ik}，并注意(6)式的偏微分宗量$(g^{ik}g^{lm}-g^{il}g^{km})$对指标$(l,k)$和$(i,m)$是反对称的，因此当转到弯曲时-空时，这里所有的偏导数$\frac{\partial}{\partial x^i}$都应当用如下的协变形式取代，即

$$\frac{\partial}{\partial x^l}\rightarrow\frac{1}{\sqrt{-g}}\frac{\partial}{\partial x^l}\sqrt{-g}\quad \frac{\partial}{\partial x^m}\rightarrow\frac{1}{\sqrt{-g}}\frac{\partial}{\partial x^m}\sqrt{-g} \tag{7}$$

因此，上式一般应表示为

$$R^{ik}=-\frac{1}{2}\frac{1}{\sqrt{-g}}\frac{\partial}{\partial x^l}\frac{\sqrt{-g}}{\sqrt{-g}}\frac{\partial}{\partial x^m}[(\sqrt{-g})(g^{ik}g^{lm}-g^{il}g^{km})] \tag{8}$$

同时又考虑到在局部惯性系中$\sqrt{-g}$可以自由地跨越一次偏导数，于是进一步有

$$R^{ik}=-\frac{1}{2\sqrt{-g}}\frac{\partial}{\partial x^l}\frac{\partial}{\partial x^m}[(-g)(g^{in}g^{lm}-g^{il}g^{km})] \tag{9}$$

且 $T^{ik}=-\frac{c^4}{8\pi G}\left(R^{ik}-\frac{1}{2}g^{ik}R\right)=\frac{c^4}{8\pi G}R^{ik}$，因此，当 g 为常数时，T^{ik} 在局部惯性系中是

$$^{(局部)}T^{ik}=-\frac{\partial}{\partial x^l}\frac{1}{(-g)}\left\{\frac{\partial}{\partial x^m}\left[\frac{c^4}{16\pi G}(-g)(g^{ik}g^{lm}-g^{il}g^{km})\right]\right\} \tag{10}$$

这里的(10)式正是局部惯性系中场方程的表示，注意(10)式的花括号中的量正好是一个对指标 k,l 为反对称的受限的三阶张量，特称它为受限的三阶反对称张量，记为 $h^{i(kl)}$。这个量对 k,l 是反对称的，但对 i,k 和 i,l 是对称的，即 $h_0^{i(lk)}=-h_0^{i(kl)}$，$h_0^{k(il)}=h_0^{i(kl)}$，$h_0^{i(ki)}=h_0^{i(kl)}$，在局部惯性系中 T^{ik} 能用受限的反对称三阶张量表示，就保证了 T^{ik} 在局部惯性系中是一个守恒量，在这里特地用$\widetilde{T}^{ik}$表示局部惯性系中的能量-动量张量，而用 $h_0^{i(kl)}$ 表示(10)式右端括号中的量[5]，即

$$\widetilde{T}^{ik}={}^{(局部)}T^{ik}\quad h_0^{k(il)}\equiv-\frac{c^4}{16\pi G}\frac{\partial}{\partial x^m}[(-g)(g^{ik}g^{lm}-g^{il}g^{km})] \tag{11}$$

由此显然有

$$(-g)\frac{\partial \widetilde{T}^{ik}}{\partial x^k}=\frac{\partial^2 h_0^{i(kl)}}{\partial x^l \partial x^k}\equiv 0 \tag{12}$$

(12)式表明，由受限的反对称三阶张量表示的局部惯性系中物质的能量-动量张量$\widetilde{T}^{ik}$

是一个守恒量；反之，任何守恒的二阶张量总可以通过受限的反对称三阶张量的导数来表示。从以上的讨论可以得出以下几点结论：① 场方程(1)式的左端 T^{ik} 在局部惯性系中是一个守恒量；② 这个守恒量可以通过受限的反对称三阶张量的导量来表示；③ 这个受限的反对称三阶张量 $h_0^{k(il)}$ 正是场方程右端曲率张量 R^{ik} 在局部惯性系中的必然结果。

当坐标系由局部惯性系转变到实际的弯曲时-空坐标系时，正如(4)式所指出的，这时物质的能量-动量张量 T^{ik} 不再是一个守恒量，T^{ik} 的普通导数不再等于零，这时物质源不可能是孤立的，它的周围必然还存在有周围产生的引力场所必须赋予的能量。一旦当坐标系转入局部惯性系时，则有：$T^{ik}\rightarrow\widetilde{T}^{ik}$，所产生的引力场及其能量都不存在了。因此，可以将 T^{ik} 表示为两项之和，即

$$T^{ik}=\widetilde{T}^{ik}+t^{ik} \tag{13}$$

式中 $\widetilde{T}^{ik}$ 是局部惯性系中显示的纯物质的能量-动量张量，而 t^{ik} 则是由时-空弯曲所产生的引力场的能量-动量密度，由(11)式与场方程(1)，得出

$$(-g)\widetilde{T}^{ik}=-\frac{\partial}{\partial x^{l}}\left\{\frac{c^{4}}{16\pi G}\left[\frac{\partial}{\partial x^{m}}(-g)(g^{ik}g^{lm}-g^{il}g^{km})\right]\right\}$$

$$(-g)(t^{ik}+\widetilde{T}^{ik})=(-g)T^{ik}=-\frac{c^{4}}{8\pi G}(-g)\left(R^{ik}-\frac{1}{2}g^{ik}R\right) \tag{14}$$

根据等效原理，引力场的能量-动量密度正好是上两式之差所给出的结果。

$$\begin{aligned}t^{ik}&=T^{ik}-\widetilde{T}^{ik}\\&=-\frac{c^{4}}{8\pi G}\left(R^{ik}-\frac{1}{2}g^{ik}R\right)+\frac{1}{(-g)}\frac{\partial}{\partial x^{l}}\left\{\frac{c^{4}}{16\pi G}\left[\frac{\partial}{\partial x^{m}}(-g)(g^{ik}g^{lm}-g^{il}g^{km})\right]\right\}\end{aligned} \tag{15}$$

(15)式给出的结果与 Landau 和 Hans 两人给出的 t^{ik} 完全一样[5,6]。而这里的(15)式则是严格按等效原理给出的结果。在此基础上，根据(15)式 Landau 和 Hans 给出了如下关于 t^{ik} 的显式[5,6]

$$\begin{aligned}t^{ik}=\frac{c^{4}}{16\pi G(-g)}\Big\{&\eta^{lk}_{,l}\eta^{lm}_{,m}-\eta^{lk}_{,l}\eta^{km}_{,m}+\frac{1}{2}g^{ik}g_{lm}\eta^{ln}_{,p}\eta^{pm}_{,n}-\\&(g^{il}g_{mn}\eta^{kn}_{,p}\eta^{mp}_{,l}+g^{kl}g_{mn}\eta^{in}_{,p}\eta^{mp}_{,l})+g_{lm}g^{np}\eta^{il}_{,n}\eta^{km}_{,p}+\\&\frac{1}{8}(2g^{il}g^{km}-g^{ik}g^{lm})(2g_{np}g_{qr}-g_{pq}g_{nr})\eta^{nr}_{,l}\eta^{pq}_{,m}\Big\}\end{aligned} \tag{16}$$

其中，$\eta^{nm}\equiv\sqrt{-\eta g^{nm}}$，若用 Christoffel 记号表示，则有

$$\begin{aligned}t^{ik}=\frac{c^{4}}{16\pi G}\{&(2\Gamma^{n}_{lm}\Gamma^{p}_{np}-\Gamma^{n}_{lp}\Gamma^{p}_{np}-\Gamma^{n}_{ln}\Gamma^{p}_{mp})(g^{il}g^{km}-g^{ik}g^{ln})+\\&g^{il}g^{nm}(\Gamma^{k}_{lp}\Gamma^{p}_{nm}+\Gamma^{k}_{lp}\Gamma^{p}_{nm}-\Gamma^{k}_{lm}\Gamma^{p}_{np}-\Gamma^{k}_{lm}\Gamma^{p}_{np})+\\&g^{kl}g^{nm}(\Gamma^{k}_{lp}\Gamma^{p}_{nm}+\Gamma^{k}_{mn}\Gamma^{p}_{lp}-\Gamma^{i}_{np}\Gamma^{p}_{lm}-\Gamma^{i}_{lm}\Gamma^{p}_{np})+\\&g^{lm}g^{np}(\Gamma^{i}_{ln}\Gamma^{k}_{mp}-\Gamma^{i}_{lm}\Gamma^{k}_{np})\}\end{aligned} \tag{17}$$

可以看出无论是由(16)式还是由(17)式所给出的引力场的能量-动量密度表示都

不是张量表示，这类表示在局部惯性系中是要化为零的，这正是等效原理的必然结果。据此，特将引力场能量-动量密度 t^{ik} 称为赝张量。目前在引力理论学术界有一种思潮，总认为赝张量的引力场能量-动量表示是不合理的，力图去寻求引力场能量-动量的张量表示，他们称之为引力场能量-动量表示的定域化。他们认为："一个合理的能量-动量表述的必要条件是表述的可定域化。这就是说，如果从某一些坐标系看来，时-空某点的能量密度不为零，那么引入任意坐标变换后，该点的能量密度也不应该等于零。特别是，在纯空间变换下，该点的能量密度应该是一个不变量（或标量），大家知道电磁场的能量-动量密度是可以定域化的，而这一可定域化正是电磁场表述（F_{lv}，F_{iv}）具有一定的协变性的结果，因此，看来要想使引力场能量-动量表述定域化，应尽可能提高（引力场）表述的协变性。"[7]但是多年来这些学者无论怎样努力，"到目前为止仍未找到（一个）唯一合理的引力场能量-动量表述"[7]。在这里必须指出这些学者提出的所谓表述的"合理性"，实际上是指"当一种表述最能反映客观实在时，这种表述就是最合理的"[7]，然后偷换概念，把物质和场的表述可定域化确论为"最能反映物质和场的客观存在"的表述，进而得出结论："只有可定域化的表述"才是"合理的表述"。然而到目前为止有谁严格地论证过"只有可定域化的理论才是最能反映客观实在的理论，因而是最合理的理论"呢？没有，相反，大量事实证明着引力场的等效原理，而引力场理论非定域化的根本原因正是引力场的等效原理，于是有一个原则问题摆在我们面前，那就是"要么坚持等效原理的客观普适性，确认引力场能量-动量表述的非定域性，因而放弃对引力场能量-动量的张量表述；要么放弃等效原理，而去寻求能使引力场能量-动量定域（或张量化）的'新理论'"，然而，如果放弃等效原理，那无疑是放弃对引力场理论的几何化，这将必然否定 Einstein 的整个广义相对论，由此可见那种既想保持引力场理论的几何化，又想创立"引力场能量-动量"表述定域化的新理论是行不通的。

原载《西南大学学报》2008 年第 30 卷，第 9 期

参考文献

[1] 费保俊. 相对论与非欧几何[M]. 北京：科学出版社，2006：103 - 113.
[2] Møller C. *The Theory of Relativity* [M]. 2d ed. London: Oxford Univ Press, 1992: 220 - 222.
[3] Landau L D, Lifshitz E M. 场论[M]. 任朗，袁炳南，译. 北京：高等教育出版社，1960：352.
[4] Hans Stephani. *General Relativity* [M]. London: Cambridge Univ Press, 1982: 136.
[5] Landau L D, Lifshitz E M. *The Classical Theory of Field* [M]. Singapore: Beijing World Publishing Corporation, 2007: 280 - 282.
[6] Hans Stephani. *General Relativity* [M]. London: Cambridge Univ Press, 1982: 135, 136.
[7] 刘辽，赵峥. 广义相对论[M]. 第 2 版. 北京：高等教育出版社，2004：109 - 110.

根据等效原理具体地推导纯引力场能量-动量表示

摘　要:Landau 在他的《场论》中导出了纯引力场的能量-动量表示 t^{ik},但没有给出表示 t^{ik} 的具体推导。沿袭 Landau 推求纯引力场能量-动量表示的思路,从 Einstein 场方程出发,根据等效原理具体而严格地推导了纯引力场的能量-动量赝张量表示,其结果能很好地与 Landau 所给出的 t^{ik} 表示一致。

关键词:局部惯性系;等效原理;Einstein 场方程;赝张量

Landau 从引力场方程出发,根据等效原理严格地推导了纯引力场的能量-动量密度 t^{ik} 的表示,Landau 在他所著的《场论》一书中只给出了纯引力场能量-动量密度 t^{ik} 表示的计算结果[1],却没有给出对 t^{ik} 的具体推导过程,显然这对致力于引力场理论研究和进行引力场理论教学来说是很不够的,为此,本研究将遵从 Landau 的思路,也就是从场方程出发,根据等效原理重新严格而具体地推导纯引力场能量-动量密度 t^{ik} 的表示。

Einstein 场方程建立了物质的能量-动量密度 T^{ik} 与引力场的时-空几何结构——曲率张量 R^{ik} 之间的定量关系,表示为

$$T^{ik}=-\frac{c^4}{8\pi G}\left(R^{ik}-\frac{1}{2}g^{ik}R\right) \tag{1}$$

(1)式右端是表征弯曲时-空几何结构的曲率张量 R^{ik},左端是在弯曲时-空中由物质所显示的能量-动量密度 T^{ik}。(1)式表明:给定了引力场就给定了物质赖以存在的时-空背景的几何结构 R^{ik},从而进一步又决定了物质能量-动量密度 T^{ik} 在时空背景上的分布。因此,时-空中物质的能量-动量密度分布及其演化将直接受时-空背景场——引力场结构的制约;反之,物质的时-空密度分布及其演化又不断地产生和改变着它的时-空背景场的几何结构。由此可见,不同的引力场,即对具有不同几何结构的弯曲时-空,其中物质的能量-动量密度必然具有不同的分布。这就是说,引力场方程中的 T^{ik} 不仅包含物质场对能量-动量密度的贡献,同时还包含因引力场的存在(和变更)并以动力学形式反映在 T^{ik} 中的纯引力场的能量-动量贡献。换言之,(1)式中的 T^{ik} 应是物质的能量-动量密度与纯引力场的能量-动量密度贡献之和。现在如果在时空任一点上选择局部惯性系使该点的引力场(效应)消失,显然,在局部惯性系中由 T^{ik} 所显示的能量-动量密度将只具有该时-空点上物质的能量-动量密度。为明确起见,将局部惯性系中的能量-动量密度表示为 $\tilde{T}^{ik}$,而将在局部惯性系中被消除的纯引力场的能量-动量密度表示为 t^{ik},于是在一般弯曲时-空中必然有

$$T^{ik}=\widetilde{T}^{ik}+t^{ik} \tag{2}$$

这样，由(2)式给出的纯引力场能量-动量密度 t^{ik} 应表示为

$$t^{ik}=T^{ik}-\widetilde{T}^{ik} \tag{2'}$$

(2′)式表示当参考系由弯曲时-空转入局部惯性系时，有 $T^{ik}\to\widetilde{T}^{ik}$，故有 $t^{ik}\to 0$，表示纯引力场消失。由(2′)可知，要求得纯引力场的能量-动量表示，首先必须知道局部惯性系中的 $\widetilde{T}^{ik}$ 表示。现在来确定 $\widetilde{T}^{ik}$ 表示，在时-空任一点上，当通过"自由降落"过程由弯曲时-空转入局部惯性系时，这在物理上表现为消除了该点的引力场，而在几何上则表示该时-空点上选择了一个切平面，在时-空任一点的切平面上所有度规的一次导量皆为零：$g^{ik}_{,l}=0$。利用这一点就可以由弯曲时-空中的 T^{ik} 决定局部惯性系中的 $\widetilde{T}^{ik}$。先以(1)式将 T^{ik} 具体地表示出

$$T^{ik}=-\frac{c^4}{16\pi G}\left\{g^{im}g^{kp}g^{ln}\left[\frac{\partial^2 g_{lp}}{\partial x^m\partial x^n}+\frac{\partial^2 g_{mn}}{\partial x^l\partial x^p}-\frac{\partial^2 g_{ln}}{\partial x^m\partial x^p}-\frac{\partial^2 g_{mp}}{\partial x^l\partial x^n}\right]\right.$$
$$\left.+2g^{lm}g^{np}\left[\Gamma^i_{ln}\Gamma^k_{mp}-\Gamma^i_{lm}\Gamma^k_{np}\right]\right\} \tag{1'}$$

当转入局部惯性系时，所有度规的一次导量 $g^{ik}_{,l}=0$，$\Gamma^i_{hl}=0$。这时(1′)式必化为 $\widetilde{T}^{ik}$，于是有

$$\widetilde{T}^{ik}=-\frac{c^4}{16\pi G}\left\{g^{im}g^{kp}g^{ln}\left[\frac{\partial^2 g_{lp}}{\partial x^m\partial x^n}+\frac{\partial^2 g_{mn}}{\partial x^l\partial x^p}-\frac{\partial^2 g_{ln}}{\partial x^m\partial x^p}-\frac{\partial^2 g_{mp}}{\partial x^l\partial x^n}\right]\right\} \tag{3}$$

由于(3)式中度规张量 g^{im}，g^{lk} 和 g^{ln} 的一次导量为零，因此它们可以自由地跨越一次偏导数，并适当变换指标，同时按如下方式移动逆变指标 i,l。

$$g^{im}g^{lk}=g^{lm}\delta^i_l g^{lk}=g^{lm}g^{ik}$$

经过这样变换后，(3)式中前两项将化为[2]

$$-\frac{c^4}{16\pi G}\left\{g^{im}g^{kp}g^{ln}\left[\frac{\partial^2 g_{lp}}{\partial x^m\partial x^n}+\frac{\partial^2 g_{mn}}{\partial x^l\partial x^p}\right]\right\}=\frac{c^4}{16\pi G}\frac{\partial}{\partial x^l}\frac{\partial}{\partial x^m}(g^{lm}g^{ik}) \tag{4}$$

而(3)式中后两项化为

$$\frac{c^4}{16\pi G}\left\{g^{im}g^{kp}g^{ln}\left[\frac{\partial^2 g_{ln}}{\partial x^m\partial x^p}+\frac{\partial^2 g_{mp}}{\partial x^l\partial x^n}\right]\right\}=-\frac{c^4}{16\pi G}\frac{\partial}{\partial x^l}\frac{\partial}{\partial x^m}(g^{il}g^{km}) \tag{4'}$$

由此可得

$$\widetilde{T}^{ik}=\frac{c^4}{16\pi G}\frac{\partial}{\partial x^l}\frac{\partial}{\partial x^m}(g^{ik}g^{lm}-g^{il}g^{km}) \tag{5}$$

(5)式是在局部惯性系中给出的能量-动量密度表示。由于(5)式中被微商的宗量：$(g^{ik}g^{lm}-g^{il}g^{km})$ 对指标 (k,l) 和 (i,m) 是反对称的，因此，当参考系转入弯曲时空时，(5)式的宗量对 l,m 指标的所有偏导数都应当代之以它们的协变形式，即作如下取代[3]

$$\frac{\partial}{\partial x^l}\to\frac{1}{\sqrt{-g}}\frac{\partial}{\partial x^l}\sqrt{-g}\qquad\frac{\partial}{\partial x^m}\to\frac{1}{\sqrt{-g}}\frac{\partial}{\partial x^m}\sqrt{-g}$$

此外，还必须加上当参考系由弯曲时-空转入局部惯性系时，曾从(1′)式中丢掉的最后两项，这样一来，当参考系从局部惯性系转回到弯曲时-空时，$\widetilde{T}^{ik}$ 转变为 T^{ik}，T^{ik} 应表示为

$$T^{ik}=-\frac{c^4}{16\pi G}\left\{\left[\frac{1}{\sqrt{-G}}\frac{\partial}{\partial x^l}\sqrt{-g}\right]\left[\frac{1}{\sqrt{-G}}\frac{\partial}{\partial x^m}\sqrt{-g}\right][g^{ik}g^{lm}-g^{il}g^{km}]\right.$$
$$\left.+2g^{lm}g^{np}[\Gamma^i_{ln}\Gamma^k_{mp}-\Gamma^i_{lm}\Gamma^k_{np}]\right\} \tag{6}$$

将(5)、(6)两式代入(2′)式以决定纯引力场的能量-动量密度。但在这里必须注意,(5)式中的偏导数$\frac{\partial}{\partial x^l}\frac{\partial}{\partial x^m}(\cdots)$对其宗量$(\cdots)$的微商将只产生对宗量的二次导量项,不会出现一次导量的乘积项,这是因为在局部惯性系中所有对 g^{ik} 的一次导量项都等于零,因此在(5)式中展开微商时不会出现如下形式的一次导量乘积项

$$\left(\frac{\partial g^{ik}}{\partial x^l}\right)\left(\frac{\partial g^{lm}}{\partial x^m}\right),\left(\frac{\partial g^{ik}}{\partial x^m}\right)\left(\frac{\partial g^{lm}}{\partial x^l}\right),\left(\frac{\partial g^{il}}{\partial x^m}\right)\left(\frac{\partial g^{km}}{\partial x^l}\right),\left(\frac{\partial g^{il}}{\partial x^l}\right)\left(\frac{\partial g^{km}}{\partial x^m}\right) \tag{7}$$

但是在(6)式中这样的一次导量乘积项必须保留。在这里(5)式中不出现这类乘积项和(6)式中必须保留这类乘积项,对一次导量乘积项的这一舍、取规则完全是等效原理的要求,不是数学运算法则的结论。现在按这一舍、取规则,根据(2′)式来推求纯引力场能量-动量表示[3]。

$$\begin{aligned}
t^{ik}&=T^{ik}-\tilde{T}^{ik}\\
&=\frac{c^4}{16\pi G}\left\{\left[\frac{1}{\sqrt{-g}}\frac{\partial}{\partial x^l}\sqrt{-g}\right]\left[\frac{1}{\sqrt{-g}}\frac{\partial}{\partial x^m}\sqrt{-g}\right][g^{ik}g^{lm}-g^{il}g^{km}]\right.\\
&\quad\left.+2g^{lm}g^{np}[\Gamma^i_{ln}\Gamma^k_{mp}-\Gamma^i_{lm}\Gamma^k_{np}]\right\}-\frac{c^4}{16\pi G}\frac{\partial}{\partial x^l}\frac{\partial}{\partial x^m}(g^{ik}g^{lm}-g^{il}g^{km})\\
&=\frac{c^4}{16\pi G}\left\{\left[g^{lm}g^{ik}\frac{\partial\ln\sqrt{-g}}{\partial x^m}\frac{\partial\ln\sqrt{-g}}{\partial x^l}+g^{ik}\frac{\partial g^{lm}}{\partial x^l}\frac{\partial\ln\sqrt{-g}}{\partial x^m}+g^{ik}\frac{\partial g^{lm}}{\partial x^m}\frac{\partial\ln\sqrt{-g}}{\partial x^l}\right.\right.\\
&\quad\left.+g^{lm}\frac{\partial g^{ik}}{\partial x^l}\frac{\partial\ln\sqrt{-g}}{\partial x^m}+g^{lm}\frac{\partial g^{ik}}{\partial x^m}\frac{\partial\ln\sqrt{-g}}{\partial x^l}+\frac{\partial g^{ik}}{\partial x^l}\frac{\partial g^{lm}}{\partial x^m}+\frac{\partial g^{ik}}{\partial x^m}\frac{\partial g^{lm}}{\partial x^l}\right]\\
&\quad-\left[g^{il}g^{km}\frac{\partial\ln\sqrt{-g}}{\partial x^m}\frac{\partial\ln\sqrt{-g}}{\partial x^l}+g^{il}\frac{\partial g^{km}}{\partial x^l}\frac{\partial\ln\sqrt{-g}}{\partial x^m}+g^{il}\frac{\partial g^{km}}{\partial x^m}\frac{\partial\ln\sqrt{-g}}{\partial x^l}\right.\\
&\quad\left.+g^{km}\frac{\partial g^{il}}{\partial x^l}\frac{\partial\ln\sqrt{-g}}{\partial x^m}+g^{km}\frac{\partial g^{il}}{\partial x^m}\frac{\partial\ln\sqrt{-g}}{\partial x^l}+\frac{\partial g^{il}}{\partial x^l}\frac{\partial g^{km}}{\partial x^m}+\frac{\partial g^{il}}{\partial x^m}\frac{\partial g^{km}}{\partial x^l}\right]\\
&\quad\left.-2g^{lm}g^{np}[\Gamma^i_{ln}\Gamma^k_{mp}-\Gamma^i_{lm}\Gamma^k_{np}]\right\}\\
&=\frac{c^4}{16\pi G}\{[g^{lm}g^{ik}\Gamma^p_{lp}\Gamma^n_{nm}+g^{ik}\Gamma^n_{nm}(-\Gamma^m_{nl}g^{nl}-\Gamma^l_{nl}g^{nm})+g^{ik}\Gamma^n_{nm}(-\Gamma^l_{nm}g^{nm}-\Gamma^m_{nm}g^{ln})\\
&\quad+g^{lm}\Gamma^n_{nm}(-\Gamma^i_{nl}g^{nk}-\Gamma^k_{nl}g^{in})+g^{lm}\Gamma^n_{ln}(-\Gamma^i_{mn}g^{nk}-\Gamma^k_{mn}g^{in})+(-\Gamma^i_{ml}g^{mk}-\Gamma^k_{ml}g^{im})\cdot\\
&\quad(-\Gamma^l_{nm}g^{mn}-\Gamma^m_{mn}g^{ln})+(-\Gamma^i_{mn}g^{nk}-\Gamma^k_{mn}g^{in})(-\Gamma^l_{nl}g^{mn}-\Gamma^m_{nl}g^{ln})]-[g^{li}g^{km}\Gamma^p_{lp}\Gamma^n_{nm}\\
&\quad+g^{li}\Gamma^n_{nm}(-\Gamma^k_{nl}g^{mn}-\Gamma^m_{nl}g^{nk})+g^{li}\Gamma^n_{ln}(-\Gamma^k_{nm}g^{nm}-\Gamma^m_{nm}g^{nk})+g^{km}\Gamma^n_{nm}(-\Gamma^l_{nl}g^{ni}-\\
&\quad\Gamma^i_{nl}g^{ln})+g^{km}\Gamma^n_{ln}(-\Gamma^l_{mn}g^{ni}-\Gamma^i_{mn}g^{ln})+(-\Gamma^i_{nm}g^{nl}-\Gamma^l_{nm}g^{in})(-\Gamma^k_{pl}g^{pm}-\Gamma^m_{pl}g^{kp})\\
&\quad+(-\Gamma^i_{ml}g^{ml}-\Gamma^l_{ml}g^{im})(-\Gamma^k_{mn}g^{mn}-\Gamma^m_{mn}g^{kn})]-2g^{lm}g^{np}(\Gamma^i_{ln}\Gamma^k_{mp}-\Gamma^i_{lm}\Gamma^k_{np})\}
\end{aligned} \tag{8}$$

对 Chrisdoffel 符号双线性乘积形式$\{\Gamma^\mu_{lm}\Gamma^\nu_{np}\}$的各项,按 μ,ν 是否是 i,k 来归类,这

样(8)式可以分为4类,即μ,ν都不是i,k,如$\Gamma^{n}_{nm}\Gamma^{p}_{lp}$这一种形式;$\mu,\nu$中有一个是$i$,另一个不是$k$;$\mu,\nu$中有一个是$k$,另一个不是$i$;$\mu=i,\nu=k$。按这样分类后,适当整理虚指标,则有

$$\begin{aligned}t^{ik}=\frac{c^4}{16\pi G}\{&[g^{lm}g^{ik}\Gamma^{p}_{lp}\Gamma^{n}_{nm}-g^{li}g^{km}\Gamma^{p}_{lp}\Gamma^{n}_{mn}-g^{nl}g^{ik}\Gamma^{n}_{nm}\Gamma^{m}_{nl}-g^{mn}g^{ik}\Gamma^{n}_{nm}\Gamma^{l}_{nl}-g^{ik}g^{mn}\Gamma^{n}_{ln}\Gamma^{l}_{nm}\\&-g^{ik}g^{ln}\Gamma^{n}_{ln}\Gamma^{l}_{nm}+g^{li}g^{kn}\Gamma^{n}_{mn}\Gamma^{m}_{nl}+g^{li}g^{kn}\Gamma^{n}_{ln}\Gamma^{m}_{nm}+g^{km}g^{ni}\Gamma^{n}_{nm}\Gamma^{l}_{nl}+g^{km}g^{ni}\Gamma^{n}_{ln}\Gamma^{l}_{nm}-\\&g^{in}g^{kp}\Gamma^{l}_{nm}\Gamma^{m}_{pl}-g^{im}g^{kn}\Gamma^{l}_{ml}\Gamma^{m}_{nm}]+[g^{mk}g^{mn}\Gamma^{i}_{ml}\Gamma^{l}_{nm}+g^{mk}g^{ln}\Gamma^{i}_{ml}\Gamma^{m}_{mn}+g^{nk}g^{mn}\Gamma^{i}_{nm}\Gamma^{l}_{nl}+\\&g^{nk}g^{lp}\Gamma^{i}_{nm}\Gamma^{m}_{pl}+g^{km}g^{ln}\Gamma^{n}_{mn}\Gamma^{l}_{nl}+g^{km}g^{ln}\Gamma^{n}_{ln}\Gamma^{i}_{nm}+g^{lm}g^{nk}\Gamma^{n}_{nm}\Gamma^{l}_{nl}-g^{lm}g^{nk}\Gamma^{n}_{ln}\Gamma^{i}_{nm}-\\&g^{nl}g^{kp}\Gamma^{i}_{nm}\Gamma^{m}_{pl}-g^{ml}g^{kn}\Gamma^{i}_{ml}\Gamma^{m}_{nm}]+[g^{im}g^{mn}\Gamma^{k}_{ml}\Gamma^{l}_{nm}+g^{im}g^{ln}\Gamma^{k}_{ml}\Gamma^{m}_{mn}+g^{in}g^{mn}\Gamma^{k}_{mn}\Gamma^{l}_{nl}+\\&g^{in}g^{ln}\Gamma^{k}_{nm}\Gamma^{m}_{nl}+g^{li}g^{nm}\Gamma^{n}_{mn}\Gamma^{k}_{nl}+g^{li}g^{mn}\Gamma^{n}_{ln}\Gamma^{k}_{mn}-g^{lm}g^{in}\Gamma^{n}_{mn}\Gamma^{k}_{nl}-g^{lm}g^{in}\Gamma^{n}_{ln}\Gamma^{k}_{mn}-\\&g^{pm}g^{in}\Gamma^{k}_{pl}\Gamma^{l}_{nm}-g^{mn}g^{im}\Gamma^{k}_{mn}\Gamma^{l}_{ml}]+2g^{lm}g^{np}(\Gamma^{i}_{lm}\Gamma^{k}_{np}-\Gamma^{i}_{ln}\Gamma^{k}_{mp})-g^{lm}g^{np}(\Gamma^{k}_{pl}\Gamma^{l}_{mn}+\\&\Gamma^{i}_{ml}\Gamma^{k}_{np})\}\end{aligned}\tag{9}$$

对(9)式中各方括号中的项进行整理和归并,由此可得到t^{ik}的如下显式

$$\begin{aligned}t^{ik}=\frac{c^4}{16\pi G}\{&[2\Gamma^{n}_{lm}\Gamma^{p}_{np}-\Gamma^{n}_{lp}\Gamma^{p}_{mn}-\Gamma^{n}_{ln}\Gamma^{p}_{mp}](g^{li}g^{km}-g^{ik}g^{lm})+g^{kl}g^{mn}[\Gamma^{i}_{lp}\Gamma^{p}_{mn}+\Gamma^{i}_{mn}\Gamma^{p}_{lp}-\\&\Gamma^{i}_{np}\Gamma^{p}_{lm}-\Gamma^{i}_{lm}\Gamma^{p}_{np}]+g^{il}g^{mn}[\Gamma^{k}_{lp}\Gamma^{p}_{mn}+\Gamma^{k}_{mn}\Gamma^{p}_{lp}-\Gamma^{k}_{np}\Gamma^{p}_{lm}-\Gamma^{k}_{lm}\Gamma^{p}_{np}]+g^{lm}g^{np}[\Gamma^{i}_{lm}\Gamma^{k}_{np}\\&-\Gamma^{i}_{ln}\Gamma^{k}_{mp}]\}+\frac{c^4}{16\pi G}\{g^{lk}g^{mn}[\Gamma^{i}_{lm}\Gamma^{p}_{np}+\Gamma^{i}_{lp}+\Gamma^{p}_{mn}]+g^{il}g^{mn}[\Gamma^{k}_{lm}\Gamma^{p}_{np}+\Gamma^{k}_{lp}\Gamma^{p}_{mn}]-g^{lm}\\&g^{np}[\Gamma^{i}_{ln}\Gamma^{k}_{mp}+\Gamma^{i}_{lp}\Gamma^{k}_{mn}]\}\end{aligned}\tag{10}$$

现将(10)式中第二个花括号内前两个方括号中的逆变指标p分别与g^{lk}和g^{li}中的逆变指标k,i作平移交换,很容易将第二个花括号简化为以下形式:

$$\{\cdots\text{第 2 个花括号}\cdots\}=g^{lm}g^{np}[\Gamma^{i}_{mn}\Gamma^{k}_{lp}+\Gamma^{i}_{np}\Gamma^{k}_{lm}]$$

这样(10)式进一步化为

$$\begin{aligned}t^{ik}=\frac{c^4}{16\pi G}\{&[2\Gamma^{n}_{lm}\Gamma^{p}_{np}-\Gamma^{n}_{lp}\Gamma^{p}_{mn}-\Gamma^{n}_{ln}\Gamma^{p}_{mp}](g^{li}g^{km}-g^{ik}g^{lm})+g^{kl}g^{mn}[\Gamma^{i}_{lp}\Gamma^{p}_{mn}+\Gamma^{i}_{mn}\Gamma^{p}_{lp}-\\&\Gamma^{i}_{np}\Gamma^{p}_{lm}-\Gamma^{i}_{lm}\Gamma^{p}_{np}]+g^{il}g^{mn}[\Gamma^{k}_{lp}\Gamma^{p}_{mn}+\Gamma^{k}_{mn}\Gamma^{p}_{lp}-\Gamma^{k}_{np}\Gamma^{p}_{lm}-\Gamma^{k}_{lm}\Gamma^{p}_{np}]+g^{lm}g^{np}[\Gamma^{i}_{lm}\Gamma^{k}_{np}\\&-\Gamma^{i}_{ln}\Gamma^{k}_{mp}]\}+\frac{c^4}{16\pi G}\{g^{lm}g^{np}[\Gamma^{i}_{mn}\Gamma^{k}_{lp}+\Gamma^{i}_{np}\Gamma^{k}_{lm}]\}\end{aligned}\tag{11}$$

(11)式中第一个花括号中由因子$\{g^{xy}\Gamma^{i}_{jk}\}$组成的双线性齐式正是由Landau导得的纯引力场能量-动量密度t^{ik}的表示式。这个表示式非常简洁,只有16项[1]。而(11)式中第2个花括号内出现的两项:$g^{lm}g^{np}[\Gamma^{i}_{mn}\Gamma^{k}_{lp}+\Gamma^{i}_{np}\Gamma^{k}_{lm}]$,则是本方法中多计算出的两项。但如果用Hans根据等效原理所求得的t^{ik}表示,其项数更多,事实上若将Hans给出的t^{ik}表示用$\{g^{xy}\Gamma^{i}_{jk}\}$的双线性展开,所得的$\{g^{xy}\Gamma^{i}_{jk}\}$的双线性齐式将达到90项[4]。这并不奇怪,这是因为一方面一切由因子$\{g^{xy}\Gamma^{i}_{jk}\}$构成的双线性齐式都能很好地满足等效原理,因此只要这些双线性齐式同时能满足场方程,或者这些双线性齐式是从场方程导出的,它们都是t^{ik}的有效表示。而另一方面在虚指标的各种配对调节下,t^{ik}表示可能会出现很多不同的选择,如果配对调节得好,就可以使t^{ik}表示变得非常简洁;反之,t^{ik}表示将显得很繁复。就比较而言,Landau给出的t^{ik}表示是非常简洁的表示,因此等效

原理是一个非常宽松的条件，它几乎只是标示着引力场“存在”；反之，一切满足等效原理的场的能量-动量密度必然表示为$\{g^{ik}_{,l}\}$或$\{\Gamma^{i}_{kl}\}$的双线性齐式。因此，引力场的能量-动量密度t^{ik}绝对不可能用可定域化的张量来表征，对此，Landau 特称t^{ik}为赝张量。

原载《西南大学学报》2008 年第 30 卷，第 11 期

参考文献

[1] Landau L D, Lifshitz E M. 场论[M]. 任朗，袁炳南，译. 北京：高等教育出版社，1960：353.
[2] 邓昭镜. 等效原理与引力场的能量-动量表示[J]. 西南大学学报(自然科学版)，2008，30(9)：11-15.
[3] Landau L D, Lifshitz E M. *The Classical Theory of Field* [M]. London：Oxford Pergamon, 1975：242-244.
[4] Hans S. *General Relativity* [M]. London：Cambridge Univ Press, 1982：133-136.

天体演化中星体背景时空之基础作用

摘　要:根据宇宙演化的标准模型,以及所有粒子的热力学中等几率平权假设,分析了宇宙时-空的标曲率 k 与星体的内能 E、温度 T 之间的定量关系;有效地研究了宇宙曲面 R 的膨胀与收缩;有效地论证了"星体随宇宙曲面 R 的膨胀与收缩必然取决于星体的内能 E 的正、负"这一结论;论证了对于稳定宇宙时-空区域,宇宙时-空的标曲率 k 对 $R(t)$ 只取三个稳定值,表示如下:

$$k=-\left\{\dot{R}^2(t)-\frac{8\pi G}{3}\rho(t)R^2(t)\right\}\quad k=\begin{cases}-1\\0\\+1\end{cases}$$

在此基础上,我们就可以根据 Einstein 的动力学宇宙论来研究稳定宇宙的演化。例如,当 $k=-1$ 时,星球在 R 张成的双曲面上运行,星球的内能恒正;当 $k=0$ 时,星球在平直时-空中运行,星球的内能渐近于零;当 $k=1$ 时,星球在 R 张成的椭圆时-空曲面上运行,星球的内能负定。

关键词:标曲率 k;内能 E;温度 T;曲率标量 R

1. 星体中粒子的内能与背景时空

标准宇宙模型:设想宇宙是一个以标度因子 $R(t)$ 为半径张成的曲面,曲面上布满了星系,每个星体就是曲面上的一个点,点在曲面上的轨迹描述着星体在曲面上的运动,而标度因子的伸长和收缩描述着宇宙的膨胀和收缩。由于曲面上所有的点(即星体)与引力场之间的作用都是平权的,没有特殊的点,所以曲面上所有点的轨迹 $x(t)$ 与标度因子 $R(t)$ 之比必然是一个常数,表示为[1]

$$\frac{x(t)}{R(t)}=\frac{x(t_0)}{R(t_0)}=\text{Const}\tag{1}$$

由(1)式给出的宇宙标准模型的基本特征:宇宙曲面 $R(t)$ 的胀、缩与曲面上星体轨迹 $x(t)$ 的胀、缩是正比同步的。因此,分析 $R(t)$ 的胀、缩就等于分析星体轨迹 $x(t)$ 的胀、缩。

粒子热力学平权假定:在引力场中星体中的每一个粒子对引力场的贡献以及引力场对它作用的效应,都是平权的,没有特殊的粒子。因此,在相同的外在条件下,每个粒子在给定标度因子的引力场中的内能,粒子在引力场中的胀、缩,以及粒子所应具有温度的高低都应该是一样的。显然,典型地研究一个粒子在引力场中的内能是非常重要的。首先，将一个粒子已被激发的所有形式能量表示为粒子的动能 $\varepsilon_{\nu}(t)$ 和势能 $\varepsilon_{\varphi}(t)$ 之和，即

$$\varepsilon(t)=\varepsilon_{\nu}(t)+\varepsilon_{\varphi}(t) \tag{1'}$$

式中 $\varepsilon_{\varphi}(t)$ 是粒子的一切势能之总和。可以证明星体中一切正、反粒子对所产生的物质场的相互作用，其总效应是对粒子系贡献一定的动能(包含辐射)，这样一来 $\varepsilon_{\varphi}(t)$ 中将只有时空背景场——引力场对粒子产生的势能贡献了，而 $\varepsilon_{\nu}(t)$ 中则是粒子所有形式的物质场产生的动能和辐射能之和，于是在标准模型中粒子的能量就可以表示为[1]

$$\begin{aligned}\varepsilon(t)&=\varepsilon_{\nu}(t)+\varepsilon_{\varphi}(t)=\frac{1}{2}m|\dot{x}(t)|^2-\frac{4\pi}{3}|x(t)|^2\rho(t)\frac{mG}{|x(t)|}\\&=\frac{1}{2}m|x(t_0)|^2\frac{\dot{R}^2(t)}{R^2(t_0)}-\frac{4\pi mG}{3}|x(t_0)|^2\rho(t)\frac{R^2(t)}{R^2(t_0)}\end{aligned} \tag{2}$$

式中 $R(t)$ 是 t 时刻的曲率标量，利用 Einstein 场方程，则有[2]

$$\begin{aligned}\varepsilon(t)&=+\frac{1}{2}m\frac{|x(t_0)|^2}{R^2(t_0)}\left[R^2(t)-\frac{8\pi G}{3}\rho(t)R^2(t)\right]\\&=-\frac{1}{2}m\frac{|x(t_0)|^2}{R^2(t_0)}k\end{aligned} \tag{3}$$

式中

$$k=-\left[R^2(t)-\frac{8\pi G}{3}\rho(t)R^2(t)\right]\quad k=\begin{cases}-1\\0\\+1\end{cases} \tag{4}$$

是背景时空的空间曲率符号，k 的取值是 $-1,0,+1$。当 $k=-1$ 时，$R(t)$ 构建的是双曲时空；当 $k=0$ 时，$R(t)$ 构建的是平直时空；当 $k=+1$ 时，$R(t)$ 构建的是椭圆时空。这表明在有引力场存在的情况下，物系所具有的能量必然由引力场和物质场共同决定，也就是说，只有对给定的引力时空(即给定 k 值)时粒子的内能才是守恒的[2-3]，实际上由(3)式可知，当 k 是某一给定常数时，可以写出：

$$\text{对于给定的 } k \quad \varepsilon(t)=\varepsilon(t_0,k) \tag{5}$$

即在给定的 k 值中，$\varepsilon(t)$ 不随 t 变化，是一个守恒量。现在假定星体中存在这样的区域，在这样的区域中所有粒子的初始内能皆相等，或者说，就统计角度看该区域中的这些粒子的初始内能在允许涨落的范围内皆相等，于是这个区域中所有粒子组成的粒子系的总内能 $E(t)$ 可以表示为[4]

$$E(t)=-\frac{N}{2}m\frac{|x(t_0)|^2}{R^2(t_0)}k\quad k=\begin{cases}-1\\0\\+1\end{cases} \tag{6}$$

式中：N 是区域中的粒子数；$E(t)$ 是由 N 个粒子组成的小天体，即粒子系的内能。(6)式清楚地表明，对于给定的 k，这个小天体的内能是守恒的，同时，小天体(星体)的内能是可正可负的，当星体系统的背景时空是双曲时空时，其空间曲率 $k<0$，这时星体的内能显然是正定的，即 $E(t)>0$；当星体系统的背景时空是平直时空时，$k=0$，这时星体系统的内能 $E(t)=0$；当星体系统的背景时空是椭圆时空时，$k>0$，这时对应的星体系统

的内能 $E(t)<0$。这就是说,星体系统内能的符号是可正可负的,不会总是正定的,取决于星体所处的背景时空的曲率。当星体处于椭圆时空时,其背景时空的曲率 $k>0$,它将表明星体内负定的引力能的贡献超过了正定的动能和光辐射的贡献,这时星体系统内能就是负定的。

2. 星系系统的温度

系统的温度标示该系统达到热平衡时单粒子平均能量的量度[5]。一般说来,对整个天体系统而言,不可能在整个天体内达到热平衡,但可以在星体内任一小区域中,近似地达到热平衡,对此可以对天体引入温度函数 $T(x_i)$,或者说对星体可以形成一个温度场。最简单的温度场是球对称的,例如一个球状星体中形成了温度依半径分层分布的温度场。如果星体是一个正在引燃核爆炸的火球,星体的温度就是一个球对称分布的高温场,中心温度最高(可以是正无穷大),然后分层温度逐层下降,直到星体表面温度降到某个正温度值。又如该星体是一个正在长大的黑洞,这时中心区温度最低(可以是负无穷大),然后分层温度逐渐升高,直到黑洞表面温度升到某一个有限的负温度值。有了上述关于温度函数的概念后,就可以对任何一个能达到热平衡的区域引入一个物理量——温度,它定义为:温度是已达到热平衡的区域中单粒子内能密度平均的正相关函数,当该区域的热平衡达到充分热激发时,温度将正比于单粒子的平均内能密度,表示为[5]

$$T(x^i)=f^+(\langle\varepsilon(r_i)\rangle)=f^+\left(\frac{E_i}{N_i k_B}\right)\xrightarrow{\text{FTE}}\frac{C}{N_i k_B}E_i \tag{7}$$

式中:N_i 是 r_i 层中的粒子数,k_B 是 Boltzmann 常数,E_i 是第 i 层的内能,$f^+\left(\frac{E_i}{N_i k_B}\right)$是 E_i 的正相关函数,当达到充分热激发时,$T(x^i)$正比于 E_i,FTE 表示充分热激发(FTE:Full-thermal-excitation),C 是比例常数。利用(6)式,对充分热激发的系统,温度的符号将由

$$T(x^i)=-\frac{Cm|x(t_0)|^2}{2k_B R^2(t_0)}k \quad k=\begin{cases}-1\\0\\+1\end{cases} \tag{8}$$

给出。(8)式表明星体温度的符号由它所处的时空标曲率 k 决定,显然是可正可负的[6]。当星体处于双曲时空时,$k<0$,星体的温度 $T(x^i)>0$;当星体处于平直时空时,$k=0$,星体的温度 $T(x^i)=0$;当星体处于椭圆时空时,$k>0$,星体的温度 $T(x^i)<0$。这里可以看出,在平直时空中,星体要自膨胀到零压状态(即零温状态)时才能达到稳定。

3. 星体胀、缩与星体的内能

现在研究一个孤立的星体(或星云、星系)。这时,这个星体的总能量$\tilde{T}$与星体线度

的曲率标量$R(t)$之间必然满足以下关系[3]：

$$R=\frac{8\pi G}{c^4}\tilde{T} \tag{9}$$

注意，在这里为避免与温度T混淆，特将星体的总能量用$\tilde{T}$表示。按内能的本质含义，这里的$\tilde{T}$不是E，因为星体系统的内能是参与热力学过程的反应能[7]。因此若要将(9)式中的$\tilde{T}$用内能E表示，就必须从(9)式中扣除不参与热力学反应过程的固定总能$\tilde{T}_0$，故求得系统的内能E的表示

$$E=\tilde{T}-\tilde{T}_0 \tag{10}$$

由此求得

$$\Delta R=R-R_0=\frac{8\pi G}{c^4}E \tag{11}$$

式中$\Delta R=R-R_0$是星体反应前后曲率标量之差，写出(11)式等式两端的量纲表示[1]，有

$$E\frac{[\mathrm{m}]^2[\mathrm{kg}]}{[\mathrm{s}]}\cong 3.2\times 10^{43}\frac{[\mathrm{m}]^2[\mathrm{kg}]}{[\mathrm{s}]^2}\Delta R[x] \tag{12}$$

式中[m]是米，[kg]是千克，[s]是秒，[x]是标曲率的未知量纲，根据“一切等式都必须保证等式两端的量纲平衡”，由此可得

$$[\mathrm{x}]=[\mathrm{m}] \tag{13}$$

(13)式表明标曲率R的量纲正是宇宙曲面径向长度量纲m，而ΔR就是宇宙曲面膨胀与收缩的量度，消去等式两端量纲后，(12)式写为

$$E\cong 3.2\times 10^{43}\Delta R \tag{12$'$}$$

为今后分析方便计，将(12′)式写为

$$\Delta R\cong 0.312\,5\times 10^{-43}E \tag{13$'$}$$

(13′)式表明星体球的线度(即曲率标量)$R(t)$的变更ΔR正比于星体的内能，这是一个非常重要的结果。据此，对星体的演化进一步分析如下：

1) 从(13′)式可以看出，星体内能E的正、负决定着星体的膨胀与收缩。当星体内能正定时，$E>0$，星体膨胀，$\Delta R>0$；当星体内能负定时，$E<0$，星体收缩，$\Delta R<0$；当$E=0$时，星系的R则是由初始常数R_0决定的任意值。

2) 当星体的内能随时间增加时，$\frac{\mathrm{d}E}{\mathrm{d}\tau}\geqslant 0$，$\tau$是固有时间，星体的线度$R$将随时间加速膨胀，表示为

$$\Delta\nu_R\cong 0.312\,5\times 10^{-43}\frac{\mathrm{d}E}{\mathrm{d}\tau}\geqslant 0 \quad \nu_R\equiv\frac{\mathrm{d}R}{\mathrm{d}\tau} \tag{14}$$

(14)式描述了正当大爆炸引燃时星体加速膨胀的运行规律，这个规律具体表述：当星体中的核反应能不仅超过了自引力能，而且还与时俱增时，星体线度必然加速地膨胀。

3) 当星体中正定的内能随时间减少，即E满足$E\geqslant 0$，$\frac{\mathrm{d}E}{\mathrm{d}\tau}\leqslant 0$时，星体的线度仍然膨胀，只不过随时间减速地膨胀，有$\Delta\nu_R\leqslant 0$，表示如下：

$$\Delta\nu_R \cong 0.312\,5\times10^{-43}\frac{\mathrm{d}E}{\mathrm{d}\tau}\leqslant 0 \tag{15}$$

(15)式反映了大爆炸结束之后星体虽然仍在膨胀，但星体的膨胀速度随时间逐渐减小的情况。

4) 当星体中自引力占主导地位时，星体的内能负定，$E<0$，这时星体必然会自发地收缩，表示为

$$\Delta R \cong 0.312\,5\times10^{-43}E\leqslant 0 \tag{16}$$

(16)式描述了正要形成黑洞的星体其径向线度正在收缩的规律。

5) 当处于负能态的星体，不仅其内能负定($E\leqslant 0$)，而且内能的时间导数也负定$\left(\frac{\mathrm{d}E}{\mathrm{d}\tau}\leqslant 0\right)$。由此必然导致星体加速地收缩，这样的过程正是黑洞形成过程的写照，这时有

$$\Delta\nu_R \cong 0.312\,5\times10^{-43}\frac{\mathrm{d}E}{\mathrm{d}\tau}=-0.312\,5\times10^{-43}\frac{\mathrm{d}|E|}{\mathrm{d}\tau}\leqslant 0 \quad \frac{\mathrm{d}E}{\mathrm{d}\tau}\leqslant 0 \tag{17}$$

(17)式表明这时星体不仅自收缩，而且还加速地自收缩。

6) 当处于负能态的星体，其内能负定，$E\leqslant 0$，但内能的时间导数却是正定的，$\frac{\mathrm{d}E}{\mathrm{d}\tau}\geqslant 0$(即内能的绝对值随时间增加而不断减少，$\frac{\mathrm{d}|E|}{\mathrm{d}\tau}\leqslant 0$)，这时有

$$\Delta\nu_R \cong 0.312\,5\times10^{-43}\frac{\mathrm{d}E}{\mathrm{d}\tau}=-0.312\,5\times10^{-43}\frac{\mathrm{d}|E|}{\mathrm{d}\tau}\geqslant 0 \tag{18}$$

这种情况在星体形成黑洞的自收缩过程中又触发了内部核反应，从而导致处于负能态中星体的内能随时间增加，也即必然导致处于负能态中内能 E 的绝对值 $|E|$ 随时间增加而减少，$\mathrm{d}|E|=-\mathrm{d}E\leqslant 0$。例如在已形成黑洞星体的内部喷出热核反应产生的射流状态就可以使星体的内能的绝对值减少。

4. 背景时空的空间曲率 k 的基础作用

背景时空的空间曲率 k 对天体演化起着十分重要的基础作用[1]，图 1 标示了 k 的基础作用。

$$\begin{cases} E=-\dfrac{N}{2}m\dfrac{|x(t_0)|^2}{R^2(t_0)}k \\ \Delta R=-1.037\,5\times10^{-43}Nm\dfrac{|x(t_0)|^2}{R^2(t_0)}k \\ T=\dfrac{Cm}{2k_B}\dfrac{|x(t_0)|^2}{R^2(t_0)}k \end{cases} \tag{19}$$

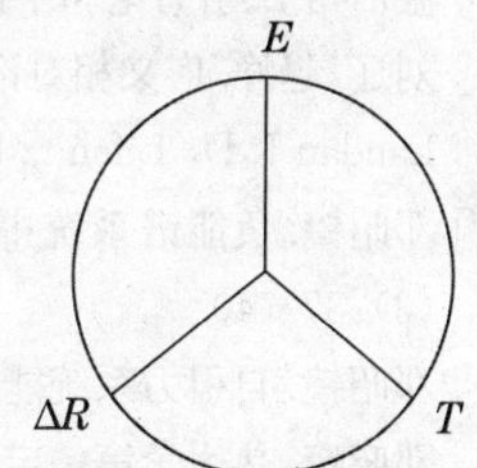

图 1　空间曲率 k 的基础作用

图 1 中的 k 是由作为时空背景场的场方程按(4)式确定的空间曲率常数 k，通过(4)式 k 表示为

$$k=-\left[R^2(t)-\frac{8\pi G}{3}\rho(t)R^2(t)\right] \quad k=\begin{cases}-1\\0\\+1\end{cases}$$

方程(19)是在各向同性的最大对称的假定下,由 Einstein 场方程给出的空-空分量(即径向分量)的场方程,对给定的时空状态,所给定的时-空曲率 k。而(4)式则给了一个由引力场径向标度 $R(t)$所满足的方程,因此,曲率 k 反映了在确定的物质场的作用下产生的确定的径向空间之引力场表示。当 $k=-1$ 时,表示在物质场作用下由引力场所构筑的双曲时空;当 $k=0$ 时,是在物质场与引力场达到平衡时的作用下产生的零效应的平直时空;当 $k=1$ 时,则是在物质场作用下,由引力场所构筑的椭圆时空。

图 1 清楚地表明:当星体处于双曲时空时,$k=-1$;星体的内能正定,$E>0$;星体的温度也正定,$T>0$;星体将自发地膨胀,$\Delta R>0$,这时只要星体有足够的正定的能源,例如足够的热核反应能,星体必然会走向大爆炸。当星体处于椭圆时空时,$k=1$,这时星体的内能负定,$E<0$;星体处于负温度状态中,$T<0$;这时星体中引力场占绝对优势,星体必将自发地收缩,$\Delta R<0$,形成黑洞。最后,当星体处于平直时空时,$k=0$,这时星体的内能始终是零,$E=0$;星体的温度也始终是零,$T=0$;这时星体中的引力场将时时、处处皆处于零点能状态,保证了星体的时-空总是平直时-空,在这种情况下,星体必然按 Clausius 热力学第二原理趋向熵极大的“热寂态”。

总之,宇宙如果没有引力场,就不会产生黑洞和大爆炸,这时宇宙是平直的。在这种情况下,宇宙的演化必然且只能在平直时空中按 Clausius 热力学第二原理走向热寂态,也即走向宇宙熵趋于极大的“热寂态”。然而,现在的宇宙存在着不可屏蔽的引力场,因此宇宙在实际中不可能恒处于平直时-空中,一般而言宇宙常处于双曲时空或椭圆时空中,这时不可屏蔽的引力场具有特殊的重要作用,引力场已成为物质系统的时-空背景场,在这样的时空背景场的支配下,宇宙不会平静,必然会形成黑洞,同时必然会引燃大爆炸。

原载《西南师范大学学报》2013 年第 38 卷,第 3 期

参考文献

[1] 温佰格 S. 引力论和宇宙论[M]. 邹振隆,张历宁,译. 北京:科学出版社,1980:545-548.
[2] 刘辽,赵峥. 广义相对论[M]. 北京:高等教育出版社,2000:81.
[3] Landau L D, Lifshitz E M. 场论[M]. 任朗,袁炳南,译. 北京:高等教育出版社,1959:332-333.
[4] 邓昭镜. 负能谱系统中热量自发地由低温流向高温[J]. 西南大学学报(自然科学版),2011,32(3):37-40.
[5] 邓昭镜. 自引力系统能态热力学[J]. 西南大学学报(自然科学版),2011,32(11):55-62.
[6] 邓昭镜. 热力学第一定律和黑洞热力学第一定律[J]. 西南大学学报(自然科学版),2010,31(9):30-35.
[7] 徐龙道. 物理学词典[M]. 北京:科学出版社,2004:60.

天体演化中正、反粒子对激发——Dirac 方程①

摘　要：当物质粒子随着它的线度 r 减小，粒子的速度 u 将会反比地上升。当物质粒子的线度 r 非常小时，粒子的速度必然会接近光速，$u \to c$，这时物质粒子已不再是普通的经典式的牛顿粒子了，而是处于高速状态中的相对论粒子。这种粒子遵循 Dirac 波动方程，这个方程不仅确立了粒子波函数的正能谱解，同时还确立了波函数的负能谱解。一切处于正能谱状态中的正常粒子，都是从真空的负能谱中激发产生出来的正常粒子，而且每当激发一个正常粒子进入正能谱中时，则会立即产生一个反粒子留在负能谱中，例如处于真空中负能谱内的电子受到激发跃迁到正能谱中，与此同时，就会产生一个正电子——电子的反粒子留在负能谱中。当 Dirac 关于他的正、反电子对理论提出时，并不被学术界承认，直到 4 年后，于 1932 年安德森在宇宙射线中发现了正电子时，才逐渐为人们所接受。更值得注意的是，1978 年天文学家从银河系的中心观测到了大量的正电子产生，以此判明了银河系中心一定存在负能谱，而且是 Dirac 式的负能谱。此外，大量天文观测资料表明银河系中心是高密度物质的聚集区，因此在这里会产生大量正电子粒子，这就更加证明了高密度物质是由正电子这类反物质形成的负能谱系统的重要形式。

1. Dirac 方程，Dirac 矩阵[1]

和光子的麦克斯韦方程有同等地位的电子的相对论变换不变方程就是 Dirac 方程。Dirac 方程是对两个旋量 φ 和 x 的一次齐次微分方程组，表示为

$$\left.\begin{aligned} i\frac{\partial\varphi}{\partial t}&=m\varphi+\sigma\hat{p}x \\ i\frac{\partial x}{\partial t}&=mx+\sigma\hat{p}\varphi \end{aligned}\right\} \tag{1}$$

式中 $\hat{p}=-i\nabla$ 是动量算符，m 是电子质量。现在我们来研究方程组(1)式的具体性质。

首先可以将两个旋量 φ 和 x 写成一个单一的具有四个分量表示双旋量，表示如下：

---

① 本文从 A. N. 阿希叶泽尔所著的《量子电动力学》中的第二章第九节内容引入。

$$\psi=\begin{pmatrix}\varphi\\ \chi\end{pmatrix}=\begin{pmatrix}\varphi^{\frac{1}{2}}\\ \varphi^{-\frac{1}{2}}\\ \chi^{\frac{1}{2}}\\ \chi^{-\frac{1}{2}}\end{pmatrix}=\begin{pmatrix}\psi^1\\ \psi^2\\ \psi^3\\ \psi^4\end{pmatrix} \tag{2}$$

(2)式给出的表示我们称为双旋量方程。为了将(1)式中的量写成由 ψ 表示的单一方程，我们引入四维矩阵(称为 Dirac 矩阵)，表示为

$$\alpha=\begin{pmatrix}0 & \sigma\\ \sigma & 0\end{pmatrix},\beta=\begin{pmatrix}1 & 0\\ 0 & -1\end{pmatrix} \tag{3}$$

这里 α、β 中的每一个矩阵元都将相应于一个二维矩阵，利用 α、β 矩阵，(1)式就可以表示为

$$i\frac{\partial\psi}{\partial t}=(\alpha\hat{p}+\beta m)\psi \tag{4}$$

若令 $\hat{H}=\alpha\hat{p}+\beta m$，则(4)式就等同于薛定谔方程，即

$$i\frac{\partial\psi}{\partial t}=\hat{H}\psi,\hat{H}=\alpha\hat{p}+\beta m \tag{5}$$

根据 α、β 的定义，可知

$$\alpha_i\alpha_k+\alpha_k\alpha_i=\delta_{ik},\beta^2=1,\alpha\beta+\beta\alpha=0 \tag{6}$$

现在引入以下的辅助四维矩阵，即

$$\Sigma=\begin{pmatrix}\lambda & 0\\ 0 & \beta\end{pmatrix},\rho=\begin{pmatrix}0 & 1\\ 1 & 0\end{pmatrix} \tag{7}$$

易于证明 Σ,ρ 满足以下关系：

$$\left.\begin{array}{l}\rho\Sigma-\Sigma\rho=0,\beta\Sigma-\Sigma\beta=0,\beta\rho-\rho\beta=0\\ \rho^2=1,\alpha=\rho\Sigma\\ [\alpha,\alpha]=2i\Sigma,[\alpha,\Sigma]=2i\alpha\\ \alpha_i\Sigma_k=\Sigma_i\alpha_n=\rho\delta_{ik}+ie_{ikl}\alpha_l\end{array}\right\} \tag{8}$$

这样一来由单位矩阵、3 个 Σ_j $(j=1、2、3)$矩阵、3 个和它们对易的矩阵 ρ_i $(\rho_r=\rho,\rho_2=i\beta\rho,\rho_3=\beta)$，以及和它们对应的 9 个乘积(共 16 个矩阵)，共同组成四维矩阵的线性无关完备系。

2. 具有正、反频率解的 Dirac 方程

由测不准原理可知，随着粒子线度 r 减小，粒子的速度将成反比地上升。显然，当粒子的线度非常小时，粒子的速度必然会很接近光速 c，这时所论的粒子已不再是经典式的牛顿粒子了，系统的粒子已是接近光速的相对论粒子了。在这种情况下，粒子系总以正、反粒子对的形式存在着，这种粒子遵从 Dirac 方程，Dirac 方程就是处于相对论状态中带电粒子的运动方程，表示为

$$\left.\begin{aligned} i\frac{\partial\varphi}{\partial t}&=m\varphi+\sigma\hat{p}x \\ i\frac{\partial x}{\partial t}&=-mx+\sigma\hat{p}\varphi \end{aligned}\right\} \tag{9}$$

式中 φ、x 是粒子旋量波函数，$\hat{p}=-i\nabla$ 是动量算符，m 是粒子(电子，正电子)的质量。尽管以上的两个方程与经典的麦克斯韦方程极为相似，但它们所反映的却是物质粒子的相对论运动规律。对方程(9)通过双自旋幺正变换，再利用以下的 Dirac 矩阵 α、β，即下式：

$$\alpha=\begin{pmatrix}0 & \sigma\\ \sigma & 0\end{pmatrix},\beta=\begin{pmatrix}1 & 0\\ 0 & -1\end{pmatrix} \tag{10}$$

就可以将(9)式表示成以下的等价形式：

$$\left.\begin{aligned} i\frac{\partial\varphi}{\partial t}&=(\alpha\hat{p}+\beta m)\psi=\hat{H}\psi \\ \hat{H}&=\alpha\hat{p}+\beta m \end{aligned}\right\} \tag{11}$$

(11)式表明具有薛定谔方程运动形式的，接近光速的高速粒子的运动方程，就是 Dirac 方程。

Dirac 方程的普解可以表示成傅立叶积分形式，即下式：

$$\psi=\int\psi_k e^{ikr}\,dk \tag{12}$$

将(12)式代入(11)式，则有

$$i\frac{\partial\psi_k}{\partial t}=(\alpha k+\beta m)\psi_k \tag{13}$$

式中 ψ_k 又表示成 $\psi_k=\begin{pmatrix}\varphi_k\\ x_\mu\end{pmatrix}$

代入(13)式，则有

$$\left.\begin{aligned} i\frac{\partial\psi_k}{\partial t}&=m\varphi_k+\sigma k x_k \\ i\frac{\partial x_k}{\partial t}&=-mx_k+\sigma k\varphi_k \end{aligned}\right\} \tag{14}$$

于是方程组的解可以表示成

$$\psi_k=\begin{pmatrix}\varphi_k\\ x_k\end{pmatrix}=\begin{pmatrix}\varphi_0(k)\\ x_0(k)\end{pmatrix}e^{-i\omega t}=\psi_0(k)e^{-i\omega t} \tag{15}$$

由此可得波函数 ψ_k 满足的方程是

$$(\alpha k+\beta m-\omega)\psi_k=0 \tag{16}$$

方程(16)所给出的有解条件是

$$\begin{vmatrix}\omega-m & -\sigma k\\ -\sigma k & \omega+m\end{vmatrix}=0 \tag{17}$$

由此可得

$$\omega=\sqrt{k^2+m^2},\sigma=1 \tag{18}$$

(18)式给出了电子系统能量、动量间的相对论关系。由此可见，Dirac 过程是一个熵增加过程，实际上当时-空背景中还没有激发粒子时，系统(即时-空背景)是处在未激发的基态中，这时时-空背景的熵是零，一旦背景时-空中激发出 Dirac 粒子(即正、负电子对)，粒子系统的熵必然会从零增加，表示如下：

$$\Delta S=S_t-S_0=S_i \tag{19}$$

这时，系统的熵将随着电子相继地向外跃迁，并使跃迁电子按能级分层，一层一层地填满正能谱的能级，从而使系统的熵也随着电子在正能谱的能级增加而不断地增加，从而使电子系统的熵也随之增长，同时留在负能谱中的反粒子正电子系统的熵也随之减少。

本文未发表，完成于 2014 年 2 月

参考文献

[1] A. N. 阿希叶泽尔. 量子电动力学[M]. 于敏，宋珏昇，等译. 北京：科学出版社，1964：64 - 66.

宇宙的演化、星体的内能和 Einstein 场方程①

摘　要:本文中论证了物系内能 E 与曲率常数 k 之间的线性关系,表示为

$$E(t)=-\frac{N}{2}m\frac{|x(t_0)|^2}{R^2(t)}k$$

上式表明:星体的内能 $E(t)$ 正比于宇宙曲面上所论点的时-空曲率,它决定了星体在宇宙曲面上只有三类基本时-空状态。具体言之,当 $k=-1$ 时,星体处于双曲时-空中,这时星体的内能必然正定,$E(t)\geqslant 0$,因此星体的压强也必然是正定的,$p(t)\geqslant 0$,显然这类星体必然会加速地膨胀;当 $k=1$ 时,星体处在椭圆时-空中,这时星体的内能必然负定,$E(t)<0$,由此所决定的星体的压强也必然是负定的;当 $k\to 0$ 时,星体处于平直时-空中,星体的内能必然要趋于零,即 $E(t)\to 0$,由此决定的星体的压强也必然趋于零,即 $p(t)\to 0$,这时物系中每个粒子所具有的平均动能正好被这些粒子所拥有的引力势能所对消。

关键词:Einstein 场方程;星系的内能;时空曲率;标度因子

1. 宇宙的演化

当今天体物理科学的主流学派在天体演化的研究中,仅仅根据 Einstein 场方程的时-时分量方程中确立的标度因子 $\ddot{R}(t)$ 所满足的方程,即[1]

$$\ddot{R}(t)=-\frac{4\pi G}{3}[\rho(t)+3p(t)]R(t) \tag{1}$$

就直接作出结论:只要 $\rho(t)+3p(t)<0$,则由标度因子 $\ddot{R}(t)$ 给出的宇宙线度 $R(t)$,将不断地加速膨胀,$\ddot{R}(t)>0$。我们认为就 Einstein 场方程看来,这个结论是错误的,这是因为(1)式成立是有条件的,它只表示在 Einstein 场方程中由时-时分量缩并形式所确定的标度函数 $R(t)$ 满足的第一个方程,也就是 $R(t)$ 必然满足的第一个条件。除此以外,由 Einstein 场方程中空-空分量的缩并形式所确立的标度因子 $R(t)$,还应该且必须满足的第二个方程(或者说第二个条件),表示为[1]

$$R(t)\ddot{R}(t)+2\dot{R}(t)^2+2k=4\pi G[\rho(t)-p(t)]R^2(t) \tag{2}$$

① 本文作者为邓昭镜、陈华林。

(2)式就是由标量因子 $R(t)$所必须满足的第二个方程(也即第二个条件)。至于由Einstein场方程给出的时-空分量缩并形式所建立的标度函数 $R(t)$,应满足的方程是一个 0=0 的恒等式。这就是说,在Einstein场方程中,标度函数 $R(t)$应存在两个必须同时满足的条件,即由方程(1)和方程(2)给出的条件。在这里如果断章取义地从这两个方程中为我所用地只选取其中任何一个方程(比如方程(1)),由此所给出的 $R(t)$都不会是Einstein场方程的解所要求的 $R(t)$。因此,由当今天体物理主流学派仅根据时-时分量缩并形式所确立的 $R(t)$,显然,不会是Einstein引力场方程的解所要求的 $R(t)$。这就是说,当今天体物理主流学派断章取义地仅根据时-时分量缩并形式(即(1)式)所确定的 $R(t)$函数及其演化规律,显然不会是Einstein场方程的解所要求的 $R(t)$应具有的演化规律。由此可见,当今天体物理主流学派所确立的"宇宙始终在加速地膨胀"这条宇宙演化规律,显然是错误的。

这就是说,若要求得Einstein场方程所要求的标度函数 $R(t)$的演化规律,必须通过(1)式与(2)式联立,很容易地求得[2]

$$k=-\left\{\dot{R}^2(t)-\frac{8\pi G}{3}\rho(t)R^2(t)\right\} \tag{3}$$

这个方程才是标度函数 $R(t)$应满足的演化方程,通常将它称为Einstein方程,或简称为标度方程。式中 k 是时空曲率常数,它对三类典型时空分别取 3 个常数值,即$-1,0,+1$。当 $k=-1$ 时,宇宙处于双曲时空中;当 $k=0$ 时,宇宙处于平直时空中;当 $k=+1$ 时,宇宙处于椭圆时空中。式中 $R(t)$是标示宇宙线度的标度函数,又称标度因子。

根据(3)式可知,宇宙的演化有三种类型,第一种类型是膨胀型时空演化,$k=-1$,在这类演化中,宇宙将以各种加速膨胀方式显示宇宙的存在;第二种类型是稳定型平直时空的演化,$k=0$,在这类演化中,宇宙将以各种趋向平衡的方式显示它的存在;第三种类型是收缩型时空演化,$k=+1$,在这类演化中,宇宙将以各种加速收缩聚集的方式显示它的存在。

必须指出,由(3)式给出的宇宙演化模式基本上属于相对静态的宇宙演化模式,实际宇宙的演化模式应该是动态式的宇宙演化模式。事实上(3)式的建立只考虑了引力场在宇宙演化中的作用,尚未考虑核反应对天体演化过程的基础作用。实际上核反应是在强引力场作用下,原处于负能态中的物质,一下子被转化为正能态中的物质过程。这部分被转化的物质或者从负能态凹坑中冲出,或者导致星球整体爆炸。这样的过程显然会使宇宙中原处于 $k=+1$ 中运行的物质,或者部分地,或者整体地转化为 $k=-1$ 中运行的物质。至于完全无序的 $k=0$ 状态系统,在有引力场持续存在的情况下,不可能是系统长久存在的稳定形式,它只能是在 $k=+1$ 和 $k=-1$ 间的一种过渡状态。

2. 星体的内能

如果宇宙基本上是均匀的,各向同性的,对于这样的宇宙就可以建立均匀且各向同性的标准宇宙模型,该模型是由标度因子 $R(t)$张成的大曲面表征的,这个大曲面的胀缩反映着宇宙的演化。为了描述具体星体的演化，就在 $R(t)$ 曲面上任一点处引入其半径比 $R(t)$ 小得多的，并跟随 $R(t)$ 一起共动的，代表粒子运动的小球面。在这个小球面上粒子的运动用 $x(t)$ 表征，于是在标准模型中，星体内任何粒子的运动轨迹，表征为[3]

$$x(t)=x(t_0)\frac{R(t)}{R(t_0)} \tag{4}$$

式中：$x(t_0)$ 和 $R(t_0)$ 是 $x(t)$ 和 $R(t)$ 的初始值，有了这个标准模型后，就可以求得一个相对稳定的星体粒子系统的内能 $E(t)$ 表示，即[2]

$$E(t)=\frac{N}{2}m\frac{|x(t_0)|^2}{R^2(t_0)}\left[R^2(t)-\frac{8\pi G}{3}\rho(t)R^2(t)\right]=-\frac{N}{2}m\frac{|x(t_0)|^2}{R^2(t_0)}k \tag{5}$$

式中：N 是星体的总粒子数，k 是星体在宇宙曲面上所论点的时空曲率。(5)式表明星体的内能 $E(t)$ 正比于星体在宇宙曲面上所论点的时空曲率 k，这是一个非常重要的结论，它不仅决定了星体在宇宙曲面上只具有三类基本时空状态，而且还决定了在什么曲率值时，星体必然会处于什么类型的时空状态。具体说，当 $k=-1$ 时，星体处于双曲时空中，这时星体的内能必然正定，$E(t)\geqslant 0$，因此该星体中的压强也必然是正定的，$p(t)\geqslant 0$，由此可进一步作出结论，星体必然要加速地膨胀；当 $k(t)=-1$ 时，星体处于椭圆时空中，这时星体的内能必然负定，$E(t)\leqslant 0$，由此决定的星体压强也必然是负定的，$p(t)\leqslant 0$，因此作出结论，星体必然要加速地收缩；当 $k(t)=0$ 时，星体处于平直时空中，这时星体的内能必然趋于零，$E(t)\to 0$，由此所决定的星体的压强也必然趋于零，$p(t)\to 0$，这就是说宇宙曲面上每个粒子的动能必然要趋于粒子所在点的引力势能，从而保证星体的内能和压强同时趋于零，$E(t)\to 0$，$p(t)\to 0$。在这个过程中，当星体内大量粒子的动能都略高于粒子的引力势能时，星体的内能 $E(t)$ 和压强 $p(t)$ 将从大于 0 的状态（即正能态）趋于零，表示为 $E(t)\to 0^+$ 和 $p(t)\to 0^+$；反之，当星体中大量粒子的动能略小于粒子的引力势能时，星体的内能 $E(t)$ 和压强 $p(t)$ 将从小于 0 的状态（即负能态）趋于零，表示为 $E(t)\to 0^-$ 和 $p(t)\to 0^-$。于是在 $k=0$ 的宇宙空间中，一切处于正能态中的星体必然以略高于引力势能的恒定速度膨胀，而一切处于负能态中的星体必然以略低于引力势能的恒定速度收缩。

Einstein 的引力理论已得到了大量天体观测实验的证实。首先，在天体物理观测中已发现了各种 γ 射线暴，超新星爆发和类星体的不断加速膨胀等观测资料，这些都是宇宙中加速膨胀星体存在的实证；同时又由天体物理观测资料已判明几乎所有银河系的中心都存在一个超大质量的黑洞，它能抓住并正在吞噬它周围的星体，使得银河系中心区的星体正在加速地向中心收缩，如果这个过程在银河系中占了优势，则整个银河系都将加速地收缩；又经天体观测资料表明太阳是一个相当稳定的，并以恒定速度膨胀的星体，因此，太阳是一颗以 $E(t)\to 0^+$ 和 $p(t)\to 0^+$ 的方式进入平直时空的稳态恒星；而孤立的白矮星则是一颗按 $E(t)\to 0^-$ 和 $p(t)\to 0^-$ 的方式以恒定速度收缩的过程进入平直时空的稳态恒星。

3. 由 Einstein 场方程直接给出的结论

Einstein 场方程是表示产生引力场的源与引力场之间关系的方程，若用 $R_{\mu\upsilon}$ 表示场，再用 $S_{\mu\upsilon}$ 表示产生场的源，则 $R_{\mu\upsilon}$ 与 $S_{\mu\upsilon}$ 之间所建立的关系就是 Einstein 场方程[4]，表示为

$$R_{\mu\upsilon}=-8\pi G S_{\mu\upsilon} \tag{6}$$

其中源表示为

$$S_{\mu\upsilon}=\frac{1}{2}(\rho-p)g_{\mu\upsilon}+(\rho+p)u_{\mu}u_{\upsilon}$$

ρ 是密度，p 是压强，u_{μ} 与 u_{υ} 是四维速度分量，如果在球对称中用 Robertson-Walker 度规（R－W 度规），则源量表示为[4]

(a) 源的表示

$$\text{时-时分量}: S_{u}(t)=\frac{1}{2}[\rho(t)+3p(t)] \tag{7}$$

$$\text{时-空分量}: S_{it}(t)=0 \tag{8}$$

$$\text{空-空分量}: S_{ij}(t)=\frac{1}{2}[\rho(t)-p(t)]R^2(t)\tilde{g}_{ij} \tag{9}$$

式中：g_{ij} 是度规张量，$\tilde{g}_{ij}$ 是最大对称空间中的度规，$\tilde{g}_{ij}$ 和 $\tilde{R}_{ij}(t)$ 之间有 $\tilde{R}_{ij}(t)=-2k\tilde{g}_{ij}(t)$ 关系表示。而场分量 $R_{j\upsilon}$ 在 R－W 度规中表示为

(b) 场量表示

$$\text{时-时分量}: R_{u}(t)=\frac{3\ddot{R}(t)}{R(t)} \tag{10}$$

$$\text{时-空分量}: R_{it}(t)=0 \tag{11}$$

$$\text{空-空分量}: R_{ij}(t)=\tilde{R}_{ij}(T)-[R(t)\ddot{R}(t)+\dot{R}^2(t)]\tilde{g}_{ij}(t) \tag{12}$$

到此为止我们已对源和场分别建立了它们的分量表示，现在只需将(7)、(8)、(9)和(10)、(11)、(12)诸方程代入 Einstein 场方程(6)式中，就可以建立 Einstein 场方程的时-时、时-空和空-空分量式中由标度因子给出的如下表示

$$3\ddot{R}(t)=-4\pi G[\rho(t)+3p(t)]R(t) \tag{13}$$

$$0=0 \tag{14}$$

$$R(t)\ddot{R}(t)+2\dot{R}^2(t)+2k=4\pi G[\rho(t)-p(t)]R^2(t) \tag{15}$$

进一步由(13)、(15)两式很容易地求出前面(3)式所给出的稳态型 Einstein 方程：

$$k=-\left\{\dot{R}^2(t)-\frac{8\pi G}{3}\rho(t)R^2(t)\right\}$$

这个 Einstein(标度)方程很清楚地表明，在宇宙曲面上，若粒子间处在彼此排斥状态中，$k=-1$，则粒子系所处的宇宙曲面是双曲型的；若粒子间处在彼此相互吸引状态中，$k=1$，则粒子系所处的宇宙曲面是椭圆型的；最后，当粒子系中粒子的引力势能和它的动能处在近似平衡的不受力状态中时，$k=0$，则粒子系占有的宇宙曲面是一张渐近平面。

现在利用(3)式很容易地求得以下结果：

$$\ddot{R}(t)=\frac{8\pi G}{3}\left[\frac{\dot{\rho}(t)}{2\dot{R}(t)}+\frac{\rho(t)}{R(t)}\right]R^2(t) \tag{16}$$

进而引入 $\rho(t)$ 对 $R(t)$ 的状态方程[5]：

$$\rho(t)=\eta R(t)^{-\lambda},\lambda>0 \tag{17}$$

将(17)式代入(16)式中，则求得

$$\ddot{R}(t)=\frac{4\pi G}{3}[2-\lambda]\rho(t)R(t) \tag{18}$$

这里由(18)式给出了很重要的结果，这个结果表明：当 $\lambda=2$ 时，承载星体的宇宙曲面保持恒速膨胀(或收缩)，宇宙曲面中星体密度 $\rho(t)$ 反比于宇宙标度因子 $R(t)$ 的平方，即 $\rho(t)\propto R^{-2}(t)$，显示了宇宙中星体密度达到最大均匀状态的分布，因此，星球中任何粒子所受的力基本上是零，粒子处于平衡状态中；当 $\lambda<2$ 时，$\ddot{R}(t)>0$，表示星体中每个粒子都受到一种使其膨胀的正压力，从而使整个系统处于加速膨胀状态中；反之，当 $\lambda>2$ 时，$\ddot{R}(t)<0$，星体中每个粒子都会处于减速状态中，这时每个粒子将受到收缩的负压，从而使星体处于加速收缩型的负压状态中。谈到这里我们再一次指出，根据(3)式建立的宇宙演化模型是一种相对静态的宇宙演化模型。这意思是说，当物系处于某个相态所给定 k 值状态的类型中时，例如处于 $k=1$ 的收缩型状态类型中时，如果没有非引力作用的能源存在，宇宙就不会自动地实现由 $k=1$ 类型的系统转变为 $k=-1$ 类型的系统。要实现不同 k 值宇宙类型的转化，必须有某种新能源产生，而且这种新能源又必须是靠自引力过程的触发来实现的，否则只好依赖上帝了。实际上在自引力压缩下物质系统必然会通过核反应过程产生新能源，这种新能源就可以实现将 $k=+1$ 的系统转化为 $k=-1$ 的系统，也就是说将系统从负能态转化为正能态，使系统由吸引型的自聚集型系统转化为自排斥型的自膨胀型系统。在这样一场由引力诱导的核反应中，大尺度中的自引力系统就能很自然地与小尺度中的核子相互作用系统有机地联系起来。在这里，将小尺度中的粒子间相互作用机制，视为一种功，这种功就是：在大尺度系统内由自引力冻结的高度聚集的极冷状态转化为高度爆胀的极热状态的过程中，由核反应能所做的功。因此，就可以将孤立宇宙的自转化过程视为一部热机过程，这时的宇宙就不再是静态式的宇宙了，而是一个能自动地在三个 k 值(−1,0,+1)间相互转化的活生生的宇宙了。

原载《西南师范大学学报》2013 年第 38 卷，第 7 期

参考文献

[1] 王永久. 经典黑洞和量子黑洞[M]. 北京：科学出版社，2008：235.
[2] Weinberg S. 引力论和宇宙论[M]. 邹振隆，张历宁，译. 北京：科学出版社，1980：545，548.
[3] 刘辽，赵峥. 广义相对论[M]. 2 版. 北京：高等教育出版社，2004：339.
[4] 邓昭镜. 天体演化中星体背景时空之基础作用[J]. 西南师范大学学报(自然科学版)，2013，38(3)：46－50.
[5] 徐龙道. 物理学词典[M]. 北京：科学出版社，2004：53，925.

“热寂论”、热力学第二定律的局限性和负温度系统①

摘　要:对“热寂论”的实质进行了深入的剖析;对热力学第二定律的局限性进行了深入探讨;确定了熵增原理的适用范围,进而提出了一个关于运动物质演化规律的完整表述。

关键词:热寂论;排斥运动;吸引运动;负温度

1. “热寂论”及其相关的批判理论

1865年克劳修斯在概括出热力学两个基本原理之后,就将这两个基本原理断然地推广到整个宇宙。他写道:热力学的两个主要原理,可以用下述简单形式表述为宇宙的两个基本规律,即(1) 宇宙的能量是守恒的;(2) 宇宙的熵趋于极大。然后,克劳修斯进一步得出推论:“宇宙越是接近于其熵为最大值的极限状态,它继续发生变化的可能性就越小;当它最后完全达到这个状态时,就不会再出现进一步的变化,宇宙将永远处于一种惰性的死寂状态。”这就是克劳修斯提出的“热寂论”[1]。百多年来科学界、哲学界各方面的学者都为“热寂论”幽灵所困扰,曾对此提出了各种学说,试图摆脱“热寂论”的困扰,但大多数学说对“热寂论”的批判不仅无说服力,甚至是“热寂论”的反证。下面试看几个例子:

(a) “麦克斯韦妖”理论[2]。这个理论提出一种理想实验,这个实验可以违反热力学第二定律,在孤立体系中导致熵减。麦克斯韦理想实验设想在均匀处于平衡分布的一缸气体中,于其中央置一隔板,板上开有小孔,令一种“小妖”守在小孔处,它能自动地按高于和低于某一速率将分子从隔板处分开,从而能导致气体分子对速度的非平衡分布,形成熵减少过程,这个理想实验显然是不能实现的“理想实验”。因此,它在实际上起着反证“热寂论”存在的作用。

(b) 玻耳兹曼“小涨落理论”。玻耳兹曼在承认“热寂论”的前提下提出宇宙“小涨落”论,这个理论指出,鉴于宇宙无限大,即使宇宙已进入“热寂”态,但由于不断地、频繁地产生“小涨落”,可以使宇宙中地球甚至太阳系线度区域进入非平衡的熵减状态,在有限时间内这个非平衡“小宇宙”系统可以展开丰富多样的物质运动和结构。宇宙的“小涨落”保证了宇宙永恒的生命。这个理论之所以不能批判“热寂论”,是因为它是以“热

---

① 本文作者为邓昭镜、袁静平。

寂论”作为它立论的前提。更重要的是“小涨落”只能维持在适当条件下既定的恒星、行星的各类运动，但是它不能产生星云、星际云和恒星星团这些大规模的宇宙结构，因此这个理论或者在承认这些大规模的宇宙结构是生来就有的，或者在承认它们是由万能的造物主创造的。

(c) 庞加莱周期论[3]。庞加莱根据 Hamilton 原理导出的刘维方程论证了如下命题：“一个相互作用的有限系统，它的态局限于相空间有限区域内，那么对系统的任何给定态，系统将在一个有限时间内，以给定的准确度接近并经过给定态”，这就是庞加莱周期。这个命题只不过是玻耳兹曼关于熵的几率表示 $S=k\ln W$ 的另一表述而已。的确，热力学第二定律是一个统计性规律，它在本质上表征着系统恒有趋向几率最大的状态的趋势，从而确定了系统发展的方向性，但是这条定律并没有说处于任意给定的小几率态，系统不能在发展中再次达到，只是说再次达到的几率很小而已。庞加莱定理证明了只要系统在相空间中局限于有限区域中运动，这个给定态再次通过的几率就不会为零，因此庞加莱周期与热力学第二定律是一致的，由此可见，庞加莱周期不可能否定“热寂论”。

2. “热寂论”和热力学第二定律的局限性

既然以上几种学说都不能否定“热寂论”，那么“热寂论”反科学的实质在哪里？怎样才能从本质上驳倒“热寂论”？这就是近百年来科学界、哲学界十分关注的课题。

我们认为“热寂论”错误的本质在于它违反了物质运动的普遍联系的辩证法。恩格斯指出：“一切运动都存在于吸引和排斥的相互作用中，运动只能在每一个别的吸引被另一个别的与之相当的排斥所补偿时，才可能发生；否则一个方面会胜过另一方面，于是运动就会停止。”[4]“热寂论”只考虑了作为排斥运动形式的热运动(例如粒子的无序动能运动)，没有考虑作为吸引运动形式的万有引力的作用，在这一立论前提下，物质的运动必然要趋向排斥运动的熵极大状态，即趋向克劳修斯所说的“热寂”状态。但是，若考虑万有引力的吸引作用后，系统究竟是走向均匀分散的“热寂”态，还是走向高度聚集的非均匀分布态呢？结果很难有定数。为了说明这一点，试举氢原子系统为例，当在氢原子间考虑到万有引力作用后，氢原子系统就不一定走向均匀分散的“热寂”态，在适当的条件下，系统必然将走向集中聚集态。

设一缸氢原子气体，温度 $T=300$ K(即室温)，当考虑氢原子间的万有引力作用时，试分析气体状态的发展趋势。从物理手册中可以查看：氢原子的质量 $m_H=1.674\times10^{-24}$ g；氢原子的玻尔半径 $a_0\approx0.5\times10^{-8}$ cm，300 K 时，氢原子的平均自由程 $\tau\approx2\times10^{-5}$ cm。根据这些数据，就可以估算氢原子间平均引力势能 ε_H 为

$$\varepsilon_H\approx\frac{-Gm_H^2}{t}\approx-0.9\times10^{-57}\ \text{J} \tag{1}$$

式中：G 为引力恒量，$G=6.67\times10^{-13}$ N·cm²/g²。同时 $T=300$ K 时相应的无序热运动能为

$$k_B T \approx 1.38\times10^{-23}\times300\ \text{J} \approx 4.1\times10^{-21}\ \text{J} \tag{2}$$

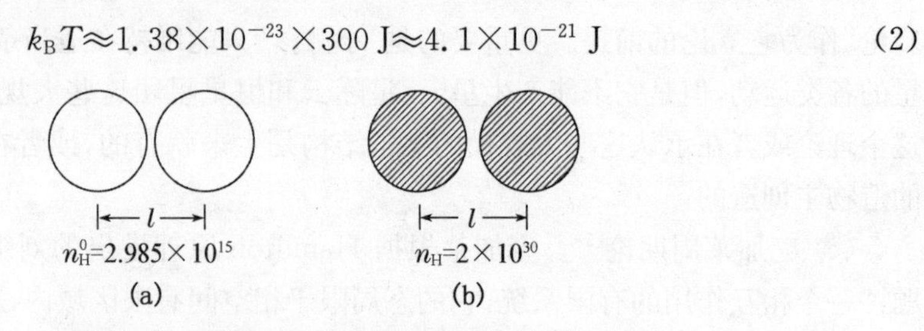

图 1　两种密度下，两单位体积氢原子球体间的引力作用

Fig. 1　The Cravitation Between Two Unity-Spberoid of Hydrogen Atoms with Two Density of Hydrogen Atom

在这种情况下，显然有 $k_B T \gg \varepsilon_H$，即与热运动比较，在氢原子间的万有引力作用完全可以忽略，排斥的热运动形式占绝对优势。对这种条件下的孤立的氢原子系统，熵趋向极大，系统趋向平衡的热力学第二定律是它的绝对法则，系统必然走向熵极大的"热寂"状态。但是当氢原子系统的密度达到白矮星的密度时，即 $\rho=\rho_W\approx10^7\ \text{g/cm}^3$ 时，氢原子间的引力作用就变得相当显著，这时氢原子系统不仅不会走向熵极大的"热寂"态，而且必然会自发地趋向物质分布的高度密集状态。

为了便于分析两种不同密度下氢原子系统的自发的发展趋势，应当比较两种氢原子密度下，两单位体积的氢原子间所具有的引力势能。如图 1 所示，图 1(a)是按 $T=300$ K 时的氢原子气体的密度($\rho(300)\approx5\times10^{-10}\ \text{g/cm}^3$)估算的单位体积中的氢原子数 n_H^0；图 1(b)是按 $T=10^7$ K 时，氢原子处于致密星密度($\rho(10^7)\sim10^7\ \text{g/cm}^3$)时估算的单位体积中的氢原子数 n_H。利用估算的 n_H^0 和 n_H，可以分别估算出两种密度下，两单位体积氢原子球间相距 $t(\approx2\times10^{-5}\ \text{cm})$时的引力势能。

$$\text{对于 } T_0=300\ \text{K 的低密度系统}\quad \varepsilon_H^0=-\frac{G(n_H^0 m_H)^2}{t}\approx-1.65\times10^{-26}\ \text{J}$$

$$\text{对于 } T_W=10^7\ \text{K 的高密度系统}\quad \varepsilon_H=-\frac{G(n_H m_H)^2}{t}\approx-7.44\times10^{17}\ \text{J} \tag{3}$$

由(3)式可知，对于低密度系统有：$|\varepsilon_H^0|\ll k_B T^0$；而对高密度系统有：$|\varepsilon_H|\gg k_B T_W$。因此，与无序热能比较，在低密度系统中可以完全忽略引力效应。而在高密度情况下，氢原子间引力势能将起支配作用。于是通常的几率公式对两种密度的氢原子系统将产生迥然不同的发展趋势，实际上系统的总能量可表示为

$$E(\{\vec{r}_i\})=\sum_i \varepsilon_k(i)+\sum_m \varepsilon_p(ij) \tag{4}$$

式中：$i=\vec{r}_i$；$\{\vec{r}_i\}\equiv(\vec{r}_1,\vec{r}_2,\cdots,\vec{r}_N)$；$nn$ 表示近邻求和。通常的几率公式应表示为

$$P(E,T)=\frac{e^{-\beta E|\vec{r}_i|}}{\sum e^{-\beta E|\vec{r}_i|}}=\frac{e^{-\beta[\sum\varepsilon_k(i)+\sum_m\varepsilon_p(ij)]}}{\sum_{|r^0|} e^{-\beta[\sum\varepsilon_k(i)+\sum_m\varepsilon_p(ij)]}} \tag{5}$$

式中：$\beta=\frac{1}{k_B T}$。对于 $T=300$ K 时的低密度系统，有 $|\varepsilon_p(ij)|\leqslant|\varepsilon_H^0|\ll k_B T\approx\langle\varepsilon_k(i)\rangle$，粒子热运动能占绝对优势，因此，几率公式可表示为

$$P(E,T) \approx \frac{e^{-\beta\left[\sum_i \varepsilon_k(i)\right]}}{\sum_{|\vec{r}_i|} e^{-\beta\left[\sum_i \varepsilon_k(i)\right]}} \tag{6}$$

(6)式表明系统的随机过程完全由氢原子的动能对 $k_B T$ 之比决定,这是熟知的高斯分布,系统在高斯分布下必然会自发地趋向平衡的均匀分散状态。对于 $T=10^7$ K 的高密度氢原子系统,这时有 $|\varepsilon_p(ij)| \leqslant |\varepsilon_H| \gg k_B T \approx \langle \varepsilon_k(i) \rangle$。与势能比较可以完全忽略氢原子动能,几率公式应表示为

$$P(E,T) \approx \frac{e^{-\beta\sum_m \varepsilon_p(ij)}}{\sum_{|\vec{r}_i|} e^{\beta\sum_m |\varepsilon_p(ij)|}} = \begin{cases} \dfrac{1}{\Omega} & \varepsilon_p(ij) \to 0 \\ 1 & \varepsilon_p(ij) \to \infty \end{cases} \tag{7}$$

式中:Ω 是系统的总状态数。$\sum\limits_{\{\vec{r}_{ij}\}}{}'$ 上的一撇表示求和的上界曲面要受到引力势的制约,就是说在超强度吸引源作用下,求和的上界曲面 $\sigma(\vec{r}\,',t)$ 也随时间不断地收缩。因此,作为求和上界函数 $\sigma(\vec{r}\,',t)$ 的泛函——配分函数 $Z=\sum\limits_{\{\vec{r}_{ij}\}}{}' e^{\beta\sum_m |\varepsilon_p(ij)|}$,将在超强吸引源作用下存在如下形式极限过渡[5]:

$$\lim_{t\to\infty} \vec{r}\,' \to 0, \lim_{r'\to 0} \sigma(\vec{r}\,',\infty) \to 0, \lim_{r'\to 0} \sum_{|r_{ij}|}{}' e^{\beta\sum_m |\varepsilon_p(ij)|} \to e^{\beta\lim\limits_{r_i\to 0}\sum\limits^{m} |\varepsilon_p(ij)|}$$

$$\lim_{ij\to 0} \varepsilon_p(ij) \sim -\frac{1}{r_{ij}^{\alpha}} \to -\infty^{\alpha}, \alpha \geqslant 2 \tag{8}$$

由此,几率函数 $P(E,T)$ 当 $t\to\infty, r_{ij}\to 0$ 时,必然导致 $P(E,T)\to 1$ 的结果,即(7)式中 $\varepsilon_p(ij) \to -\infty$ 的极限值。(7)式表明氢原子愈密集其几率愈大,因此系统必然导向高密度聚集态,而且可以证明系统的熵将在随机过程中自动地减小。事实上,由熵的一般定义式

$$S = -k_B \sum_E P(E) \ln P(E) \tag{9}$$

在高密度情况下熵可以表示为

$$S = -k_B \sum_{\{\vec{r}_i\}} \left\{ \frac{e^{\beta\sum_m |\varepsilon_p(ij)|}}{\sum_{\{\vec{r}_i\}} e^{\beta\sum_m |\varepsilon_p(ij)|}} \ln\left[\frac{e^{\beta\sum_m |\varepsilon_p(ij)|}}{\sum_{\{\vec{r}_i\}} e^{\beta\sum_m |\varepsilon_p(ij)|}} \right] \right\} \tag{10}$$

当 $r_{ij}\to\infty, \varepsilon_p(ij)\to 0, P(E)\to \dfrac{1}{\Omega}$,这时 S 有以下极限:

$$S \to -k_B \sum_E \frac{1}{\Omega} \ln \frac{1}{\Omega} = k_B \ln \Omega \tag{11}$$

这是通常的等几率态,就是说相距很远的氢原子态是等几率式地实现的。而当两点非常靠近时,$r_{ij}\to 0, P(E,T)\to 1$,从而有

$$S \xrightarrow[r_{ij}\to 0]{} 0 \tag{12}$$

现在若有一个引力起支配作用的氢原子系统,系统中既有氢原子密集区,又有氢原子分散区,系统处在这种状态的熵既非极小(即 $S\to 0$),又不是等几率极大(即 $S\to$

$k_B\ln\Omega$)，而是处于某一个中间值 S。在引力作用下，处于分散态的氢原子与处于密集态的氢原子比较其几率小得多，因此在随机涨落过程中，分散状态中的氢原子将自动地趋向密集区，使系统的体积收缩，系统的熵将自动地减少。

根据以上分析，我们可以得出有关物质演化发展的极为重要的结论：对于一个孤立系统，由其质量密度形成的引力相互作用的平均能量密度$\langle\varepsilon_p\rangle$与由温度标示的无序能量密度 $k_B T$ 比较时，如果有$\langle\varepsilon_p\rangle\ll k_B T$，则系统必然自发地走向熵极大态，系统的质量必然趋向均匀分布；如果有$\langle\varepsilon_p\rangle\gg k_B T$，则系统必然自发地走向质量高度密集态，系统的熵自发地减小(图 2)。

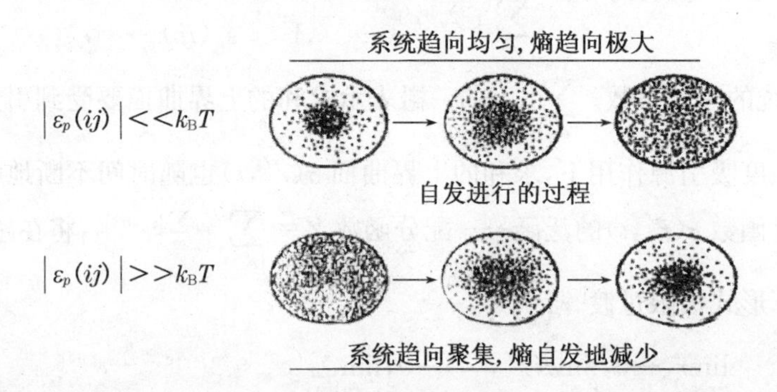

图 2　在$|\varepsilon_p(ij)\ll k_B T|$和$|\varepsilon_p(ij)\gg k_B T|$的条件下，系统具有相反的演化趋势

Fig. 2　On Condition that the $|\varepsilon_p(ij)\ll k_B T|$ and $|\varepsilon_p(ij)\gg k_B T|$, the Systen is Provided with Opposed Self-Evolution-Tendency

在这里我们已经清楚地看到，系统的演化方向并不取决于熵的增长方向，而是取决于几率的增长方向。当熵的增长方向与几率的增长方向一致时，系统的演化才由熵增加原理决定，孤立系统的熵趋向极大；反之，当熵的增长方向和几率的增长方向相反(或不定)时，系统的演化决不能由熵增原理决定。尤其是对于两者相反的情况，系统(包含孤立系统)将向几率增长方向演化，因此系统的熵将自发地减少。以上是在正温度条件下，通过由强力吸引源作用的非平衡收缩过程所导致的配分函数 $Z(\sigma(\{\vec{r}\},t),\beta)$的极限过渡程序，以形成几率函数 $P(E,\beta)$由概率分布导向 $P=1$ 的必然分布，论述了熵自发减少的必然。下面将从负温度系统角度，更严格地阐明孤立的强力吸引源系统必然会自发地沿着熵减少方向演化。

3. 负温度系统—强力吸引源系统

为了保证系统的概率函数 $P_i(\beta)=\dfrac{1}{Z}e^{-\beta\varepsilon_i}$ 能正常地归一化，必然要求系统的配分函数 $Z\equiv\sum_i e^{-\beta\varepsilon_i}$ 能有效地收敛，于是系统温度的正、负就必然会受到系统能谱结构的制约。事实上，由于系统中粒子的动能能谱 $\varepsilon_k(i)$可以延伸至无限大，在一般条件下，动能的可及值同样可以达到无限大，使得系统粒子的可及态能谱有下界而无上界，在这种情况下，配分函数 Z 中的温度参量 $\beta=\frac{1}{kT}$ 大于零，即温度为正，$T>0$。反之，对于存在强力吸引作用源的系统，例如具有引力势 $\varepsilon_p(r)\sim-\frac{1}{r^\alpha}$，$\alpha\geqslant2$ 的致密星系统，这时一方面在强力吸引作用下，系统内粒子的动能的实际可及的能级被限制在一个上界值以内，另一方面由于粒子间的强力吸引势 $\varepsilon_p(r)\sim-\frac{1}{r^\alpha}$，$\alpha\geqslant2$，当 $r\to0$ 时存在 $-\infty^\alpha$ 的奇异值，使系统的能谱有上界而无下界，这时为了保证配分函数能有效地收敛，Z 中的温度参量 β 必须小于零，即温度 $\vec{T}=-T\leqslant0$。就是说当系统的可及态能谱有下界而无上界时，系统的温度 $T\geqslant0$，称为正温度系统；当系统的可及态能谱有上界而无下界时，系统的温度 $\vec{T}=T\leqslant0$，称为负温度系统。如果系统的能谱既无上界又无下界，或者上、下有界，这时系统温度的正、负将依赖于系统的过程所处的基本能区，若以系统正能区的基态为原点，则当系统的过程处于正能区中时，系统的温度为正；反之，当系统的过程处于负能区中时，系统的温度为负(图 3)。事实上，当系统的能量恒为正时，即 $E_i>0$，为保证系统配分函数 $Z=\sum_i \mathrm{e}^{-\frac{E_i}{k_B T}}$ 的有效收敛，系统的温度必然大于零；反之，当系统的能量恒负时，即 $E_i<0$，这时配分函数应表示为

$$Z=\sum_i \exp-\frac{E_i}{k_B\vec{T}}=\sum_i \exp-\frac{|E_i|}{k_B\vec{T}},\vec{T}=-T<0 \tag{13}$$

由此决定的系统的温度 $\vec{T}\leqslant0$。

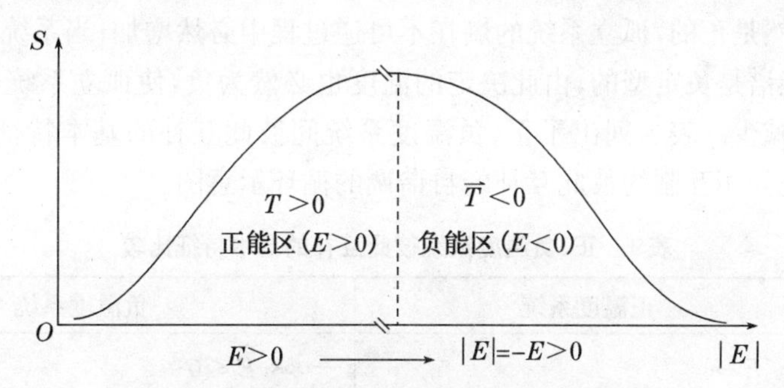

图 3　系统熵在两种能区中的变化曲线

Fig. 3　The Entropy of a System in Two Energy-Ranges as a Function of Energy

只要确定第二种永动机不可能，就可以作出如下结论：当系统由状态 1 不可逆地达到状态 2 时，系统吸收的热 $\Delta Q_\alpha=\sum_i đQ_{\alpha i}$ 必然小于由状态 1 可逆地达到状态 2 系统所吸收的热 $\Delta Q=\sum_i đQ_i$，即

$$\Delta Q=\sum_i đQ_i>\Delta Q_\alpha=\sum_i đQ_{\alpha i} \tag{14}$$

由此可得出由状态 1 到状态 2 所引起的熵改变为

$$\Delta S=\int_{1}^{2}\mathrm{d}S=\int_{1}^{2}\frac{\text{đ}Q}{T}\begin{cases}>\int_{1}^{2}\frac{\text{đ}Q_{\alpha}}{T},T>0\\<\int_{1}^{2}\frac{\text{đ}Q_{\alpha}}{T},T<0\end{cases}\tag{15}$$

对于不可逆绝热过程,显然有 $\text{đ}Q_{\alpha}=0$,由此可得相应的熵改变为

$$\Delta S\begin{cases}>0,T>0\\<0,T<0\end{cases}\tag{16}$$

因此,一个孤立系统,当其能谱有下界而无上界时,例如通常的 $T>0$ 的正温度系统,系统的熵在不可逆过程中必然自发地增加,即克劳修斯的熵增原理。但当系统的能谱有上界而无下界时,例如按规律$\frac{-1}{r^{\alpha}}$,$\alpha\geqslant 2$ 作用时,黑洞式的强力吸引源的负温度系统($\tilde{T}<0$),系统的熵在不可逆过程中必然自发地减少。在这里我们清楚地看出,物质的不可逆过程是包含熵增(或熵减)过程的更普遍的过程,显然不能单从孤立系统内过程的不可逆性就直接作出孤立系统熵增加的结论。

总之,孤立系统的熵在不可逆过程中是增加还是减少将取决于系统的过程处于正温区还是负温区。当过程处于正温区时,不可逆过程引起熵增加;而当过程处于负温区时,不可逆过程导致熵减少;而系统中过程温度的正、负又取决于系统能谱的结构。当系统的能谱有下界而无上界时,系统的温度为正;当系统的能谱有上界而无下界时,系统的温度为负。最后,系统的能谱结构又归结为系统的运动是由排斥型作用所支配,还是由吸引型作用所支配。当系统由排斥型作用所支配,系统的能谱是正定型的,由此决定的温度也必然是正的,孤立系统的熵在不可逆过程中必然增加;当系统由吸引作用所支配,系统的能谱是负定型的,由此决定的温度也必然为负,使孤立系统在不可逆过程中必然导致熵减少。表 1 列出了正、负温度系统间彼此互补的基本特征;图 4 给出了正、负温度系统间相互制约彼此互补的自谐调的循环示意图。

表 1　正、负温度系统彼此互补的基本特征比较

系统	正温度系统	负温度系统
能谱	$0\leqslant E_i\rightarrow\infty$	$-\infty\leftarrow E_i\leqslant 0$
温度	$T\geqslant 0$	$\tilde{T}\leqslant 0$
演化原理	熵增原理:孤立系统的熵在不可逆过程中恒增	熵减原理:孤立系统的熵在不可逆过程中恒减
功—热转化	功可以无补偿地完全转化为热,热不能无补偿地完全转化为功	热可以无补偿地完全转化为功,功不能无补偿地完全转化为热
耗散结构	在能量与物质的输入输出过程中靠吸入负熵流维持一定的序结构	在能量与物质的输入输出过程中靠吸入正熵流维持一定的序结构
有序、无序	有序→无序	无序→有序

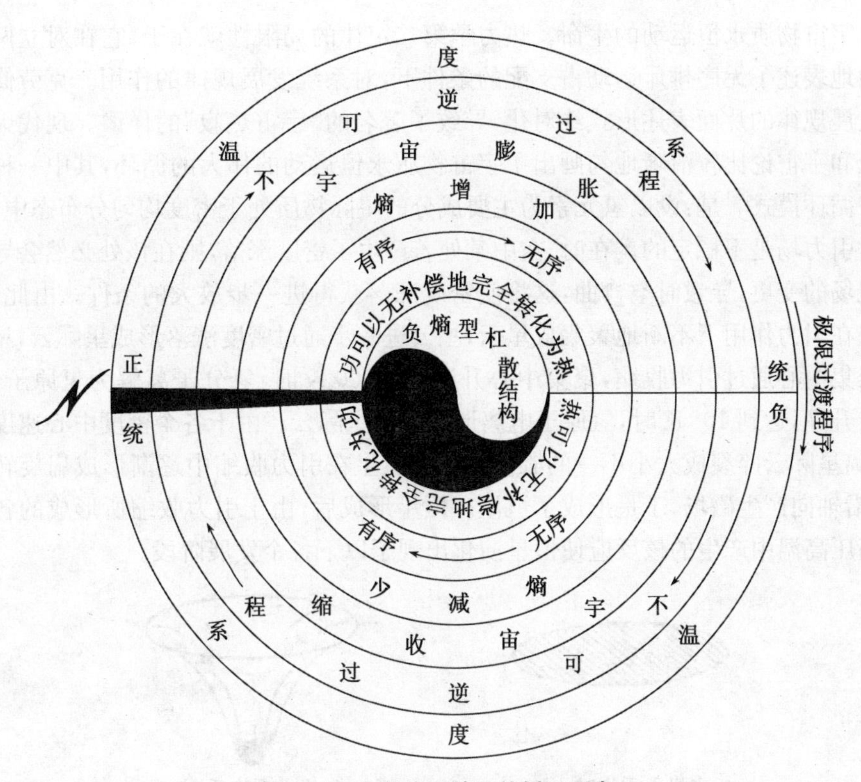

图 4　正、负温度系统互补循环示意

Fig. 4　The Hint for the Complementary-Cycle of the Positive and Negative Temperature-Systems

4. 宇宙物质的永恒循环

以上是在平直空间中单纯从热力学角度考虑引力效应时所得出的结论(或者是在引力度规的零级近似下得出的结论)。如果考虑时-空弯曲效应,则广义相对论证明了物质密度在时空中的均匀分布状态是引力场的极不稳定态,是经受不起任何密集涨落扰动的状态。物质产生引力场,引力场又通过引力度规构造物质运动的几何约束,这种约束将更加聚集物质。因此,引力场恒有使物质聚集的趋势。就是说物质愈聚集,由其引力度规构造的时空结构将更加驱使物质密集以形成更弯曲的时空。引力度规所构造的时空就像一张绷紧了的橡皮膜一样。当膜上没有物质时,橡皮膜是平直的。当膜上投入了物质,橡皮膜就变弯曲,物质密度愈大,弯曲愈厉害,这时橡皮膜上绝不可能自发地趋于物质的均匀分布(图 5)。就是说物质密度的最大聚集态应是引力场的稳定态。而排斥形式的热运动、光辐射等,则要求物质密度以最均匀的时-空分布为最稳定。物质愈集中,密度的时-空分布愈不均匀将是热力学自发地走向非平衡态。

由此可见物质的聚集态既是吸引运动形式的稳定态,又是排斥运动形式的不稳定态;而物质的均匀分散态既是排斥运动形式的稳定态,又是吸引运动形式的不稳定态。这种吸引、排斥、稳定、不稳定间的对立在物质运动中自始至终地存在着,正是这种对立维系着宇宙物质永恒运动的生命。热力学第二定律的局限性就在于,它在对立两极中仅片面地表述了无序排斥运动占支配的条件下,对系统发展规律的作用。克劳修斯又将对发展规律的片面表述形式绝对化,导致了著名的"宇宙热寂"的佯谬。现代天体演化理论和宇宙论比较清晰地勾画出了宇宙物质永恒运动的伟大的循环,其中一种可能的宇宙循环模式[5]是:设以氢元素为主要成分的星际物质处于密度均匀分布态中,这种状态对引力场是不稳定的。在时-空中某处若产生了密度涨落,则在该处必然会导致引力度规场的变更,导致时空弯曲,这将使密度涨落获得进一步放大的条件。由此,星际物质将在引力作用下不断地聚集成星云,星云进一步通过密度涨落形成星际云,星际云中各聚集中心通过引力收缩,聚集中心升温到 1 000 K 时,氢分子离解为氢原子,温度进一步升高,达到 10^4 K 时,氢原子电离形成电离星际云。由于各个密度中心速度不相同,电离星际云碎裂成大小不一的雏恒星。雏恒星在引力收缩中逐渐形成扁旋转椭球体,并沿轴向产生磁场,于是形成了恒星。恒星形成后,由于引力收缩所形成的各种层次的高压高温中产生的核反应使恒星演化出现了以下各个发展阶段。

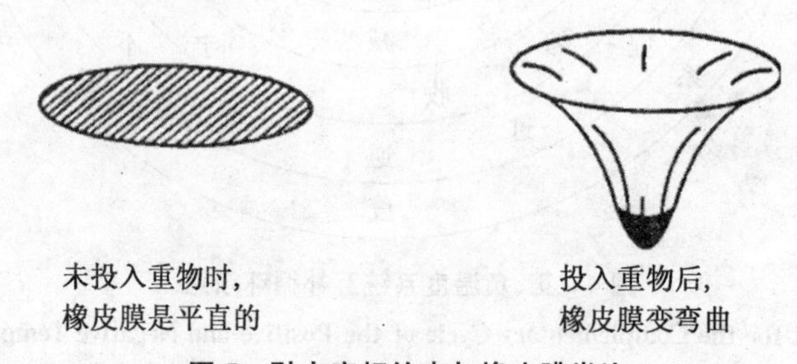

未投入重物时,
橡皮膜是平直的
投入重物后,
橡皮膜变弯曲

图 5　引力度规约束与橡皮膜类比

Fig. 5　The Cravitational Metric Field Anakogy to the Rubber Membrane

(1) 主星序阶段:氢聚合反应阶段,为恒星稳定演化的主要阶段。当恒星中心温度达到 7×10^6℃时,产生了强烈的氢聚变反应($^2\mathrm{H}+^2\mathrm{H}\longrightarrow{}^4\mathrm{He}+\varepsilon$),提供了强大的能量,能量主要以辐射方式向外传播。传播中形成的辐射压足以平衡引力收缩作用,使恒星收缩停止。处在这个阶段的恒星有多种类型,由于质量不一,表面温度有高有低,颜色也不同。质量大者引力大,升温快,核反应剧烈,氢燃料消耗快,致使恒星在此阶段停留的时间短。以太阳质量 $\Theta=2\times10^{30}$ kg 为单位,表 2 给出了不同质量恒星在主星序中停留的时间 T_{stop}。

表 2　不同质量恒星在主星序中停留时间

M	15Θ	5Θ	1Θ
T_{stop}(年)	10^7	7×10^7	10^{10}

(2) 红巨星阶段:以 He 作为燃料的发展阶段。恒星中氢燃料耗尽时,恒星暂时熄火,辐射压下降,恒星继续收缩,中心区温度和密度继续上升。当温度升到 1×10^8℃、密度达到 10^5 g/cm^3 时,恒星中心区产生氦(He)聚合为铍(Be)的反应。与氢聚合的反应比较,这个反应将产生更大的核反应能,因而足以产生超过引力收缩作用的更强的辐

射压,促使星体膨胀,表面积增大,表面温度下降,星体颜色变红,故名曰红巨星[6]。在红巨星阶段停留的时间取决于氦燃料储量。当氦燃料耗尽时,星体再度收缩,使星体进入密度更高、温度更高的致密星阶段。

(3) 致密星阶段。星体内燃料烧尽,熄火,辐射压下降,星体更剧烈收缩,使星体密度达到(1.75～2)×10^7 g/cm^3,温度近 5×10^8℃时,星体成为体积小的白色星,名曰白矮星。

(4) 大爆炸阶段。进入白矮星,一般而言进入致密星后,星体演化有两条途径,一是在不断的收缩中,使星体密度温度不断升高,直到星体足以进行超高能氦反应(即由铍聚变产生氧,或更高序元素)。由这种超能核反应产生的巨大核能足以迅速破坏星体在持续引力作用下维持的平衡,星体产生爆炸,爆炸后大部分物质辐射到星际空间成为组成新兴星云的材料。另一条途径是大量的致密星被时-空奇点——黑洞所吸收,成为小宇宙爆炸中心的资源。此外,有的星体在红巨星尾声,未进入白矮星时就可能产生爆炸,爆炸后的星体碎片中可以产生一般恒星收缩不可能产生的各种重元素,如金、铅、铀等。

总之,宇宙物质由星际物质经引力聚合形成星云,又通过密度涨落形成星际云,再经过收缩形成恒星,然后恒星在引力收缩与各种层次核反应之间的对立较量下,使之不断演化,直到爆炸,爆炸后,恒星物质又回归到星际空间成为星际物质,完成了宇宙物质的伟大循环。因此,宇宙决不会“热寂”,物质的一切运动形式和结构决不会永远沉寂。一切被散遣到宇宙太空中的星际物质,都会以铁一般的必然在引力作用下重新聚集起来,在聚集演化中,物质的一切运动形式和结构又会以铁一般的必然重新呈现出来。物质所有的运动形式和结构总以不断地产生和消灭的铁一般的规律完成着宇宙的永恒的伟大的循环。

参考文献

[1] 郭奕玲,沈慧君.物理学史[M].北京:清华大学出版社,1993:112-139.
[2] 申先甲,林可济.科学悖论集[M].长沙:湖南科学技术出版社,1999:103-106,209-215.
[3] 李政道.统计力学[M].北京:北京师范大学出版社,1984:86-88.
[4] 恩格斯.自然辩证法[M].曹葆华,于兴远,谢宁,译.北京:人民出版社,1955:48,20.
[5] Landau L D, Lifshitz E M.量子力学(上)[M].严肃,译.北京:人民出版社,1980:65-68,140-143.
[6] 什克洛夫斯基 I S.恒星的诞生、发展和死亡[M].黄磷,蔡贤德,译.北京:科学出版社,1986:192-230.

第二章　天体演化中的能谱理论

本章提要

1. 负能谱系统存在的必然性：Landau 提出，系统的负能谱结构取决于系统中粒子间相互作用的引力势的形式$\left(U(r)\propto-\frac{a}{r^s}\right)$。当引力势中 r 的幂次 $s<2$ 时，系统不可能形成负能谱。当 $s=2$ 时，若粒子所满足的薛定谔方程中的 $\gamma\leqslant\frac{1}{4}$，系统也不能形成负能谱系统；当 $\gamma\geqslant\frac{1}{4}$ 时，系统才能够形成负能谱系统。当 $s\geqslant2$ 时，系统必然会呈现为无下界的负能谱系统。

2. 相对论量子系统中的负能谱理论。弯曲时空中相对论标量粒子的能谱和平直空间一样会自动分裂为正、负两个能谱，这说明负能谱是四度时-空对称性的必然结果，而非引力场的结论。但是引力场(即时空弯曲)的存在可以导致正、负能谱间禁带能隙消失，从而成为正、负能谱连成一片的，其中粒子可自由度越的全无界能谱。

3. 高密度物质是负能谱系统存在的必然形式。相对论理想流体内部、超相对论流体核心区、超短程斥力球外，如中子星、黑洞等都是负能谱系统。白矮星是赝负能谱系统。

负能谱存在的必然性——Landau 的负能谱理论[①]

Landau 关于负能谱存在的论述，阐述了一个基本论点，那就是物质中负能谱的形成（或实现）取决于作用于系统中的引力势的形式，他对能谱的论述主要有以下几点：

1. 排斥势

如果粒子间的势场 $U(\vec{r})$ 在整个空间中恒有 $U(\vec{r})\geqslant 0$，且有 $\lim\limits_{r\to\infty}U(\vec{r})\to 0$，即粒子间相互作用势为排斥势时，则在这种势作用下物质的能谱恒满足

$$E_n > U_{\min}(\vec{r}) \geqslant 0 \tag{1}$$

其能谱必定是下界大于零的正定型能谱；另一方面，由量子理论可知，只要 E_n 无极值，则该能谱始终是连续谱。因此，当粒子间只存在无极值的排斥势时，系统的能谱必然是无上界的正定型连续谱，粒子只能做无限运动。

2. 引力势

若粒子间的势场为吸引势，即 $U(r)=-\dfrac{a}{r^s}$，其中 $a>0$，$s>0$。虽然当 $r\to 0$ 时，有 $U(r)\to-\infty$ 的发散值，但并不像经典情况对所有的 $s>0$ 值都可以形成负能谱，而是在对 s 和 a 有一定限制的条件下，才能形成有界和无界的负能谱，现在来分析这些条件。

试考虑粒子的波函数 $\psi(r,\theta,\varphi)=R(r)\Phi(\theta,\varphi)$，它在原点近旁，半径为 r_0 的小区域 Σ_0 内取非零值，而在小区域 Σ_0 外该波函数为零，显然由这种波函数形成波包所标识的粒子的坐标的不确定值将具有 r_0 量级，粒子的动量的不确定值将具有 $\dfrac{h}{r_0}$ 量级，于是小区域内由波包中波函数所表征的粒子的量子态的动量平均所取的量级应为

$$\langle\varepsilon_k\rangle\approx\langle\frac{p^2}{2m}\rangle\approx\langle\frac{\hbar^2}{2mr^2}\rangle\approx\frac{\hbar^2}{2mr_0^2} \tag{2}$$

而粒子间的势能，前面已假定为吸引势 $U(r)=-\dfrac{a}{r^s}$。因此，粒子在小区域内的平均势能应取的量级为

$$\langle\varepsilon\rangle\approx-\langle\frac{a}{r^s}\rangle\approx-\frac{a}{r_0^s} \tag{3}$$

---

① 本文为《负能谱及负能谱热力学》，西南师范大学出版社 2007 年版，第一章第二节。

由此，小区域Σ_0中粒子能量ε_i的平均$\langle\varepsilon_i\rangle$应取量级为

$$\langle\varepsilon_i\rangle \approx \frac{\hbar^2}{2mr_0^2}-\frac{a}{r_0^s}=\frac{A}{r_0^2}\left(1-\frac{a}{A}r_0^{2-s}\right), \tag{4}$$

式中$A=\frac{\hbar}{2m}$。于是由方程(4)就可以分析不同的s和a值下系统的能谱结构。

(1) 当$s<2$时，无论a为何值，总有

$$\lim_{r_0\to0}E \approx \lim_{r_0\to0}\frac{A}{r_0^2}\left(1-\frac{a}{A}r_0^{2-s}\right)\to\infty \tag{5}$$

同时，又当$r_0\to\infty$时，有

$$\lim_{r_0\to0}E \approx \lim_{r_0\to0}\frac{A}{r_0^2}\left(1-\frac{a}{A}r_0^{2-s}\right)\to0 \tag{6}$$

由此可知，粒子的能量在原点为∞，表明粒子进入力心的几率为零，虽然粒子在大距离上($r_0\to\infty$)能量$E\to0$，但在$s<2$的情况下，(4)式在$r_0=\left(\frac{2A}{sa}\right)^{\frac{1}{2-s}}$处存在极小值，即

$$E_{\min}=\frac{A}{r_0^2}\left(1-\frac{2}{s}\right)<0 \tag{7}$$

因此，即使在$s<2$的情况下，也可以存在有限下界$E_{\min}<0$的负能谱。Landau 特别分析了库仑引力势$U(r)\sim-\frac{a}{r}$的能谱结构，结果表明，这种系统存在无限多个能级组成的有限下界能级的间断的负能谱[3]，如

$$E_n=\frac{\hbar k}{2m}-\frac{ma^2}{2\hbar^2n^2}, n=1,2,3,\cdots \tag{8}$$

能谱的有限下界能级(即基态能级)的能量为$E_1=-\frac{ma^2}{2\hbar^2}$。但是可以证明，任何能量有限的负能级基态都可以通过能谱坐标平移，转变为基态能量为零的能谱。实际上，在这个例子里，只要稍对E_n作平移变换$E'_n=E_n+\frac{ma^2}{2\hbar^2}$，就可以将$E_n$变为能级处于$0\sim\infty$之间的基态能级为零的正能谱$E'_n$。因此，任何具有有限负基态能级的能谱实际上都是正能谱[3]。这就是说，当$s<2$时，系统的能谱必然是下界能级为零而无上界的正能谱。

(2) 当$s>2$时，一方面，由(4)式给出的能量将随$r_0\to0$而趋向任意大的负值，直到负能无穷大，即

$$\lim_{r_0\to0}E=\lim_{r_0\to0}\frac{A}{r_0^2}\left(1-\frac{a}{A}r_0^{s-2}\right)\to-\infty \tag{9}$$

(9)式表明，对于给定空间点(取为原点)附近线度为r_0的很小的区域中粒子量子态的平均能量可以取任意大的负值，因此粒子在原点近旁能量的本征也必然可以取任意大的负值，直至$-\infty$；另一方面，当$r_0\to0$时，粒子的平均能量$E\to0$。这就是说，系统的能谱必将呈现为无下界的负能谱，即E满足

$$-\infty<E\leqslant0 \tag{10}$$

(3) 当$s=2$时，称为临界情况，这时对稳态球对称系统，粒子的径向波函数$R(r)$满足的薛定谔方程是

$$-\frac{\hbar}{2m}\left[\frac{1}{r^2}\frac{\mathrm{d}}{\mathrm{d}r}r^2\frac{\mathrm{d}}{\mathrm{d}r}-\frac{l(l+1)}{r^2}-\frac{2m}{\hbar^2}U(r)\right]R(r)=ER(r) \tag{11}$$

式中 E 是波函数的能量本征值。令式中 $U(r)=-\frac{a}{r^2}$，即给出了 $s=2$ 的引力势，现在又令(11)式中的 $E=0$，也即给出了本征值 $E=0$ 的波函数所满足的方程：[5]

$$\frac{\mathrm{d}^2R}{\mathrm{d}r^2}+\frac{2}{r}\frac{\mathrm{d}R}{\mathrm{d}r}+\frac{\eta}{r^2}R=0,\quad \eta=\frac{2ma}{\hbar^2}-l(l+1) \tag{12}$$

求解(12)式，就能求出本征值 $E=0$ 的径向波函数 $R(r)$，而所求的这个波函数究竟是属于哪个能级的本征函数，则可以根据本征函数的振动定理(或零点定理)来判断[5]。具体地讲，当所求的本征函数 $R(r)$ 在原点近旁有 $n-1$ 个零点时，所求得的本征函数 $R(r)$ 就是第 n 阶激发态能级的本征函数，而且它的本征值 $E_n=E=0$。因此，当 $n-1=0$ 时，所求的 $R(r)$ 就是第 1 阶能级的本征函数，也即基态能级的本征函数，而且相应的基态能级的本征值 $E_1=E=0$。显然当 $n>1$ 且有限时，则表示在 $E_n=0$ 能级以下还有 $n-1$ 阶负能级，在这种情况下，基态能级的本征值 E_1 必然是一个有限的负值，即 $-\infty<E_1<0$。当 $n\to\infty$ 时，表示在 $E_n=0$ 能级以下还有无穷多阶负能级，这时粒子基态能级的本征值 $E_1\to-\infty$，也就是说，当零点数 $(n-1)\to-\infty$ 时，粒子系必然会形成无下界能级的负能谱。

留下的问题是如何判断波函数 $R(r)$ 在原点近旁会产生无穷多个零点。对此，Landau 作了肯定的回答，他指出，当(12)式中引力势 $U(r)$ 的负幂次 $s=2$ 时，决定波函数 $R(r)$ 在原点近旁能否产生无穷多个零点的关键在于式中的 η 系数是否大于 $\frac{1}{4}$。当 $\eta<\frac{1}{4}$ 时，$R(r)$ 在原点近旁只能产生有限个零点，因此，系统的能谱一定是正能谱；当 $\eta>\frac{1}{4}$ 时，$R(r)$ 在原点近旁会产生无穷多个零点，这时系统的能谱必然是无下界的负能谱。具体分析如下：

当 $\eta<\frac{1}{4}$ 时，粒子系不可能存在负能谱，这时由(12)式给出的波函数 $R(r)$ 在原点近旁将按 $\frac{A}{r^{|k|}}$ 的形式发散，因此 $R(r)$ 在原点处不存在零点，于是由 $\frac{A}{r^{|k|}}$ 给出波函数 $R(r)$ 必然是对应于基态能 $E_1=0$ 的系统，这种系统的能谱显然是正能谱。

当 $\eta>\frac{1}{4}$ 时，可以证明(12)式给出的径向波函数 $R(r)$ 呈如下形式：

$$R(r)=B\frac{1}{\sqrt{r}}\cos\left(\sqrt{\eta-\frac{1}{4}}\ln\frac{r}{r_0}+C\right) \tag{13}$$

式中 B，C 都是常数。这个解所具有的零点数将随 $r_0\to0$ 而无限地增多，因此在 $E_n=0$ 的能级以下的负能级阶数也必然随 $r_0\to0$ 而无限地增多。也就是说，对于给定的 r_0，若在 $E_n=0$ 能级以下产生了其绝对值足够大的但有限的基态负能级 $-|E_1(r_0)|$，则随着 r_0 进一步减小，并当减小到 r_0' 时，这个 $-|E_1(r_0)|$ 能级就会立即变成激发态能级，在它

之下将产生绝对值更大的基态负能级$-|E_1(r_0')|$，即$-|E_1(r_0')|>|E_1(r_0)|$。因此，随着$r_0\to 0$，基态能级的本征值$E_1\to -\infty$。于是我们得出结论：当引力负幂次$s=2$时，系数$\eta>\frac{1}{4}$就是在临界情况下系统形成无下界负能谱的条件。

总之，Landau 根据引力势的形式$\left(U(r)\sim -\frac{a}{r^s}\right)$，对粒子系的能谱结构作了确切而令人信服的论述，他的基本论点是：系统的能谱结构取决于粒子间相互作用势的形式，而系统的负能谱的存在形式，则取决于粒子间相互作用引力势$U(r)\sim -\frac{a}{r^s}$的形式，当引力势的负幂次$s<2$时，系统不可能呈现无下界的负能谱；当$s=2$时，若系统$\eta<\frac{1}{4}$，系统也不可能呈现负能谱；而在$s=2$的条件下，同时系数$\eta>\frac{1}{4}$时，系统才可以呈现为无下界的负能谱；最后当$s>2$，系统必然会呈现无下界的负能谱。在这里必须顺便指出：有人根据 Virial 定理在引力势的负幂次$s>2$时，给出了系统的能量是正定的结果，并以此来对 Landau 的负能谱理论提出质疑。这是不对的，因为 Virial 定理是在$\vec{p},\vec{q}$（动量与坐标）能同时取确定值（即$\hbar=0$）的条件下所导得的经典宏观定理，显然不能用它来讨论粒子的微观能谱结构。

负能谱存在的必然性——相对论量子理论①

上一节在非相对论量子力学(即 Schrodinger 方程)基础上介绍了 Landau 的负能谱理论，现在将进一步在相对论量子场论的基础上来阐述负能谱存在的必然性。为简化讨论，这里只涉及标量粒子系统。我们知道，在平直空间描写质量为 m 的标量粒子的相对论运动方程是 Klein-Gordan 方程，即

$$\left[\left(\frac{\partial}{\partial x^{\mu}}\right)^{2}-m^{2}\right]\Psi(x^{\mu})=0 \tag{1}$$

式中 $\Psi(x^{\mu})$是标量粒子波函数。(1)式的平面波解为

$$\psi(x^{\mu})=A\exp(ip_{n}x^{\mu}) \tag{2}$$

式中 $\psi(x^{\mu})$为粒子的四维动量，其中的三维动量$\bar{p}^{2}=p_{1}^{2}+p_{2}^{2}+p_{3}^{2}$，而 $p_{4}=iE$(这里已取光速 $c=1$)是粒子能量，将(2)代入(1)式，则有

$$p_{\mu}p_{\mu}+m^{2}=-E^{2}+p^{2}+m^{2}=0 \tag{3}$$

于是有

$$E_{\pm}=\pm\sqrt{p^{2}+m^{2}} \tag{4}$$

(4)式表明平直空间中标量粒子同时存在两个能谱：一个是下界为 $E_{+}^{0}=m$，而无上界的正能谱，即$\infty>E_{+}\geqslant m$；另一个则是上界为 $E_{-}^{0}=-m$，而无下界的负能谱，即$-m\geqslant E_{-}>-\infty$。在正负能谱间存在 $E_{+}^{0}-E_{-}^{0}=2m$ 的禁带，而与(1)式对应的粒子的运动方程可由 Hamiltonian 主方程给出，即

$$\left(\frac{\partial S}{\partial x^{\mu}}\right)^{2}+m^{2}=0 \tag{5}$$

式中 S 是 Hamiltonian 主函数，于是粒子运动的可及态则由下式决定：

$$\left(\frac{\partial S}{\partial x^{\mu}}\right)^{2}+m^{2}\geqslant 0 \tag{5'}$$

当进入弯曲时空中时，粒子运动的可及态方程应变为[4]

$$g^{\mu\nu}\left(\frac{\partial S}{\partial x^{\mu}}\right)\left(\frac{\partial S}{\partial x^{\nu}}\right)+m^{2}\geqslant 0 \tag{6}$$

式中 $g^{\mu\nu}$是逆变度规张量。不同的弯曲时空将具有不同的逆变度规张量，例如，对于由轴对称引力场产生的非 Kerr 时空，其线元 $\mathrm{d}s^{2}$ 可以由扁椭球坐标 x,y,ϕ 表示为[6]

$$\mathrm{d}s^{2}=k^{2}f^{-1}\left[\mathrm{e}^{2\gamma}(x^{2}-y^{2})\left(\frac{\mathrm{d}x^{2}}{x^{2}-1}+\frac{\mathrm{d}x^{2}}{1-y^{2}}\right)+(x^{2}-1)(1-y^{2})\mathrm{d}\phi^{2}\right]-f(\mathrm{d}t-\omega\mathrm{d}\phi)^{2} \tag{7}$$

式中 k 是实常数，f,γ 和 ω 是度规函数。与(7)式相应的非零逆变度规张量可分别表

① 本文为《负能谱及负能谱热力学》，西南师范大学出版社 2007 年版，第一章第三节。

示为

$$\left.\begin{aligned}
g^{00}&=\frac{k^2B(1-y^2)(2bA)^{-1}\mathrm{e}^{-2\varphi}-f\omega^2}{k^2(x^2-1)(1-y^2)}\\
g^{03}&=\frac{f\omega}{k^2(x^2-1)(1-y^2)}=g^{33}\\
g^{11}&=\frac{2b(x+y)^8(x^2-1)}{k^2B\mathrm{e}^{2(u-\varphi)}}\\
g^{22}&=\frac{2b(x+y)^8(1-y^2)}{k^2B\mathrm{e}^{2(u-\varphi)}}
\end{aligned}\right\}\tag{8}$$

(7)与(8)式中的 f,γ,ω 和系数 A,B,以及 ω 中的系数 C 分别表示为

$$\left.\begin{aligned}
&f=2b(x^2-1)\mathrm{e}^{2\varphi}\frac{A}{B},\mathrm{e}^{2r}=\frac{(x^2-1)A\mathrm{e}^{2\upsilon}}{(x^2-y^2)(x+y)^8}\\
&\omega=2kq+k\,\frac{q}{b}(4y+\tilde{\sigma}-\frac{C}{A})=k\omega'\\
&A=(x+y)^8-q^2(1-y^2)(x^2-1)^3\mathrm{e}^{4a}\\
&B=(b+1)(x+1)^2[(x+y)^8+q^2(x+1)^2(x^2-1)^2\mathrm{e}^{4a}]+\\
&\quad(b-1)(x-1)^2[(x+y)^8+q^2(x-1)^2(1-y)^2]\cdot\\
&\quad(x^2-1)^2\mathrm{e}^{4a}]\mathrm{e}^{4\varphi}+4q^2(x^2-1)^2(x+y)^5\mathrm{e}^{2\varphi+2a}\\
&C=(x+y)^5[(b+1)(1+y)(x+1)^3\mathrm{e}^{-2\varphi}+(b-1)(1-y)\cdot\\
&\quad(x-1)^3\mathrm{e}^{2\varphi}]\mathrm{e}^{2a}+2[q^2x(1-y^2)(x^2-1)^3\mathrm{e}^{4a}+y(x+y)^8]
\end{aligned}\right\}\tag{9}$$

式中 b,q 为实常数,而 $\upsilon,\tilde{\sigma},\varphi$ 和 a 都是以 $\dfrac{xy+1}{x+y}$ 为宗量的 Legendre 多项式展开式。将(8)式代入(6)式后,则有

$$\begin{aligned}
&\left[\frac{k^2B(1-y^2)}{2Ab}\mathrm{e}^{-2\varphi}-f\omega^2\right]\left(\frac{\partial S}{\partial t}\right)^2+f\omega\left(\frac{\partial S}{\partial t}\right)\left(\frac{\partial S}{\partial \phi}\right)+\\
&\frac{2b(x+y)^8(x^2-1)(1-y^2)}{B\mathrm{e}^{2(\upsilon-\varphi)}}\left[(x^2-1)\left(\frac{\partial S}{\partial x}\right)^2+\right.\\
&\left.(1-y^2)\left(\frac{\partial S}{\partial y}\right)^2\right]+f\omega\left(\frac{\partial S}{\partial \phi}\right)^2+(km)^2(x^2-1)(1-y^2)\geqslant 0
\end{aligned}\tag{10}$$

由于扁椭球坐标不能连续地覆盖黑洞内、外视界,因此必须对它进行乌龟坐标变换,将 $(x,y)\to(\tilde{x},\tilde{y})$,则有

$$\left.\begin{aligned}
\tilde{x}&=x+\frac{1}{2h}\ln(x-1)\\
\tilde{y}&=y-y_0
\end{aligned}\right\}\tag{11}$$

经过乌龟坐标变换后,(10)式化为

$$\left[\frac{k^2B(1-y^2)}{2Abe^{2\varphi}}-f\omega^2\right]\left(\frac{\partial S}{\partial t}\right)^2+2f\omega\left(\frac{\partial S}{\partial \phi}\right)\left(\frac{\partial S}{\partial t}\right)+\frac{2b(x+y)^8(x^2-1)(1-y^2)}{k^2Be^{2(\upsilon-\varphi)}}$$
$$\left[\frac{2h(x-1+1)}{2h(x-1)}\right]^2\left(\frac{\partial S}{\partial \tilde{x}}\right)^2+\frac{2b(x+y)^8(x^2-1)(1-y^2)}{Be^{2(\upsilon-\varphi)}}\left(\frac{\partial S}{\partial \tilde{y}}\right)^2+$$
$$f\omega\left(\frac{\partial S}{\partial \phi}\right)^2+k^2m^2(x^2-1)(1-y^2)\geqslant 0 \tag{12}$$

由主函数 S 决定的广义动量分量分别表示为

$$\frac{\partial S}{\partial t}=-E,\frac{\partial S}{\partial \phi}=I_\phi,\frac{\partial S}{\partial t}=\eta_y^I,\frac{\partial S}{\partial t}=I_y \tag{13}$$

式中 E 是能量，I_ϕ 和 I_y 是广义动量的 ϕ 和 y 分量，η 是实系数。由(12)，(13)两式可以给出关于粒子能量 E 的二次方程，即

$$\left[\frac{k^2B(1-y^2)}{2Abe^{2\varphi}}-f\omega^2\right]E^2-2I_\phi f\omega E+\frac{2\tilde{\theta}I_y^2(1-y^2)^2(x+y)^8(x^2-1)}{Be^{2(\upsilon-\varphi)}}+ \tag{14}$$
$$fI_\phi^2+(km)^2(x^2-1)(1-y^2)\geqslant 0$$

这里对(13)式中的有关 $\left(\frac{\partial S}{\partial \tilde{x}}\right)$ 与 $\left(\frac{\partial S}{\partial \tilde{x}}\right)^2$ 两项前的函数已引用 $\tilde{\theta}\equiv\left(\frac{\eta}{k}\right)^2$.
$\left[\frac{2h(x-1+1)}{2h(x-1)}\right]+1$ 来表示，对 E 的二次方程(14)式取等号，解出 $E_\pm$ 的两个根为

$$E_\pm^0=\frac{fI_{\phi\omega}\pm\sqrt{D}}{kB(1-y^2)(2Ab)^{-1}e^{-2\varphi}-kf\omega^2} \tag{15}$$

式中

$$D=\frac{B(1-y^2)}{2Abe^{2\varphi}}fI_\phi^2+\left[\frac{B(1-y)^2}{2Abe^{2\varphi}}-f\omega^2\right](km)^2(x^2-1)(1-y^2)+ \tag{16}$$
$$\frac{2I_y^2\tilde{\theta}(1-y^2)(x+y)^8(x^2-1)}{Be^{2(\upsilon-\varphi)}}$$

根据(14)式大于零可知 E_+^0 和 E_-^0 之间的能带为禁带，即禁带能隙为

$$\Delta E=E_+^0-E_-^0=\frac{2\sqrt{D}}{kB(1-y^2)(2Ab)^{-1}e^{-2\varphi}-kf\omega^2} \tag{17}$$

(14)和(17)两式表明，弯曲时空中相对论标量粒子的能谱和平直空间一样，仍然要自动地分裂为两个区域，一个是下界为 E_+^0 而无上界的正能谱：$\infty>E_+\geqslant E_+^0$；另一个是上界为 E_-^0 而无下界的负能谱：$-\infty<E_-\leqslant E_-^0$。所不同的是能隙明显地依赖于坐标 x,y，其中尤其依赖于 x。由(16)式和(17)式很容易证明，当 $x\to\infty$ 时，即远离黑洞而趋于平直空间时，能隙 $\Delta E\to 2m$；而当 $x=1$ 时，即趋于黑洞的外视界面时，能隙 $\Delta E\to 0$(如图1所示)。于是由(4)，(15)两式可以作出结论，负能谱存在的可能性是四度时-空对称性的必然结论，并非引力场(或时-空弯曲)的结论，但是时空弯曲(即引力场存在)却是导致正、负能谱间禁带能隙消失，以形成正、负能谱连成一片的全无界能谱，进而导致正、负能谱中粒子彼此自由度越的基础条件(或曰必要条件)，只有 Landau 的负能谱理论才实际地给出了满足什么条件的引力场(或具有什么条件的弯曲时空)才必然(或充分)

地导致负能谱的实现。这里再强调一次，负能谱存在的可能性是四度时-空对称性(即四度冲量满足 Lorentz 协变条件)的必然结论，并非引力场所导致的结果，但是引力场的存在(或时-空弯曲的存在)是消除正、负能谱间的禁带区，以实现正、负能谱间粒子彼此自由度越的全无界能谱，并使负能谱成为由真实粒子参与的真实过程而形成的量子态集的必要条件，只有 Landau 从引力势的具体形式提出的负能谱形成条件才具体地给出了负能谱的可实现的条件。

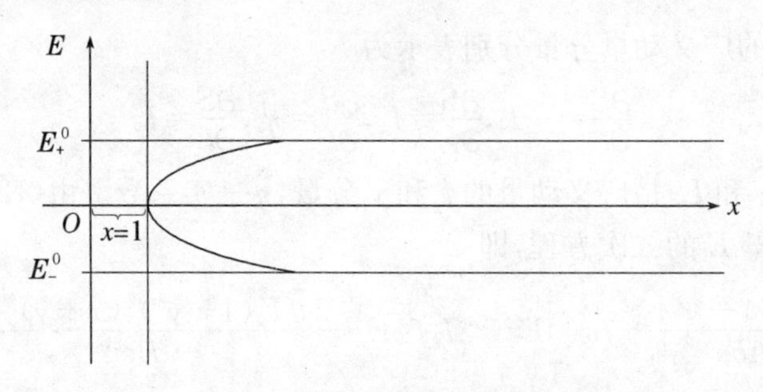

图 1　强引力场使时-空弯曲

负能谱存在的必然性——处于全无界能谱中的黑洞①

全无界能谱中黑洞内部是负能谱系统的易实现区，因此必须采用负能谱热力学理论来描述黑洞内部物质的宏观热力学性状和过程，只有这样，才能给出正确的表征，否则将会出现许多难以克服的矛盾。

1. 黑洞的能谱特征

按照 Landau 的负能谱理论[9]，要研究黑洞是否属于负能谱系统，首先必须研究黑洞的能谱结构，为讨论简化计，这里以静态球对称 Schwarzchild(SW) 黑洞为例来具体研究黑洞能谱结构的基本特征。

大家知道在 4 -度平直时-空中即不存在引力场的狭义相对论中，4 -度动量 p_μ 的平方在 Lorentz 变换下是一个不变量，即[10]

$$p_\mu p_\mu + m^2 = -\varepsilon^2 + p^2 + m^2 = 0 \tag{1}$$

于是

$$\varepsilon_\pm = \pm\sqrt{p^2+m^2}, \varepsilon_\pm^0 = \pm m \tag{2}$$

(2)式表明在 4 -度平直时-空中，自由粒子将平权地存在着两个能谱，一个是下界为 $\varepsilon_+^0 = m$，而无上界的正能谱：$\varepsilon_+^0 \leqslant \varepsilon_i < \infty$；另一个则是上界为 $\varepsilon_-^0 = -m$，而无下界的负能谱：$\varepsilon_-^0 \geqslant \varepsilon_i > -\infty$。在正、负能谱间，存在由 $\Delta\varepsilon_\pm^0 = \varepsilon_+^0 - \varepsilon_-^0 = 2m$ 给出的禁带。以上是没有引力场存在的情况下的能谱结构。现在对 4 -度时-空导入强引力场(即大质量源)，使 4 -度时-空弯曲。为简化计，假定 4 -度时-空弯曲是静态球对称的(即 SW 时-空)，通过由 SW 黑洞外部场度规所建立的引力场中相对论粒子的运动方程，证明了正、负能谱依然存在，所不同的是这时正能谱的下界 ε_+ 和负能谱的上界 ε_- 将明显依赖于时-空坐标 x、y，$\varepsilon_\pm$ 具体表示为

$$\varepsilon_\pm = \pm\frac{\sqrt{x^2-1}}{k}\left\{\frac{Cp_y^2}{D}(1-y^2)(x^2-y^2)^8 + \frac{C^2 p_\phi^2}{D^4(1-y^2)} + \frac{C}{D}(mk)^2\right\}^{1/2} \tag{3}$$

式中 $C=(x^2-y^2)^8$，$D=[(x+1)(x^2-y^2)^4+(3x^2+1)]^2$，$p_y$，$p_\phi$ 是动量的 y、ϕ 分量，k 是实常数。于是禁带能隙应表示为

$$\Delta\varepsilon_\pm = \varepsilon_+ - \varepsilon_- = 2\frac{\sqrt{x^2-1}}{k}\left\{\frac{Cp_y^2}{D}(1-y^2)(x^2-y^2)^8 + \frac{C^2 p_\phi^2}{D^4(1-y^2)} + \frac{C}{D}(mk)^2\right\}^{1/2} \tag{4}$$

① 本文为《负能谱及负能谱热力学》，西南师范大学出版社 2007 年版，第三章第八节。

注意这里的坐标 x 最具有特征性，$x=1$ 表示黑洞的外视界，而 $x\to\infty$ 则表示远离黑洞而趋于平直时空。由(3)、(4)两式可得以下两组极限：

$$\left.\begin{array}{ll}\lim\limits_{x\to1}\varepsilon_{\pm}=0, & \lim\limits_{x\to1}\Delta\varepsilon_{\pm}=0\\ \lim\limits_{x\to0}\varepsilon_{\pm}=\varepsilon_{\pm}^{0}=\pm m, & \lim\limits_{x\to\infty}\Delta\varepsilon_{\pm}=\Delta\varepsilon_{\pm}^{0}=2m\end{array}\right\} \tag{5}$$

(5)式表明由于引力场的出现，粒子的正、负能谱间的禁带能隙将随着接近黑洞视界而消失，当达到黑洞视界时，粒子的正、负能谱将连成一片，形成上、下全无界的能谱结构，表示如下：

$$-\infty<\varepsilon_{\alpha}<\infty,\varepsilon_{a}=\bigcup_{i=\pm}\varepsilon_{i} \tag{6}$$

由此可见负能谱的存在并不是引力场(或时-空弯曲)所导致的结果，而是由 4 -度平直时-空的对称性(即 $p_{\mu}p_{\mu}$ 在 Larentz 变换下的不变性)所得出的必然结论。但是引力场的存在却导致正、负能谱间禁带能隙在黑洞外视界上消失，从而在黑洞外视界之外由正、负能谱连成一片而形成的如(6)式所表示的全无界能谱。就是说，引力场是消灭正、负能谱间禁带能隙的根本因素，而黑洞外视界内部由于有更强的引力场存在，因此不可能再在黑洞内部出现禁带能隙，由此得出结论，黑洞内部必定仍然是由正、负能谱连成一片的全无界能谱。在这里，一方面根据 Landau 的负能谱理论，我们以 SW 黑洞为例，通过 TOV 方程严格地证明了 SW 黑洞内部的引力场完全满足形成负能谱系统的条件，因此 SW 黑洞内部必然是负能谱系统的可实现区；另一方面黑洞外视界外部又是易于实现 Hawking 黑体辐射能谱系统的区域，表明 SW 黑洞外部必然是正能谱系统的可实现区。图 1 绘制了 SW 黑洞正、负能谱结构示意，图中由双斜线标示的区域即正、负能谱的易实现区。这就表明 SW 黑洞在能谱结构上具有三大特征：① SW 黑洞是处于上、下皆无界的全无界能谱中的系统；② SW 黑洞的外视界是可实现的正、负能谱的交界面，外视界既是正能谱的下界 ε_{+}，同时又是负能谱的上界 ε_{-}；③ SW 黑洞外视界的内部是负能谱系统的可实现区，而在外视界的外部则是正能谱系统的易实现区(实际上，第③个特征相当于对平直时-空中建立的 Dirac 能谱结构在引力场作用下实现了一个同胚拓扑变换，通过这个变换将 Dirac 场中的负能谱域同胚地变换到黑洞内部，而将正能谱域同胚地变换到黑洞外部，同时又将 Dirac 能谱中的禁带压缩成为黑洞边界上厚度趋于零的薄层区域)。上述三个特征尽管只是对 SW 黑洞能谱作出的，但对其他稳态黑洞仍然成立。这是因为这些稳态黑洞与 SW 黑洞的基本差别仅在于在强引力场中加入了有限的其他形式的运动(如转动和电磁运动)，这些有限的其他形式的运动只能对系统能谱的能级产生漂移。对于视界面上的全无界能谱中所有的能级(其中当然包括由 $\varepsilon_{+}(1)=\varepsilon_{-}(1)$重合形成的能级)，同样只产生有限的漂移。而由这种有限的能级漂移所产生的效应显然只能改变外视界面上已形成的全无界能谱中能级的相对分布，绝不可能改变外视界面上已形成的全无界能谱的基本结构。因此，由全无界能谱的基本结构决定的 SW 黑洞外视界面上的三个基本特征，对其他稳态黑洞依然成立。正由于稳态黑洞是一个处于全无界能谱中的系统，因此黑洞可以在一定情况下显示为正能谱热力学系统(例如 Hawking 黑体辐射系统)，而在另一种情况下又显示为负能谱热力学系统(例如由物质自发地被黑洞吸收形成的系统),于是黑洞究竟在什么情况下必然显示为正能谱系统,又会在什么条件下显示为负能谱系统呢?对此必须对它确立一个客观的判别标准,这个标准正是下面我们将要建立的关于黑洞热力学类型的客观判据。

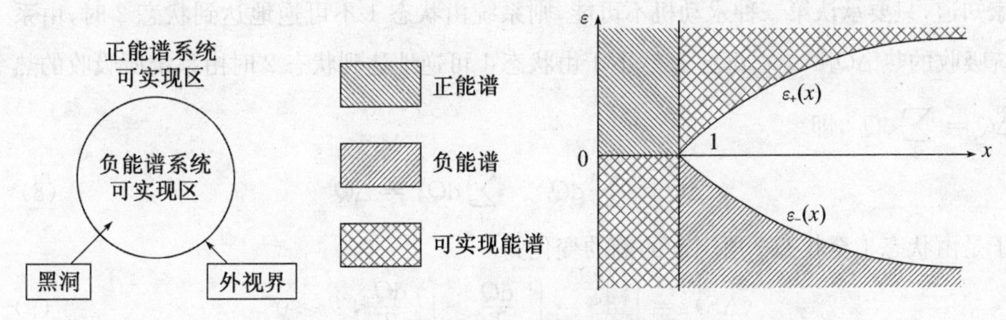

图 1 SW 黑洞正、负能谱结构标意

2. 热力学理论的逻辑程序

热力学理论存在一个严格的逻辑程序,这个逻辑程序可以由方框图表示如下:

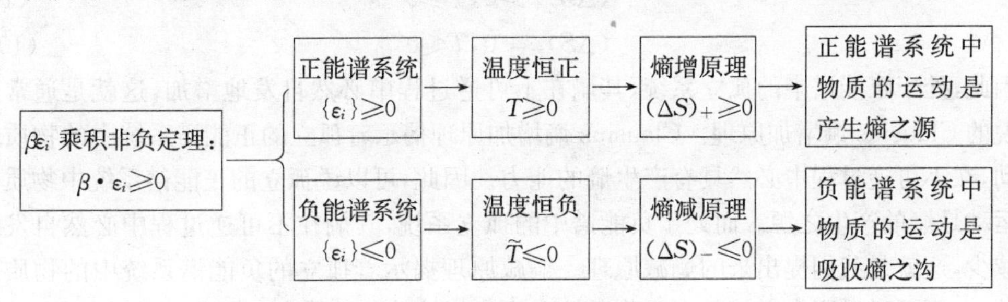

图 2 热力学理论的逻辑程序

这个逻辑程序成立的关键在于以下两条普适规律的建立,这两条规律表示如下:

(1) $\beta\varepsilon_i$ 因子乘积非负定理

任何稳定的在物理上实际允许的系统必然满足条件:

$$\beta \cdot \varepsilon_i \geqslant 0 \tag{7}$$

式中 β 是温度参量,$\beta \equiv \dfrac{1}{k_B T}$,$T$ 是系统的温度,ε_i 是系统中粒子的第 i 个能级的能量。如果不满足(7)式给出的条件,系统的热力学状态不仅不可能是稳定的,而且还会出现负几率,负粒子数密度和空心 Fermi 球分布等非物理状态[5]。因此,若要求系统处于物理上允许的稳定的物理状态与过程中,则 β 和 ε_i 两个因子之积必须是一个非负数。由(7)式可知,当系统处于正能谱时,恒有$\{\varepsilon_i\}\geqslant 0$,这时系统的温度 T 必然恒正:$T\geqslant 0$;反之,当系统处于负能谱时,恒有$\{\tilde{\varepsilon}_i\}\leqslant 0$,这时系统的温度$\tilde{T}$必然恒负:$\tilde{T}\leqslant 0$。必须注意,由于(7)式中所引入的温度 $T(\tilde{T})$是在定义熵之前引入的温度,因此称为系统的基础温度。同时,这里为了明确起见,对负能谱系统的热力学量之上皆注以“~”。

(2) 正、负能谱系统中熵的演化规律

Clausius 熵增原理并不是普适的，我们在相关文献中严格地证明了孤立系统中熵的自发演化规律取决于系统基础温度的正、负，现在对这一结论的证明作简要介绍。大家知道，只要承认第二种永动机不可能，则系统由状态 1 不可逆地达到状态 2 时，由系统吸收的热 $\Delta Q_a = \sum_i đQ_{ai}$ 必然小于由状态 1 可逆地达到状态 2 时由系统所吸收的热 $\Delta Q = \sum_i đQ_i$，即

$$\Delta Q = \sum_i đQ_i > \sum_i đQ_{ai} = \Delta Q_a \tag{8}$$

于是由状态 1 至状态 2 所引起的熵的变化为

$$(\Delta S)_+ = \int_1^2 dS = \int_1^2 \frac{dQ}{T} > \int_1^2 \frac{đQ_a}{T}, T \geqslant 0 \tag{9}$$

$$(\Delta S)_- = \int_1^2 dS = \int_1^2 \frac{dQ}{\tilde{T}} < \int_1^2 \frac{đQ_a}{\tilde{T}}, \tilde{T} \leqslant 0 \tag{9'}$$

(9)式中$(\Delta S)_+$表示正能谱系统中熵的变化，(9′)式中$(\Delta S)_-$表示负能谱系统中熵的变化。如果系统是孤立的，或者过程是绝热的，则

$$(\Delta S)_+ > 0, T \geqslant 0^+ \tag{10}$$

$$(\Delta S)_- < 0, T \leqslant 0^- \tag{10'}$$

因此，处于正能谱中的孤立系统，其熵在不可逆过程中必然自发地增加，这就是通常所说的 Clausius 熵增加原理。Clausius 熵增加原理揭示着孤立的正能谱系统中的物质运动，在不可逆过程中必然具有产生熵的能力。因此，可以说孤立的正能谱系统中物质的运动是熵的产生之源。而处于负能谱中的孤立系统，其熵在不可逆过程中必然自发地减少，这就是我们提出来的熵减原理。熵减原理揭示着孤立的负能谱系统中的物质运动，在不可逆过程中必然具有吸收系统中原有正熵储备的能力。因此，可以说孤立的负能谱系统中物质的运动是吞噬熵的沟。在不可逆过程中，负能谱系统所具有的吞噬正熵的能力是用所吸收的原有储备正熵的量来量度的：

$$\tilde{S} = (\Delta S)_- = S_f - S_i < 0, S_f < S_i \tag{11}$$

式中 S_i是负能谱系统初态中储备的正熵，S_f 是负能谱系统末态中剩余的正熵。当末态剩余(正)熵为零时($S_f = 0$)系统就达到了最大熵的吸收$\tilde{S}_m$，即

$$\tilde{S}_m = -S_i < 0 \tag{12}$$

在上述的两条普适规律的基础上，很容易地建立起以上所表述的热力学理论的逻辑程序。

3. 处于全无界能谱中的黑洞与热力学类型的判据

正如前面已指出的，黑洞是处于全无界能谱中的系统，这样就会在一定条件下使黑洞表现为正能谱热力学系统，而在另外的条件下又能使黑洞显示为负能谱热力学系统。

于是在“什么”条件下黑洞将显示为“什么”热力学系统(是正能谱热力学系统,还是负能谱热力学系统),就必须建立一个判据。现在我们将结合上面已阐述的三方面的理论根据提出一个关于黑洞热力学系统类型的判据,这个判据表述如下:

> 当一个过程是在黑洞外视界以外建立的一个稳定的或趋于稳定的系统时,所建立的这个系统必然是一个正能谱系统,系统的基础温度恒正($T\geqslant 0$),系统的熵必然按 Clausius 熵增加原理演化;当一个过程是在黑洞外视界以内建立的一个稳定的或趋于稳定的系统时,所建立的这个系统必然属于负能谱系统,系统的基础温度恒负($\tilde{T}\leqslant 0$),系统的熵必然按熵减少原理演化。

下面为建立这个判据的三个理论根据:

(1) 根据相对论量子理论与广义相对论所确定的稳态黑洞的能谱的基本特征:① 黑洞的能谱是上、下均无界的全无界能谱;② 黑洞的外视界是正、负能谱的交界面。

(2) 一方面由 Landau 负能谱理论证明了稳态黑洞的内部的引力场完全满足形成负能谱的严格条件[1],因此,稳态黑洞外视界的内部是形成负能谱系统的可实现区;另一方面 Hawking 又证明了稳态黑洞外视界之外可以通过真空涨落建立黑体辐射系统,表明稳态黑洞外视界之外是形成正能谱系统的可实现区。

(3) 根据物质的能谱—温度—熵的演化之间的严格的逻辑程序,即系统熵的演化规律取决于系统基础温度的正、负,而系统基础温度正、负又取决于系统能谱的正、负这个严格的逻辑关系。表 1 是根据判据对稳态黑洞内、外所形成的系统的性质和熵的演化规律给出的对照表述。可以看出,判据的建立对黑洞的形成、长大、蒸发和消亡整个演化过程中热力学理论的正确表述和应用具有很重要的作用,同时它还能对目前已有的有关黑洞性状和演化过程的热力学表述的真伪性给出正确的判断。

表 1　稳态黑洞内、外所形成的系统的性质和演化规律之比较

系　统	能　谱	基础温度	熵的演化规律	其他规律
由处于黑洞外视界以外的物质组成的系统	正能谱系统,系统中粒子能谱$\{\varepsilon_i\}$为 $0\leqslant\varepsilon_i<\infty$	系统的基础温度恒正:$T\geqslant 0$	系统熵遵从熵增加原理:$\mathrm{d}S\geqslant 0$	粒子在正能谱上分布遵从辐射定律:$<n>=\left[\exp\left(\frac{\varepsilon}{k_{\mathrm{B}}T}\right)\pm 1\right]^{-1}$
由处于黑洞外视界以内的物质组成的系统	负能谱系统,系统中粒子的能谱为 $-\infty<\varepsilon_i\leqslant 0$	系统的基础温度恒负:$\tilde{T}\leqslant 0$	系统熵遵从熵减少原理:$\mathrm{d}\,\tilde{S}\leqslant 0$	粒子在负能谱上分布遵从粒子吸收定律:$<n>=\left[\exp\left(\frac{\varepsilon}{k_{\mathrm{B}}\tilde{T}}\right)\pm 1\right]^{-1}$

再论负能谱系统存在的必然性

摘　要:根据 Landau 负能谱理论,探讨了高密度物质中存在负能谱系统的可能性,首先介绍了 Landau 的负能谱理论,进一步利用星体内部场的结构方程——TOV 方程分别讨论了相对论流体,超相对论流体中形成负能谱的可能性,最后对相对论量子系统中形成负能谱的条件也作了基础性阐述。

关键词:负能谱;引力势;本征函数振动定理

自从笔者提出负能谱系统热力学理论以来[1],就遭到了学术界一些学者的反对。他们反对的核心首先是对负能谱存在可能性的否定,他们认为物质中总能量的正定性就完全否定了自然界中负能谱系统存在的可能性,因此,更谈不上建立负能谱热力学理论;其次他们反对概率函数中 $\beta\varepsilon_i$ 因子乘积非负的论点,他们认为对很多系统 $\beta\varepsilon_i$ 因子积就具有负值。针对上述两个基础性问题,我们不得不对它们作进一步阐述,其中 $\beta\varepsilon_i$ 因子乘积非负的证明已在文献[2]中作了回答。因此,这里将只对负能谱系统存在的可能性的具体条件作进一步论述。

1. Landau L. D. 关于负能谱存在条件的论述

Landau 关于负能谱存在的论述,阐述了一个基本论点,那就是物质中负能谱的形成(或存在)取决于作用于系统中的引力势的形式,他的主要论述现介绍如下[3]。

若粒间的势场为吸引势,即 $U(r)=-\dfrac{a}{r^s}$,其中 $a>0,s>0$。虽然当 $r\to0$ 时,这种势有 $U(r)\to-\infty$ 的发散值,但并不像经典情况那样,对所有的 $s(>0)$ 值都可以形成负能谱,而是在对 s 和 a 有一定限制的条件下才能形成有界和无界负能谱。

试考虑粒子的波函数 $\Psi(r\cdot\theta,\varphi)=R(r)\Phi(\theta,\varphi)$,它在原点近旁半径为 r_0 的小区域 Σ_0 内取非零值,而在小区域 Σ_0 之外该波函数为零。显然由这种波函数形成的波包所标识的粒子的坐标的不确定值将具有 r_0 量级,粒子的动量的不确定值将具有 $\hbar/r_0$ 量级。于是小区内由波包中波函数所表征的粒子的量子态的动能平均 $\langle\varepsilon_k(i)\rangle$ 与势能平均 $\langle\varepsilon_v(i)\rangle$ 之和,也即波包中粒子能量的平均 E 可表示为

$$E=\langle\varepsilon_k(i)\rangle+\langle\varepsilon_v(i)\rangle=\frac{\hbar^2}{2mr_0^2}-\frac{a}{r_0^s}=\frac{A}{r_0^2}\left(1-\frac{a}{A}r_0^{2-s}\right)\tag{1}$$

式中:$A=\dfrac{\hbar^2}{2m}$。于是由方程(1)就可以对不同的 s 和 a 来分析系统中粒子的能谱结

构了。

(1) 当 $s<2$ 时,无论 a 为何值,总有

$$\lim_{r_0\to 0}E\sim\lim_{r_0\to 0}\frac{A}{r_0^2}\left(1-\frac{a}{A}r_0^{2-s}\right)\to\infty \tag{2}$$

同时,又当 $r_0\to\infty$ 时,有

$$\lim_{r_0\to\infty}E\sim\lim_{r_0\to\infty}\frac{A}{r_0^2}\left(1-\frac{a}{A}r_0^{2-s}\right)\to 0 \tag{3}$$

由此可知粒子的能量在原点为∞,表明粒子进入力心的几率为零,虽然粒子在大距离上($r_0\to\infty$)能量 $E\to 0$,但在 $s<2$ 的情况下,(2)式在 $r_0=\left(\frac{2}{s}\frac{A}{a}\right)^{\frac{1}{2-s}}$ 处存在极小值

$$E_{\min}=\frac{A}{r_0^2}\left(1-\frac{2}{s}\right)<0 \tag{4}$$

因此,即使在 $s<2$ 的情况下,也可以存在有限下界 $E_{\min}<0$ 的负能谱,例如在库仑引力势 $U(r)\sim-\frac{a}{r}$ 作用下,粒子的能谱就构成有限下界的负能谱[3]

$$E_n=\frac{(\hbar k)^2}{2m}-\frac{ma^2}{2\hbar^2n^2}\quad n=1,2,3,\cdots,0\leqslant k<\infty \tag{5}$$

能谱的有限下界能级(即基态能级)的能量为 $E_1=-\frac{ma^2}{2\hbar^2}$。但是可以证明,任何能量有限的负能级基态都可以通过能谱坐标平移而转变为基态能量为零的能谱。因此,任何具有有限负基态能级的能谱实际上都是正能谱[2]。故当 $s<2$ 时,系统的能谱必然是下界能级为零而无上界的正能谱。

(2) 当 $s>2$ 时,由(2)式给出的能量将随 $r_0\to 0$ 而趋向任意大的负值,直到负无穷大,即

$$\lim_{r_0\to 0}E=\lim_{r_0\to 0}\frac{A}{r_0^2}\left(1-\frac{a}{Ar_0^{2-s}}\right)\to-\infty \tag{6}$$

(6)式表明对于给定空间点(取为原点)附近线度为 r_0 的很小的区域中粒子量子态的平均能量可以取任意大的负值,因此粒子在原点近旁能量的本征值也必然可以取任意大的负值,直至 $-\infty$;当 $r_0\to\infty$ 时,粒子的平均能量 $E\to 0$,这就是说系统的能谱必将呈现为无下界的负能谱,即 E 满足

$$-\infty<E\leqslant 0 \tag{7}$$

(3) 当 $s=2$ 时,称为临界情况。这时对稳态对称系统,粒子的径向波函数 $R(r)$ 满足的薛定谔方程是

$$-\frac{\hbar^2}{2m}\left\{\frac{1}{r^2}\frac{\mathrm{d}}{\mathrm{d}r}r^2\frac{\mathrm{d}}{\mathrm{d}r}-\frac{l(l+1)}{r^2}-\frac{2m}{\hbar^2}U(r)\right\}R(r)=ER(r) \tag{8}$$

E 是波函数的能量本征值,式中令 $U(r)=-\frac{a}{r^2}$,即给出 $s=2$ 的引力势,现在又令(8)式中的 $E=0$,也即给出了本征值 $E=0$ 的波函数所满足的方程[3]

$$\frac{\mathrm{d}^2R}{\mathrm{d}r^2}+\frac{2}{r}\frac{\mathrm{d}R}{\mathrm{d}r}+\frac{\eta}{r^2}R=0\quad \eta=\frac{2ma}{\hbar^2}-l(l+1) \tag{9}$$

求解(9)式，就能求出本征值 $E=0$ 的径向波函数 $R(r)$，而所求的这个波函数究竟属于哪个能级的本征函数，这可以根据本征函数的振动定理(或零点定理)来判断[4]。具体讲，当所求的本征函数 $R(r)$ 在原点近旁有 $n-1$ 个零点时，则所求得的本征函数 $R(r)$ 就是第 n 阶激发态能级的本征函数，且它的本征值 $E_n=E=0$。因此，当 $n-1=0$ 时，即所求得的 $R(r)$ 就是第 1 阶能级，也即基态能级的本征函数，而且相应的基态能级的本征值 $E_1=E=0$。显然当 n 大于 1 而有限时，则表示在 $E_n=0$ 能级以下还有 $n-1$ 阶负能级，在这种情况下，基态能级的本征值 E_1 必然是一个有限的负值，即 $-\infty<E_1<0$。当 $n\rightarrow\infty$ 时，表示在 $E_n=0$ 能级以下还有无穷多阶负能级，这时粒子基态能级的本征值 $E_1\rightarrow-\infty$。就是说当零点数 $(n-1)\rightarrow\infty$ 时，粒子系将会形成无下界能级的负能谱。留下的问题是如何判断波函数 $R(r)$ 在原点近旁会产生无穷多个零点的问题。对此，Landau 作了肯定的回答。他指出，当(9)式中引力势 $U(r)$ 的负幂次 $s=2$ 时，决定波函数 $R(r)$ 在原点近旁能否产生无穷多个零点的关键，在于式中的 η 系数是否大于 $\frac{1}{4}$。

当 $\eta<\frac{1}{4}$ 时，粒子系不可能存在负能谱，这时由(9)式给出波函数 $R(r)$ 在原点近旁将按 $\frac{A}{r^{|k|}}$ 的形式发散，因此 $R(r)$ 在原点处不存在零点，于是由 $A/r^{|k|}$ 给出的波函数 $R(r)$ 必然对应于基态能 $E_1=0$ 的系数，这种系数的能谱是正能谱。

当 $\eta>\frac{1}{4}$ 时，可以证明(9)式给出的径向波函数为[3]

$$R(r)=B\frac{1}{\sqrt{r}}\cos\left(\sqrt{\eta-\frac{1}{4}}\ln\frac{r}{r_0}+C\right) \tag{10}$$

式中，B，C 都是常数，这个解的零点数将随 $r_0\rightarrow0$ 而无限地增多。因此，在 $E_n=0$ 的能级以下的负能级阶数也必然随 $r_0\rightarrow0$ 而无限地增多。就是说对于给定的 r_0，若在 $E_n=0$ 能级以下产生了其绝对值足够大但有限的基态负能级 $-|E_1(r_0)|$ 时，则随着 r_0 进一步减小到 r_0' 时，这个 $-|E_1(r_0)|$ 能级立即变成激发态能级，在它之下将产生绝对值更大的基态负能级 $-|E_1(r_0')|$，$|E_1(r_0')|>|E_1(r_0)|$。因此，随着 $r_0\rightarrow0$，基态能级的本征值 $E_1\rightarrow-\infty$，于是我们的结论是：当引力负幂次 $s=2$ 时，系数 $\eta>\frac{1}{4}$ 就是在临界情况下系统形成无下界负能谱的条件。

总之，Landau L. D. 根据引力势的形式 $\left(U(r)\sim-\frac{a}{r^s}\right)$，对粒子系的能谱结构作了确切而令人信服的论述。他的基本论点是，系统负能谱的存在形式取决于粒子间相互作用引力势 $U(r)\sim-\frac{a}{r^s}$ 的形式。当引力势的负幂次 $s<2$ 时，系统不可能呈现无下界的负能谱；当 $s=2$ 时，若系数 $\eta<\frac{1}{4}$，系统也不可能呈现负能谱；只有当 $s>2$，或 $s=2$，且 $\eta>\frac{1}{4}$ 时，粒子系才会形成无下界的负能谱。这里还要指出：有人用 Virial 定理对

Landau 负能谱理论提出质疑，这是不对的，因为 Virial 定理是在$\bar{p}$，$\bar{q}$能同时取确定值条件下所得出的经典宏观定理，显然不能用它来讨论粒子的微观能谱结构。

2. 自引力坍缩物质是负能谱存在的可能形式

将 Landau 关于负能谱的理论应用于高密度自引力坍缩物质中，其目的在于探讨在自引力坍缩物质中存在负能谱的可能性。为了简化分析，采用易于入手的静态球对称的 TOV 方程，即理想流体的 Schwarzschild 内部场方程（或称星体结构方程），该方程表示如下[5]：

$$\frac{\mathrm{d}p}{\mathrm{d}r}=-G\left(\rho+\frac{p}{c^2}\right)\left(m(r)+\frac{4\pi r^3}{c^2}p\right)\left(1-\frac{2Gm(r)}{c^2 r}\right)^{-1}\frac{1}{r^2} \tag{11}$$

式中：$\rho(r)$是物质密度，$p(r)$是压强。$p(r)$通过物态方程和$\rho(r)$相联系。

$$p(r)=f(\rho(r)) \tag{12}$$

当$p(r)$对$\rho(r)$呈自相似变化时，$p(r)$对$\rho(r)$将按指数规律变化。

$$p(r)=k\rho^{r} \tag{13}$$

式中，r称为物态方程指数；$m(r)$是半径为r的球内总质量，由下式给出：

$$m(r)=4\pi\int_0^r r^2\rho(r)\mathrm{d}r \tag{14}$$

(11)式右边就是静态球对称条件下经广义相对论修正过的“牛顿”引力公式：

$$F_G(r)=-G\left(\rho(r)+\frac{p(r)}{c^2}\right)\left(m(r)+\frac{4\pi r^3}{c^2}p(r)\right)\left(1+\frac{2Gm(r)}{c^2 r}\right)^{-1}\frac{1}{r^2} \tag{11'}$$

由(11)～(14)诸式可知，决定(11′)引力的关键因素是物质的密度$\rho(r)$和物态方程$p=f(\rho)$。若将(12)、(14)两式代入(11)式就可以给出关于$\rho(r)$的积分微分方程。若能求解这个方程，就可以解出$\rho(r)$，再根据(12)式和(14)式决定$p(r)$和$m(r)$，随后又将已求得的$\rho(r)$，$p(r)$和$m(r)$代入(11′)式中，就可以求得经广义相对论修正过的“牛顿”引力$F_G(r)$，至此就可以根据$F_G(r)=-\nabla\varphi(r)$，最后再根据所求得的引力势$\varphi(r)$的负幂次s和它的系数a来讨论所论引力场能否形成负能谱。

(1) 相对论理想流体

对相对论流体系统，当物质密度相当高但又不十分高时，例如中子星内部，这时物质可近似地视为相对论理想流体，在这样的模型下物质的物态方程可表示为[5]

$$p(r)=\frac{1}{3}\rho(r) \tag{15}$$

(15)式就是物态方程指数$\gamma=1$的系数，将(15)式代入(11)式，并注意$m(r)=4\pi\int_0^r r^2\rho(r)\mathrm{d}r$，则得到关于$\rho(r)$的积分微分方程，由这个方程给出的严格解是[5]

$$\rho(r)=\frac{3}{56\pi Gr^2} \tag{16}$$

在$\gamma=1$的条件下，方程(11)存在方程(16)给出的严格解，足以表明$\gamma=1$的理想流体是稳定的。注意(16)式给出的$\rho(r)$的负幂次$\upsilon=2$，因此利用(14)式和(16)式求得的

$m(r)\cong 0.18\dfrac{r}{G}$，再将求得的 $\rho(r)$、$p(r)$ 和 $m(r)$ 代入(11′)式，则有

$$F_G(r)\cong -\frac{A}{r^3}\quad A\cong\frac{0.003}{G}\left(1+\frac{1}{3c^2}\right)\left(1+\frac{1}{2.5c^2}\right)\left(1-\frac{1}{2.7c^2}\right)^{-1} \tag{17}$$

利用 $F_G(r)=-\nabla\varphi$，可以决定引力势

$$\varphi(r)\cong -\frac{a}{r^2}\quad a=\frac{A}{2} \tag{18}$$

(18)式表明，当物态方程指数 $\gamma=1$ 时，由此决定的引力势的负幂次为 $s=2$，即上面研究过的临界情况。于是决定系统是不是负能谱系统的关键因子就是引力势的系数因子 a，即由 a 给出的(10)式的系数 $\eta=\dfrac{2ma}{\hbar^2}$ 是否大于 $\dfrac{1}{4}$。若 $\eta>\dfrac{1}{4}$，则系统将会形成负能谱系统。在计算 η 时，质量 m 取中子质量 $m_n=1.67\times10^{-24}$ g，$\hbar=1.05\times10^{-27}$ erg · s，$G=6.67\times10^{-8}$ dyn · cm^2 · g^{-2}，取 $a=\dfrac{A}{2}\cong\dfrac{0.015}{G}$，这样求得的 η 值为

$$\eta=\frac{2m_n a}{\hbar^2}\cong 1.135\times10^{34}\gg\frac{1}{4} \tag{19}$$

(19)式表明 $\gamma=1, \upsilon=2$ 的中子系数，在整个 r 值域中是一个显然的负能谱系统。

(2) 超相对论流体

以上讨论了"$\gamma=1,\upsilon=2$"的相对论流体的引力系统，这种系统是一个引力负幂次 $s=2$，且引力系数 $\eta=\dfrac{2ma}{\hbar}\gg\dfrac{1}{4}$ 的显然的负能谱系统。现在来讨论"$\gamma=1,\upsilon=2$"的球对称系统，这类系统密度不仅很高，而且密度显得更快地向中心(原点)聚集，从而使系统(至少在核心区)进入 $\gamma>1$ 和 $\upsilon>2$ 的状态。这时方程(11)对密度 $\rho(r)$ 没有解，因此系统将进入不稳定的坍缩或膨胀阶段中，如果系统是由引力支配的负能谱系统，则系统必将不断地坍缩；反之，若系统是由斥力(如压力)支配的正谱能系统，则系统必将不断地膨胀。例如当中子流体的密度(至少是中心区的密度)$\rho(r)\gg6\times10^{15}$ g/cm^3 时，中子流体(至少中心区)将变成超相对论流体，使得该区内中子流体的物态方程显示为：$p(\rho)=\dfrac{(3\pi^2)^{1/3}}{4}hc\left(\dfrac{\rho}{m_n}\right)^{4/3}$[6]，超相对论流体的物态方程指数 $\gamma=\dfrac{4}{3}>1$，这时系统就会进入不稳定的坍缩或膨胀阶段中。在物态方程中，m_n 是中子质量，数密度 $n(r)\equiv\dfrac{\rho(r)}{m_n}$ 按幂次规律 $n(r)=\dfrac{\tilde{a}}{r^\upsilon}$ 向中心聚集，其密度的负幂次为 υ 处于 $2\leqslant\upsilon<3$ 之间。

应用(11′)式来计算处于原点，即中子星核心处的 1 个粒子与其周围最近邻粒子之间的引力 $F_G(r)$。为此，只需在方程(11′)中令 $r=r_0$ 即可，r_0 是原点粒子与周围最近邻粒子间的平均间距。出现在方程(11′)中各主要量 $\rho(r_0)$，$m(r_0)$，和 $p(r_0)$ 的表示式为

$$\rho(r_0)=\frac{a}{r_0^\upsilon}\quad m(r_0)=\frac{4\pi a}{3-\upsilon}r_0^{3-\upsilon}\quad p(r_0)=\frac{(3\pi^2)^{1/3}a^{4/3}}{4}hc\left(\frac{a}{r_0^\upsilon}\right)^{4/3} \tag{20}$$

将(20)式代入(11′)式后，则有

$$F_G(r_0)=-G(Ar_0^{-\upsilon}+Br_0^{-\frac{4\upsilon}{3}})(Cr_0^{-\upsilon}+Dr_0^{\frac{9-4\upsilon}{3}})(1-Er_0^{2-\upsilon})^{-1}\frac{1}{r_0^2} \quad (21)$$

(21)式中的系数 A,B,C,D 和 E 通过 a 可表示为

$$A=m_{\mathrm{n}}a \quad B=\frac{(3\pi^2)^{1/3}}{4}\frac{h}{c}a^{4/3} \quad C=\frac{4\pi m_{\mathrm{n}}a}{3-\upsilon},(\upsilon\neq 3)$$

$$D=(3a)^{4/3}\pi^{5/3}\frac{h}{c} \quad E=\frac{8\pi Gm_{\mathrm{n}}a}{3-\upsilon},(\upsilon\neq 3) \quad (22)$$

$F_G(r_0)$的幂级数展式可以表示为

$$F_G(r_0)=G\{ACr_0^{1-2\upsilon}+(BC+AD)r_0^{1-\frac{7}{3}\upsilon}+BDr_0^{1-\frac{8}{3}\upsilon}\}\sum_{i=0}(Er_0^{2-\upsilon})^i \quad (23)$$

(23)式中 $F_G(r_0)$的最低负幂次项是$-\frac{GAC}{r_0^{2\upsilon-1}}=-\frac{a}{r_0^{2\upsilon-1}}$，于是引力势 $\varphi_G(r_0)$的最低负幂次项为$\frac{-\tilde{a}}{r_0^{2(\upsilon-1)}}=\frac{-\tilde{a}}{r_0^s}$。由此对引力势 $\varphi_G(r)$的最低幂次可以求得一个关于 s 对 υ 之间的重要关系：

$$s=(2\upsilon-1) \quad (24)$$

这个关系表明当物态方程指数 $\gamma=\frac{4}{3}$时，只要密度分布幂次 $\upsilon>2$，则引力势 $\varphi_G(r_0)$的最低幂次 s 也必然大于 2，即 $s>2$，因此只要物质密度分布 $\rho(r_0)$的幂次 υ 大于 2，则超相对论流体（至少其核心区）必将形成负能谱系统。

(3) 关于超短程斥力内核的影响

注意由(11′)式给出的引力 $F_G(r)$公式并非在整个 r 值域上皆能显示为引力的公式，实际上这个公式所显示的是具有超短程斥力内核的引力公式，实际上方程(23)是由引力公式(21)在原点（力心）近旁作幂级数展示的结果，但要这个展式成为可能，则要求以下条件成立：

$$1\geqslant Er_0^{2-\upsilon} \quad (25)$$

于是超短程斥力内核的线度，则由上式的极小值 r_0^* 给出

$$r_0^*=E^{\frac{1}{2-\upsilon}} \quad (26)$$

当 $r_0>r_0^*$ 时，$F_G(r_0)$显示为引力；当 $r_0<r_0^*$ 时，$F_G(r_0)$将显示为斥力。可以估算 r_0^* 是一个非常小的量，在一般情况下，它的影响并不大，实际上 E 中，$8\pi Ga\cong 0.42$，$m_{\mathrm{n}}\cong 1.67\times 10^{-24}$，于是 E 在量级上将取决于 m_{n}，$E\cong\frac{1}{3-\upsilon}\times 7\times 10^{-25}$，由此可估计 r_0^* 为$r_0^*\sim\left(\frac{1}{3-\upsilon}\right)^{\frac{1}{\upsilon-2}}(7\times 10^{-25})^{\frac{1}{\upsilon-2}}$。具体讲，当$\upsilon\to 2$时，$r^*\to 0$；当 $\upsilon=2.25$ 时，$r_0^*\sim 8\times 10^{-98}$ cm；当 $\upsilon=2.5$ 时，$r_0^*\sim 2\times 10^{-48}$ cm；当 $\upsilon=2.75$ 时，$r_0^*\sim 8.7\times 10^{-32}$；只有当$\upsilon=3$时，$r_0^*$ 才趋于宏观值。因此，要系统保证在 r_0 的很大区域中为引力，则要求 υ 小于 3。

既然目的只在判明引力 $F_G(r_0)$中各项负幂次 s 之大小，借此可以确定系统的能谱性质，因此 $F_G(r_0)$展开式中各项系数除了它的符号外，其数值并不重要，为此只需计算出(21)式各项中 r_0 的负幂次即可，下表对不同的 υ 值分别计算了与之相应的 r_0^* 值，从

表中数据可知，随着 υ 从 2 升至接近 3 时，斥力内核的线度 r_0^* 将由 0 趋近∞，这里即使令 $\delta=0.01$，所得的 r_0^* 也会小于 10^{-23} cm，但 υ 不能等于 3，当 $\upsilon=3$ 时，$F_G(r_0)$将只有斥力作用区，没有引力作用区，因此 $\upsilon=3$ 的系统必然是由斥力支配的正能谱系统。

现在以 $\upsilon=2$ 和 $\upsilon=\frac{11}{4}=2.75$ 为例讨论系统的能谱性质，先看"$\gamma=\frac{4}{3}$，$\upsilon=2$"的系统，这时方程(21)可表示为

$$F_G(r_0)=-\frac{G}{1-E}\left(\frac{AC}{r_0}+\frac{BC+AD}{r_0^{5/3}}+\frac{BD}{r_0^{7/3}}\right)\frac{1}{r_0^2} \tag{27}$$

表 1　r^* 对 υ 的关系

Table 1　The Relation Between r^* and υ

υ	2	9/4	10/4	11/4	$3-\delta$
r_0^*	0	8×10^{-98}	2×10^{-98}	8.7×10^{-32}	$\to\infty$

其中：$A=m_{\mathrm{n}}a$，$B=\frac{(3\pi^2)^{1/3}}{4}\frac{h}{c}a^{4/3}$，$C=4\pi m_{\mathrm{n}}a$，$D=(3a)^{4/3}\pi^{5/3}\frac{h}{c}$，$E=8\pi Gm_{\mathrm{n}}a$。这时，$r_0^*=\lim\limits_{\upsilon\to2}E^{\frac{1}{\upsilon-2}}\cong(7\times10^{-25})^{\frac{1}{\upsilon-2}}\to0$，它表明整个 r_0 的值域都是 $F_G(r_0)$的引力区，根据(31)式可以进一步确定引力势 $\varphi_G(r_0)$为

$$\varphi_G(r_0)\cong-G\left(\frac{a_1}{r_0^2}+\frac{a_2}{r_0^{8/3}}+\frac{a_3}{r_0^{10/3}}\right) \tag{28}$$

其中系数 a_1，a_2 和 a_3 由 A,B,C,D 和 E 决定，显然由(28)式给出的引力势 $\varphi_G(r_0)$的负幂次 $s\geqslant2$，因此参量为"$\gamma=\frac{4}{3}$，$\upsilon=2$"的系统，至少在包含原点在内的整个核心区是负能谱系统，这样的负能谱系统必将在其核心区的中心形成物质流和能量流的沟，物质将不断地向原点坍缩。

再讨论："$\gamma=\frac{4}{3}$，$\upsilon=\frac{11}{4}$"的系统，这时方程(21)可表示为

$$F_G(r_0)=-G(Ar_0^{-\frac{11}{4}}+Br_0^{-\frac{11}{3}})(Cr_0^{-\frac{1}{4}}+Dr_0^{-\frac{2}{3}})(1-Er_0^{-3/4})^{-1}\frac{1}{r_0^2} \tag{29}$$

其中只依赖于 a 的系数 A，B 和 D，由于 a 是 υ 的迟钝函数，因此这几个系数变化不大；而 C 和 E，则表示为：$C=16\pi m_{\mathrm{n}}a$，$E=32\pi Gm_{\mathrm{n}}a$，超短程斥力线度 r_0^* 近似有

$$r_0^*\cong4\times10^{-32}\ \mathrm{cm} \tag{30}$$

这个线度显然小于核子的线度，因此在核子线度外，例如在不破坏核子(中子)结构的条件下，"$r=\frac{4}{3}$，$\upsilon=\frac{11}{4}$"的系统必然是一个由强引力场控制的系统，系统的引力幂次可以由方程(29)给出

$$F_G(r_0)=-G\left(\frac{a_1}{r_0^{18/4}}+\frac{a_2}{r_0^{65/4}}+\frac{a_3}{r_0^{19/3}}\right)\left[1-\left(\frac{r_0^*}{r_0}\right)^{3/4}\right]^{-1} \tag{31}$$

式中：$a_1=AC$，$a_2=(BC+AD)$，$a_3=BD$。当 $r_0>r_0^*=E^{\frac{4}{3}}$时，(31)式可以对$\left(\frac{r_0^*}{r_0}\right)$按幂

级数安全地展开，这时有

$$F_G(r_0) = -G\left(\frac{a_1}{r_0^{54/12}} + \frac{a_2}{r_0^{65/12}} + \frac{a_3}{r_0^{73/12}}\right)\sum_{i=0} b_i\left(\frac{r_0^*}{r_0}\right)^{(3/4)i} \tag{32}$$

这里由(32)式给出的引力的最低负幂次是$\frac{54}{12}$，因而与(32)式相应的引力势 $\varphi_G(r_0)$的幂展式应表示为

$$\varphi_G(r_0) = G\left\{\left[\frac{\bar{a}}{r_0^{21/6}} + \frac{\bar{a}_2}{r_0^{53/12}} + \frac{\bar{a}_3}{r_0^{61/12}}\right]\sum_{i=0} b_i\left(\frac{r_0^*}{r_0}\right)^{\frac{3}{4}i}\left[\frac{a_1}{r_0^{54/12}} + \frac{a_2}{r_0^{65/12}} + \frac{a_3}{r_0^{73/12}}\right]\right.$$
$$\left.\left[\frac{3}{4}\left(\frac{r_0}{r_0^*}\right)^{\frac{1}{4}} + 2\sum_{i=0} b_i\left(\frac{r_0^*}{r_0}\right)^{\frac{3}{4}i-1}\right]\right\} \tag{33}$$

于是由(33)式所给出的引力势 $\varphi_G(r_0)$的最低负幂次 $s=\frac{21}{6}=3.5>2$，这表明“$r=\frac{4}{3}$，$\upsilon=\frac{11}{4}$”的系统，至少在其核心区内超短程斥力球外是一个显然的负能谱系统，这样的负能谱系统必将在核心区(即原点附近)形成物质流和能量流的沟，物质将不断地向超短程斥力内核挤压。

总之，在以上的论述中，我们根据 Landau 关于负能谱存在条件的论述，以静态球对称场 TOV 方程出发，较详细地探讨了各种高密度相对论流体系统形成负能谱的条件。其结果是：对于类型为“$\gamma=1,\upsilon=2$”的系统，证明了在整个 r 空间内引力势 $\varphi(r)=-\frac{a}{r^s}$满足 $s=2, a\gg\frac{\hbar^2}{8m_n}$的条件，表明系统在整个 r 空间中是显然的负能谱系统；对于“$\gamma=1,\upsilon=2$”类型的系统，证明了包含原点在内的整个核心区内，系统引力势 $\varphi_G(r)$的负幂次 $s\geqslant2$，因此，这类系统至少在包含原点在内的整个核心区是负能谱系统；最后，对“$\gamma=1,\upsilon=2$”类型系统，证明了在核心内区，超短程斥力球外引力势的负幂次 $s>2$。因此，“$\gamma=1,\upsilon=2$”类型系统至少在其核心区内，超短程斥力球外是显然的负能谱系统。

3. 相对论量子系统与负能谱

在 4-度平直时-空即不存在引力场的狭义相对论中，4-度动量 p_μ 的平方在 Lorentz 变换下是一个不变量，即[7]

$$\left.\begin{aligned} &p_\mu p_\mu + m^2 = E^2 + p^2 + m^2 = 0 \\ &E_\pm = \pm\sqrt{p^2+m^2} \quad E_\pm^0 = \pm m \end{aligned}\right\} \tag{34}$$

(34)式表明在 4-度平直时-空中，自由粒子将平权地存在着两个能谱，一个是下界为 $E_+^0=m$，而无上界的正能谱：$E_+^0\leqslant E_+<\infty$；另一个则是上界为 $E_-^0=-m$，而无下界的负能谱：$E_-^0\geqslant E_->-\infty$；在正、负能谱间存在由 $\Delta E_\pm^0=E_+^0-E_-^0=2m$ 给出的禁带。以上是没有引力场的情况，现对 4-度时-空导入强引力场(即大质量源)，使 4-度时-空弯曲。为简化计，假定 4-度时-空弯曲是静态球对称的(即 Schwarzschilcl 时-空)，同时文献[8]证明了正、负能谱依然存在，所不同的是这时正能谱的下界 E_+ 和负能谱的上界

E_-将明显地依赖于坐标 x、y,表示如下[8]:

$$E_{\pm}=\pm\frac{\sqrt{x^2-1}}{k}\left\{\frac{Cp_y^2}{D^2}(1-y^2)(x^2-y^2)^8+\frac{Cp_\phi^2}{D^4(1-y^2)}+\frac{C}{D}(mk)^2\right\}^{1/2} \tag{35}$$

式中:$C=(x^2-y^2)^8$;$D=[(x+1)(x^2-y^2)^4+(3x^2+1)]^2$;$p_y,p_\phi$ 是动量的 y,ϕ 分量。于是禁带能隙应表示为

$$\Delta E_{\pm}=E_+-E_-=2\frac{\sqrt{x^2-1}}{k}\left\{\frac{Cp_y^2}{D^2}(1-y^2)(x^2-y^2)^8+\frac{Cp_\phi^2}{D^4(1-y^2)}+\frac{C}{D}(mk)^2\right\}^{1/2} \tag{36}$$

注意这里的坐标 x 最具有特征性,$x=1$ 表示黑洞的外视界,而 $x\to\infty$ 则表示远离黑洞而趋于平直时-空。由(35)、(36)两式可得

$$\left.\begin{array}{ll}\lim\limits_{x\to1}E_{\pm}=0 & \lim\limits_{x\to1}\Delta E_{\pm}=0\\ \lim\limits_{x\to1}E_{\pm}=E_0^{\pm}=\pm m & \lim\limits_{x\to1}E_{\pm}=E_{\pm}^0=2m\end{array}\right\} \tag{37}$$

(37)式表明由于引力场的出现,粒子的正、负能谱间的禁带能隙将随着接近黑洞视界而消失,当达到黑洞视界时,粒子的正、负能谱将连成一片,如下式所示:

$$-\infty<E<\infty \tag{38}$$

由此可见,负能谱的存在并不是引力场(或时-空弯曲)所导致的结果,而是由平直的 4-度时-空对称性(即 $p_\mu p_\mu$ 在 Lorentz 变换下的不变性)所得出的必然结论。但是引力场(或时-空弯曲)的出现却是导致正、负能谱间禁带能隙在黑洞视界面上消失,从而形成正、负能谱中粒子彼此自由度越的基础条件,而 Landau 的负能谱理论则给出了在引力场中实现负能谱的具体条件。这样一来,黑洞的外视界既是正能谱的下界,又是负能谱的上界。因此,Hawking 辐射公式在黑洞视界上理应有两种表示,其中一个是建立在正能谱$\{\omega_+\}$中的 Hawking 辐射公式[9]:

$$\left.\begin{array}{ll}N_{\omega+}=\dfrac{1}{\exp(\varepsilon/k_{\mathrm{B}}T)\pm1} & T\geqslant0\\ \varepsilon=\omega_+-\omega_0 \quad \omega_0=m_\mu\Omega_++eV_+ & \omega_0\leqslant\omega_+<\infty\end{array}\right\} \tag{39}$$

式中:m_μ 是粒子的磁量子数,Ω_+是角速度,V_+是外视界极电势,$\{\omega_+\}$是下界为 ω_0 而无上界的正能谱。在正能谱上所建立的量子辐射公式就是通常的 Bose 黑体辐射和 Fermi 粒子的蒸发公式,公式中的温度 T 恒正,$T\geqslant0$。而另一个则是建立在负能谱$\{\omega_-\}$中的 Hawking“辐射”公式:

$$\left.\begin{array}{ll}N_{\omega-}=\dfrac{1}{\exp(\tilde{\varepsilon}/k_{\mathrm{B}}\tilde{T})\pm1} & \tilde{T}\leqslant0\\ \tilde{\varepsilon}=\omega_--\omega_0 \quad \omega_0=m_\mu\Omega_++eV_+ & \omega_0\geqslant\omega_->-\infty\end{array}\right\} \tag{40}$$

在(40)式中由于能量 ε 恒负,因此式中的温度$\tilde{T}$也必须是一个非正常数,否则对 Bose 系统会出现负粒子数分布,而对 Fermi 系统将形成空心 Fermi 球分布,这些都是物理上不允许的分布[2]。换言之,在这里负温度$\tilde{T}$的引入是物理的必然。然而也因为对负能谱引入了负温度场$\tilde{T}$,与(39)式比较,(40)式则具有迥然不同的物理内涵。实际上(40)

式并不是一个辐射蒸发公式，而是一个在负温度场$\tilde{T}$的作用下粒子向引力中心（奇点）汇聚的公式，负温度场$\tilde{T}$则显示了引力场在负能谱系统中的热力学效应，比较（39）和（40）两式可知，负温度场$\tilde{T}$中引力中心对粒子吸收公式——（40）式，正是正温度场 T 中的粒子辐射公式——（39）式对 ε、T 进行反射变换得到的结果，因此负温度场的温度$\tilde{T}$与引力场强度 k_+ 之间也必然存在正比关系，$\tilde{T}=-T=-\frac{k_+}{2\pi k_B}$。于是引力场愈强，负温度场也就强，粒子向引力中心聚集的程度就愈高；反之引力场愈弱，负温度也就弱，粒子向引力中心聚集的程度就愈低。如果对于黑洞不考虑（40）式的贡献，也即不考虑引力中心对粒子吸收的贡献，则黑洞就和平直空间中的高温黑体没有区别。黑洞之所以能区别于平直空间中的高温黑体，最本质的因素在于黑洞存在负能谱，也就是黑洞除辐射（即（39）式）外，还必然具有因负能谱存在而产生的引力中心（奇点）对物质粒子的自发吸收过程，黑洞必然要自发地吸收物质，因而黑洞的熵会自发地减少，这一事实就足以表明黑洞是负能谱的实体。

原载《西南师大学报》2005 年第 30 卷，第 6 期

参考文献

[1] 邓昭镜. 系统的能谱、温度和熵的演化（I）[J]. 西南师范大学学报（自然科学版），2002，27（5）：794-800.

[2] 邓昭镜. 概率函数中 $\beta\varepsilon_i$ 因子乘积的符号与能谱结构[J]. 西南师范大学学报（自然科学版），2005，30（4）：642-647.

[3] Landau L D, Lifshitz E M. 量子力学[M]. 严肃，译. 北京：人民教育出版社，1980：65-68，144-146.

[4] M Aп ABPEHTBEB，п A moCTEPHиK. 变分学教程[M]. 曾鼎禾，译. 北京：高等教育出版社，1955：203-204.

[5] S温伯格. 引力论和宇宙论[M]. 邹振隆，译. 北京：科学出版社，1980：346，369，370.

[6] Landau L D. 统计物理学[M]. 杨州恺，译. 北京：人民教育出版社，1964：140-143.

[7] 白铭复. 高等量子力学（II）[M]. 长沙：国防科技大学出版社，1994：2，10-13.

[8] Yang Shuzheng, Lin Libin. New kinds of Dirac Energy Levels and their Crossing Regions [J]. *Chin Phys Soc*, 2001，10（11）：1066-1070.

[9] Hawking. Particle Creation by black hole [J]. *Communication in Mathematical Physics*, 1975，43：199.

高密度物质是负能谱系统存在的必然形式

摘　要:负能谱的存在,尤其是稳定的负能谱系统的存在是建立负能谱热力学理论的基础性依据。根据 Landau 关于负能谱和负能谱系统存在的论述,对负能谱存在问题进行了深入探讨。

关键词:负能谱;不确定关系;引力势

负能谱是指粒子(或系统)的能量本征值有上界而无下界的能谱,取其上界能级为零,这类能谱恒有 $\varepsilon_i \leqslant 0$,即呈无下界的负定型能谱,负能谱系统所遵从的运行演化规律恰好与通常正能谱系统所遵循的运动规律相反,或互补。例如在正能谱中,系统的熵遵从熵增原理,而在负能谱中,系统的熵遵从熵减原理;在正能谱中平衡态的温度恒正,而在负能谱中平衡态的温度恒负;在正能谱中系统的功可以无补偿地完全转化为热,热不能无补偿地完全转化为功,而在负能谱中系统的功不可以无补偿地完全转化为热,热可以无补偿地完全转化为功;在正能谱中第三定律表述为“不可能通过有限个可逆过程使系统的温度降至绝对零度”,而在负能谱中第三定律应表述为“不可能通过有限个可逆过程使系统的温度升至绝对零度”;等等。总之,只要有无下界的负能谱存在,就可以像正能谱一样等价而平权地建立负能谱系统热力学[1]。显然问题的关键就是负能谱在宇宙中到底存不存在。针对这一问题,物理学科学界多数人持怀疑态度,有的明确反对,认为宇宙中不可能存在无下界的负能谱,更不可能存在稳定的负能谱系统。他们说:“任何处于平衡状态的稳定的物理体系,其能谱一定具有下界,因此不可能是负定的”,“也就是说,在现实的物理世界中有人提出的具有负定性能谱的平衡系统是不存在的,因此建立了与之相应的热力学理论就毫无意义”,“这个问题早已为 Landau L. D. 的《统计物理》和 D. Ruelle 的《统计物理》和 D. Relle 的 *Statistical Mechanics* 等著作作了结论”。情况果真是这样的吗?笔者认为并非如此,为了阐明笔者的观点,下面特将 Landau L. D. 关于负能谱形成条件的论述作一介绍。

1. Landau L. D. 关于负能谱的论述

这里介绍的 Landau L. D. 关于负能谱的论述,主要引自于 Landau L. D. 所著的《量子力学》一书的第 5 章内容[2]。Landau L. D. 对负能谱的论述阐述了一个基本观点,那就是物质中负能谱的形成取决于引力势的形式,他的论述主要有以下几点。

(Ⅰ)一方面,如果粒子间的势场 $U(r)$ 在整个空间中恒有 $U(r)>0$,且有 $\lim\limits_{r_0\to\infty}U(r)$

$\to 0$,也即粒子间相互作用势为排斥势,则在这种势作用下物质的能谱恒满足

$$E_n > U_{\min}(r) \geqslant 0 \tag{1}$$

其能谱必定是下界大于零的正定型能谱。另一方面,又由量子理论可知,只要 $E_n>0$,则该能谱始终是连续谱。因此,当粒子间存在排斥势时,系统的能谱必然是无上界的正定型连续谱,粒子只能做无限运动。

(Ⅱ) 若粒子间的势场为吸引势,即 $U(r)=-\frac{a}{r^s}$,其中 $a>0, s>0$。这种势虽然当 $r\to 0$ 时,有 $U(r)\to -\infty$ 的发散值,但并不像经典情况那样,能对所有的 $s(>0)$ 值都可以形成负能谱,而是在对 s 和 a 有一定限制的条件下才能形成有界和无界负能谱。

现在来分析这些条件,根据不确定关系,处于线度 r_0 小区间内粒子的能量 E 应满足以下关系[2]:

$$E\sim\left(\frac{\hbar^2}{mr_0^2}-\frac{a}{r_0^s}\right)=\frac{\hbar^2}{mr_0^2}\left(1-\frac{am}{\hbar^2}r_0^{2-s}\right) \tag{2}$$

由此关系可以对不同的 s 和 a 来分析系统的能谱结构。

(1) 当 $s<2$ 时,无论 a 为何值,总有

$$\lim_{r_0\to 0}E\sim\lim_{r_0\to 0}\frac{\hbar^3}{mr_0^2}\left(1-\frac{am}{\hbar^2}r_0^{2-s}\right)\to\infty \tag{3}$$

同时当 $r_0\to\infty$ 时,又有

$$\lim_{r_0\to\infty}E\sim\lim_{r_0\to\infty}\frac{\hbar^2}{mr_0^2}\left(1-\frac{am}{\hbar^2}r_0^{2-s}\right)\to 0 \tag{4}$$

由此可知粒子的能量在原点为∞,表明粒子进入力心的几率为零,虽然当 $r_0\to 0$ 时,能量 $E\to 0$;但是,(3)式存在极小值 $E_{\min}\sim-\frac{\hbar^2}{mr_0^2}\left(\frac{2}{s}-1\right)<0$,因此在这种引力势作用下,系统存在有限下界 $E_{\min}(<0)$ 的负能谱。对这类引力势,Landau L. D. 特别分析了库仑引力势 $U(r)\sim-\frac{a}{r}$ 的能谱结构,结果表明粒子系统存在如下的无限多个能级组成的有界负能谱:

$$E_n=-\frac{ma^2}{2\hbar^2 n}\quad n=1,2,3,\cdots \tag{5}$$

能谱的基态能级为 $E_1=-\frac{ma^2}{\hbar^2}$。

(2) 当 $s>2$ 时,由(2)式给出的能量将随 r_0 趋于零的进程可以趋向任意大的负值,直到负无穷大,即

$$\lim_{r_0\to 0}E\to-\infty \tag{6}$$

这表明粒子的能量对任意 r_0 的平均值(即能量本征值)可以取任意大的负值,直至$-\infty$,而且当 $r_0\to\infty$ 时,即 $E\to 0$,这就是说当 $s>2$ 时,系统的能谱呈无下界的负能谱,即满足

$$-\infty<E\leqslant 0 \tag{7}$$

(3) 当 $s=2$ 时,称为临界情况,这时粒子系中粒子的径向波函数 $R(r)$ 所满足的薛

定谔方程是

$$R''+2R'/r+\gamma R/r^2=0 \tag{8}$$

式中

$$r=\frac{2ma}{\hbar^2}-l(l+1) \tag{9}$$

l 是角量子数。Landau L. D. 由此得到的结论如下：

当 $\gamma<\frac{1}{4}$ 时，粒子系不存在负能谱，这时粒子的径向波函数 $R(r)$ 在原点（力心）近旁将按 $A/r^{|k|}$ 形式发散，因此这个波函数在原点附近有限距离内不存在零点，就是说力心近旁的波函数 $R(r)=A/r^{|k|}$ 对应于 $E=0$ 的基态，这就表明当 $\gamma<\frac{1}{4}$ 时，粒子系不存在负能级。

当 $\gamma>\frac{1}{4}$ 时，可以证明粒子系的径向波函数 $R(r)$ 对一切有限能量 E 的解呈如下形式：

$$R(r)=Br^{\frac{1}{2}}\cos\left(\sqrt{\gamma-\frac{1}{4}}\ln\frac{r}{r_0}+C\right) \tag{10}$$

B，C 都是常数。这个解所具有的零点数将随 r_0 减小而无限地增多，这就是说对一切有限能量 E，无论它多么小，它始终包含有无限多零点；然而，系统的基态是不可能包含零点的。因此一切有限能量 E，无论它多么小，它都不能对应基态，这就表明当 $\gamma>\frac{1}{4}$ 时，粒子系的基态能 E 对应于 $-\infty$，因此当 $\gamma>\frac{1}{4}$ 时，粒子系具有无下界的负能谱。

总之，Landau L. D. 在不确定原理的基础上，根据引力势的形式 $\left(U(r)\sim-\frac{a}{r^2}\right)$，对粒子系的能谱结构作了确切而令人信服的论述。他的基本论点是：系统的能谱结构取决于粒子间相互作用势的形式，而系统的负能谱的存在形式则取决于粒子间相互作用引力势 $U(r)\sim-\frac{a}{r^s}$ 的形式。当引力势的指数 $s<2$ 时，系统不可能呈现无下界的负能谱。当 $s=2$ 时，若 $\gamma<\frac{1}{4}$，系统不可能呈现负能谱；当 $\gamma>\frac{1}{4}$ 时，系统可以呈现无下界的负能谱。当 $s>2$ 时，系统必然会呈现无下界的负能谱。

2. 高密度物质是负能谱系统存在的必然形式

当物质进入高密度状态时，例如当星际物质形成白矮星、中子星和黑洞这些高密度星体时，物质粒子在坐标空间中会受到极大的压缩，因此表征粒子的波函数在坐标空间中的线度会受到同样的压缩（或限制）。按照不确定关系，这就必然导致物质粒子在动量空间中粒子动量的膨胀。以白矮星为例，白矮星中粒子的数密度 $n\sim10^{30}$ cm^3[3]，因此白矮星中粒子的平均线度约为 10^{-10} cm，这个线度比自由空间中氢原子波包的线度 10^{-9} cm 还小 1 个量级。这就是说与自由空间中同类粒子相比，白矮星中粒子占有的体积至少被压缩了 1 000 倍，表征白矮星中粒子波包的线度也被压缩到相应粒子在自由空间中的波包线度的 1/10 以内，因此白矮星中粒子的动量将比同类粒子在自由空间中的动量大 10 倍以上。实际上，可以考虑处于原点近旁线度为 r 的小区域，被压入这个小区域中粒子波包线度的不确定度将具有 r 量级，按不确定关系粒子动量的不确定值应为 $p\sim\frac{h}{r}$，因此粒子速度在小区域中的不确定值应表示为

$$v\cong\frac{\hbar}{mr} \tag{11}$$

(11)式表明当粒子占有空间的线度因受压缩而减少时，则粒子在动量空间的速度就会增加。总之，不确定原理要求粒子可活动的空间线度 r 与粒子可能具有的动量 p（或速度 v）之积至少要不小于一个恒量 $\hbar$，这一原理对高密度物质的能谱分析极为重要。下面将根据 Landau L. D. 关于负能谱的论述，结合广义相对论中的较严格的引力公式来建立粒子的各级度规引力势。

当物质进入高密度自引力支配状态时（例如中子星、黑洞这类星体），物质中的引力场不再是牛顿式的弱引力场形式了，这时牛顿的引力 $\left(f\sim-\frac{GM}{r^2}\right)$ 近似应当由广义相对论中修正过的引力公式来表示[4]：

$$F_G(r)=-G\frac{\left(\rho+\frac{p}{c^2}\right)\left(m(r)+\frac{4\pi r^3}{c^2}p\right)}{r\left(r-\frac{2Gm(r)}{c^2}\right)} \tag{12}$$

式中：ρ 是物质密度，p 是压强，$m(r)$ 是半径为 r 的球内粒子的总质量，G 是引力常数。对于高密度物质，Landau L. D. 证明了一个定理：当系统的密度 $\rho\gg 20Z^2$ g/cm^3 时（Z 是原子序数），则系统的理想化程度愈高，于是可以把高密度物质视为理想流体，因此系统的物态方程可表示为 $p(\rho)=\left(\frac{\pi}{6}\right)^{\frac{1}{3}}M^{\frac{2}{3}}\rho^{\frac{4}{3}}$，$M$ 是星体总质量。现在来进一步考虑粒子间的引力相互作用，令 r_0 为粒子平均间距，它和密度 ρ 的关系是 $\rho=m_0n=\frac{6m_0}{\pi r_0^3}$，$m_0$ 是单个粒子质量，n 是数密度，于是在(12)式中令 $r=r_0$，注意 $m(r_0)=m_0$，则有

$$F_G(r_0)=-G\frac{\left(\rho+\frac{p}{c^2}\right)\left(m_0+\frac{4\pi r_0^3}{c^2}p\right)}{r_0\left(r_0-\frac{2Gm_0}{c^2}\right)}$$

$$=-G\frac{\left(\frac{A}{r_0^3}+\frac{B}{r_0^4}\right)\left(m_0+\frac{C}{r_0^2}\right)}{r_0\left(r_0-\frac{2Gm_0}{c^2}\right)}$$

$$=-G\left(\frac{A}{r_0^3}+\frac{B}{r_0^4}\right)\left(m_0+\frac{C}{r_0^2}\right)\left[1+\frac{2Gm_0}{c^2r_0}+\left(\frac{2Gm_0}{c^2r_0}\right)^2+\cdots\right]\frac{1}{r_0^2}$$

$$=-G\sum_{i=1}^{\infty}\frac{a_i}{r_0^{i+4}} \tag{13}$$

式中：$A=\frac{6m_0}{\pi}, B=G\left(\frac{6\sqrt{M}m_0}{\pi}\right)^{4/3}\frac{m_0}{C^2}, C=4\pi B$；$a_i$ 是由 A,B,C 三个数组合的系数。(13)式给出高密度物质中粒子间引力的最低负幂次项为 $-G\frac{A}{r_0^5}$，然后是 $-\frac{1}{r_0^6},-\frac{1}{r_0^7},\cdots$，因此相应的引力势 $\varphi G(r_0)$ 必具有如下形式：

$$\varphi G(r_0)\cong -G\sum_{i=1}^{\infty}\frac{\tilde{a}_i}{r_0^{i+3}} \tag{14}$$

$\tilde{a}_i=\left(\frac{a_i}{i+4}\right)$，(14)式中的最低负幂是 $-G\frac{\tilde{a}_1}{r_0^4}$，然后是 $-\frac{1}{r_0^5},-\frac{1}{r_0^6},\cdots$。在高密度物质中，与粒子质量相联系的正定能是简并能，即 $\varepsilon_F(r_0)\cong 7.36\frac{\hbar^2}{m_0 r_0^2}=\frac{b}{r_0^2}$，于是系统中单粒子能量为

$$\varepsilon_0\sim\frac{b}{r_0^2}-G\frac{\tilde{a}_1}{r_0^4}-G\frac{\tilde{a}_2}{r_0^5}-G\frac{\tilde{a}_3}{r_0^6}-\cdots \tag{15}$$

由于(15)式中负能量项的负幂次 $s>2$，根据 Landau L. D. 关于负能谱的论述，我们所讨论的高密度自引力系统必然是负能谱系统，因此，高密度物质是负能谱系统存在的必然形式。值得注意的是，当 $b>0$ 时，负能谱系统是稳定的；而当 $b<0$ 时，系统不存在极值，是不稳定的负能谱系统。

另外，由(11)式可知，随着 r 减小粒子速度反比地上升，当 r 非常小时，粒子速度必然可以接近光速。这时物质粒子已不再是牛顿粒子了，而是相对论粒子，遵从 Dirac 波动方程。这个方程不仅确立了粒子波函数的正能谱解，同时还确立了粒子波函数的负能谱解[5]。一切处在正能谱态中的正常粒子，都是从真空的负能谱中激发出来的正常粒子，同时每激发一个正常粒子进入正能谱中时，在负能谱中就会产生一个反粒子，例如处于真空中负能谱内的电子受到激发跃迁到正能谱中时，与此同时在负能谱中立即产生一个正电子。正电子是电子的反粒子。当 Dirac 关于负能谱的正、反电子理论提出时，并不被学术界承认，只在 4 年后，安德森于 1932 年在宇宙射线中发现正电子时才逐渐为人们所接受。更值得注意的是，1978 年天文学家从银河系的中心区观测到大量的正电子产生，说明银河系中心区一定存在负能谱，而且是 Dirac 式的负能谱；另一方面，大量天文观测表明银河系的中心区是高密度物质聚集区[4]，因此能在这里产生大量的正电子，这从另一个角度更证实了高密度物质是负能谱存在的必然形式。

但是，必须特别注意，按 Landau L. D. 的理论，即以不确定关系为基础，分析 Schrödinger 方程的解的能量本征值在形成负能谱时应满足的条件的论述是非相对论的。因此，由 Landau L. D. 理论建立的负能谱一般说来是非相对论粒子间能启动($s>2$)强引力场时所形成的负能谱。显然这种负能谱只是在正物质中形成的负能谱，但 Dirac 提出的负能谱是根据相对论波动方程——Dirac 方程存在负能谱解而建立的。Dirac 方程所确立的负能谱状态只是相对论反粒子(如正电子)所具有的负能谱态，因此

Dirac 提出的负能谱是在反物质中建立的负能谱。无论是 Landau L. D. 提出的负能谱，还是 Dirac 提出的负能谱，它们都有一个共同点，就是两者都只能在高密度物质中呈现。因此，笔者的结论是：高密度物质是负能谱存在的必然形式。

原载《西南师范大学学报》2003 年第 28 卷，第 6 期

参考文献

[1] 邓昭镜. 系统的能谱、温度和熵的演化[J]. 西南师范大学学报(自然科学版)，2002，27(5)：794 -800.

[2] Landau L D，Lifshitz E M. 量子力学[M]. 严肃，译. 北京：人民教育出版社，1980.

[3] 邓昭镜. 经典的与量子的理想体系[M]. 重庆：科技文献出版社，1983：190.

[4] 张镇九. 现代相对论及黑洞物理[M]. 武汉：华中师范大学出版社，1986：163.

[5] 白铬复，陈健华，田成林. 高等量子力学[M]. 湖南：国防科技大学出版社，1994：50 - 56.

负能谱中的黑洞热力学

摘　要：根据 Landau L. D. 的负能谱论述，论证了高密度自引力系统是实际存在的负能谱系统，进一步以负能谱理论研讨了黑洞的视界温度、熵以及熵的演化，最后，讨论了黑洞的热力学第三定律。

关键词：引力坍缩；负能谱；视界面积

1. 高密度自引力物质是实际存在的负能谱系统

Landau L. D. 在不确定原理基础上，根据粒子间引力势的形式$\left(\varphi(r)\sim-\frac{a}{r^s}\right)$，对粒子能谱的基本类型作了确切而令人信服的论述[1]。他的基本结论是：系统负能谱存在条件取决于粒子间相互作用的引力势$\varphi(r)\sim-\frac{a}{r^s}$的形式。当引力势的指数$s<2$时，系统必然呈现为有限下界和无限上界的正能谱；当$s=2$时，系统在一定的系数条件下，可以呈现为无下界的负能谱；当$s>2$时，系统必然会呈现为有上界而无下界的负能谱。现在根据 Landau L. D. 关于负能谱的这一论述来分析高密度自引力系统是否满足负能谱系统的条件。

当恒星密度足够高（例如达到中子星密度）时，星体进入自引力坍缩过程中，这时星体中物质粒子间的引力场已不再是牛顿式的弱引力场了，即不再是负一次$\left(-\frac{a}{r}\right)$的引力场了，而必须以广义相对论所给出的修正过的引力公式代替牛顿引力公式，广义相对论的修正过的引力公式是[2]

$$F_G(r)=-G\frac{\left(\rho+\frac{p}{c^2}\right)\left(m(r)+\frac{4\pi r^3}{c^2}p\right)}{r\left(r-\frac{2Gm(r)}{c^2}\right)} \tag{1}$$

其中：ρ是物质密度，$m(r)$是半径为r的球内所包含的全部质量，$p(\rho)$是压强。对于高密度物质，Landau L. D. 关于高密度物质“密度愈高愈理想”的定理成立。于是可以把高密度物质（例如中子星或黑洞）视为理想流体，因此其物态方程可表示为$p(\rho)\sim GM^{\frac{2}{3}}\rho^{\frac{4}{3}}$，$M$是星体总质量。现在考虑粒子间的引力相互作用，在式(1)中令$r=r_0$，r_0是粒子间距，它和密度ρ之间的关系是$\rho=m_0n=\frac{6m_0}{\pi r_0^3}$，$m_0$是粒子的质量，$n$是数密度，由

此，粒子间的相互作用引力应表示为

$$F_G(r_0)=-G\frac{\left(\rho+\frac{p}{c^2}\right)\left(m_0+\frac{4\pi r_0^3}{c^2}p\right)}{r_0\left(r_0-\frac{2Gm_0}{c^2}\right)} \tag{2}$$

注意，$p\sim GM^{\frac{2}{3}}\rho^{\frac{4}{3}}\sim G\left(\frac{6\sqrt{M}m_0}{\pi}\right)^{\frac{4}{3}}\frac{1}{r_0^4}$，于是式(2)化为

$$F_G(r_0)\sim -G\frac{\left(\frac{A}{c_0^3}+\frac{B}{r_0^4}\right)\left(m_0+\frac{C}{r_0}\right)}{r_0\left(r_0-\frac{2Gm_0}{c^2}\right)} \tag{3}$$

$$\sim -G\left(\frac{A}{r_0^3}+\frac{B}{r_0^4}\right)\left(m_0+\frac{C}{r_0}\right)\left[1+\frac{2Gm_0}{c^2r_0}+\left(\frac{2Gm_0}{c^2r_0}\right)^2+\cdots\right]\frac{1}{r_0^2}$$

其中：$A=\frac{6m_0}{\pi}$，$B=G\left(\frac{6\sqrt{M}m_0}{\pi}\right)^{\frac{4}{3}}$，$C=29.77G\frac{M^{\frac{2}{3}}m_0^{\frac{4}{3}}}{c^2}$。式(3)表明粒子间相互作用引力的最低负幂次项是$-G\frac{A}{r_0^5}$，然后是$\frac{1}{r_0^6}$，$\frac{1}{r_0^7}$，…，因此相应的引力势$\varphi_G(r_0)$必具有如下形式：

$$\varphi_G(r_0)\sim -G\left(\frac{a_1}{r_0^4}+\frac{a_2}{r_0^5}+\frac{a_3}{r_0^6}+\cdots\right)=-G\sum_{i=1}^{\infty}\frac{a_i}{r_0^{i+3}}<0 \tag{4}$$

它的最低负幂次项是$-G\frac{a_1}{r_0^4}$，然后是$\frac{a_2}{r_0^5}$，$\frac{a_3}{r_0^6}$，…。此外在高密度物质中，与粒子质量相联系的正定型能量是简并能，即$\varepsilon_F(r_0)\cong\left(\frac{9}{4\pi^2}\right)^{\frac{2}{3}}\frac{h^2}{2m_0}\cdot\frac{1}{r_0^2}=\frac{b}{r_0^2}$，于是系统粒子的能量可表示为

$$\varepsilon_0\sim\frac{b}{r_0^2}-\frac{\tilde{a}_1}{r_0^4}-\frac{\tilde{a}_2}{r_0^5}-\cdots \tag{5}$$

其中：$\tilde{a}_i=Ga_i$。由于式(5)中引力势的$s\geqslant 2$，因此当r_0足够小时，ε_0可以取任意大的负值。显然，能量ε_0对量子态的平均值也必然可以取任意大的负值，这就意味着能量的本征值可以取任意大的负值，因此由式(5)结构的粒子间作用能形式必然形成无下界的负能谱，也就是说自引力坍缩系统必然是负能谱系统。值得指出的是，由于式(5)中的$b>0$，则负能谱将出现正的极大值，这样的负能谱系统是稳定的。

2. 黑洞的视界温度和熵的演化

一方面，由于黑洞是强引力场作用系统，黑洞中粒子间相互引力作用遵从式(1)，因此黑洞是一个实际存在的负能谱系统，也就是说在包含强引力相互作用能时，黑洞中单粒子能量的本征值恒负，也即ε_i处于$-\infty<\varepsilon_i<0$区域中；另一方面，在负能谱中要能有效地定义概率函数，这就首先要求概率函数正定有界(概率函数基本性质Ⅰ)，而且还

要求概率函数对一切态求和时必须一致地收敛于1(概率函数基本性质Ⅱ)[3]。于是在负能谱中定义概率函数必然和正能谱中定义概率函数一样,必须要求乘积 $\beta\varepsilon_i\geqslant 0,\beta=\frac{1}{kT}$。对于正能谱:$\varepsilon_i\geqslant 0$,故要求 $T>0$;而对于负能谱,由于 $\varepsilon_i\leqslant 0$,则要求 $T<0$,为区别起见,特将负温度标示为$\widetilde{T}\leqslant 0$。既然黑洞是负能谱系统,而且稳态黑洞具有恒定的视界引力强度 κ_+,因此,与引力强度(视界时空正曲率)κ_+ 对应的黑洞的视界温度必须为负,表示为[4,5]

$$\widetilde{T}=-\frac{\kappa_+}{2\pi k_B}\text{或}\widetilde{T}=-\frac{\hbar\,\kappa_+}{2\pi c k_B},\kappa_+=\frac{c^4}{4GM} \tag{6}$$

这里温度取负值,和正温度比较,负温度的本质含义是很清楚的。事实上正温度的本质含义是:因各种正定型排斥能(如无序动能、斥力势)的激发,系统可及的量子态数明显增加,进而导致系统内能增加。为具体起见,设系统在 V,N 不变时,由于吸热,粒子的无序动能增加,使得系统因此被激发的量子态数将明显增加,这时当系统达到平衡态时,其内能 U 对其量子态数 Ω 的变化率 $\left(\frac{\partial U}{\partial\Omega}\right)_{V,N}$ 将取恒定值,则系统的正温度 T 就是在该吸热过程中,由系统量子态数 Ω 增加时所引起的,用温度单位量度的系统内能的总增加量。反之,负温度则是系统的量子态数 Ω 因引力能的冻结(或吸收)作用而明显减少,进而系统内能减少所致。如果系统在引力能冻结作用下,进入平衡态时,其内能 U 对其量子态数 Ω 的变化率 $\left(\frac{\partial U}{\partial\Omega}\right)_{V,N}$ 取稳定值,则系统的负温度 $\widetilde{T}$ 就是在该冻结过程中,由系统量子态数 Ω 减少时所引起的,用温度单位量度的系统内能的总减少量。由于引力势是起吸收(或冻结)量子态作用的,既然 $\kappa_+\left(=\frac{r_+-r_-}{2r_+^2}\right)$ 是视界表面的引力场强度,那么它对系统的量子态必然是起冻结作用的,因此按式(6)引入负温度是安全合理的。

根据 Bekenstein 等人所提出的黑洞中 Bekenstein-Smarr 公式和传统热力学基本等式的对照关系[6],立即给出

$$\widetilde{T}\mathrm{d}\,\widetilde{S}=\frac{\kappa_+}{8\pi}\mathrm{d}A_+=-\frac{k_\mathrm{B}}{4}\widetilde{T}\mathrm{d}A_+$$

得

$$\mathrm{d}\,\widetilde{S}=-\frac{k_\mathrm{B}}{4}\mathrm{d}A_+ \tag{7a}$$

或用普通单位有

$$\mathrm{d}\,\widetilde{S}=-\frac{c^3 k_\mathrm{B}}{4\,\hbar\,G}\mathrm{d}A_+ \tag{7b}$$

式(6)或式(7)表明,当黑洞的视界温度为负时,黑洞总熵的演化规律应表述为:黑洞的总熵随其视界面积增加而减少;反之随其视界面积减少而增加。由式(7a)(或式 7(b))表述的黑洞熵的演化规律是符合黑洞演化实际的。实际上,黑洞在形成演化中始终存在着两种对立过程:① 物质被黑洞吸收,以增加黑洞质量进而增加黑洞视界面积的过程。② 黑洞作为高密度正物质粒子源,通过视界表面附近的真空涨落所诱导的负能态中正、反粒子对(虚粒子对)激发,其结果使激发到正能态的粒子(反粒子)以黑体辐射方

式射向太空；留在负能态中的反粒子(粒子)是不稳定的，很易于被黑洞吸收，进入负能态的黑洞中，并与黑洞中粒子产生湮灭，使黑洞粒子减少。其中正、反能态粒子的产生几率为[5]

$$P_{\omega}=-\frac{1}{\exp\frac{\omega}{k_{B}T}\pm 1}=-\frac{1}{\exp\frac{\bar{\omega}}{k_{B}\bar{T}}\pm 1}=P_{\bar{\omega}} \tag{8}$$

其中：(+)号对应 Fermi 粒子，(−)对应 Bose 粒子，$\bar{\omega}=-\omega$，$\bar{T}=-T$。可以看出，过程①是黑洞聚集物质的过程，是增加黑洞视界面积的过程，这类过程必然导致黑洞总熵减少，这正符合(7a)的表述：黑洞的总熵随其视界面积增加而减少；过程②是黑洞视界面积减少的过程，是黑洞物质辐射到太空的过程，这类过程显然要导致黑洞总熵增加，这同样符合式(7a)的表述：黑洞的总熵随其视界面积减少而增加。因此说式(7)所表述的黑洞熵的演化规律正符合黑洞的实际演化过程。

3. 黑洞的状态函数——孤立黑洞的总熵

试考虑一孤立黑洞，显然它的能量-动量张量守恒，即

$$\nabla_{\mu}T^{\mu\upsilon}=0 \tag{9}$$

由于黑洞是高密度物质，可以视为理想流体，而且认定辐射是黑洞流体对熵贡献的基本形式，它的变化直接制约着黑洞熵的增减。因此，应当给出黑洞的能量密度 ρ 与其辐射压 P 之间的物态方程：$P=3\rho$，这样将使黑洞的能量-动量张量表示为

$$T^{\mu\upsilon}=\rho u^{\mu}u^{\upsilon}+\frac{1}{3}\rho(g^{\mu\upsilon}+u^{\mu}u^{\upsilon})\quad u^{\mu}u_{\mu}=-1 \tag{10}$$

同样也由于黑洞可视为理想流体，其四维熵流密度 s^{μ} 可表示为

$$s^{\mu}=su^{\mu},s=a\rho^{\frac{3}{4}} \tag{11}$$

根据(9)，(10)和(11)三式可以证明四维熵流密度的散度为零[6]，即

$$\nabla_{\mu}s^{\mu}=0 \tag{12}$$

于是由高斯定理可得

$$\int_{D(4)}\nabla_{\mu}s^{\mu}\mathrm{d}^{4}x=\oint_{\sum(3)}s^{\mu}n_{\mu}\mathrm{d}^{3}x=0 \tag{13}$$

其中：$D(4)$是四维区域，$\sum(3)$ 是 $D(4)$ 的三维封闭超曲面。利用式(13)可以定义一个状态函数，称为孤立黑洞系统的总熵，以 S 表之为

$$S=\int_{\upsilon}s^{\mu}n_{\mu}\mathrm{d}\upsilon=-\int_{\tilde{\upsilon}}s^{\mu}n_{\mu}\mathrm{d}\,\tilde{\upsilon},\upsilon+\tilde{\upsilon}=\sum(3) \tag{14}$$

式(14)表明，孤立黑洞的总熵 S 是熵流密度矢 s^{μ} 通过体积 υ(或$\tilde{\upsilon}$)的通量，而且通量 S 在封闭超曲面中是守恒的，也即在封闭超曲面 $\sum(3)$ 中，从体积 υ 中流出的总熵等于被体积 $\tilde{\upsilon}$ 吸收的总熵。假定黑洞包含于体积 υ 中，因此黑洞的视界 A_{+} 必然包含于体积 υ 与 $\tilde{\upsilon}$ 的交界面 σ 内，由于辐射粒子源只处于 A 内，在 σ 与 A 之间没有粒子源，更由于熵

流密度 $s^{\mu}(=su^{\mu})$ 中的熵密度 s 只取决于粒子源密度 ρ（即 $s=a\rho^{3/4}$），根据高斯定理，必然有

$$S=\int_{\upsilon}s^{\mu}n_{\mu}\mathrm{d}\upsilon=\int_{\upsilon_{BH}}s^{\mu}n_{\mu}\mathrm{d}\upsilon=-\int_{\tilde{\upsilon}_{BH}}s^{\mu}n_{\mu}\mathrm{d}\tilde{\upsilon}=S_{BH},\upsilon_{BH}+\tilde{\upsilon}_{BH}=\sum(3) \tag{15}$$

其中：υ_{BH} 是黑洞体积，S_{BH} 是黑洞总熵。这就是说黑洞总熵唯一地取决于 υ_{BH} 与 $\tilde{\upsilon}_{BH}$ 的界面 A（即视界）。因此黑洞总熵是由黑洞视界面积参量 A_{+} 决定的状态函数，根据式(7b)可以求得黑洞在坍缩过程中的总熵改变为

$$S(A_{+})-S(0)=\frac{-k_{\mathrm{B}}c^{3}}{4G\hbar}A_{+}<0 \tag{16}$$

这里 $S(0)$ 应是未形成黑洞前（即 $A_{+}=0$ 时），在超曲面 $\sum(3)$ 内的物质尚处于均匀分散状态时的总熵；$S(A_{+})$ 是当 $\sum(3)$ 面内有一部分物质在坍缩中已形成视界面积为 $A_{(+)}$ 的黑洞时，$\sum(3)$ 超曲内物质（包括黑洞内和黑洞外）的总熵，在这里要顺便强调的是，熵的改变可以取负值，但熵 S 本身不能取负值，否则将违反概率函数 $P_{i}\leqslant 1$ 的基本要求。《物理学报》2001 年 50 卷 5 期上刊登的“黑洞的普朗克绝对熵公式”一文中引入了 $S=k_{\mathrm{B}}\dfrac{A_{-}}{4}=-\pi kk_{\mathrm{B}}\left(r_{-}^{2}+\dfrac{J^{2}}{M^{2}}\right)<0$ 的负熵[7]，这是不对的，它直接与熵的普适定义 $S=-k_{\mathrm{B}}\sum\limits_{i}P_{i}\ln P_{i}$ 相抵触。式(16)表明坍缩过程使超曲面 $\sum(3)$ 内物质的总熵减少，当超曲面内全部物质在坍缩中都进入黑洞，使黑洞形成最大的视界面积 $A_{\max}$ 时，$\sum(3)$ 超曲面内物质的总熵将降至最小值 $S_{\min}=S(A_{\max})$，这时超曲面 $\sum(3)$ 中黑洞物质的总熵为

$$S(A_{\max})=S(0)-\frac{k_{\mathrm{B}}c^{3}}{4G\hbar}A_{\max} \tag{17}$$

结合式(16)有

$$S(A_{+x})=S(A_{\max})+\frac{k_{\mathrm{B}}c^{3}}{4G\hbar}(A_{\max}-A_{+}) \tag{18}$$

其中：$S(A_{\max})$ 是 $\sum(3)$ 中的物质完全凝聚成黑洞流体状态时的固有熵（或结构熵）。式(18)表明对于任一给定视界面积 A_{+} 的总熵 $S(A_{+})$ 等于黑洞的固有熵加上黑洞蒸发部分 $(A_{\max}-A_{+})$ 的辐射熵，当 $A_{+}=0$ 时，即完全蒸发时，则有

$$S(0)=S(A_{\max})+\frac{k_{\mathrm{B}}c^{3}}{4G\hbar}A_{\max} \tag{19}$$

它表示当黑洞完全蒸发时，其总熵 $S(0)$ 等于黑洞的固有熵与物质完全蒸发时产生的辐射熵之和。

4. 黑洞热力学第三定律

黑洞的固有熵只属于黑洞本身，因此其固有熵只取决于黑洞自身的结构。当黑洞

的结构愈有序时，其固有熵 $S(A_{max})$ 愈低；反之，当黑洞的结构愈偏离完全有序态时，其固有熵愈高。显然只有当黑洞物质处于完全有序态时，黑洞的固有熵 $S(A_{max})\geqslant S_0\geqslant 0$。例如相对于史瓦西(SW)黑洞而言，所有呈多层视界的黑洞，由于其内部有能层出现而处于激发状态。因此，和具有相同外视界面积的 SW 黑洞比较，多层黑洞将更偏离完全有序态，使得多层黑洞的固有熵 $S(\tilde{A}_{max})$ 增大，其中 $\tilde{A}_{max}$ 是最大等效视界面积。在这里考虑到多层黑洞是一个非均匀系统，因此有必要引入与 SW 黑洞"等效"的，均匀的 SW 黑洞系统的"等效"视界面积，它表示就黑洞总熵而言，一个具有外、内视界面积为 A'_+,A'_- 的多层黑洞的总熵 $S(A'_+,A'_-)$ 恰与一个视界面积为 $\bar{A}=A'_+-A'_-$ 的 SW 黑洞的总熵相等[7]（这里采用了文献[7]中由李传安先生给出的"全面积"熵公式，但为了避免引入负熵定义，特将其中的 $A'_-\to -A'_-$），于是对于最大视界面积有 $\tilde{A}_{max}=A'_{+max}-A'_{-max}$ 利用式(17)，得出

$$S(\tilde{A}_{max})=S(0)-\frac{k_Bc^3}{4G\hbar}\tilde{A}_{max}=S(0)-\frac{k_Bc^3}{4G\hbar}A'_{+max}+\frac{k_Bc^3}{4G\hbar}A'_{-max} \tag{20}$$

当 $A'_{max}=A_{max}$ 时，即当多层黑洞最大外视界 A'_{+max} 与 SW 黑洞的最大外视界 A_{max} 相等时，有

$$S(\tilde{A}_{max})=S(A_{max})+\frac{k_Bc^3}{4G\hbar}A'_{-max}>S(A_{max}) \tag{21}$$

它表示当最大视界面积相等时，多层黑洞的固有熵总大于相应的 SW 黑洞的固有熵，同时又考虑到

$$\tilde{A}_{max}=A'_{+max}-A'_{-max}=A_{max}-A'_{max}<A_{max} \tag{22}$$

结合(21)和(22)两式，则有

$$S(\tilde{A}_{max}+A'_{max})=-S(\tilde{A}_{max})=-\frac{k_Bc^3}{4G\hbar}A'_{-max}$$

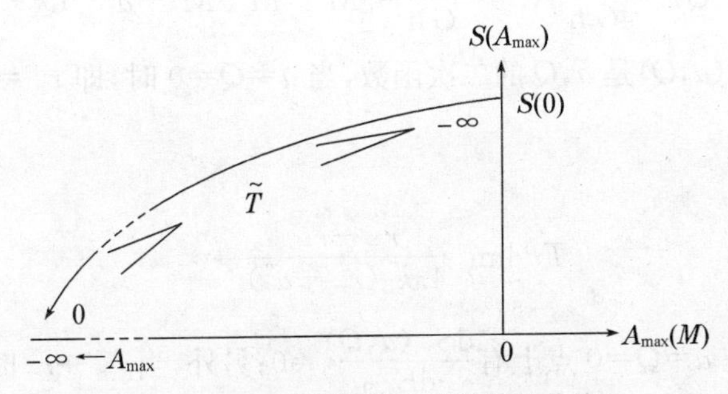

图 1　SW 黑洞熵 $S(A_{max})$ 的演化曲线

并注意 $S(\tilde{A}_{max})$ 是最大等效视界面积为 $\tilde{A}_{max}$ 的 SW 黑洞的固有熵，由此得出结论：SW 黑洞的固有熵 $S(A_{max})$ 随其最大视界面积 A_{max} 增加而减少，SW 黑洞固有熵 $S(A_{max})$ 对 $A_{max}(M)$ 的演化曲线如图 1 所示。既然所有多层黑洞的固有熵除去 $r_-\to r_+$ 的极端状态外，皆可以用由等效最大视界面积表示的 SW 黑洞的固有熵来表征。因此除极端状态外，在讨论黑洞热力学第三定律时，只讨论 SW 黑洞即可。对于 SW 黑洞，由于其固

有熵 $S(A_{max})$ 随其最大视界面积增大而减小，因此当 SW 黑洞的最大视界面积 A_{max} 不断地增大时，它的固有熵 $S(A_{max})$ 必将不断地减少，显然当 $A_{max}\to\infty$ 时，SW 的固有熵将趋向一个最小的极限值 S_0，即

$$\lim_{A_{max}\to\infty} S(A_{max})\to S(\infty)=S_0$$

由于不可能有比∞还大的视界面积，因此这个极小 S_0 是真极小值，完全可以令它等于零，故有

$$\lim_{A_{max}\to\infty} S(A_{max})\to 0 \tag{23}$$

又由于 SW 黑洞的最大视界面积 A_{max} 与其总质量 M^2 成正比，$A_{max}=16\pi M^2$，这就是说当 SW 黑洞的总质量 $M\to\infty$ 的极限时，SW 黑洞的固有熵必然趋于零熵极小值，也即 SW 黑洞才能进入完全有序态结构，同时又考虑到 SW 黑洞视界表面引力强度 $\kappa_+=\dfrac{c^4}{4GM}$，而视界温度 $\widetilde{T}=-\dfrac{\hbar\, c^3}{8\pi G k_B M}$，于是得到如下一组极限：

$$\lim_{M\to\infty} S(A_{max})\to 0,\ \lim_{M\to\infty}\kappa_+\to 0,\ \lim_{M\to\infty}\widetilde{T}\to 0 \tag{24}$$

也就是说，只有当 SW 黑洞的总质量趋于无限大时，它的固有熵才趋于零，系统的状态才趋于完全有序态，系统视界表面的引力强度才趋于零，系统的视界温度才上升至零。这里 $M\to\infty$ 的极限点称为黑洞热力学的第一极限点，而式(24)就是黑洞热力学在第一极限点上所遵从的热力学第三定律。对于多层黑洞，热力学还存在第二个热力学第三定律极限点。事实上由于多层黑洞内有能层子系出现，而且能层子系的能量被定域于 $0\leqslant E_{a,Q}\leqslant Mc^2$ 之间的正能谱中，同时又考虑到能层是生长于 SW 黑洞的无界负能谱中的子系，因此，能层的出现必然会导致第二个热力学第三定律极限点，能层子系的熵 $S_-(a,Q)$ 可以表示如下[7,8]：

$$S_-(a,Q)=\frac{k_B c^3}{4G\hbar}A_-=\frac{2k_B c^3\pi}{G\hbar}\left[M^2-M\sqrt{M^2-a^2-Q^2}-\frac{Q^2}{2}\right] \tag{25}$$

对于给定的 M，$S_-(a,Q)$ 是 a,Q 的二次函数，当 $a=Q=0$ 时，即 $r_-=0$，则有 $S_-(0,0)=0$。

又根据

$$T_-\lim_{\substack{r_-\to 0\\ a=0}}\frac{r_+-r_-}{4\pi k_B(r_-^2+a^2)}\to\infty \tag{26}$$

因此熵 $S_-(a,Q)$ 在 $a=Q=0$ 点上有 $\dfrac{dS_-(a,Q)}{dE_{a,Q}}=0$；另外，当 $r_-\to r_+$ 时，即极端状态时，有 $a^2+Q^2=M^2$，$S_-(a,Q)=\dfrac{k_B c^3\pi}{G\hbar}(a^2+M^2)$，这时有

$$T_-=\lim_{r_-\to r_+}\frac{r_+-r_-}{4\pi k_B(r_-^2+a^2)}\to 0 \tag{27}$$

于是当 $r_-\to r_+$ 时，熵 $S_-(a,Q)$ 在极端黑洞状态时有 $\dfrac{dS_-(a,Q)}{dE_{a,Q}}=\infty$。据此可以作出能层子系的熵 $S_-(a,Q)$ 随能层能量 $E(a,Q)$ 的熵增演化曲线（图 2），现在再将能层

子系的熵增曲线沿 $-U$ 方向，坐标平移地置入 SW 黑洞的熵演化曲线中，使得两曲线交点 A 处的 $U_{a,Q}$ 满足条件 $a^2+Q^2=M^2$，并用 SW 黑洞的熵曲线 $S(A_{\max})$ 减去能层子系的熵曲线 $S_-(a,Q)$，由此就能给出对给定的 M 条件下多层黑洞实际的熵演化曲线，如图 3 中粗实线所示。由图 3 可知，多层黑洞的熵演化曲线存在两个热力学第三定律极限点。

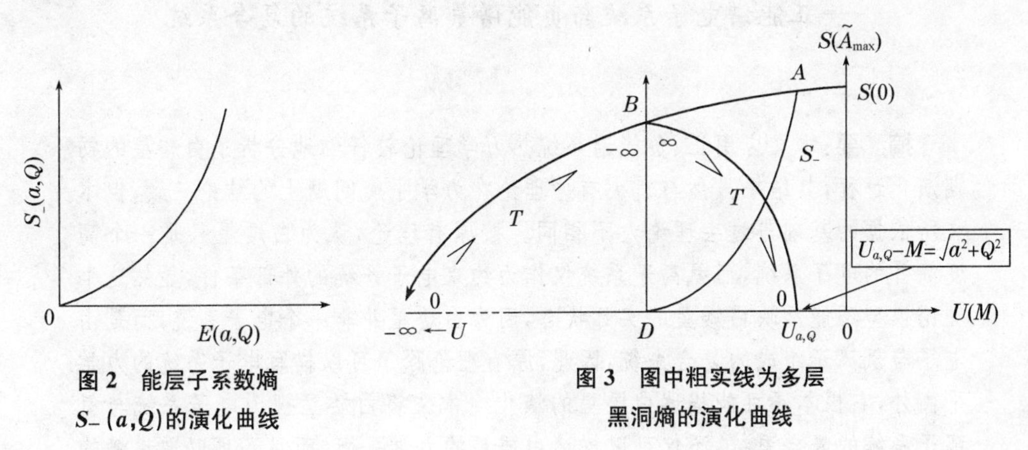

图 2　能层子系数熵 $S_-(a,Q)$ 的演化曲线

图 3　图中粗实线为多层黑洞熵的演化曲线

即(i) 无穷远极限点

$$\lim_{M\to\infty} S(A)\to 0 \quad \lim_{M\to\infty} \widetilde{T}\to 0 \tag{28}$$

(ii) 满足条件 $\sqrt{a^2+Q^2}=M$（或 $r_-\to r_+$）时的极端状态极限点[7,8]

$$\lim_{r_-\to r_+} S(A_+-A_-)=\lim_{r_-\to r_+}\frac{k_B C^3}{4G\hbar}(A_+-A_-)\to 0 \quad \lim_{r_-\to r_+} T\to 0 \tag{29}$$

原载《西南师范大学学报》2004 年第 30 卷，第 3 期

参考文献

[1] Landau L. D. 量子力学(上)[M]. 严肃，译. 北京：人民教育出版社，1980：66－67，140－142.

[2] 张镇九. 现代相对论及黑洞物理学[M]. 武汉：华中师大出版社，1986：163.

[3] B. B. 格涅坚科. 概率论教程[M]. 北京：高等教育出版社，1956：28.

[4] 李宗伟，肖兴华. 普通天体物理学[M]. 北京：高等教育出版社，1992：380－381.

[5] 赵峥. 黑洞与弯曲的时空[M]. 太原：山西科技出版社，2001：182－183.

[6] 张镇九. 现代相对论及黑洞物理学[M]. 武汉：华中师大出版社，1986：342－350.

[7] 李专安. 黑洞的普朗克绝对熵公式[J]. 物理学报，2001，50(5)：986－988.

[8] Zhao Ren, Wu Yue-qin, Zhang Lichun. Nernst Theorem and Statistical Entropy of 5-Dimensional Rotating Black Hole [J]. *Commun Theor Phys*, 2003，40(6)：745－748.

白矮星系统

——正能谱电子系统与负能谱氦离子系统的复合系统

摘　要:本文应用正、负能谱系统热力学理论较仔细地分析了白矮星的初期演化过程,其结果虽然与过去有关理论在力学平衡问题上的结论一致,但本文所依据的基础与过去理论大不相同。按原有理论,认为白矮星只是一个高度简并的电子系统,而氦离子系统仅作为约束电子系统的外部条件,显然这个理论模型不能反映白矮星的实际状态,因为白矮星并非一个电子系统,而是由电子与氦离子组成的复合系统,因此,原有理论除了可以描写电子系统的力学平衡外,它根本不可能描述白矮星的演化。本文将白矮星视为电子系统与氦离子系统的复合系统,不仅可以描述白矮星的力学平衡,而且还可以通过熵的演化来描写白矮星的演化进程。

关键词:正、负能谱系统;简并压;收缩压

白矮星、中子星和黑洞都是高密度恒星,是恒星演化的归宿。当主星序中恒星的中心区的核燃料氢耗尽之后,星体将先膨胀形成红巨星(或超红巨星),然后经坍缩再形成高密度的白矮星或中子星。当星体质量超过 8 M_{Θ}(M_{Θ} 表示 1 个太阳质量)时,星体在坍缩过程中形成中子星,而当星体质量低于 $8M_{\Theta}$ 时,星体在坍缩中形成白矮星[1]。白矮星的坍缩过程要经过以下两个主要阶段:第一阶段(初期阶段)是刚从红巨星内核中脱胎出来的白矮星胚芽,是耗尽氢燃料以聚合氦的过程,在这一过程中白矮星的主要成分是氦;第二阶段是成熟的白矮星的形成过程,在这一阶段中首先通过了 3α 过程中由氦聚合成碳,然后再通过碳-氦反应进一步聚合成氧,这一阶段以耗尽氦燃料为标志,当氦燃料耗尽时,白矮星的主要成分是碳和氧[2]。在坍缩中星体的密度可以高达 $0.1\times10^6\sim100\times10^6$ g/cm^3,星体中心温度可以达到 10^7 K 以上。因此,在初始阶段中,白矮星完全可视为由氦原子组成的高密度恒星[2,3]。同时由于高密度必将进一步产生极强的引力负压,这种强大的负压非一般的辐射压和粒子热运动排斥压所能抗衡,只有靠泡利不相容原理产生的电子的简并压强才能与之抗衡。这时白矮星中的氦原子的电子壳层被强大的引力负压所压碎,形成氦离子沉浸于电子海洋中。因此,白矮星进一步可视为由电子和氦离子组成的高密度恒星。就是说星体存在两个子系,一个是电子系统,另一个是氦离子系统,电子系统和氦离子系统的基本特征如表 1 所示[3]。

表 1　电子系统和氦离子系统的基本特征

Table 1　The Basic Characteristics of the Electron-System and the Helium-Ion-System

系统	电子系统	氦离子系统
简并性	高度简并气体	非简并气体
相对论性	近相对论粒子系统	非相对论粒子系统
压强的支配成分	简并压强(排斥压)	引力收缩压(吸引压)
质量	电子气体质量为星体总质量的0.001	氦离子气体质量为星体总质量的99.9%
激励源	星体简并压的激励源	星体引力场激励源
系统能谱特征	正能谱系统	负能谱系统

由表中给出的两个系统的性质可知，白矮星可视为由非简并的非相对论氦离子组成的重质量体系和由简并的近相对论电子组成的轻质量系统形成的复合系统。系统中电子系统是正能谱系统，由它提供强大的正的简并压；氦离子系统是负能谱系统，由它提供强大的引力收缩压(负压)。白矮星的平衡就是在这两种压强相互对立的作用中形成的，以下将具体分析白矮星的平衡和演化。

1. 白矮星的力学平衡

为了分析白矮星的力学平衡，首先应写出白矮星系统的 Kramers 势 q，显然 q 应由白矮星中两个子系的 Kramers 势 q_e 与 q_{He}之和给出：

$$\begin{aligned} q &= q_e + q_{He} \\ &= \sum_{\varepsilon_e} \ln(1 + z e^{\beta \varepsilon_e}) + \sum_{\varepsilon_{He}} \ln(1 + z' e^{\beta' \varepsilon_{He}}) \\ &= \frac{P_e V}{kT_e} + \frac{P_{He} V}{kT_{He}} \quad \left(\beta = \frac{1}{kT_e}, \beta' = \frac{1}{kT_{He}}\right) \end{aligned} \tag{1}$$

$$P_e = \frac{kT_e}{V} \sum_{\varepsilon_e} \ln(1 + z e^{\beta \varepsilon_e}), \varepsilon_e^2 = (cp)^2 + m^2 c^4, z = e^{\beta \mu_e} \tag{2}$$

$$P_{He} = \frac{kT_{He}}{V} \sum_{\varepsilon_{He}} \ln(1 + z' e^{\beta' \varepsilon_{He}}), \varepsilon_{He} = -\frac{aGm_p^2}{r}, z' = e^{\beta' \mu_{He}} \tag{3}$$

式中：z, z'是两个子系中粒子的速度，μ_e, μ_{He}分别是电子系统和氦离子系统的化学势，现在将根据两个子系的基本特征来分析和计算两个子系的压强 P_e 和 P_{He}。

先求电子系压强 P_e，电子系统是近相对论的高度简并气体，因此白矮星的温度相当于电子系统的低温态，对此，对(2)式引入无量纲变量 θ 来表示 ε_e，即 $\varepsilon_e = mc^2 \cos\theta$，这时(2)式化为[4]

$$P_e = \frac{4\pi g m^4 c^5}{3h^3} \int_0^{\infty} \frac{\sin^4\theta (z e^{-mc^2 \beta \cos\theta}}{1 + z e^{-mc^2 \beta \cos\theta}} d\theta \tag{4}$$

对于高度简并的电子气体，其化学势可以近似地用费米能 ε_F 表示，即 $\mu \cong \varepsilon_F = mc^2\cosh\theta_F$，同时将(4)式积分分为两部分[15]：

$$P_e = \frac{4\pi g m^4 c^5}{3h^3}\int_0^{\theta_F} \frac{\sin^4\theta}{e^{-\beta\varepsilon_F(1-\eta(\theta))}+1}d\theta + \int_{\theta_r}^{\infty} \frac{\sin^4\theta}{e^{\beta\varepsilon_F(\eta(\theta)-1)}+1}d\theta \tag{5}$$

式中 $\eta(\theta) \equiv \frac{\cos\theta}{\cos\theta_F}$，它在第一个积分中有 $\eta(\theta) < 0$，而在第二个积分中有 $\eta(\theta) > 0$，对于高度简并的电子系统，我们有 $\beta\varepsilon_F > 10^3 \gg 0$，从而可以在(5)式中略去第二项积分贡献，于是电子系统的基态压强是

$$p_e^0 = \frac{4\pi g m^4 c^5}{3h^3}\int_0^{\theta_F} \sin^4\theta d\theta = \frac{\pi m^4 c^5}{3h^3}A(x) \tag{6}$$

这里引入的 $x \equiv \sin\theta_F \equiv \frac{P_F}{mc} = \left(\frac{3n}{8\pi}\right)^{1/3}\frac{h}{mc}$，可以证明积分函数 $A(x)$ 在 $x>0$ 时总有 $A(x)>0$，因此由(6)式给出的电子气体的基态压强是排斥型正压强。

现在求氦离子系统产生的压强

$$P_{He} = \frac{\kappa T_{He}}{\upsilon}\sum_{\varepsilon_{He}}\ln(1+z' e^{-\beta\varepsilon_{He}}) \tag{7}$$

为了将求和 $\sum_{\varepsilon_{He}}$ 化为积分，试考虑相空间内以能级给出的状态和函数

$$\sum_i \varepsilon_{He}(r) = \frac{4\pi}{3}\frac{\upsilon(\bar{p})}{h^3}r^3 = -\frac{4\pi}{3}\frac{(aGm^2)^3}{h^3}\upsilon(\bar{p})\frac{1}{(\varepsilon_{He}(R))^3} \tag{8}$$

于是有
$$\sum_{\varepsilon_{He}}(\cdots) = \frac{4\pi}{3} \rightarrow \int(\cdots)\alpha(\varepsilon_{He})d\varepsilon_{He}$$

(3)式化为

$$\begin{aligned} P_{He} &= 4\pi\kappa T_{He}\frac{\upsilon(\vec{p})}{\upsilon}\left(\frac{aGm_p^2}{h}\right)^3\int_{\theta_F}^{a}\ln(1+z' e^{-\beta\varepsilon_{He}})\frac{d\varepsilon_{He}}{\varepsilon_{He}^4} \\ &= \frac{4}{3}\pi B'^2\left(\frac{aGm_p^2}{h}\right)^3\frac{\upsilon(\bar{p})}{\upsilon}\int_{\beta'}^{\infty}\frac{dy}{y^3(z'^{-1}e^r+1)} \quad r=\beta'\varepsilon_{He} \end{aligned} \tag{9}$$

由于白矮星的温度 10^7 K 对非相对论氦离子气体来说是高温，因此在这种高温下，必然有如下渐近：$y=\beta'\varepsilon_{He}\rightarrow 0, z'=e^{\beta\mu\rightarrow 1}$，于是相对于氦原子气体的高温态，(7)式的压强近似有

$$\begin{aligned} P_{He}^h &= \frac{2\pi}{3}\beta'^2\left(\frac{aGm_p^2}{h}\right)^3\frac{\upsilon(\bar{p})}{\upsilon}\int_{y(R)>0}^{\infty}\frac{dy}{y^3} \\ &= \frac{\pi}{3}\left(\frac{aGm_p^2}{h}\right)^3\frac{\upsilon(\bar{p})}{\upsilon}\frac{\beta'^2}{y(R)'^2} \end{aligned} \tag{10}$$

$$\upsilon = \frac{4}{3}\pi\beta^3, \upsilon(\bar{p}) = 2N\frac{4\pi}{3}p_r^3 = \frac{2Nnh^3}{g}$$

代入 P_{He}^h 中，并取 $g=2, M=2N, n=\frac{2N}{V}$，则有

$$P_{He}^h \approx -\frac{3}{4}\left(\frac{aGM^2}{4\pi R^4}\right) \tag{11}$$

(11)式表明氦离子初始压强是一种收缩负压。白矮星的平衡就是在电子气体的基态简并压与氦离子气体的收缩压的对抗中形成的,当达到平衡时,有 $p_e^0+p_{He}^h=0$,由此得到

$$\frac{8\pi m^4c^5}{3h^3}A(x(R))=\frac{3}{4}\frac{aGM^2}{4\pi R^4} \tag{12}$$

(12)式就是天体演化中给出的 M-R 关系式[6],若按以下定义引入 3 个无量纲的基本量 $\widetilde{m}$,$\widetilde{R}$和$\widetilde{E}$:

$$\widetilde{m}\equiv\frac{\pi}{3}\frac{M}{mp},\widetilde{R}\equiv\frac{R}{\frac{h}{mc}},\widetilde{E}\equiv\frac{\frac{GM^2}{R}}{mc^2}$$

则(12)式可进一步化为

$$A\left(\frac{3}{2}\left[\frac{\widetilde{m}}{\widetilde{R}^3}\right]^{1/3}\right)=\frac{9}{2}\pi a\frac{\widetilde{E}}{\widetilde{R}^3} \tag{13}$$

图 1 是以$(\widetilde{m})^{1/3}$为横坐标,$\frac{\widetilde{R}}{\widetilde{m}^{1/3}}$为纵坐标所绘制的由(11)式给出的白矮星质量 $\widetilde{m}$ 和半径$\widetilde{R}$之间的演化关系曲线。

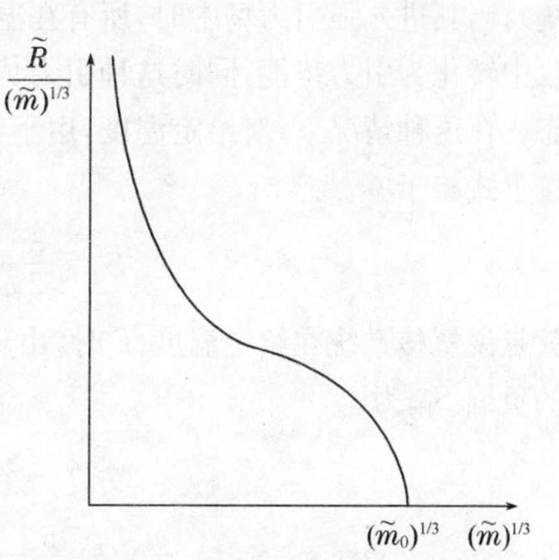

图 1　白矮星的质量-半径关系

Fig. 1　The Mass-Radius Relationship of White Dwarfs Star

2. 白矮星的熵的演化

白矮星的熵由两个子系熵之和表示:

$$S=S_e+S_{He}$$

式中 S_e 和 S_{He}分别是电子系统与氦离子系统的熵。如上所述,电子系统是高度简并的近相对论正能谱系统,氦离子系统是非简并的非相对论负能谱系统,电子系统的熵是非负的,氦离子系统的熵为非正的。现在来具体求出这两个系统的熵。

先求非相对论非简并氦离子系统的熵,由于白矮星的温度 10^7 K 对氦离子系统来说实属高温,事实上氦离子系统的简并判据为

$$n_p\lambda_{He}^3=\frac{n_p}{2}\left(\frac{h}{\sqrt{2\pi m_pkT}}\right)^3\approx4.98\times10^{-1}<1 \tag{14}$$

(14)式表明处于 10^7 K 中的氦离子(或氦核)系统是非简并系统,完全可以采用玻色系统(当氦核还没有被引力场压碎时)或费米系统(当氦核已被引力场压碎形成核子系统时)的高温展开表示。注意,处于强引力场中的氦核系统(玻色系统)或核子系统(费米系统)都是负能谱系统,按熵减原理,或熵的存取定理[7],系统的熵恒负。对于这一点从原理上应当这样来认识,假定温度为 T 的氦离子系统(或核子系统)处在引力场可以忽略的正能谱中,这时系统的熵就是正常的温度为 T 的玻色系统或费米系统,系统的熵必然为正,在非简并条件,系统的正熵可以通过玻色或费米系统熵的高温展开式求得,即[8]

$$S_h=N_pk\left[\frac{5}{2}-\ln(n_p\lambda_{\mathrm{He}}^3)\right]-0.0884(n_p\lambda_{\mathrm{He}}^3)-0.0033(n_p\lambda_{\mathrm{He}}^3)^2-\cdots\quad(\text{Bose})\tag{15}$$

$$S_h=N_pk\left[\frac{5}{2}-\ln\left(\frac{n_p\lambda_e^3}{g}\right)\right]+0.0884\left(\frac{n_p\lambda_e^3}{g}\right)+0.0033\left(\frac{n_p\lambda_e^3}{g}\right)^2-\cdots\quad(\text{Fermi})\tag{15'}$$

现在设想系统逐渐地且等温地进入强引力场中，系统将逐渐地进入深度冻结状态，这时原来在正常条件下所储备的正熵将被引力场吸收。于是对于玻色系统（如氦核系统），当其进入强引力场中时，所有在温度 T 时所具有的无序动能都会在强引力场的吸收中转化为引力势能，同时这种引力势能又以引力负压的形式将系统压缩成高密度状态。在这种情况下，对给定温度，由于密度 n_p 随引力场增强而不断升高，系统的熵必将按下式趋于零[6]：

$$S_d=\frac{5}{2}\frac{h}{n_p\lambda_{\mathrm{He}}^3}\zeta\left(\frac{5}{2}\right)\xrightarrow[n_p\to\infty]{}0\tag{16}$$

就是说氦核系统在给定温度 T 时，由弱引力场过渡到强引力场时，氦核系统中所产生的负熵 $\overline{S}_{\mathrm{He}}$ 为

$$\overline{S}_{\mathrm{He}}=S_d-S_h\xrightarrow[n_p\to\infty]{}-S_h$$

即

$$\overline{S}_{\mathrm{He}}=-N_pk\left[\frac{5}{2}-\ln(n_p\lambda_{\mathrm{He}}^3)\right]+0.088N_pkn_p\lambda_{\mathrm{He}}^3\tag{17}$$

对于费米系统（如强引力足以压碎氦核，从而形成核子系统时），按同样的论述可得到核子系统对给定温度 T，由弱引力场过渡到强引力场时，核子系统中产生的负熵 $\overline{S}_n$ 为

$$\overline{S}_n=S_d-S_h=\frac{\pi^2}{2}\frac{kT}{\varepsilon_F}-S_h\xrightarrow{\varepsilon_F\gg k_T}-S_h\tag{18}$$

在这里由于系统是费米型的，在强引力场中系统在坐标空间内的密度 n_p 不断升高，必然导致系统粒子在动量空间中的费米能 $\varepsilon_F(n)$ 按幂次 $n^{\omega}\left(\omega\geqslant\frac{2}{3}\right)$ 不断上升，即 $\varepsilon_F\geqslant\left(\frac{3}{4\pi g}\right)^{2/3}\frac{h^2}{2m_{\mathrm{He}}}n^{2/3}$，所以当 n 随引力场增强时，ε_F 也随引力场增强，从而有

$$\overline{S}_n\xrightarrow{n_p\to\infty}-S_h$$

即

$$\overline{S}_{\mathrm{He}}=-N_pk\left[\frac{5}{2}-\ln\left(\frac{N_pkn_p\lambda_n^3}{g}\right)\right]+0.088N_pk\left(\frac{N_pkn_p\lambda_n^3}{g}\right)\tag{19}$$

式中 λ_n 是核子的热波波长，g 是朗德因子，对核子而言 $g=2$。

从(17)和(19)两式可知，无论是玻色系统还是费米系统，当它由正能谱转入强引力场支配的负能谱时，系统的负熵可以表示为

$$\begin{aligned}\overline{S}&\cong-N_pk\left[\frac{5}{2}-\ln\left(\frac{N_pkn_p\lambda_x^3}{g_x}\right)\right]+0.088N_pk\left(\frac{N_p\lambda_x^3}{g_x}\right)+\cdots\\&\cong-3.89N_pk<0\end{aligned}\tag{20}$$

其中对玻色系统，$\lambda_x=\lambda_{\mathrm{He}}$，$g_x=1$；对于费米系统，$\lambda_x=\lambda_n$，$g_x=2$。

电子系统是正能谱系统，考虑到 10^7 K 条件是电子系统的高度简并态，因此它的熵应表示为[5]

$$\begin{aligned} S_e &= N_e k\left[\frac{\pi^2}{2}\left(\frac{kT}{\varepsilon_F}\right)+\frac{\pi^4}{24}\left(\frac{kR}{\varepsilon_F}\right)^2+\cdots\right] \\ &\cong N_e k\left[\frac{\pi^2}{2}\frac{T}{T_F}\right]\cong 1.4\times10^{-3}N_e k = 2.8\times10^{-3}N_p k>0 \end{aligned} \tag{21}$$

由(20)，(21)两式可求得白矮星初始收缩阶段的熵为

$$S=\overline{S}+S_e=-[3.89-2.8\times10^{-3}]N_p k<0 \tag{22}$$

(22)式表明，白矮星在初始收缩阶段中是一个负熵系统，星体在进一步演化中其负熵是增加(指绝对值)还是减少，将取决于星体中和 $\overline{S}$ 和 S_e 之间的竞争，如果进一步演化中 $|\overline{S}|$ 比 $|S_e|$ 增长得快，则白矮星的熵将更负，更趋于有序状态；反之，当 $|\overline{S}|$ 比 $|S_e|$ 增长得慢时，则白矮星的负熵将减少，系统的有序化程度将减弱。可以断言，只要白矮星处在收缩(即坍缩)过程中，白矮星必然是一个负熵系统，不仅如此，白矮星在其坍缩中的每一个阶段，都可以视为以电子组成的正能谱子系和以某种原子(氦、碳或氧)离子组成的负能谱子系形成的复合系统。正能谱子系遵守熵增原理，产生正熵；负能谱子系遵守熵减原理，产生负熵。在坍缩中，负能谱子系的负熵明显地超过正能谱子系的正熵，使得坍缩中的白矮星始终是一个负熵系统。

原载《西南师范大学学报》2002 年第 27 卷，第 6 期

参考文献

[1] 赵峥. 黑洞与弯曲的时空[M]. 太原：山西科技出版社，2001：113 - 114.

[2] 什克洛夫斯基 LS. 恒星的诞生、发展和死亡[M]. 黄磷，蔡贤德，译. 北京：科学出版社，1986：170 -191.

[3] 邓昭镜. 经典的与量子的理想体系[M]. 重庆：科技文献出版社，1983：189 - 192.

[4] Synge J L. *The Relativistic Gos*[M]. Amsterdam：North Holland publishing company，1957：21.

[5] 邓昭镜. 经典的与量子的理想体系[M]. 重庆：科技文献出版社，1983：217.

[6] Pathria R K. *Statistical Mechanics*[M]. New York：Pergamon Press，1972：246 - 248.

[7] 邓昭镜. 系统的能谱、温度和熵的演化(I)——平衡系统[J]. 西南师范大学学报(自然科学版)，2002，27(5)：794 - 800.

[8] 邓昭镜. 经典的与量子的理想体系[M]. 重庆：科技文献出版社，1983：141.

一个对称、互补而自洽的热力学,正、负能谱系统热力学

摘　要:当负能谱热力学理论提出来之后,它就和已有的正能谱热力学理论一起构成了一个简洁、对称且自身逻辑互补的完全自洽的理论体系。尽管这个理论体系还有待进一步完善,但它一经提出,就开启了人类在新的认识领域中的先河。为了正确地认识负能谱热力学理论对整个热力学理论的实际意义,本文特就以下几个问题作进一步阐述,这些问题是:1. 正、负能谱系统所遵循的热力学规律;2. 正、负能谱系统间能否平稳过渡;3. 第二种永动机不可能制造与宇宙的永恒循环。

关键词:正、负能谱系统;互补对应;第二种永动机;宇宙永恒循环

负能谱热力学是在 $\beta\varepsilon_i \geqslant 0$ 的条件下,以正能谱热力学为模板而建立的恰与正能谱热力学形成逻辑互补的,完全自洽的热力学理论体系。由于它的出现,人类在热理论领域中已建立起一个简洁、对称、逻辑互补且完全自洽的热力学理论体系。事实上,由于负能谱热力学的建立,首先扩大了原有(正能谱)热力学的研究领域,将热力学从平直时-空中的热理论扩展到弯曲时-空中热理论研究;第二,扩大了物理学中各类基础理论相互融合的需求范围,也就是从过去仅建立在经典理论和量子理论基础上的热力学统计理论进一步深入到广义相对论和相对论量子理论的需求;第三,将热理论从一般常规的低密度物质系统扩展到由引力场支配的高密度物质系统。尽管负能谱热力学理论才刚刚提出,它就在那些扩展的新领域中显示出它的重要作用。由此可见,这个理论的出现实属人类对物质运动认识的必然,为了进一步说明负能谱热力学与正能谱热力学之间的对称、互补和相互自洽的关系,这里特就以下三个问题作专题阐述:

1. 正、负能谱系统所遵循的热力学规律

在正、负能谱热力学理论中,既有两类系统共同遵循的基本规律,又有仅属于正、负能谱自身的、独立的但又彼此互补的运行规律,现在将这两类规律分别表述如下:

(1) 正、负能谱热力学系统共同遵守的运行规律

(a) 能量守恒和转化规律。这条规律对正、负能谱系统都成立,它在正、负能谱热力学中表述为热力学第一定律。具体讲,在正能谱热力学中表述为:系统所吸收的热 $đQ$ 和对系统所做的功 $đW$ 与系统内能的增加 $đU$ 之间有如下关系:$đQ=đU-đW$;类似地,在负能谱中也有同样的表述:系统所吸收的热 $đ\tilde{Q}$与对系统做的功 $đ\tilde{W}$和系统内能的增加 $đ\tilde{U}$

之间有以下关系：$\mathrm{d}\widetilde{Q}=\mathrm{d}\widetilde{U}-\mathrm{d}\widetilde{W}$，这里$\widetilde{Q}$,$\widetilde{U}$和$\widetilde{W}$都是负能谱热力学中的量。

(b) 热力学自发演化过程中的单向演化法则[1]。尽管这个法则在正、负能谱系统中有不同的形式(例如正能谱中热只能由高温自发地流向低温，而在负能谱中热只能由低温自发地流向高温)，但都体现出热过程自身的规律性，它表明热运动在任何系统中的自发过程只允许单向发展，即单向演化规律。

(c) 不可能通过有限个可逆过程(或准静态过程)达到绝对零度[2]，即热力学第三定律。这条规律对正、负能谱系统都成立，因此，绝对零度是正、负能谱系统热力学规律的绝对分界点，任何(正、负能谱)系统皆不可能准静态地通过绝对零度，只有在非平稳过程中才能实现正、负能谱系统间彼此渡越。

(d) 对正、负能谱系统中的热力学平衡态可引入标示热力学平衡的强度量 $T(\widetilde{T})$、$p(\widetilde{p})$和 $\mu(\widetilde{\mu})$，而且由这些强度量所标示的平衡态具有可传性[3]。

(e) 对正、负能谱系统的热力学平衡态可以引入扩延量熵 $S(\widetilde{S})$，由下式定义：

$$S_f-S_i=\int^2\frac{\mathrm{d}Q}{T},\widetilde{S}_f-\widetilde{S}_i=\int^2\frac{\mathrm{d}Q}{\widetilde{T}}$$

(f) 对正、负能谱系统的热力学平衡态可以引入相应于不同状态参量的各种扩延量，如对状态参量 S、V、N_i(或$\widetilde{S}$、$\widetilde{V}$、$\widetilde{N}_i$)可以引入 $U(\widetilde{U})$，$U(\widetilde{U})$分别由下式决定：

$$\mathrm{d}U=T\mathrm{d}S-p\mathrm{d}V+\sum_i\mu_i\mathrm{d}N_i,\mathrm{d}\widetilde{U}=\widetilde{T}\mathrm{d}\widetilde{S}-\widetilde{p}\mathrm{d}\widetilde{V}+\sum_i\widetilde{\mu}_i\mathrm{d}\widetilde{N}_i$$

(2) 正、负能谱系统遵循的彼此互补的演化定律[3]

在前面表述的正、负能谱系统共同遵循的规律中，有一个单向演化法则，这个法则对于正、负能谱系统又各有仅属于自己的具体的表现形式，而且这些形式是互补的，这些具体的单向演化规律分别表述如下：

正能谱	负能谱
(a) 孤立系统的熵永不减少；	(a) 孤立系统的熵永不增；
(b) 热可以自发地由高温流向低温；	(b) 热可以自发地由低温流向高温；
(c) 功可以无补偿地完全转化为热，热不能无补偿地完全转化为功；	(c) 热可以无补偿地完全转化为功，功不能无补偿地完全转化为热；
(d) 不可能从单一热源提取热使它全部转化为功；	(d) 不可能从单一功源提取功使它全部转变为热；
(e) 一切不可逆过程必然导致能量质的下降	(e) 一切不可逆过程必然导致能量质的晋升

2. 正、负能谱系统间不可能实现准静态的平衡过渡

如上所述，一方面“不可能通过有限次可逆过程(或准静态的平衡过程)达到绝对零度”是正、负能谱热力学共同遵循的规律(即热力学第三定律)。因此，在正、负能谱系统

间都不可能以准静态的平衡过程跨越绝对零度。就是说，在绝对零度附近，正、负能谱系统间的任何渡越、能量交换和转化以及其他各种形式的相互作用，都不可能以平稳的准静态方式进行，而必须采取非平稳的不可逆过程的形式来实现。具体地讲，如果一个过程是实现由负能谱系统向正能谱系统过渡，则过程至少应采取系统的熵产生趋于极小的方式进行；反之，当一个过程是实现由正能谱系统向负能谱过渡，则过程至少应采取系统的熵损失趋于极大的方式进行。

3. 宇宙的永恒循环与第二种永动机不可能制造

另一方面，“一切热过程必然遵循单向演化法则”也是正、负能谱热力学共同遵守的规律，这就是说，处于正能态物质只能沿熵增加方向演化，而处于负能态物质只能沿熵减少方向演化。显然，无论哪一类单向演化都最终要导致物质运动的终结。由此可见，宇宙的永恒循环必然（也只能）采取无限次地不断地跨越正、负能谱系统的绝对分界点的方式来实现。因此，宇宙的永恒循环必然以非平衡的不可逆过程来实现。由此可以得出两个重要结论：

（1）宇宙物质的永恒循环只能以非平衡运行方式来实现

由于正、负能谱系统间的渡越必须以“非平衡”运行方式来实现，而物质运动的永恒循环又必须不断地渡越正、负能谱系统，因此“非平衡”运行方式（即非平衡状态和非平衡过程）是宇宙中物质运动实现永恒循环的必要条件，或者说物质运动的永恒循环只能以“非平衡”运行的形式进行。由此可见，宇宙中物质运动的永恒循环绝不可能是返回原点的回复，而是不断进化的发展。

（2）第二种永动机不可能制造

“第二种永动机不可能制造”是经典热力学（即正能谱热力学）早已作出的结论，有时在正能谱热力学中将第二种永远机不可能制造表述为“不可能从单一热源提取热量使它完全转化为功”。实际上，在正能谱中存在一类单向演化法则，表述为“功可以无补偿地完全转化为热”，“热可以自发地从高温流向低温”。如果在正能谱热力学中允许“从单一热源提取热并将它完全转变成功”，这样一来就可以在正能谱系统中实现热流循环和热-功循环的第二种永动机[4]，如图 1 所示。显然这是不可能的，因为它违反了正能谱中单向演化法则。

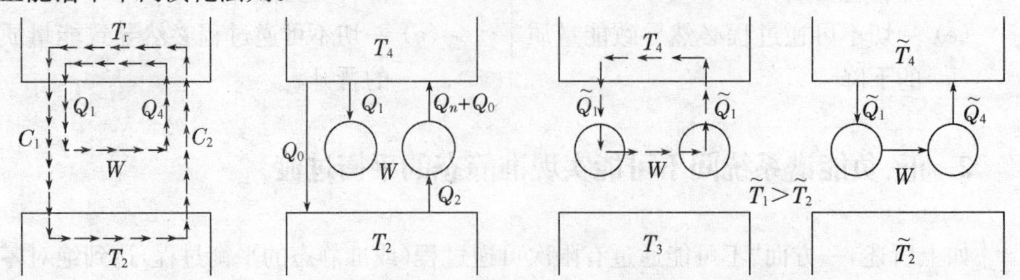

图 1　若在正能谱中假定“可以从单一热源提取热并使之全部转化为功”，则可以实现“热流循环”与“热一功循环”的第二种永动机

现在提出了负能谱热力学,它的出现是否为实现第二种永远机提供可能呢?答案是否定的。因为在负能谱中,其单向演化法则是"热可以无补偿地完全转化为功","功不能无补偿地完全转化为热"。如果在负能谱中允许"功可以无补偿地完全转化为热"的话,这时就可以在负能谱系统中设计"热—功"循环第二种水动机,如图 2 所示。显然这又是不可能的,因为它违反了负能谱中热过程的单向演化法则。总之,根据一切热过程始终要遵从单向演化法则,因此无论是正能谱系统还是负能谱系统,都不可能制造第二种永动机。

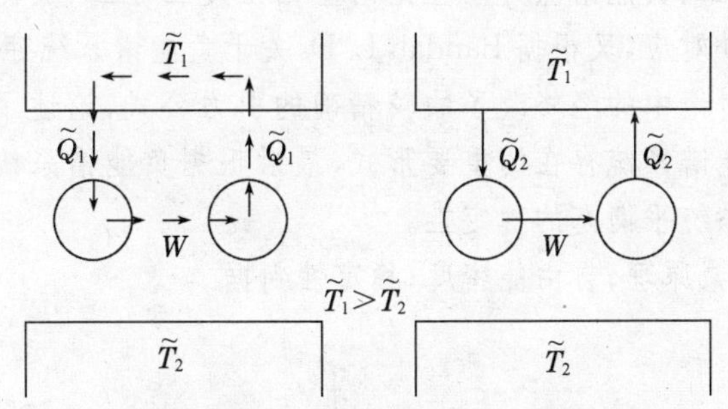

图 2　若在负能谱中假定"功可以无补偿地完全转化为热"则可以实现"热—功"循环的第二种永动机

原载《西南师范大学学报》2002 年第 27 卷,第 6 期

参考文献

[1] 邓昭镜等. 负能谱及负能谱热力学[M]. 重庆:西南师范大学出版社,2007:50 - 51.
[2] 巴扎洛夫. 热力学[M]. 沙振舜,张毓昌,译. 北京:高等教育出版社,1988:90 - 95.
[3] 邓昭镜. 系统的能谱、温度和熵的演化[J]. 西南师范大学学报(自然科学版),2002,27(5):794 -800.
[4] 汪志诚. 热力学,统计物理[M]. 北京:高等教育出版社,1980:40 - 42.

由自引力支配的负能谱系统的稳定性

摘　要:在正、负能谱热力学理论的基础上建立了正、负能谱系统稳定平衡判据间的互补对应,又根据 Landau L. D. 关于负能谱系统存在条件的论述,并结合广义相对论中的经修改了的较精确的引力公式,论述了高密度自引力坍缩物质是负能谱系统存在的重要形式,最后根据负能谱系统稳定平衡判据论证了负能谱系统平衡态的稳定性。

关键词:熵减原理;自由能密度;稳定性判据

1. 正能谱系统在稳定性规律上的互补性

正能谱系统与负能谱系统在其所遵从的热力学规律上是互补的,例如在正能谱中孤立系统遵从熵增加原理,而在负能谱中孤立系统遵从熵减原理;在正能谱中平衡态的温度恒正,而在负能谱中平衡态的温度恒负;在正能谱中功可以无补偿地完全转化为热,热不能无补偿地完全转化为功,而在负能谱中,热可以无补偿地完全转化为功,但功不能无补偿地完全转化为热;在正能谱中第三定律表述为"不可能通过有限个可逆过程使系统的温度降至绝对零度",而在负能谱中第三定律表述为"不可能通过有限个可逆过程将系统的温度升至绝对零度";在正能谱中热力学基本等式是

$$TdS = dU + p dV - \sum_i \mu_i dN_i \tag{1}$$

而在负能谱中热力学基本等式是

$$\tilde{T} d\tilde{S} = d\tilde{U} + \tilde{p} d\tilde{V} - \sum_i \tilde{\mu}_i d\tilde{N}_i, \tilde{p} = -p, \tilde{\mu}_i = -\mu_i \tag{2}$$

等等。总之,只要有无下界的负能谱系统存在,就可以像正能谱系统一样等价而平权地建立起与之互补的热力学理论[1]。Landau L. D. 在文献[2]中详细地论证了负能谱存在的条件,笔者又在文献[3]中分析了高密度的白矮星是一个实际存在的负能谱系统。因此负能谱热力学的建立不仅有理论意义,而且更有实际价值,既然正、负能谱系统在基本规律上是彼此互补的,可以预期正、负能谱系统的稳定性判据也必然具有互补性,现在结合高密度自引力系统对这一问题进行具体探讨。

在正能谱中热力学理论的基石是熵的基本不等式,或 Clausius 不等式:

$$dS \geqslant \frac{Q}{T} \tag{3}$$

Q 是系统吸入的热量,T 是热源的温度,对于孤立(或绝热)系统有

$$dS \geqslant 0 \tag{4}$$

式(4)表明在正能谱中,孤立系统的熵恒增,或者说熵趋于极大,当 $dS=0$ 时,系统达到平衡。

从式(3)出发易于证明系统的 Helmholtz 自由能 F 和 Gibbs 自由能 G 分别具有如下的稳定平衡判据。

1) 对 Helmholtz 自由能 F,有

$$-dF \geqslant -W_e \text{(等温过程)} \tag{5}$$

W_e 是外界的功。式(5)表明正能谱中系统对外做功不大于系统自由能的减少,因此正能谱中系统自由能的减少是系统在等温过程中所能付出的最大功。当 $W_e=0$ 时,则有

$$-dF \geqslant 0, \text{即 } dF \leqslant 0 \tag{6}$$

式(6)表明在正能谱中的系统其自由能 F 在等温过程中总趋于极小,当 $dF=0$ 时,达到平衡。

2) 对 Gibbs 自由能 G,有

$$-dG \geqslant -W' \text{(等温等压过程)} \tag{7}$$

$-W'$ 是系统对外做的非膨胀功,式(7)表明正能谱中的系统通过等温、等压过程所做的非膨胀功不大于系统 Gibbs 自由能的减少,系统 Gibbs 自由能的减少是系统在等温、等压过程中所能付出的最大的非膨胀功,当 $W'=0$ 时,有

$$dG \leqslant 0 \tag{8}$$

因此正能谱中系统的 Cibbs 自由能在等温、等压过程中总趋于极小。当 $dG=0$ 时,达到平衡。

以上就是大家熟知的正能谱系统中的几个重要的稳定平衡判据,概括起来是:当 N_i 不变时,孤立系统的熵趋于极大;等温、等容过程中,当系统对外做功为零时,系统的自由能趋于极小;等压过程中,当系统的非膨胀功为零时,系统的 Gibbs 自由能趋于极小。大家知道,熵标示着系统中不可利用能(无序运动)所占的份额,而各种自由能(如 F、G 和 J 等)则标示着系统中可利用能所占的份额。在正能谱中的系统的熵趋于极大和各类自由能趋于极小,就标示着正能谱中的系统在各种条件中所进行的一切自发过程的最终结果是导致系统的不可利用能增加,可利用能减少,也即导致能量质的退降。

下面来具体讨论负能谱中系统的稳定平衡判据,首先仍从负能谱中熵的演化规律出发,在负能谱中由于能谱 ε_i 满足 $-\infty<\varepsilon_i\leqslant 0$,因此熵的基本不等式应表示为[1]

$$d\widetilde{S} \leqslant \frac{Q}{\widetilde{T}} \quad \widetilde{T}\leqslant 0, Q\geqslant 0 \tag{9}$$

Q 是系统吸收的热,$\widetilde{T}$ 是负温度(以下对负能谱中的热力学量皆注以～号)。对于绝热或孤立系统,有

$$d\widetilde{S} \leqslant 0 \tag{10}$$

式(10)表明:负能谱中孤立系统的熵永不增加,系统的熵总趋于极小,这就是负能谱中的熵减原理,它和正能谱中熵增原理一样在负能谱中起着基石的作用。

对 $\widetilde{U}$ 作 Legendre 变换,引入自由能 $\widetilde{F}=\widetilde{U}-\widetilde{T}\widetilde{S}$。对于等温过程,有 $d\widetilde{F}=d\widetilde{U}-$

$\widetilde{T}\mathrm{d}\widetilde{S}$，应用式(9)则得

$$\frac{\mathrm{d}\widetilde{U}-\mathrm{d}\widetilde{F}}{\widetilde{T}}=\mathrm{d}\widetilde{S}\leqslant\frac{Q}{\widetilde{T}}=\frac{\mathrm{d}\widetilde{U}-\widetilde{W}_e}{\widetilde{T}} \tag{11}$$

进而可得

$$-\mathrm{d}\widetilde{F}\leqslant-\widetilde{W}_e \tag{12}$$

$\widetilde{W}_e$ 是负能谱系统对外界做的功。式(12)表明负能谱中的系统在等温过程中对外界做的功不小于自由能的减少，系统的自由能的减少是系统在等温过程中所做的最小功，当系统对外做功为零时，$-\widetilde{W}_e=0$，则有

$$-\mathrm{d}\widetilde{F}\leqslant 0\text{，即 }\mathrm{d}\widetilde{F}\geqslant 0 \tag{13}$$

式(13)表明，负能谱中的系统在等温过程中，其自由能永不减少，系统的自由能总趋于极大，当系统达到稳定平衡时，有 $\mathrm{d}\widetilde{F}=0$。

同样对 F 作 Legendre 变换，引入负能谱中 Gibbs 自由能$\widetilde{G}$：$\widetilde{G}=\widetilde{F}-p\widetilde{V}$。对等温、等压过程求$\widetilde{G}$的微分表示：

$$\mathrm{d}\widetilde{G}=\mathrm{d}\widetilde{F}-\widetilde{p}\mathrm{d}V=\mathrm{d}\widetilde{U}-\widetilde{T}\mathrm{d}S-\widetilde{p}\mathrm{d}\widetilde{V}$$

应用式(9)，同样可以得到

$$\frac{\mathrm{d}\widetilde{U}-\mathrm{d}\widetilde{G}-\widetilde{p}\mathrm{d}\widetilde{V}}{\widetilde{T}}=\mathrm{d}\widetilde{S}\leqslant\frac{Q}{\widetilde{T}}=\frac{\mathrm{d}\widetilde{U}-\widetilde{p}\mathrm{d}\widetilde{V}-\widetilde{W}'}{\widetilde{T}} \tag{14}$$

式中：$\widetilde{p}\mathrm{d}\widetilde{V}+\widetilde{W}'=\widetilde{W}_e$，$\widetilde{W}_e$ 是外界对系统做的功，$\widetilde{W}'$是外界对系统的非膨胀功，由此可得

$$-\mathrm{d}\widetilde{G}\leqslant\widetilde{W}' \tag{15}$$

此式表明：处于负能谱中的系统在等温、等压过程中对外进行的非膨胀功($-\widetilde{W}'$)不小于系统在此过程中的 Gibbs 自由能的减少；系统 Gibbs 自由能的减少是系统在等温、等压过程中所能付出的最小功，当系统对外的非膨胀功($-\widetilde{W}'$)$=0$ 时，则有

$$-\mathrm{d}\widetilde{G}\leqslant 0\text{，即 }\mathrm{d}\widetilde{G}\geqslant 0 \tag{16}$$

因此，处于负能谱中的系统在等温、等压过程中，系统的 Gibbs 自由能永不减少；系统的 Gibbs 自由能总趋于极大，当 $\mathrm{d}\widetilde{G}=0$ 时，系统通过此类过程达到稳定平衡。

在这里又清楚地看到，在负能谱中标示不可利用能的熵 S 趋于极小和标示可利用能的各类自由能(F、G、J 等)趋于极大，充分地表明负能谱中的系统在各种条件下所进行的一切自发过程的最终结果是可利用能增加和不可利用能减少，也即导致能量质的晋升。

表 1 分别列出了正、负能谱系统中熵、自由能和 Gibbs 势对相应的热力学过程所满足的稳定平衡判据，从表中可以看出正、负能谱系统的平衡判据是完全互补的，即对正能谱系统是稳定的条件正好是负能谱系统的不稳定条件，反之亦然。

表 1　正、负能谱系统的稳定性平衡判据对照

热力学势	正能谱系统	负能谱系统
熵 $S, Q=0$	$\mathrm{d}S \geqslant 0$	$\mathrm{d}\tilde{S} \leqslant 0$
自由能 F、T、V、N_i 不变 Gibbs 势 G、T、P、N_i 不变	$-\mathrm{d}F \geqslant -W_e, \mathrm{d}F \leqslant 0$ $-\mathrm{d}F \geqslant -W_e, \mathrm{d}G \leqslant 0$	$-\mathrm{d}\tilde{F} \leqslant -\tilde{W}_e, \mathrm{d}\tilde{F} \geqslant 0$ $-\mathrm{d}\tilde{G} \leqslant -\tilde{W}', \mathrm{d}\tilde{G} \geqslant 0$

2. 负能谱系统的稳定性

Landau L. D. 在不确定原理基础上，根据粒子间引力势的形式$\left(\varphi(r) \sim -\frac{\alpha}{r^s}\right)$，对粒子能谱的基本类型作了确切而令人信服的论述[2]。他的基本结论是：系统负能谱存在的条件取决于粒子间相互作用的引力势 $\varphi(r) \sim -\frac{a}{r^s}$ 的形式。当引力势的指数 $s<2$ 时，系统必然呈现为有限下界和无限上界的正能谱；当 $s=2$ 时，系统在一定的系数条件下，可以呈现为无下界的负能谱；只有当 $s>2$ 时，系统必然会呈现为有上界而无下界的负能谱。现在根据 Landau L. D. 关于负能谱的这一论述来分析高密度自引力系统是否满足负能谱系统的条件。

当恒星密度足够高（例如达到中子星密度）时，星体进入自引力坍缩过程中，这时星体中物质粒子间的引力场已不再是牛顿式的弱引力场了，即不再是负一次$\left(-\frac{a}{r}\right)$的引力场了，在静态球对称情况下，必须以广义相对论所给出的修改过的较精确的引力公式代替牛顿引力公式，而经广义相对论修改过的较精确的引力公式是[4]

$$F_G(r) = -G\frac{\left(\rho+\frac{P}{c^2}\right)\left(m(r)+\frac{4\pi r^3}{c^2}\rho\right)}{r\left(r-\frac{2Gm(r)}{c^2}\right)} \tag{17}$$

式中 ρ 是物质密度，$m(r)$ 是半径为 r 的球内所包含的全部质量，$P(\rho)$ 是压强。对于高密度物质，Landau L. D. 关于高密度物质"密度愈高愈理想"的定理成立[5]。可以把高密度物质（例如中子星或黑洞）视为理想流体。因此其物态方程可表示为 $P(\rho) \sim GM^{\frac{2}{3}}\rho^{\frac{4}{3}}$，$M$ 是星体总质量。现在来考虑球心原点（即星体核心）处一个粒子与其周围粒子间的引力相互作用，于是在式(17)中令 $r=r_0$，r_0 是粒子间距，它和密度 ρ 之间的关系是 $\rho = m_0 n = \frac{6m_0}{\pi r_0^3}$，$m_0$ 是粒子的质量，n 是数密度，由此，原点附近粒子间的相互作用引力应表示为

$$F_G(r_0) = -G\frac{\left(\rho+\frac{P}{c^2}\right)\left(m_0+\frac{4\pi r_0^3}{c^2}\rho\right)}{r_0\left(r_0-\frac{2Gm_0}{c^2}\right)} \tag{18}$$

注意，$P\sim GM^{\frac{2}{3}}\rho^{\frac{4}{3}}\sim G\left(\frac{6\sqrt{M}m_0}{\pi}\right)^{\frac{4}{3}}\frac{1}{r_0^4}$，于是(18)式化为

$$F_G(r_0)\sim G\frac{\left(\frac{A}{r_0^3}+\frac{B}{r_0^4}\right)\left(m_0+\frac{C}{r_0}\right)}{r_0\left(r_0-\frac{2Gm_0}{c^2}\right)}\sim -G\left(\frac{A}{r_0^3}+\frac{B}{r_0^4}\right)\left(m_0+\frac{G}{r_0}\right)\left[1+\frac{2Gm_0}{c^2r_0}+\left(\frac{2Gm_0}{c^2r}\right)^2+\cdots\right]\frac{1}{r_0^2} \tag{19}$$

式中 $A=\frac{6m_0}{\pi}$，$B=G\left(\frac{6\sqrt{M}m_0}{\pi}\right)^{4/3}$，$C=29.77G\frac{M^{\frac{2}{3}}m_0^{\frac{4}{3}}}{c^2}$。式(19)表明至少在球心区粒子间相互作用引力的最低负幂次项是 $-G\frac{A}{r_0^5}$，然后是 $\frac{1}{r_0^6}$，$\frac{1}{r_0^7}$，…，因此相应的引力势 $\varphi_G(r_0)$ 必具有如下形式：

$$\varphi_G(r_0)\sim -G\left(\frac{a_1}{r_0^4}+\frac{a_2}{r_0^5}+\frac{a_3}{r_0^6}+\cdots\right)=-G\sum_{i=1}^{\infty}\frac{a_i}{r_0^{i+3}}<0 \tag{20}$$

它的最低负幂次项是 $-G\frac{a_1}{r_0^4}$，然后是 $\frac{a_2}{r_0^5}$，$\frac{a_3}{r_0^6}$，…。另外在高密度物质中，与粒子质量相联系的正定型能量是简并能，即 $\varepsilon_F(r_0)\approx\left(\frac{9}{4\pi^2}\right)^{2/3}\frac{h^2}{2m_0}\frac{1}{r_0^2}=\frac{b}{r_0^2}$，于是系统粒子的能量可表示为

$$\varepsilon_0\sim\frac{b}{r_0^2}-\frac{\tilde{a}_1}{r_0^4}-\frac{\tilde{a}_2}{r_0^5}-\cdots \tag{21}$$

其中 $\tilde{a}_i=Ga_i$，由于式(21)中引力势 $s\geqslant 2$，因此当 r_0 足够小时，ε_0 可以取任意大的负值。显然，能量 ε_0 对量子态平均值也必然可以取任意大的负值，这就意味着能量本征值可以取任意大的负值，因此由式(21)结构的粒子间作用能形式必然形成无下界的负能谱，这就表明自引力坍缩系统的核心区必然是负能谱系统。同时，还考虑到，对于高密度的自引力坍缩系统，Landau L. D. 关于高密度物质“密度愈高愈理想”的定理成立，因此，可以把自引力坍缩的高密度系统视为理想的系统，至少可以视为等效的基元激发粒子的理想系统，对于这样的系统，粒子间各级相关函数 $C_i(r)=0$[6]，于是对于高密度系统有 $\langle r^s\rangle=\langle r\rangle^s$。由此，对式(21)取平均则有

$$\langle\varepsilon_0\rangle\sim\frac{b}{\langle r_0\rangle^2}-\frac{\tilde{a}_1}{\langle r_0\rangle^4}-\frac{\tilde{a}_2}{\langle r_0\rangle^5}\cdots \tag{22}$$

值得注意的是，平均 $\langle\varepsilon_0\rangle$ 不包含无序热运动能量单粒子能量平均，因此它实际上是单粒子能量对自由能的贡献，即单粒子自由能。因此系统自由能应表示为

$$\tilde{F}(r)=N\langle\varepsilon_0\rangle=N\left\{\frac{b}{\langle r_0\rangle^2}-\frac{\tilde{a}}{\langle r_0\rangle^4}-\cdots\right\} \tag{23}$$

N 是总粒子数，式(23)中当 $b>0$ 时，$\tilde{F}(r)$ 存在极大值，根据式(15)，这时自引力支配的系统必然自发地趋向自由能极大，因此系统是稳定的；反之，当 $b<0$ 时，$\tilde{F}(r)$ 不可能存在任何极值，这时自引力系统必然是不稳定的，系统必将在自引力作用下坍缩至物质的奇点中。不仅如此，笔者还可以一般地证明如下的函数：

$$f(r)=\frac{A}{r^2}-\frac{B}{r^s},A>0,B>0 \tag{24}$$

当 $s>2$ 时,则 $f(r)$ 的极限值 $f(r^*)$ 必然是极大值。事实上对极值点 r^* 存在的条件 $f'(r^*)=0$,由此得

$$r^*=\left(\frac{sB}{2A}\right)^{\frac{1}{s-2}}$$

于是 $f(r)$ 的二次导量为

$$f''(r^*)=\frac{6A}{r^4}\left(1-\frac{s+1}{3}\right)\begin{cases}>0 & s<2\\ =0 & s=2\\ <0 & s>2\end{cases} \tag{25}$$

由此可见,负能谱系统(即 $s>2$ 的系统)的自由能密度函数只存在极大值极点。于是许多学者(其中包括 Landau L. D. 和 D. Ruelle)由此作出“负能谱系统是不稳定的,因此实际的负能谱系统是不存在的”的结论[5],笔者认为这些学者犯了一个极大的错误,这就是用(习以为常的)正能谱系统稳定性判据去判定负能谱系统的稳定性,这就像以仅适用于气体的规律,如气体压强和温度成正比,去判定固体内部的压强一样荒谬。对于负能谱系统,正如第一部分的论述可知,由于熵减原理是负能谱系统热力学的基石,因此,系统的自由能极大才是稳定的,如表 1 所示,既然高密度自引力系统的引力项的负幂次 $s\geqslant3$,因此高密度自引力系统是负能谱系统。又由式(25)知,高密度自引力系统的自由能函数存在极大值,由此可以作出结论:高密度自引力系统是稳定的。当然当自由能函数不存在极值时(如 $A<0$ 时),系统必然是不稳定的,它必将在自引力作用下一直坍缩下去。

原载《重庆大学学报》2004 年第 27 卷,第 10 期

参考文献

[1] 邓昭镜. 系统的能谱、温度和熵的演化(I)[J]. 西南师范大学学报(自然科学版),2002,27(5):794 -800.

[2] Landau L D. 量子力学[M]. 严肃,译,北京:人民教育出版社,1980:65 - 68.

[3] 邓昭镜. 一个实际存在的负能谱系统——白矮星[J]. 西南师范大学学报(自然科学版),2003,28(6):912 -917.

[4] WEINBERC S. 引力论和宇宙论[M]. 邹振隆,张历宁,译. 北京:科学出版社,1980:344 - 346.

[5] Landau L D. 统计物理学[M]. 杨训恺,译. 北京:人民教育出版社,1964:404.

[6] 雷克 L E. 统计物理现代教程[M]. 黄田匀,译. 北京:北京大学出版社,1983:147 - 148.

第三章　天体演化中的热力学规律

本章提要

1. 负能谱温度(基础温度)处于负定域中。概率函数中因子$\beta\varepsilon_i$乘积非负:$\beta\varepsilon_i \geqslant 0$,式中$\beta=\frac{1}{k_B T}$,$\varepsilon_i$是粒子的量子态能量;负能谱中恒有$\varepsilon_i \leqslant 0$,则系统的基础温度$T$必处于负定域中($T \leqslant 0$)。

2. 热力学第0定律:负能谱系统处于热力学平衡时(或粒子能态具有稳定的概率分布时),系统必然(且充分)在负温度域中具有确定的负温度值;黑洞的视界温度是负定的。

3. 热力学第一定律:负能谱系统中各种形式能量的转化遵循能量守恒和转化定律,公式是$dE = TdS - dM$,E是系统的内能,TdS是系统(黑洞)吸收(或放出)的热,dM是自引力做的功(因自引力做功是消耗物系自身引力势能做的功,因此dM取负值)。

4. 热力学第二定律:孤立的负能谱系统的熵在其自发过程中永不增加;或孤立的负能谱系统在其自发过程中将不断地消耗系统原初储存的熵,直到全部耗尽为止;或黑洞的广义熵随视界面积的增加而减小,黑洞聚集物质愈多,其广义熵愈少。

5. 热力学第三定律:当负能谱的温度趋于绝对零度时,它的熵将趋于一个不依赖任何状态参量的常数,可令此常数为零;或不可能通过有限个可逆的升温步骤使系统的温度升至绝对零度;各类黑洞的温度和熵都具有或同时存在共同零极限点。

第三章 天体演化中的热力学规律

本章提要

概率函数中 $\beta\varepsilon_i$ 因子乘积的符号与能谱结构

摘　要：首先一般地论证了乘积 $\beta\varepsilon_i \geqslant 0$，然后分别对 Bose 系统和 Fermi 系统论证了因子乘积 $\beta\varepsilon_i \geqslant 0$，在此基础上进一步论述了正能谱系统必然属于正能谱(或正温度)热力学，而负能谱系统必然属于负能谱(或负温度)热力学，最后讨论了概率函数的对称性。

关键词：概率函数；粒子数密度；正、负能谱系统；概率函数的对称性

1. 概率函数中因子乘积 $\beta\varepsilon_i$ 非负

统计物理中概率函数是被定义于随机变量集 $\langle\varepsilon_i\rangle \equiv (\varepsilon_0, \varepsilon_1, \varepsilon_2, \cdots)$ 上的非负函数

$$P(\varepsilon_i) = \frac{e^{-\beta\varepsilon_i}}{\sum_{i=0}^{\infty} e^{-\beta\varepsilon_i}} \quad i = 0, 1, 2, \cdots \tag{1}$$

式中，$\beta = \frac{1}{k_B T}$，T 是温度；ε_i 是第 i 个能级的本征值；$P(\varepsilon_i)$ 则是粒子出现在第 i 个能级上的几率(或事件)。由于不可能出现的事件，其出现的几率是零，必然事件出现的几率是 1，因此 $P(\varepsilon_i)$ 必然是处于 0 和 1 之间的满足归一化条件的函数[1]：

$$0 \leqslant P(\varepsilon_i) \leqslant 1 \quad \sum_{i=0}^{\infty} P(\varepsilon_i) = 1 \tag{2}$$

根据 $P(\varepsilon_i)$ 可以归一化的要求，则进一步要求状态和 $\sum_{i=0}^{\infty} e^{-\beta\varepsilon_i}$ 必须收敛到一个确定的有限值[2]，即

$$\sum_{i=0}^{\infty} e^{-\beta\varepsilon_i} = Q(\beta) < \infty \tag{3}$$

(3) 式中由状态和收敛得出的确定值 $Q(\beta)$ 称为配分函数，现在证明乘积

$$P(\varepsilon_i)Q(\beta) \leqslant 1 \tag{4}$$

如果不是这样，即假定 $P(\varepsilon_i)Q(\beta) \geqslant 1$，必须有

$$\sum_{i=0}^{\infty} P(\varepsilon_i)Q(\beta) > \sum_{i=0}^{\infty} |\, e_i \,| = \infty \quad |\, e_i \,| = 1 \tag{5}$$

但另一方面根据(2)、(3)两式，又有

$$\sum_{i=0}^{\infty} P(\varepsilon_i)Q(\beta) = Q(\beta) \sum_{i=0}^{\infty} P(\varepsilon_i) = Q(\beta) < \infty \tag{6}$$

(5)式和(6)式彼此矛盾,因此(4)式得证。既然乘积 $P(\varepsilon_i)Q(\beta)\leqslant 1$,于是显然有

$$e^{-\beta\varepsilon_i}\leqslant 1$$

因此必然有

$$\beta\cdot\varepsilon_i\geqslant 0 \tag{7}$$

(7)式表明因子乘积 $\beta\varepsilon_i$ 必然是一个非负数[3]。

2. Bose系统的粒子数密度函数中因子乘积 $\beta\varepsilon_i$ 非负

对于理想 Bose 系统,处于能级 ε_i 的粒子数密度 $\langle n_i\rangle$ 由下式给出

$$\langle n_i\rangle=\frac{1}{e^{\beta(\varepsilon_i-\mu)}-1} \tag{8}$$

式中:μ 是化学势。假定 Bose 系统的能谱恒正,即 $\{\varepsilon_i\}\geqslant 0$,这时化学势 μ 恒负,$\mu\leqslant 0$[4]。现在分别在 $\beta\varepsilon_i\geqslant 0$ 和 $\beta\varepsilon_i\leqslant 0$ 两种条件下来讨论 Bose 系统的粒子数密度 $\langle n_i\rangle$。

(1) 因子乘积 $\beta\varepsilon_i\geqslant 0$,则有 $\beta(\varepsilon_i-\mu)\geqslant 0$,从而有 $e^{\beta(\varepsilon_i-\mu)}\geqslant 1$。因此,当 $\beta(\varepsilon_i-\mu)$ 由∞降至 0 时,粒子数密度则由 0→∞,如图 1 中曲线 abc 所示,由此可得 Bose 系统的粒子数密度 $\langle n_i\rangle$ 必处于正定域中,即

$$0\leqslant\langle n_i\rangle<\infty \tag{9}$$

(2) 因子乘积 $\beta\varepsilon_i\leqslant 0$,对于 $\{\varepsilon_i\}\geqslant 0$,且 $\mu\leqslant 0$ 的正能谱 Bose 系统,显然有 $\beta(\varepsilon_i-\mu)\leqslant 0$,进而有 $e^{\beta(\varepsilon_i-\mu)}\leqslant 1$,这样就给出负粒子数密度:

$$\langle n_i\rangle=\frac{1}{e^{\beta(\varepsilon_i-\mu)}-1}<0 \tag{10}$$

因此当 $\beta(\varepsilon_i-\mu)$ 从 0 降至 $-\infty$ 时,粒子数密度则由 $-\infty$ 升至 -1,使粒子数密度取值于负定域中,即

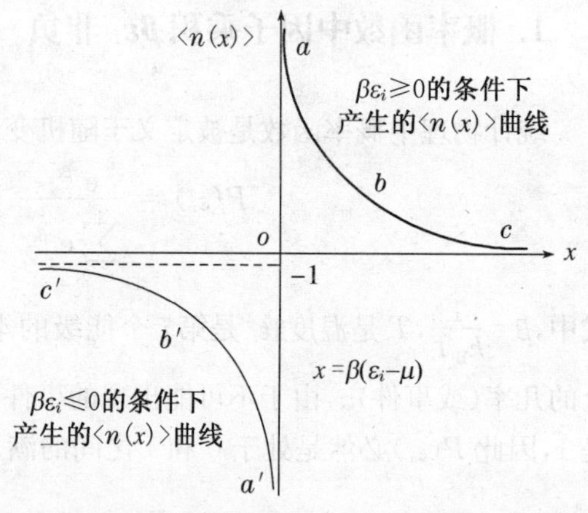

图 1 对于 Bose 系统 $\beta\varepsilon_i\geqslant 0$ 与 $\beta\varepsilon_i\leqslant 0$ 条件下产生的 $\langle n(x)\rangle$ 曲线

Fig. 1 The $\langle n(x)\rangle$ Curves Produced in Conditions $\beta\varepsilon_i\geqslant 0$ and $\beta\varepsilon_i\leqslant 0$ for Bose Systems

$$-\infty<\langle n_i\rangle<-1 \tag{11}$$

参看图 1 中曲线 $a'b'c'$。很显然由(11)式给出的结论不仅是极其荒谬的,而且与概率函数非负的基本性质直接对立,由此可见 β 与 ε_i 之积必须是一个非负数,即

$$\beta\varepsilon_i\geqslant 0$$

3. Fermi 系统粒子数密度函数中因子乘积 $\beta\varepsilon_i$ 非负

Fermi 理想系统的粒子数密度

$$\langle n_i \rangle = \frac{1}{e^{\beta(\varepsilon_i-\mu)}+1} \tag{12}$$

对于正能谱($\varepsilon_i \geqslant 0$)的 Fermi 系统，其化学势 $\mu(T)$存在两个迥然不同的区段(图 2)[4]，一个是低温区段，另一个是高温区段。在低温区段中，温度处于区间 $0 \leqslant T \leqslant T_c$ 内(其中 $T_e = 1.103T_F$，T_F 是 Fermi 温度)时，化学势则处于 $\varepsilon_F = \mu(0) \geqslant \mu(T) \geqslant \mu(T_F) \geqslant \mu(T_e) = 0$ 区间内；在高温区段中，温度于 $T_c < T < \infty$区间内，化学势恒负 $\mu(T) \sim -T^a$，$a > 1$。低温区段是粒子在 Fermi 球内作简并配对的凝聚区段，故称之为简并凝聚区段；而高温区段则是粒子受激蒸发所达到的高能态，称为受激蒸发区段。现在对这个正能谱 Fermi 系统，分别在 $\beta\varepsilon_i \geqslant 0$ 和 $\beta\varepsilon_i \leqslant 0$ 的条件下来讨论它的粒子数分布问题。

(1) 当 $\beta\varepsilon_i \geqslant 0$ 时，在低温区段内由于绝大多数粒子的能态皆处于 ε_F 之下，而且该区段中 $\mu(T)$变化很慢，基本保持 ε_F 量级，故有 $\varepsilon_i \leqslant \mu$，$\mu \geqslant 0$，于是有 $\beta(\varepsilon_i - \mu) \leqslant 0$，从而有 $e^{\beta(\varepsilon_i-\mu)} \leqslant 1$，由此得出

$$\langle n_i \rangle \geqslant \frac{1}{2} \tag{13}$$

当 $T \to 0$ 时，有$\lim\limits_{T\to 0}\beta(\varepsilon_i - \mu) \to -\infty$，因此低温区段中粒子数密度存在极限

$$\lim_{T\to 0}\langle n_i \rangle = 1 \tag{14}$$

即在凝聚区段中，当温度由 T_c 降至 0 时，系统的粒子数密度则由$\langle n_i \rangle = \frac{1}{2}$升至$\langle n_i \rangle = 1$。图 3 中$\langle n(x) \rangle$曲线的 ab 支即低温区段中粒子数密度曲线。同时，$\beta\varepsilon_i \geqslant 0$ 条件下，高温区段内，有 $\varepsilon_i > \mu$，且有 $\varepsilon_i > 0$，$\mu(T) \sim -T^a$，$a > 1$，于是有 $\beta(\varepsilon_i - \mu) \geqslant 0$，因此有 $e^{\beta(\varepsilon_1-\mu)} \geqslant 1$，由此得

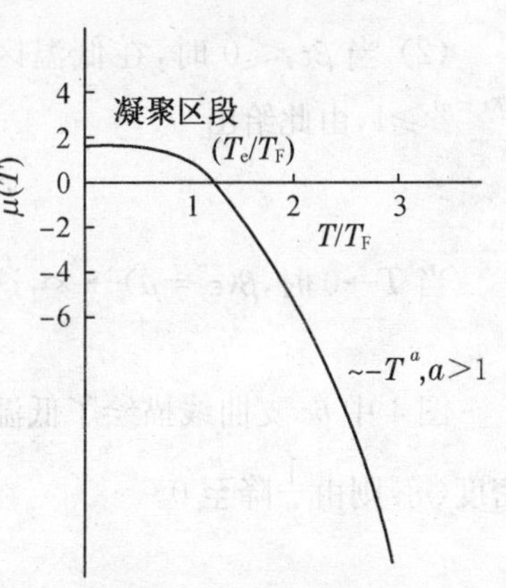

图 2　化学势 $\mu(T)$对温度的关系

Fig. 2　The Relation between the Chemical Potential and Temperature

$$\langle n_i \rangle \leqslant \frac{1}{2} \tag{15}$$

同时考虑到 $\mu \sim -T^a$，$(\varepsilon_i - \mu) > 0$，故有$(\varepsilon_i - \mu) \sim T^a$，并注意到 $a > 0$，因此有极限

$$\lim_{T\to 0}\beta(\varepsilon_i - \mu) \to -\infty$$

$$\lim_{T\to 0}\langle n_i \rangle \to 0 \tag{16}$$

(15)、(16)两式表明：在 T 由 T_c 升到∞的过程中，密度$\langle n_i \rangle$则由$\frac{1}{2}$降至零。图 3 中$\langle n(x) \rangle$曲线 bc 支即描述高温区段中粒子数密度曲线。

从以上分析可以看出，在 $\beta\varepsilon_i \geqslant 0$ 的条件下，Fermi 系统的粒子数密度$\langle n_i \rangle$在分布上显示为：在 Fermi 球内，$\langle n_i \rangle > \frac{1}{2}$；趋向球心区，$\langle n_i \rangle \to 1$；球外，离 Fermi 球心愈远，密度愈低，当 $P(\varepsilon_i - \mu) \to \infty$时，$\langle n_i \rangle \to 0$。这就是量子统计所给出的可实现的正常的 Fermi 分布[4]。

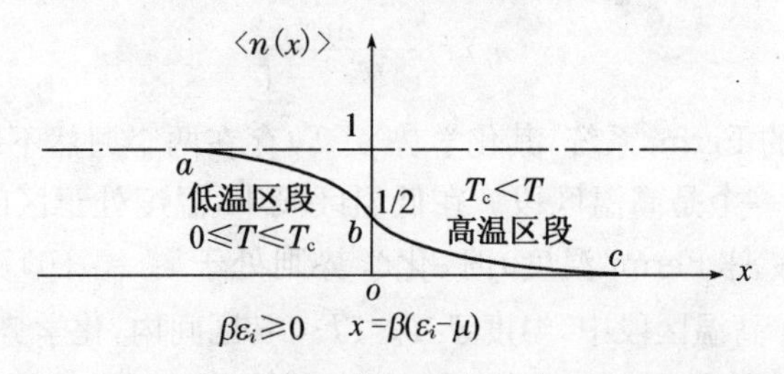

图 3　Fermi 系统中在 $\beta\varepsilon_i \geqslant 0$ 条件下产生的 $\langle n(x)\rangle$ 曲线

Fig. 3　The Curve $\langle (x)\rangle$ Produced in Condition $\beta\varepsilon_i \geqslant 0$, for Fermi Systems

(2) 当 $\beta\varepsilon_i \leqslant 0$ 时，在低温区中同样有 $\varepsilon_i \leqslant \mu, \varepsilon_i > 0, \mu > 0$，故有 $\beta(\varepsilon_i - \mu) \geqslant 0$，则 $e^{\beta(\varepsilon_i - \mu)} \geqslant 1$，由此给出

$$\langle n_i \rangle \leqslant \frac{1}{2} \tag{17}$$

当 $T \to 0$ 时，$\beta(\varepsilon_i - \mu) \to \infty$，这时有

$$\lim_{T\to 0}\langle n_i \rangle \to 0 \tag{18}$$

图 4 中 bc 支曲线描绘了低温区段$\langle n_i \rangle$的演化，它表示温度由 T_c 降至 0 时，粒子数密度$\langle n_i \rangle$则由$\frac{1}{2}$降至 0。

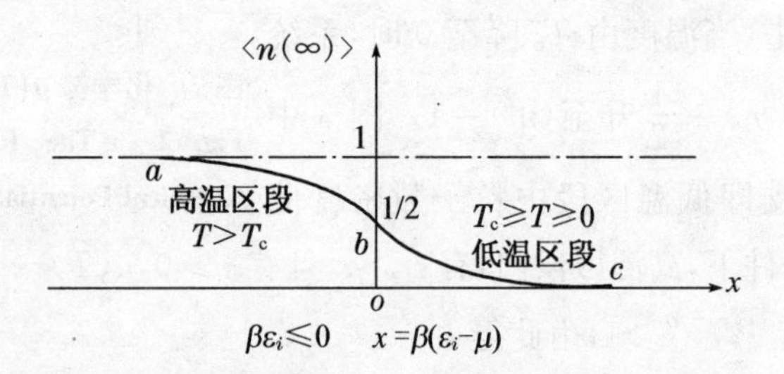

图 4　Fermi 系统中在 $\beta\varepsilon_i \leqslant 0$ 条件下产生的 $\langle n(x)\rangle$ 曲线

Fig. 4　The Curve $\langle n(x)\rangle$ Produced in Condition $\beta\varepsilon_i \leqslant 0$, for Fermi Systems

当 $\beta\varepsilon_i \leqslant 0$ 时，高温区段中仍有 $\varepsilon_i - \mu > 0$，而 $\mu \sim -T^{\alpha} < 0$。因而有 $\beta(\varepsilon_i - \mu) \leqslant 0$，从而有 $e^{\beta(\varepsilon_i - \mu)} \leqslant 1$，由此得

$$\langle n_i \rangle \geqslant \frac{1}{2} \tag{19}$$

当 $T \to \infty$时，有　　$\beta(\varepsilon_i - \mu) \sim T^{\alpha-1} \to -\infty$

故有

$$\lim_{T\to 0}\langle n_i \rangle \to 1 \tag{20}$$

图 4 中 ab 支曲线描绘了高温区段$\langle n_i \rangle$的演化，它表示温度由 T_c 升至∞时，粒子数密度$\langle n_i \rangle$则由$\frac{1}{2}$升至 1。

从以上分析可知，在 $\beta\varepsilon_i\leqslant0$ 条件下所给出的 Fermi 系统粒子数密度分布 $\langle n_i\rangle$，正好与 $\beta\varepsilon_i\geqslant0$ 条件下所给出的粒子数密度分布 $\langle n_i\rangle$ 相反。的确，当 $\beta\varepsilon_i\leqslant0$ 时，给出了 Fermi 球内密度 $\langle n_i\rangle\leqslant\frac{1}{2}$，愈趋向球心，$\langle n_i\rangle$ 愈趋近零，大有球内被掏空之趋势；而在 Fermi 球外粒子数密度 $\langle n_i\rangle\geqslant\frac{1}{2}$，愈远离球面，密度 $\langle n_i\rangle$ 愈接近于 1，颇有球外被填实的趋势。很显然，由 $\beta\varepsilon_i\leqslant0$ 条件所给出的 Fermi 系统的粒子数密度的分布是完全不可能实现的极不稳定的分布。这就是说，$\beta\varepsilon_i\leqslant0$ 是在密度分布上完全不可能实现的条件，而 $\beta\varepsilon_i\geqslant0$ 条件才是在密度分布上可以完全实现的条件。因此，$\beta\varepsilon_i\geqslant0$ 是物质的真实密度分布可实现的必要条件。

4. 系统的能谱决定系统的的基础温度

既然 $\beta\varepsilon_i\geqslant0$ 是物质中概率分布和密度可实现的必要条件，因此系统温度的正、负必然将取决于系统能谱 $\{\varepsilon_i\}$ 的正、负。的确，根据 $\beta\varepsilon_i\geqslant0$，则对于正能谱系统 $\varepsilon_i\geqslant0$，$\forall\varepsilon_i$ 系统的温度必然恒正；而当系统处于负能谱时，$\varepsilon_i\leqslant0$，$\forall\varepsilon_i$ 系统温度必然恒负。同时又必须注意到决定系统温度正、负的因素，除了这里 $\beta\varepsilon_i\geqslant0$ 的基本条件外，还要受熵 $S(E)$ 对能量 E 的函数性质（即函数增、减性质）所制约。因此特将由能谱正、负所决定的系统的温度称为基础温度，而将在基础温度基础上再根据 $S(E)$ 函数性质决定的温度称为系统的实际温度[3]。

为了确定系统的基础温度，系统能谱的正、负必须有一个确切的界定。什么是正能谱系统？当系统的能谱中所有能级 $\varepsilon_i\geqslant0$，即 ε_i 被定域于 $0\leqslant\varepsilon_i<\infty$ 中时，这类能谱称为正能谱，同时又根据概率函数平移不变性要求，可以证明一切具有有限下界的能谱都是正能谱（参看第 5 点）；反之，一切具有有限上界而无下界的能谱就是负能谱。负能谱中能级的能量被定域于 $-\infty<\varepsilon_i\leqslant0$ 中，Landau 严格地证明了负能谱存在的条件取决于粒子间相互作用的引力势 $\varphi(r)\sim-\frac{a}{r^s}$ 的形式。Landau 指出[5]，当幂指数 $s>2$ 时，系统必然形成负能谱；当幂指数 $s=2$，且系统 $\frac{2ma}{\hbar^2}>\frac{1}{4}$ 时，系统也会形成无下界的负能谱（其中 m 是粒子质量，$\hbar$ 为 Planck 常数）；只有当幂指数 $s<2$，或 $s=2$ 且 $\frac{2ma}{\hbar^2}<\frac{1}{4}$ 时，物质才形成正能谱。在通常物质密度下（$n\sim10^{23}/\text{cm}^3$），由于物质粒子间的引力场很弱，这时只可能形成正能谱。只有当物质密度很高时（$n>10^{30}/\text{cm}^3$），物质粒子间的引力场才会起支配作用，在这样的条件下物质必然会形成负能谱系统。

对于正能谱系统，由于基础温度恒正，在此基础上建立的热力学就是通常的 Clausius 热力学，其中最具有特征的基本规律是 Clausius 熵增加原理（即通常热力学的第二定律）。与此相对应，在负能谱条件下，由于基础温度恒负，在此基础上建立的热力学必将完全不同于 Clausius 热力学，我们称它为负能谱热力学，其中最具特征性的基本规律是熵减原理，或称熵的存取定律[3]。熵增原理与熵减原理正好反映了 Clausius 正能谱热力学与负能谱热力学在表征物质自发演化的基本规律上的本质差别，这些我们已在文献[3]中作了系统阐述。

5. 概率函数的对称性

5.1 平移不变性

由方程(1)给出的概率函数具有平移不变性，事实上当对(1)式的能量变量 ε_i 作一平移变换

$$\varepsilon_i'=\varepsilon_i+E_0$$

(1) 式变为

$$P(\varepsilon_i)=\frac{e^{-\beta\varepsilon_i}}{\sum_{i=0}^{\infty}e^{-\beta\varepsilon_i}}=\frac{e^{-\beta\varepsilon_i'+\beta\varepsilon_0}}{\sum_{i=0}^{\infty}e^{-\beta\varepsilon_i'+\beta E_0}}=\frac{e^{-\beta\varepsilon_i'}}{\sum_{i=0}^{\infty}e^{-\beta\varepsilon_i'}}=P(\varepsilon'_i) \tag{21}$$

(21)式表明概率函数在坐标平移下保持不变，这一对称性具有很大的作用，它可以将所有其负能级有有限下界值的能谱$\{\varepsilon_i\}$转化为基态能级为零的正能谱。例如靠库仑静电力作用的电子的能谱为 $\varepsilon_n=-\frac{Z^2e^2}{2a_0n^2}+\frac{(\hbar k)^2}{2m}$，其中 a_0 是玻尔半径，e 是电子电荷，$n=1,2,3,\cdots$，对这个能谱进行平移变换：$\varepsilon_n'=\varepsilon_n+\frac{Z^2e^2}{2a_0}=\frac{Z^2e^2}{2a_0}\left(1-\frac{1}{n^2}\right)+\frac{(\hbar k)^2}{2m}$，就可以将它变成基态能级为零的正能谱。同时，还可以一般地证明，当能谱中呈现部分区段的间断谱时，该能谱必然会呈现有限负能级下界[6]，这种有限的负能级下界经坐标平移就可以消除。总之，由概率函数的平移不变性所给出的重要结论是：一切无上界而有有限下界能级的能谱都是正能谱。

5.2 参量 $\boldsymbol{\beta},\boldsymbol{\varepsilon}_i$ 反射不变性

很容易看出概率函数 $P(\varepsilon_i)$在参量 β,ε_i 同时反射下是不变的，即对 $P(\varepsilon)$作变换

$$\beta\to\tilde{\beta}=-\beta\quad \varepsilon_i\to\tilde{\varepsilon}_i=-\varepsilon_i$$

则有

$$P(\varepsilon_i)=\frac{e^{-\beta\varepsilon_i}}{\sum_{i=0}^{\infty}e^{-\beta\varepsilon_i}}=\frac{e^{-\tilde{\beta}\tilde{\varepsilon}_i}}{\sum_{i=0}^{\infty}e^{-\tilde{\beta}\tilde{\varepsilon}_i}}=P(\tilde{\varepsilon}) \tag{22}$$

这个对称性确立了正、负能谱间所有热力学统计规律间的互补对应。例如当 Hawking 把黑洞视为正能谱系统$\{\varepsilon_i\}\geqslant 0$ 时，提出了黑洞在正温度 T 上产生的黑体辐射为[7]

$$n(\varepsilon_i,T)=\frac{1}{e^{\frac{\varepsilon_i}{k_BT}}\pm 1} \tag{23}$$

对它作变换 $\varepsilon_i\to\tilde{\varepsilon}_i=-\varepsilon_i$，$T\to\tilde{T}=-T$，则(23)式变为

$$n(\varepsilon_i, T)=\frac{1}{e^{\frac{\varepsilon_i}{k_B T}}\pm 1}=\frac{1}{e^{\frac{\varepsilon_i}{k_B T}}\pm 1}=n(\tilde{\varepsilon}_i, \widetilde{T}) \tag{24}$$

(24)式表明:正能谱中温度为 T 的高温黑体于能级 ε_i 上产生的黑体辐射密度 $n(\varepsilon_i, T)$ 和负能谱中负温度为 $\widetilde{T}(-T)$ 的高密度物质在能级 $\tilde{\varepsilon}(=-\varepsilon_i)$ 上产生的“辐射”相等。不过,这里值得注意的是,尽管(24)式在形式上给出 $n(\varepsilon_i, T)=n(\tilde{\varepsilon}_i, \widetilde{T})$,然而这里的 $n(\varepsilon_i, T)$ 与 $n(\tilde{\varepsilon}_i, \widetilde{T})$ 却具有完全不同的内涵。前者 $n(\varepsilon_i, T)$ 是温度为 T 的黑体在正能谱能级 ε_i 上粒子经辐射的占有密度,但后者 $n(\tilde{\varepsilon}_i, \widetilde{T})$ 根本不是一种辐射密度,而是在负能谱中于能级 $\tilde{\varepsilon}_i$ 上被负温度为 $\widetilde{T}$ 的强引力源吸收的粒子的吸收密度。高温黑体产生黑体辐射,而高密度黑洞则产生强引力源吸收,这正是两者的本质差别。

原载《大学物理》2005 年第 24 卷,第 11 期

参考文献

[1] Morris H. DeGroot. *Probability and Statistics* [M]. Canada: Addison Wesley Publishing Company, 1974.

[2] Landau L D, Lifshitz E M. 统计物理学[M]. 杨训恺,译. 北京:人民教育出版社,1964:134-135.

[3] 邓昭镜. 系统的能谱、温度和熵的演化(I)[J]. 西南师范大学学报(自然科学版),2002,27(5):794-800.

[4] 邓昭镜. 经典的与量子的理想体系[M]. 重庆:科技文献出版社,1983:62,141,134-138.

[5] Landau L D. 量子力学[M]. 严肃,译. 北京:人民教育出版社,1980:140-143.

[6] Лавреиьев M A, Люстерник B A. 变分学教程[M]. 曾鼎钰,译. 北京:高等教育出版社,1955:203-207.

[7] Hawking S W. Black Hole Explosions[J]. *Nature*, 1974, 248:30.

关于黑洞热力学第0定律

摘　要：以下内容分析了J. D. Bekenstein黑洞热力学第0定律的基本矛盾。根据热力学第0定律的本质含义，Bekenstein黑洞热力学第0定律中引入的温度并不具有通常意义下的热平衡传递性。因此Bekenstein黑洞热力学第0定律不满足一般热力学第0定律的基本要求。若把引力场对时空弯曲的因素考虑在内，则在黑洞视界内可以形式地引入一个能在视界内保持“热平衡传递性”的温度，即视界温度。然而这个温度不是任意的，而是受动力学参量——视界引力加速κ_+完全控制的温度。因此黑洞热力学中温度的传递性不仅局限于黑洞视界面上，而且还只能对由κ_+所决定的视界温度才具有热平衡的传递性。即使这样，由于纯引力场能量是负定的，因此由视界引力加速度κ_+决定的温度也必然是负定的，而不可能是正定的。

关键词：热力学第0定律；热平衡的可传递性；温度

1. J. D. Bekenstein黑洞热力学的温度引入

在J. D. Bekenstein黑洞热力学中视界温度的引入可以说全凭类比和假定。例如在文献[1]中有这样一段论述：“……黑洞是一颗这样的星，任何物质都可以掉进去，任何物质都跑不出来，辐射当然也不例外，射到黑洞上的任何辐射将只被吸收，而不会被反射。在物理学上，只吸收而不反射任何辐射的物体被称为黑体。……黑体的性质只由一个量决定，那就是温度……”这个类比表明“黑洞与黑体类似，由此看来……似乎黑洞也应具有温度和熵?”于是进一步又将Hawking的面积不减定理(这条定理是严格正确的)与热力学中熵增加原理类比(这个类比就成问题了)，即：将$\delta A\geqslant 0$与$\delta S\geqslant 0$类比，从而得出$S\propto A$；进一步又将Bekenstein-Smarr公式(即$\mathrm{d}M-\frac{\kappa_+}{8\pi}\mathrm{d}A+\Omega_+\mathrm{d}J+V_+\mathrm{d}Q$)与热力学中基本微分等式($\mathrm{d}U=T\mathrm{d}S+\Omega\mathrm{d}J+V\mathrm{d}Q$)对比，由此给出关系：$\frac{\kappa_+}{8\pi}\mathrm{d}A_+=T\mathrm{d}S$，最后确立了由视界引力加速度$\kappa_+$决定的正定的温度：$T=\frac{\kappa_+}{2\pi k_B}$。

另一种引入温度的方法是靠直接假定，如文献[2]介绍的Geroch引力-热机模型就是按这种方式引入温度的。这个模型首先假定黑洞是一个热力学平衡系统，由它构成Geroch引力-热机中温度为T_B的冷源，然后利用与无穷远处的高温热源之间的热机循环来决定冷源的温度 $T_B \propto \kappa_+$。

以上就是靠类比和模型假设在黑洞理论中引入热力学温度和熵的基本思路，并在此基础上建立了 Bekenstein 黑洞热力学（即正能谱黑洞热力学）。既然正能谱黑洞热力学是在类比和模型假设基础上建立起来的，可以看出由此建立的黑洞热力学理论是何等的脆弱。难怪这个正能谱黑洞热力学自建立起就遭遇到许多难以克服的，甚至是不可克服的困难。文献[3,4]揭示了 Bekenstein 黑洞热力学的第二、第三定律中存在的内部矛盾，现在将进一步分析这个热力学中所建立的热力学第 0 定律中的问题。

2. J. D. Bekenstein 黑洞热力学第 0 定律面临的基本困难

Bekenstein 黑洞热力学（即正能谱黑洞热力学）的第 0 定律被表述为以下两种形式：

（1）"稳态黑洞的表面引力加速度 κ_+ 是一个恒量"[1]；

（2）"稳态黑洞的表面引力加速度 κ_+ 在视界面上是恒定的，而黑洞的表面引力加速度与黑洞的温度成正比，故对黑洞可以定义温度"[2]。

这两个表述显然都不是热力学中的第 0 定律。事实上，第一个表述根本没有涉及热力学量，只提出黑洞视界引力加速度 κ_+ 是恒量。而引力加速度 κ_+ 恒定只能表示黑洞的动力学状态的稳定性，和黑洞热力学毫无关系。因此第一个表述根本谈不上是热力学第 0 定律的表述。第二个表述虽然引入了温度概念，而且还将温度表述为与视界引力加速度 κ_+ 成正比。既然稳态黑洞具有恒定的视界引力加速度，因此稳态黑洞也会具有恒定的正定的视界温度。这里虽然引入了热力学基础参量——温度，但仍然不是热力学第定 0 律。因为这个表述至少存在以下两个基本问题：

① 黑洞温度的引入，以及黑洞温度和视界引力加速度成正比的根据是什么？到目前为止，所能找到的根据是将黑洞类比成黑体，或者通过引力-热机模型直接假定黑洞是一个温度为 T_B 并作为热机低温热源的热力学平衡系统。在这里无论是将黑洞类比成温度为 T_B 的黑体，或是假定黑洞是引力-热机中温度为 T_B 的冷源，两者都首先认定黑洞是一个热平衡的，温度为 $T_B(\geqslant 0)$ 的热力学平衡系统，然后再去论证这个系统的温度与黑洞的视界引力加速度成正比。这样的论证正如审案人首先假定某人是杀人嫌疑人，然后再去寻找该"嫌疑人"杀人的"罪证"一样的不科学。实际上如果假定黑洞是一个绝对吸收体（不辐射），这时按同样的论证方式，仍然可以得到一个与视界引力加速度 κ_+ 成正比的视界温度 $\tilde{T}$，不过这时所得到的温度 $\tilde{T} \leqslant 0$ 罢了。

② 黑洞是不是热平衡体？按照前面类比和模型假设方式所引入的温度能标示黑洞的热平衡状态吗？或者说按这样的方式所引入的温度能具有热平衡的传递性吗？这是一个最核心的问题，它在本质上提出了黑洞究竟是一个动力学对象还是一个热力学对象的问题。事实上，热力学中存在两类状态参量：一类是扩延量，另一类是强度量[5]。对系统的平衡态（或局域平衡态），扩延量具有可加性，例如熵 S、体积 V 和系统的粒子数 N 都是具有可加性的扩延量；而强度量则具有可传递性，比如温度 T，压强 P 和化学

势 μ 都是具有可传递性的强度量。当两个系统间达到力学平衡时，两个系统的压强必然相等，表明压强对达到力学平衡的两个系统具有可传递性；当两个系统达到化学反应平衡时，其化学势必然相等，表明化学势对达到化学平衡的两个系统具有可传递性；最后，当两个系统达到热平衡时，两个系统的温度必然相等，表明温度对达到热平衡的两个系统具有可传递性。

因此，热力学第0定律就严格意义上讲应当表述为："处于热平衡的系统存在一个状态参量，称为温度，它标示着系统是否处于热平衡态，或者能否与其他系统达到热平衡。如果存在两个热力学系统能同时与第三个热力学系统达到热平衡，则这两个系统之间也必然处于热平衡中。"[5]热力学第0定律的核心思想是温度不仅标示系统的热平衡，而且还具有热平衡的可传递性。如果用这个严格意义上的热力学第0定律去判定Bekenstein黑洞热力学第0定律是否正确的话，就应该抓住这个核心思想。那就是说，应该抓住由Bekenstein建立的黑洞热力学中引入的温度概念是否具有热平衡的可传递性。遗憾的是，由Bekenstein建立的黑洞热力学中引入的温度并不具有热平衡的可传递性。事实上，按Bekenstein黑洞热力学，当两个视界温度相等的黑洞(例如Schwarzschild(SW)黑洞)彼此接触时，两个黑洞不能保持平衡，它们的温度立即下降(SW黑洞温度下降)一半[1]。由此可见就严格意义上讲，由Bekenstein黑洞热力学所建立的热力学第0定律并不满足严格意义上的热力学第0定律的要求，这也正是Bekenstein黑洞热力学所面临的第一个基本困难。

3. 面对黑洞热力学第0定律基本困难的两种观点

面对黑洞热力学第0定律基本困难有两种观点，第一种观点认为既然对黑洞所引入的视界温度不具有"热平衡"的可传递性，就足以表明对黑洞不能定义温度。因此，黑洞不是一个热力学系统，没有随机性，而是一个纯粹的动力学系统，物质进入黑洞就是物质进入完全有序、其信息量极其单纯而清晰的王国中，正如霍金(Hawking)所说的："……黑洞没有什么随机性，黑洞是随机的对头，是简单性的化身，一旦黑洞处于一种宁静状态，它就完全'无毛'了；一切性质都由3个数决定：质量、角动量和电荷。黑洞无论如何没有随机性。"[6]第二种观点认为过去所建立的热力学是在平直空间中建立的热力学，这种处处均匀且各向同性的时空中，粒子的能量只由微观无序动能和微观简并能决定，因此当系统达到热平衡时，其温度必然会在整个系统的体积内处处相等，不会受到宏观动力学变量(特别是引力场)的干扰。在这种条件下，温度不仅能在整个三维体积中具有传递性，而且能对任何温度具有可传递性。而黑洞是处于强引力场(即弯曲时-空)中的系统，其空间、时间不可能是处处均匀的和各向同性的，这时如果要对黑洞引入温度，必然会受到引力场动力学变量(如引力加速度)的极大限制，其结果不仅温度的恒定区域被引力加速度限制在一个视界面上，而且在视界面上温度的恒定值也会由引力加速度所决定。这样一来，温度的可传递性在黑洞中不仅被限制在视界面上，而且还只能对视界温度有传递性。于是根据Bekenstein黑洞热力学与黑体的类比，很自然会认定黑洞具有由视界引力加速度决定的正定的视界温度：$T_+\geqslant 0$。因此，Bekenstein 黑洞热力学第 0 定律被表述为：在黑洞视界面上所有处于热平衡的系统必然具有由视界引力加速度 κ_+ 决定的正定的视界温度 $T_+=\frac{\kappa_+}{2\pi k_B}\geqslant 0$。但是引力场是能量负定的场[8]，按理由这样的场所决定的温度必然是负温度，因此在负能谱热力学中自然会认定黑洞应具有由视界引力加速度 κ_+ 决定的负定的视界温度 $\tilde{T}_+\leqslant 0$，表示为：$\tilde{T}=-\frac{\kappa_+}{2\pi k_B}\leqslant 0$。这样一来，在黑洞视界面上热平衡系统的温度究竟应当采用哪一种温度表示呢，是正温度还是负温度呢？

4. 黑洞视界面上热平衡系统的温度所应具有的符号

假设在平直空间中有一缸热力学参量为 N,V,T 的理想气体，若将这缸气体移入引力场中，由于引力场的作用，气体将不再是理想的了，它的宏观参量 N,V,T 都会随之变化，而引起这些宏观参量变化的根本因素是气体粒子的能谱改变。于是可以通过将气体由平直空间移入引力场时所产生的气体粒子的能谱变化，来分析黑洞视界面上一个达到热平衡的系统其温度所应具有的符号。

首先假定平直空间中有一缸理想气体，显然这缸气体粒子不会受引力场作用，同时对于气态粒子其无序动能必然明显地大于它们的简并能，于是有

$$\frac{(\tilde{P}-P_F)}{2m}\gg\frac{P_F^2}{2m}\gg\frac{P_i^2}{2m}\quad \tilde{P}_i\gg P_F\geqslant P_i \tag{1}$$

式中：$\tilde{P}_i$ 是与无序动能相应的粒子动量，P_F 是粒子系的 Fermi 动量，P_i 为粒子的简并动量。(1)式表明平直时-空中理想气体粒子的能量 ε_i 将只取决于它的无序动能，即

$$\varepsilon_i\approx\frac{(\tilde{P}_i-P_F)^2}{2m}=\frac{1}{2}mu_i^2\quad u_i=\frac{\tilde{P}_i-P_F}{m} \tag{2}$$

式中：u_i 是粒子的速度。对于理想气体，粒子的平均能量与气体的温度之间有如下关系：

$$\langle\varepsilon_i\rangle=\frac{1}{2}m\langle u_i^2\rangle=\frac{3}{2}k_B T \tag{3}$$

(3)式表明平直空间中理想气体的温度可以由气体粒子的平均能量决定，即

$$T=[2/(3k_B)]\langle\varepsilon_i\rangle=[m/(3k_B)]\langle u_i^2\rangle\geqslant 0 \tag{4}$$

由于粒子无序动能的平均始终是非负量，所以平直时空中理想气体的温度恒正，这就是说这里的正温度是粒子正定的无序动能的平均量度。

现在将气体置入弱引力场中，这里有两种方式置入弱引力场，第一种情况是置入地球表面的弱引力场中的气体；另一种形式是气体处在温度极低且密度很低的条件下，致使气体粒子间能显示引力场支配效应的系统。

第一种情况，将气体置于地球表面上，这时每个气体粒子除了正定的无序动能

$\left(\frac{1}{2}mu_i^2\right)$外，还应具有负定的引力势能$-G\frac{Mm}{R_0}$的贡献，这里$R_0$是地球半径，$M$是地球质量，$G$是万有引力常数，这样一来，气体粒子的实际的基础温度T'应表示为

$$T'=[2/(3k_B)]\langle\varepsilon_i'\rangle=[2/(3k_B)][(1/2)m\langle u_i^2\rangle-mR_0(GM/R_0^2)]$$
$$=[2/(3k_B)][(1/2)m\langle u_i^2\rangle-mR_0g_0] \tag{5}$$

式中：$g_0=(GM/R_0^2)$是地球表面引力加速度。(5)式表明：① 由于地球引力场的出现，它会降低原来平直时-空中粒子的无序动能，使平直时-空中的气体的温度降低，因此，负定的引力场出现必然会对气体贡献一个负温度；② 原来气体中所有动能$\varepsilon_i=(1/2)mu_i^2$小于引力势能$|(GmM/R_0)|$的粒子都会被地球表面吸收，只有其动能$\varepsilon_i$超过引力势能$|(GmM/R_0)|$的那一部分粒子才能在地球外部引力场中保持气态形式的无序运动；③ 处于地球外部引力场中的气体虽然还能保持无序运动的形式，但它已失去了平直时-空中气体处处均匀和各向同性的对称性，也就是说气体由平直时空转入地球引力场中时，气体会立即产生对称性破缺。以上所论述的第一种弱引力场对平直时-空的理想气体所产生的3个效应，对于强引力场不仅依然存在而且更会加强。这是因为强引力场能量$\tilde{\varepsilon}<0$，仍然是负定的[2,7]，所以它对气体必然要贡献一个负温度，这时粒子的温度应表示为

$$(3/2)k_B\tilde{T}=(1/2)m\langle u_i^2\rangle-a\kappa_+\quad a=(3h)/(4\pi c) \tag{6}$$

式中：$(-a\kappa_+)$是用黑洞视界引力加速度表示的负定的引力能，因此它对气体必然会贡献一个负温度(试比较(5)、(6)两式中右端的第二项，颇具启示性，在(5)式中地球引力加速度g_0前的因子mR_0具有质量矩量纲，同样(6)式中黑洞视界引力加速度κ_+前的系数$a\sim(h/c)$也具有质量矩量纲，两者是彼此对应的)。由于(6)式中由$-a\kappa_+$表示的引力场是如此的强，它几乎能远远地超过气体中所有粒子的无序动能，即$|a\kappa_+|\gg(1/2)mu_i^2$，因此在强引力场中几乎所有粒子都会被引力源吸收，这时必然进一步有

$$\tilde{T}=-\frac{2a}{3k_B}\kappa_+\left(1-\frac{m\langle u_i^2\rangle}{2a\kappa}\right)\propto-\frac{2a}{3k_B}\kappa_+\leqslant 0 \tag{7}$$

(7)式清楚地表明由负定的引力能$(-a\kappa_+)$所决定的黑洞视界温度$\tilde{T}$是一个负温度，这个温度和引力加速度成正比。(7)式的结论是在完全略去物质粒子的无序动能$\left(\frac{1}{2}m\langle u_i^2\rangle\right)$的极限条件下得到的。由此可见，由负定的强引力场所决定的负定的黑洞视界温度$\tilde{T}(\leqslant 0)$，恰好反映了粒子在强引力场作用下完全克服了所有粒子的无序动能后而将它们全部吸收进黑洞的有序化过程，这类过程正好与在自引力作用下经坍缩而会聚物质使物质的熵自发地减少的演化规律是一致的。

第二种情况是极冷的稀薄气体，这种气体不仅相应于粒子无序动能的温度极低，而且由于密度很低使得粒子的简并能也很低。在这种情况下，粒子间的引力场(即使是弱引力场)必然会对气体的宏观演化和性状起支配作用。例如星际云就属于这类系统，星际云在自引力作用下导致自聚集自坍缩演化，这时星际云中粒子的能量可以表示为

$$\frac{3}{2}k_{\mathrm{B}}\,\widetilde{T}=\langle\frac{P_i^2}{2m}\rangle-\langle G\frac{mm'}{r}\rangle\leqslant 0 \tag{8}$$

式中：$\langle\frac{P_i^2}{2m}\rangle$是粒子的简并能与无序动能之和的平均，$-\langle G\frac{mm'}{r}\rangle$是粒子间的引力势能平均，$r$ 为粒子间距。由于“极冷”和“极稀薄”条件必然要求(8)式中第一项小于第二项，从而导致系统实际的基础温度为负，因此在“极冷”和“极稀薄”条件下，系统的温度的符号也是负定的，在这样的条件下，星际云气体必然会在自引力作用下自发地聚集。但是 Bekenstein 黑洞热力学通过将黑洞与黑体类比，而将黑洞作为一个“黑体”辐射源，并用它来表征黑洞吸收物质的过程，从而确定了一个正定的正比于 κ_+ 的正温度，然而这个正温度所标示的引力场能量必然是正定的，因此它无论如何不可能克服或抑制粒子所具有的正定的无序动能，因而也无法解释黑洞是物质粒子的绝对吸收体的事实，这也正是 Bekenstein 黑洞热力学在它的第 0 定律中所存在的基本困难，而且这个困难也是导致 Bekenstein 黑洞热力学所有错误之根源，因为只要规定黑洞的视界温度为正，就必然会进一步导致由它建立的黑洞热力学第二、第三定律中各种难以克服的矛盾。

原载《西南师范大学学报》2006 年第 31 卷，第 5 期

参考文献

[1] 赵峥. 黑洞与弯曲的时空[M]. 太原：山西科技出版社，2001：185－186，181.
[2] 刘辽，赵峥. 广义相对论[M]. 第 2 版. 北京：高等教育出版社，2004：286－287，116－117.
[3] 邓昭镜. J. D. Bekenstein 黑洞热力学理论的内在桎梏[J]. 西南师范大学学报(自然科学版)，2005，30(1)：64－69.
[4] 邓昭镜. 黑洞熵的演化规律与热力学第三定律[J]. 西南师范大学学报(自然科学版)，2006，31(3)：32－38.
[5] Kubo R. *Thermodynamics*[M]. New York：American Elseuier Publishing Company，1958：3－4.
[6] 基普・S・索恩. 黑洞与时间弯曲 [M]. 李泳，译. 长沙：湖南科技出版社，2002：392.
[7] Landau L D，Lifshitz E M. 场论[M]. 任朗，袁炳南，译. 北京：高等教育出版社，1960：352－353.

热力学第0定律在热力学中的基础作用

——试论温度和熵在热力学中建立的严格次序

摘　要：在热力学中引入温度和熵这两个基础概念的次序不是随意的，是有严格次序的，这是热力学第0定律的基础作用所产生的结果。有的学者（比如 Landau）企图抛开热力学第0定律，而首先引入熵，然后再将温度作为熵的导出量而引入，在形式上这样做好像是先引入熵后引入温度，抛开了热力学第0定律。本文正是针对这一问题论述了 Landau 的企图是行不通的，在实质上 Landau 仍然是先引入温度后引入熵，并严格地论述了在热力学中只能先引入温度后引入熵，这一严格次序是不能改变的，这就是热力学第0定律的基础作用。

关键词：热力学第0定律；温度；熵

1. 在热力学中引入温度和熵的严格次序

熵和温度是热力学中一对最重要的共轭状态参量，如果一个理论中没有熵和温度，这个理论就谈不上热力学理论。不仅如此，在热力学中引入温度和熵的次序也是非常严格的。这就是说，在热力学中是先建立温度概念还是先建立熵概念是有严格先后次序的，不能随意颠倒。这个问题虽然不起眼，但极为重要，因为它直接涉及热力学第0定律的基础作用问题。实际上，在现行的热力学理论教材中引入温度和熵的概念时存在着两种次序。绝大多数教材是通过热力学第0定律，根据热平衡的可传递性首先应建立温度概念 T，在温度概念建立之后再根据 $dS=\frac{dQ}{T}$定义熵，从而引入熵函数 S[1]，这是第一种次序。显然在第一种次序中，温度函数是热力学中引入的第一个基础状态函数，而熵则是在温度 T 引入之后，通过热-温比而引入的导量概念。应当强调的是，在这里温度不仅是热力学第一个新引入的基础状态函数，而且这直接制约着熵的演化规律，为此，特将由此引入的温度称为基础温度。于是在第一种次序中，引入温度和熵的逻辑程序如下：

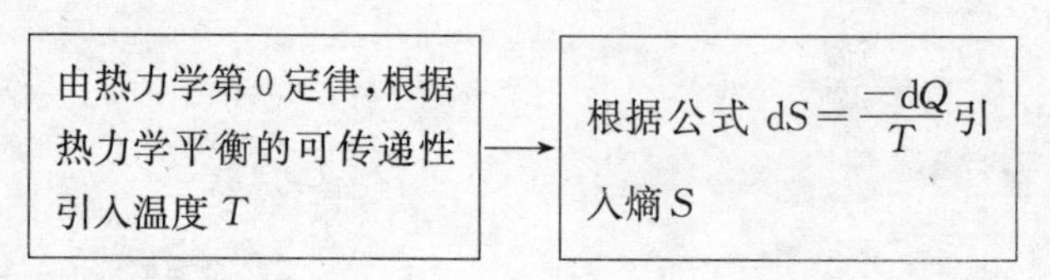

由热力学第0定律，根据热力学平衡的可传递性引入温度 T
根据公式 $dS=\frac{-dQ}{T}$引入熵 S

根据所建立的热平衡态的能谱性质可以决定所引入的温度的正、负 对于正能谱中的热平衡态：$T>0$ 对于负能谱中的热平衡态：$T<0$	→	对于正能态孤立系统，$T>0$，$\mathrm{d}S>0$ 对于负能态孤立系统，$T<0$，$\mathrm{d}S<0$

在热力学中第二种引入温度和熵的次序比较少见，其中最典型的是由 L. D. Landau 在他著的《统计物理学》中提出的次序[2]，L. D. Landau 在《统计物理学》中首先通过概率密度(分布)函数 w_H 引入熵：

$$S=-k_B\sum_H w_H \ln w_H=-k_B\sum \widehat{w}\ln\widehat{w} \tag{1}$$

其中概率密度函数 $w_\mu=w(\beta,\varepsilon_u)$ 由下式给出[2]：

$$w_\mu=w(\beta,\varepsilon_\mu)=\exp[-a+\beta\varepsilon_\mu] \tag{2}$$

引入熵之后再通过能量 U 对熵 S 的导量决定温度 T。

$$T=\frac{\partial U}{\partial S} \tag{3}$$

显然在第二种引入温度和熵的次序中，形式上把熵作为热力学第一基础量，而将温度作为熵的导出量，于是第二种次序中引入温度和熵的逻辑程序在形式上可表示如下：

由概率密度函数 $w(\beta,\varepsilon_\mu)$ 按下式引入熵 $S=-k_B\sum w(\beta,\varepsilon_\mu)\ \ln w(\beta,\varepsilon_\mu)$	→	由下式引入温度 $T=\left(\frac{\partial U}{\partial S}\right)_x$

虽然 Landau 所提出的方案在形式上似乎先引入了熵函数，而把温度作为熵的导出量，但是由于定义熵的(1)式中的概率密度函数 $w(\beta,\varepsilon_\mu)$ 呈(2)式给出的形式，即 $w(\beta,\varepsilon_\mu)=\exp[-(a+\beta\varepsilon_\mu)]$，可以证明(2)式中能量因子 ε_μ 前的乘子 β 必然具有以下特征：

a. β 必须取(能量)$^{-1}$量纲，以保证 $\beta\varepsilon_\mu$ 始终呈纯数量形式；

b. β 必须是使 $\beta\mathrm{d}Q$ 成为全微分的积分因子；

c. 确定的 β 值是保证系统具有稳定的概率分布的必要不充分条件。

根据以上三点可以严格证明(参看第 2 段)：

$$\beta=\frac{1}{k_B T} \tag{4}$$

这就是说，若按 Landau 提出的方案，仍然不可能绕过温度，使得在建立热力学时能在引入温度之前引入熵。这是因为在 Landau 的熵函数的定义中，通过密度分布函数 $w_H(\beta\varepsilon_\mu)$ 中的 β 因子早已引入了系统的温度 $T=(k_B\beta)^{-1}$，因此在建立热力学理论时，热力学第 0 定律是不能回避的，由第 0 定律引入的系统的基础温度是不能绕过的，在热力学中必须先引入温度而后才能引入熵这个次序是不能颠倒的。然而这里所指的第二种温度定义，即 $T=\left(\frac{\partial U}{\partial S}\right)_{VN}$，在本质上不能作为标示系统平衡态可传递特征的温度定义，它只能作为由平衡态系统的扩延量——U 和 S 产生强度量——温度 T 的具体关系。这是因为关系 $T=(\partial U/\partial S)_{NV}$ 成立的前提条件是要求所有参与运算的量(即 U、S、V、N)都必须是平衡态的状态参量,而承认系统处于平衡态,这就首先要求对系统引入一个能标示它处于平衡状态的特征参量——温度函数。

2. $w(\beta,\varepsilon_\mu)$ 中 β 乘子的物理意义

(1) β 具有 $[\varepsilon_\mu]^{-1}$ 量纲

事实上,因为 $\beta\varepsilon_\mu$ 是一个纯数,其量纲是[1],于是有

$$[\beta,\varepsilon_\mu]=[\beta][\varepsilon_\mu]=[1]=1 \tag{5}$$

$$[\beta]=[\varepsilon_\mu]^{-1} \tag{6}$$

(6)式表明 β 具有能量的负一次幂量纲

(2) βdQ 是一个全微分,β 是 dQ 和积分因子[3]

根据稳定的概率分布函数可归一化要求,可知分布函数(2)中的量 $\exp(a)=\sum\limits_{\mu}\exp(-\beta\varepsilon_\mu)<\infty$,因此对稳定分布函数可以表示为

$$w(\beta,\varepsilon_\mu)=\frac{\langle n_i\rangle}{N}=\frac{\exp(-\beta\varepsilon_i)}{\sum\limits_i\exp(-\beta\varepsilon_i)}=-\frac{1}{\beta}\frac{\partial}{\partial\varepsilon_i}\ln\Big(\sum_i e^{-\beta\varepsilon_i}\Big) \tag{7}$$

式中 $\langle n_i\rangle$ 是进入第 i 个能态的平均粒子数,N 是总粒子数,现在引入一个量 A,定义为

$$A=\frac{1}{\beta}\ln\Big[\sum_i\exp(-\beta\varepsilon_i)\Big] \tag{8}$$

利用(6)(7)(8)三式很容易导出以下关系:

$$d[\beta(U-A)]=\beta\Big(dU=\frac{1}{N}\sum_i\langle n_i\rangle d\varepsilon_i\Big) \tag{9}$$

(9)式中左边是一个全微分,右边括号内的 $d\varepsilon_i$ 表示系统第 i 个能级在外场作用下能级移动所产生的能量增量,$\frac{\langle n_i\rangle}{N}$ 是粒子进入第 i 个能级的平均概率,于是 $\sum\limits_i\frac{\langle n_i\rangle}{N}d\varepsilon_i$,应表示外场对系统所做的功 $\text{đ}W$。而($dU-\text{đ}W$)所表示的量正是系统吸收的热 $\text{đ}Q$,因此(9)式可变为

$$d[\beta(U-A)]=\beta\,\text{đ}Q \tag{9$'$}$$

我们知道 $\text{đ}Q$ 不是全微分,(9′)式表明 β 与 $\text{đ}Q$ 相乘后可得到等式左端的全微分,可见 β 因子正是积分因子。另一方面我们又知道在热力学中早已证明系统吸收的热 $\text{đ}Q$ 前相应的积分因子必须且只能反比于温度 T,即

$$\beta\propto\frac{1}{T}\text{或者}\beta=\frac{1}{kT} \tag{10}$$

可以证明这个只依赖于温度的积分因子必然要求其比例系数 k 是一个普通常数[4],这个常数就是 Boltzmann 常数,即 $k=k_B=1.38\times10^{-16}$ erg/K,另外,由熵的定义,有 $dQ=TdS$,于是(9′)式应化为

$$d\Big(\frac{U-A}{r}\Big)=\frac{1}{T}dQ=dS \tag{11}$$

(11)式积分在准确到一个熵的任意常数 S_0 的要求下，有

$$A=U-TS$$

显然(8)式给出的量 A 正是 Helmboltz 自由能。

(3) 确定的 β 值是保证系统具有稳定概率分布的必要不充分条件

先假定 β 参量在某个区间内取不确定值，例如，在 $\beta_2-\beta_1=\Delta\beta>0$ 的区间内可以任意取值，则由此给出的概率分布函数 $w(\beta,\varepsilon_i)$ 也必然在以下的区间内，即在

$$w(\beta_1,\varepsilon_i)=\frac{1}{\beta_1}\frac{\partial}{\partial\varepsilon_i}[\ln(\sum_i\exp(-\beta\varepsilon_i)] \quad \sim \quad w(\beta_2,\varepsilon_i)=\frac{1}{\beta_2\partial\varepsilon_i}[\ln\sum_i\exp(-\beta\varepsilon_i)]$$

区间内可以任意取值，这就是说当 β 函数不确定时，则概率分布函数 $w(\beta_1,\varepsilon_i)$ 也必然不可能具有确定的分布；反之，任何稳定的概率分布函数，必然给出一个确定的系统的宏观状态，因此，这就必然要求系统的状态能量 β 具有确定值。由此可见 β 参量取确定值是保证系统稳定分布的必要不充分条件。

原载《科学研究月刊》2006 年 3 月，总第 15 期

参考文献

[1] ИДБАЗАРОВ. 热力学[M]. 沙振舜，张毓昌，译. 北京：高等教育出版社，1988：49 - 52.

[2] Landau L D, Lifshitz E M. 统计物理学[M]. 杨训恺，译. 北京：人民教育出版社，1964：28 - 32.

[3] R. K. Pathia. *Statistical Mcs*[M]. New York：Pergamon Press，1972：61 - 62.

[4] 汪志成. 热力学统计物理[M]. 第二版. 北京：高等教育出版社，1993：230 - 23.

相对论热力学第 0 定律和温度

摘　要: 首先对 Tolman 建立的相对论热力学第 0 定律所面临的困难进行了分析,进而提出了时-空结构决定系统温度域的理论,从而能较好地克服 Tolman 相对论热力学第 0 定律所面临的困难。

关键词: 热力学第 0 定律;唯象热力学;温度域;时-空类型

1. 热力学是一门唯象科学

经典热力学是一种唯象科学,它的基本原理不是以少数一两个基本假设单靠逻辑推理的演绎过程建立的,而是在平直时-空中(即在地球表面上对所有比地球半径小得多的系统)通过大量实验归纳总结而建立的。具体讲,经典热力学第 0 定律是在平直时-空中根据物系间达到热平衡的大量实验中判明了物系达到热平衡的状态函数——温度 T,并确立了温度相等是物系间达到热平衡的充要条件;热力学第一定律是在平直时-空中根据物系和外界之间有关能量转化和转移的大量实验结果,提出了标示物系能量的状态函数——内能 U,建立了在各种热力学过程中系统遵循的能量守恒和转化定律;热力学第二定律是根据平直时-空中大量有关物系的演化实验,归纳出了能标示物系演化(尤其是自发演化)方向和演化强度的状态的函数——熵 S,总结出了孤立系统的熵永不减少的基本定律;热力学第三定律是根据大量获取低温的实验,在平直时-空中总结出的一条重要的极限定律。当物质的温度趋于绝对零度时,所有物系的熵将不再依赖于物系的性质,和系统趋向绝对零度的过程,在这个极限状态上物系的熵可以取为一个恒定的零值。因此,S 和 T 之间的绝对零度上存在极限 $\lim\limits_{T\to 0} S=0$。以上就是在平直时-空中建立经典热力学的唯象特征。即从大量实验中总结基本规律的方法论特征。必须强调,热力学的唯象特征(即按实验经归纳得出规律的方法论)在时-空变换的过程中,一般情况下并不具有协变性。例如在平直时-空中,经典热力学第二定律表述为:孤立系统的熵永不减少,$\Delta S\geqslant 0$。当通过时-空坐标变换转到弯曲时-空时,比如转变到引力场起支配作用的弯曲时-空时,这时将根本地改变热力学第二定律的实验条件,使得通过归纳总结演化实验所得出的热力学第二定律将不是熵增加原理,而是熵减少原理了。这就是说,涉及热过程的规律在时-空变换中一般并不具有协变性。因此,如何正确地认识涉及温度和熵的热过程,尤其是温度域和熵的演化在时-空变换中产生的变化,将是建立相对论热力学理论的基本课题。

2. 热力学第 0 定律

在平直时-空中，经典热力学通过大量热平衡实验探明了一个状态函数，称为温度，以 T 表示，当系统达到热平衡时，系统的温度在系统的所有点上皆取同一常数值，表示为

$$T(x,y,z)=C \quad (x,y,z)\in U \tag{1}$$

式中：U 是系统占有的区域，x,y,z 是 U 中的坐标。反之，当有多个区域 $U_\alpha, U_\beta, U_\gamma$ 的温度相等，则这些区域必然取同一常数值，这些区域间必然能达到热平衡。

当转入弯曲时-空后，由(1)式给出的经典热力学第 0 定律不再适用，这时必须对(1)式作相应的推广。Tolman 通过时-空变换，对弯曲时-空中静态系统建立了与(1)式对应的相对论热力学第 0 定律，表述为：当系统达到热平衡时，系统存在一个状态函数——温度 $T_0(x^i)$，且 $T_0(x^i)$ 与 g_{44} 组成的乘积 $T_0(x^i)\sqrt{|g_{44}|}$ 在整个系统中取常数值，表示为[1]

$$T_0(x^i)\sqrt{|g_{44}|}=C \quad x^i\in U \tag{2}$$

式中：$T_0(x^i)$ 是时-空点 x^i 的固有温度，g_{44} 是度规张量的时间分量，U 是系统的区域，x^i 是区域中 U 的坐标。易于判断，对孤立系统，常量 C 是一个接近于零的数，事实上当远离弯曲时-空(或远离所有引力体)时，这时有 $g_{44}\to 1, T_0(x^i)=\overline{T}_0$。这里，$\overline{T}_0$ 是没有物质存在的真空中的温度，这个温度是趋于零的[3]，因此有 $\overline{T}_0\to 0^+$。于是(2)式又可以写成

$$T_0(x^i)\sqrt{|g_{44}|}=\overline{T}_0\to 0^+ \tag{2'}$$

(2)式和(2′)式表明，弯曲时-空中的静态系统，在达到热平衡时，系统内的温度 $T_0(x^i)$ 将形成一个由 g_{44} 决定的稳定的分布，这个稳定的温度分布，对双曲时空是处于正温度域中的稳定分布，而对椭圆时空则是处于负温度域中的稳定分布。正由于此，(2)式和(2′)式不能反过来说，不能认为所有使(2)式中乘积 $T_0(x^i)\sqrt{|g_{44}|}$ 等于同一常数 C 的系统都能达到热平衡，只有那些在同一时-空坐标中，对给定 g_{44} 值条件下，或者说对给定 g_{44} 的曲面上的系统在作热接触时才可以达到热平衡，这就是为什么当两个质量相等(即视界温度相等)的 Schwarzschild(SW)黑洞接触时，会立即破坏它们原有的平衡，它们的视界温度立即降低，直到形成一个更大的、视界温度更低的、稳定的 SW 黑洞的温度分布为止[3]。

3. 相对热力学第 0 定律对 SW 黑洞的应用

以孤立的 SW 黑洞为例来讨论 Tolman 给出的相对论热力学第 0 定律的应用。SW 黑洞是静态球对称引力系统，如果 SW 黑洞是孤立的，黑洞外显然是真空，这时 SW 黑洞外部场的线元表示为[4]

$$dS^2=\frac{dr^2}{1-\dfrac{2m}{r}}+r^2(d\theta^2+\sin^2\theta d\varphi^2)-\left(1-\frac{2m}{r}\right)dt^2 \tag{3}$$

式中：$m=GM$，M 是黑洞质量，G 是引力常数。(3)式中已令 $G,\eta,c=1$。(3)式给出外部场度规的 g_{44} 分量是 $g_{44}=\left(1-\dfrac{2m}{r}\right)$。代入(2′)式则有

$$T_0(r)=\frac{T_0}{\sqrt{1-\dfrac{2m}{r}}}\begin{cases}=T_0\to 0^+ & r\to\infty\\ \approx\dfrac{1}{8\pi nk_B} & r\to 2m\end{cases} \tag{4}$$

(4)式表明孤立的 SW 黑洞外部的温度分布处于正温度域中，其温度分布随径向 r 减小而增加，也即从 $r\sim\infty$ 的 T_0 随 r 减小到视界 $2m$ 时，温度增加到$\dfrac{1}{8\pi mk_B}$。

SW 黑洞内部场的温度分布应由内部场线元决定，而内部场线元表示为[4]

$$dS^2=\left(1-\frac{r^2}{r_g^2}\right)^{-1}dr^2+r^2(d\theta^2+\sin^2\theta d\varphi^2)-\left(1-\frac{r^2}{r_g^2}\right)dt^2 \tag{5}$$

该线元的 g_{44} 分量为：$g_{44}=-\left(1-\dfrac{r^2}{r_g^2}\right)$，代入(2′)式则求得 SW 内部场的温度分布为

$$T_0(r)=\frac{T_0}{\sqrt{1-\dfrac{r^2}{r_g^2}}}\begin{cases}=\dfrac{1}{8\pi mk_B} & r=r_g\\ \approx T_0^+ & r\to 0\end{cases} \tag{6}$$

(6)式表明 SW 黑洞内部的温度分布正好是外部温度分布对其视界的镜像，其温度分布从视界外的$\dfrac{1}{8\pi mk_B}$随 r 减小到球心处时，降至 $T_0\to 0^+$。以上(4)、(6)两式就是由相对论热力学第 0 定律[即(2′)式]决定的孤立的 SW 黑洞内、外场中的温度分布。

4. 时-空类型决定系统的温度域

由(4)、(6)两式可知，从无穷远到球心的整个区域中，SW 黑洞的温度分布是在正温度域中从$\overline{T}_0$(无穷远)$\to\dfrac{1}{8\pi mk_B}$(视界)$\to\overline{T}_0$(球心)。这个温度分布对真空中的 SW 黑洞是难以理解的，其理由有二：① 由(6)式给出的 SW 黑洞内部的正温度分布是从视界的高温$\dfrac{1}{8\pi mk_B}$，逐渐降到球心的零度 T_0。然而，一方面，真空中的 SW 黑洞，其物质只处于视界之内，因此正定的热压力也只能存在于 SW 黑洞的内部，而且热压力在趋向球心的过程中会愈来愈强，而另一方面，正定的热压力是产生正温度之源，由此可见，当由视界趋向球心时，其正温度必然会愈来愈增加，决不会愈来愈减小；② 我们知道温度是系统的能量密度分布的宏观平均，正能量密度分布只能形成正温度分布，负能量密度分布只能产生负温度分布[5]，而在真空中 SW 黑洞能量的主要形式是球对称的引力场，

该引力场中的能量密度 t^{00} 是负定的[6]，若要在这个负定的能量密度分布中产生一个正温度分布场，显然是不可能的，由此可见，在正温度域中由(4)、(6)两式给出的 SW 场中的温度分布是不正确的。这就是说，Tolman 仅仅在保证规律协变的条件下，通过时-空变换方式，从经典热力学第 0 定律(即(1)式)协变地导得相对论热力学第 0 定律(即(2)式)是有问题的。这个问题就出在温度域上。为了克服 Tolman 相对论热力学中有关温度域的困难，我们特提出时-空基本结构决定系统温度域的论点。对此我们的分析如下：在保证方程协变的条件下，将经典热力学第 0 定律：$T(x,y,z)=C$ 变换到弯曲时-空，以求得相对论热力学第 0 定律的协变表示：$T(x^i)\sqrt{|g_{44}|}=C$。在这一变换中，只可能在给定温度域中改变系统的温度分布 $T(x^i)$，不可能改变系统的温度域，因而也就不可能改变温度的符号。因此，对给定的时-空变换(即由平直时-空到给定类型的弯曲时-空的变换，或弯曲时-空间的变换)不可能自动地改变系统温度的定义域。系统温度的定义域是由时-空的基本类型决定的。时-空的基本类型分为三类[6]：平直时-空，椭圆时-空和双曲时-空。平直时-空是对系统的热力学(状态和过程)不产生任何干扰和限制的时-空。从这一点看，平直时-空中的系统是最自然的热力学系统，这种系统的温度只由系统中粒子正定的无序动能的宏观平均决定。因此，平直时-空中系统的温度必然是正定的，即处于正定域中。椭圆时-空是吸引型时-空，在这种时-空中所有粒子在顺时方向上沿测地线运动总是彼此吸引的。这就要求每个粒子除了它们的无序动能外，还必然具有依赖于密度的负定的引力势能，而且负定的引力势能整体上总是超过粒子正定的无序动能，否则该粒子系就不是一个自坍缩引力系统了。因此，在椭圆时-空中每个粒子的平均能量总是负定的，由此决定的温度必然处于负定域中。双曲时-空是排斥型时-空，时-空中粒子在顺时方向上沿测地线运动彼此总是排斥的。这时粒子除了正定的无序动能外，还必须具有正定的斥力势能。显然双曲时-空中的系统其温度必然处于正定域中。最能标示这三类时-空特征的莫过于时-空弯曲方向指数，时-空弯曲方向指数定义如下：在时-空曲面任一点上作一切平面，同时又在该点作两条互为垂直的法截线，如果这两条法截线位于切平面内，则表示该点的时-空曲面没有任何弯曲，该点“曲面”是平直的，因此平直时-空的弯曲方向指数 $a=0$；如果这两条法截线相对于切平面都弯向切平面的一边，则表示曲面相对于切平面只有一个弯曲方向指数 $a=1$，这就是椭圆时-空的弯曲方向指数；最后，若两条法截线相对于切平面分别弯向切平面的两边，则表示曲面相对于切平面有两个弯曲方向，其时-空弯曲方向指数 $a=2$，此即双曲时-空的弯曲方向指数。同时我们知道，相应于三类时-空的 Gauss 曲率，即常曲率，分别是：平直时-空 $K=0$；椭圆时-空 $K>0$；双曲时-空 $K<0$。表 1 列出了时-空类型、弯曲方向指数、Gauss 曲率以及温度域之间的对应[7]。

表 1　时-空类型、弯曲方向指数、Gauss 曲率和温度的定义域

时-空类型	平直时-空	椭圆时-空	双曲时-空
时-空 Gauss 曲率	$K_0=0$	$K_1>0$	$K_2<0$
时-空弯曲方向指数	$a=0$	$a=1$	$a=2$
温度定义域	$0^+\leqslant T<\infty$	$-\infty<T\leqslant 0$	$0^+\leqslant T<\infty$

热力学系统温度的定义域取决于系统所处的时-空类型，而时-空弯曲方向指数又确切地反映时-空类型，于是可以利用时-空弯曲方向指数 a，来修改 Tolman 的相对论热力学第 0 定律。具体做法是对 Tolman 的相对论热力学第 0 定律(即(2)式或(2′)式)乘以时-空弯曲方向指数符号因子$(-1)^a$，这样就能很好地反映时-空结构对温度分布域的影响，当对(2′)式乘上因子$(-1)^a$ 后，则变为

$$\overline{T}_0=(-1)^a T_0(x^i)\sqrt{|g^{44}|}=\begin{cases}T(x^i)\sqrt{|g_{44}|} & a=0,K_0=0\\ -T(x^i)\sqrt{|g_{44}|} & a=1,K_1>0\\ T_0(x^i)\sqrt{|g_{44}|} & a=2,K_2<0\end{cases}\tag{7}$$

现在将修改后的热力学第 0 定律，即(7)式应用于真空中的 SW 黑洞，并考虑到 SW 场是纯粹吸引场，属于椭圆时-空，根据(7)式很容易求得 SW 黑洞内部和外部场中的温度分布为

$$\text{外部}\quad T_0(x^i)=\begin{cases}-\overline{T}_0 & r\to\infty\\ \dfrac{-1}{8\pi mk_{\mathrm{B}}} & r\to r_0=2m\end{cases}\tag{4′}$$

$$\text{内部}\quad T_0(x^i)=\begin{cases}\dfrac{-1}{8\pi mk_{\mathrm{B}}} & r\to r_g\\ -T_0 & r\to 0\end{cases}\tag{6′}$$

于是经过这一变换后，真空中静态 SW 场的温度分布可以在负温度域中表示为

$$\underset{\text{外部}}{-\overline{T}_0>T_0(x^i)>}-\frac{1}{8\pi mk_{\mathrm{B}}}\underset{\text{内部}}{<T_0(x^i)<-\overline{T}_0}\tag{8}$$

(8)式的温度分布对 SW 引力场才是可以理解的。事实上 SW 球的外部是纯引力场真空，时-空中任一点的能量密度只由纯引力场能量密度 t^{00} 决定，而负定的引力场密度 t^{00} 又将随着接近黑洞视界而迅速地增强，这就导致 SW 黑洞外部的温度分布由$-\overline{T}_0$降至$-\dfrac{1}{8\pi mk_{\mathrm{B}}}$。在黑洞内部由于有物质存在，物质处在黑洞内部引力坍缩中，产生了正定的热压 P_{th}和简并压 P_{dog}，这两项正定压强对应的正能密度将迅速减小由引力负压产生的负能密度，直到单粒子的总能量密度接近零为止，从而使黑洞的温度从$-\dfrac{1}{8\pi mk_{\mathrm{B}}}$升至$-\overline{T}_0$，这样 SW 黑洞的温度分布才是合理的。对静态 SW 场温度分布的合理解

式——(8)式，正说明了我们引入的曲率指数因子$(-1)^a$ 的正确性。

原载《西南师范大学学报》2009 年第 34 卷，第 4 期

参考文献

[1] Tolman R C. *Relativity Thermodynamics and Cosmdogy*[M]. Oxford: Oxford Unirersity Press, 1934:312 - 318.

[2] 吴鑫基，温学诗. 现代天文学十五讲[M]. 北京：北京大学出版社，2005:330 - 338.

[3] 赵峥. 黑洞与弯曲的时空[M]. 太原：山西科技出版社，2001:180 - 181.

[4] Mφller C. *The Theory of Relativity*[M]. Oxford: Oxford Unirersity Press, 1952: 326, 330 - 332.

[5] 邓昭镜. 负能谱及负能谱热力学[M]. 重庆：西南师范大学出版社，2007:38 - 48.

[6] 刘辽. 广义相对论[M]. 第 2 版. 北京：高等教育出版社，2004:117.

[7] 费保俊. 相对论与非欧几何[M]. 北京：科学出版社，2006:18 - 23.

关于黑洞热力学第一定律

摘　要:根据“无毛定理”揭示了 Bekenstein 黑洞热力学第一定律的基本错误,在此基础上提出了正确的黑洞热力学第一定律的表述形式,进一步以新建立的黑洞热力学第一定律研究了一般稳态黑洞的演化。

1. “无毛”定理对黑洞热力学给出的基本结论

宇宙中物质的宏观运动在形式上可以分为两大类:一类是每个物质粒子在宏观上严格按各种力场的对称性所规定的时空轨道运行,这种运动称为确定性有序化运动;另一类则是粒子在宏观上不具有确定力场支配的时空运动,我们称为无序化运动。纯粹力是不涉及物质的无序化运动的,它研究的内容只是有序结构间和有序能量间的转移、转化的定量关系[1],热力学则是专门研究物质无序化运动形式的一门科学。而无序化运动在能量上的表现我们统称为“热”。因此,热力学就是研究有“热”参与的能量转移、转化过程,研究有“热”参与的过程中物态的演化,以及演化过程中各种状态参量间的定量关系[2]。

在黑洞理论中提出了“毛”的概念。所谓有“毛”就是指在物质粒子的运动中存在无序化成分,它的存在将对引力场所确定的有序运动产生“偏离”。在现代引力场论中,称这些“偏离”为对引力支配的有序化运动的“毛疵”[3]。而“无毛”则是指物质在黑洞视界近旁强引力场的支配下,必然形成的具有引力场所确定的有序化运动。因此,一切“热”运动和“热”过程所显示的无序化运动都将无一例外地被排斥在黑洞视界之外。这样,黑洞在使物质有序化的坍缩过程中所释放的“热”必然且只能被排斥在黑洞视界之外。就是说,在坍缩中黑洞必然且只能在视界外产生大量的“热”,从而保证黑洞内部在自引力支配下有序化结构之形成。如果黑洞系统是孤立的,由于能量守恒,必然要求坍缩中黑洞在其视界外所产生的“热”——TdS 与黑洞坍缩中由自引力所消耗的“功”——dW 之和为零:

$$TdS+dW=0 \tag{1}$$

Carter,Robinson(C-R)提出“无毛定理”[4],确定视界之内不可能有自引力产生的“热”,所有“毛疵”(即“热”)必然被排斥在黑洞视界之外。既然 Bekenstein-Smarr(B-S)公式是 C-R“无毛”定理的一种表示,因此 B-S 公式中所表示的各项都只能是自引力所消耗的“功”,不可能包含“热”。由此可见,Bekenstein 将 B-S 公式中的$\frac{\kappa_\pm}{8\pi}dA_\pm$规定为黑洞内部产生的“热”——$TdS$[5]，即令$\frac{\kappa_\pm}{8\pi}dA_\pm \equiv TdS$显然是与C－R提出的“无毛”定理直接对立的。如果我们坚持“无毛”定理的正确性，就必须抛弃将$\frac{\kappa_\pm}{8\pi}dA_\pm$规定为黑洞内产生的“热”。实际上“无毛”定理是以引力场方程为基础，通过Killing矢量所满足的各种对称性的恒等式而严格证明的结论。而Bekenstein“热”，即$\frac{\kappa_\pm}{8\pi}dA_\pm$，仅通过将黑洞与黑体类比，人为地将$\frac{\kappa_\pm}{8\pi}dA_\pm$定义为黑洞所产生的热——$TdS$，显然其论据相当脆弱。即使后来由Hawking通过在黑洞视界外的量子辐射过程推导了辐射的温度公式，即$T_+=\frac{\kappa_+}{2\pi k_B}$，但Hawking的证明并不与“无毛”定理矛盾。因为Hawking所论证的是在黑洞视界面以外如何通过量子辐射产生“热的过程”[6]，这正是对“无毛”定理的补充，也就是说Hawking严格地论证了在视界表面外有可能存在量子辐射“热”的形式，并没有证明黑洞内部有量子热辐射存在。实际上以外视界为例，当物质粒子尚未落到黑洞外视界之前，它可能还带有许多“毛疵”式的“热”，但当它愈来愈趋近外视界时，粒子将受到外视界附近愈来愈强的引力场作用，迫使粒子有序化而不断地释放无序化“热”能，直到落入外视界表面时，它已是被引力场完全有序化的粒子了。就是说，一切未被有序化的粒子不可能落入外视界，而一切落入外视界的粒子必然都已被有序化了。由此可见，所有粒子所携带的“热”必然且只能被释放在黑洞外视界之外，从而使进入外视界的所有粒子都是“无毛”的。这已清楚地表明：表征“无毛”定理的B－S公式中所有三项，即$\frac{\kappa_+}{8\pi}dA_+$，$\Omega_+dJ_+$和$V_+dQ_+$三项都是自引力场在黑洞坍缩中所进行的有序化“功”，其中$\frac{\kappa_\pm}{8\pi}dA_+$是外视界引力密度$\frac{\kappa_\pm}{8\pi}$在产生外视界面积增量$dA_+$的过程中所做的功；$\Omega_+dJ_+$是由外视界引力强制周围被吸引的物质以外视界角速度$\Omega_+$旋转时，由自引力导致动量矩增加$dJ_+$时所做的功；$V_+dQ_+$则是外视界电势$V_+$在自引力坍缩中使外视界电荷增加$dQ_+$时所做的功。同时还必须考虑到由于有内视界存在，它会在黑洞内部形成一个新的时空——内视界，内视界又会有自己的加速度κ_-、角速度Ω_-和电势V_-，这时又会迫使物质粒子按新的参量κ_-、Ω_-和V_-运动。这样粒子由外视界到内视界的过程中，内视界的引力场又会做功：$\frac{\kappa_-}{8\pi}dA_-$、$\Omega_-dJ_-$和$V_-dQ_-$。根据无毛定理，由这部分功所产生的热同样必然会出现在黑洞外视界之外。总之，由B－S公式中六项功所产生的总贡献使黑洞的有序化质量增加dM，表示为

$$dM=\frac{\kappa_\pm}{8\pi}dA_\pm+\Omega_\pm dJ_\pm+V_\pm dQ_\pm \tag{2}$$

就是说，(2)式右边各项都是功，不是“热”，将$\frac{\kappa_\pm}{8\pi}dA_+$人为地规定为“热”，即确定为$TdS$，是与“无毛”定理直接对立的。同样将(2)式规定为黑洞热力学的第一定律[7]，也

是没有根据的，是错误的。

实际上，按“无毛”定理，(2)式的本质含义是：距离黑洞足够远，在几乎渐渐平直的时空中，物质粒子受黑洞引力作用，通过(2)式中各项做功将物质从几乎无穷远搬运(或吸引)到黑洞视界面上，并在视界面上严格按黑洞引力场对称性要求，使黑洞视界面上的有序化结构质量增加 dM。与此同时，也正由于质量 dM 在黑洞引力作用下由无穷远被搬运到黑洞视界面上，而使这些物质在黑洞引力场中的势能减少 dM。也就是说，虽然黑洞视界由于这一搬运使其有序化结构增加质量 dM，但是对(黑洞＋周围物质)组成的系统而言，欲因自引力通过(2)式中各项做“功”方式使该系统消耗了自引力功 dW，因此(黑洞＋周围物质)组成的系统做了负功。$dW\leqslant 0$，故有

$$dW=-dM\leqslant 0 \tag{3}$$

如上所述，黑洞吸收物质的过程是一个放能反应，过程中所释放的能以“热”能形式完全且只能释放在黑洞视界之外，于是对于(黑洞＋周围物质)组成的系统，其热力学第一定律一般应表示为

$$dE=TdS+dW=TdS-dM+dW_e,\ dW=dW_e-dM \tag{4}$$

式中 E 是系统的内能，TdS 是黑洞吸收物质所吸收或释放的热，dM 是自引力所做的总功。当系统孤立时，E 是恒量，这时有

$$dE=0,\ dW_e=0 \quad TdS-dM=0 \tag{5}$$

(4)式和(5)式中的 dM 由(2)式给出，(4)式是一般非封闭系统的黑洞热力学第一定律，(5)式是孤立系统的黑洞热力学第一定律。

综上所述，“无毛”定理对黑洞内部结构和黑洞热力学之建立确立了以下几个基本结论：

(1) 自引力场必然导致黑洞(星体)坍缩，物质坍缩到黑洞视界以内时，必然要形成高度有序化结构，这个高度有序化结构只能由 $\frac{\kappa_\pm}{4\pi}A_\pm$，$2\Omega_\pm J_\pm$ 和 $V_\pm Q_\pm$ 有序化能量所表示。

(2) 物质向黑洞坍缩形成有序化黑洞结构的过程是一种放能反应。反应中所释放的引力能 dM 将以做功方式：$\frac{\kappa_\pm}{8\pi}dA_+$，$\Omega_\pm dJ_\pm$ 和 $V_\pm dQ_\pm$ 分别转化为外、内视界以外的无序化“热”、黑洞能层中的转动能以及黑洞的静电能。在这里 $\frac{\kappa_\pm}{8\pi}dA_\pm$ 是表面引力在有序化坍缩过程中所做的功，同时在这个过程中这个功转化为外、内视界之外的“热”，但是我们不能将 $\frac{\kappa_\pm}{8\pi}dA_+$ 定义为“热”(TdS)，正如不能将摩擦力的功定义为“热”一样。因此，将 B－S 公式中的 $\frac{\kappa_\pm}{8\pi}dA$ 规定为无序化“热”——TdS 是错误的，进一步又将B－S公式规定为黑洞热力学第一定律[7]，更是错误的。

(3) 对由黑洞＋周围物质组成的孤立系统，只要内部不触发核反应，系统的热力学第一定律应由(5)式给出；对于非孤立系统，或内部存在核反应的系统，系统的热力学第

一定律则由(4)式给出。

2. 黑洞热力学第一定律对稳态黑洞的应用

为确定计,假定所研究的黑洞是 Kerr-Newman(K－N)黑洞,这种黑洞是球对称荷电的转动黑洞。这种黑洞由于 $a^2+Q^2\neq 0$,黑洞内部出现了内视界。又假定黑洞中没触发核反应,可以证明球对称的自引力系统其内能恒负,表示为[8]

$$E=-4\pi\int_r^R m_N^0 n(r)\beta\left\{\frac{1}{2}+\frac{3}{2}\frac{Gm(r)}{r}+\frac{3}{2}\left[\frac{Gm(r)}{r}\right]^2+\frac{3}{8}\beta^2+\cdots\right\}\mathrm{d}r\leqslant 0 \quad (6)$$

式中 E 是系统的内能;积分上限 R 是(黑洞+周围物质)系统的外边界;m_N^0 是核子的固有质量,$n(r)$ 是引力球中 r 点的数密度;$\beta=\frac{u}{c}$ 为粒子速度;$m(r)$ 是半径为 r 的引力球内总质量,定义为

$$m(r)=4\pi\int_0^r \rho(r)r^2\,\mathrm{d}r \quad (7)$$

式中 $\rho(r)$ 是 r 点的密度。(6)式积分的外边界 R 应是(黑洞+周围可吸引物质)系统的外边界,这个外边界可以趋于∞。(6)式表明球对称纯自引力系统,无论是已形成黑洞或一般星体,这个自引力系统的内能是负定的,系统处于负能态中。因此系统的温度也必然是负定的,即 $T\leqslant 0$。对于 K－N 黑洞系统,它的外、内视界的温度 T_+、T_- 应表示为[9]

$$T_\pm=-\frac{r_+-r_-}{4\pi k_B(r_\pm^2+a^2)}\leqslant 0 \quad (8)$$

式中:r_+、r_- 是黑洞外、内视界半径;$a=\frac{J}{M}$,J 是黑洞的角动量,M 是黑洞的质量。由于 $r_+\geqslant r_-$,故有 $T_+\geqslant T_-$(即 $|T_+|\leqslant|T_-|$)。

现在假定所论的负能态系统是孤立的,可以利用孤立系统中热力学第一定律,即(5)式来讨论系统熵的演化,根据(5)式则有

$$\mathrm{d}E=0,\ T\mathrm{d}S=\mathrm{d}M \quad (5')$$

在用(5′)式来讨论经 K－N 黑洞熵的演化之前,我们需作如下说明。必须指出前面给出的(4)式和(5)式都是小尺度热力学的经典形式。在这里即使我们假定自引力聚集的黑洞是一个稳定系统,严格说来我们仍然不能直接采用仅适用于小尺度系统的经典热力学来讨论黑洞的性状和熵的演化。其主要原因是因为黑洞不是一个小尺度系统,它内部所有的热力学参量,如温度 $T_\pm$、角速度 $\Omega_\pm$、电势 $V_\pm$,以及物质密度 ρ 和熵密度 S 等参量都是度规 $g_{\mu\nu}$ 的场函数[10],具有场分布特征。因此对黑洞系统而言所有强度量(例如温度)不再具有简单的可传递性,而所有扩延量(如熵)也不再具有简单的可加性。对这样的系统,若要严格地讨论它的热力学性状和熵的演化,就必须采用场分布形式的 Tolman 式的相对论热力学。但 Tolman 热力学属于正温度型场分布热力学[10],显然不能直接应用于负能态的黑洞系统中。然而,黑洞是其内部有严格对称性的有序化结

构之物体。这个有序化结构的重要标志是黑洞存在由外、内视界划分的时空区域。虽然我们还不能用小尺度的经典热力学去处理各区域内热力学问题，不过我们可以有效地应用经典热力学处理外、内视界面内的热力学问题。这是因为视界面内的热力学是小尺度热力学。在视界面内的系统所有扩延量都是可加的，所有强度量都是可传递的。同时在引力场中处于高温状态的外视界与处于低温状态的内视界是可以达到“热—引力”交换平衡的。[10]因此，只要黑洞系统处于负能态中，我们就可以有效地用外、内视界面内的热力学相当近似地表征 K－N 黑洞热力学。下面我们正是按这一思路来具体研究 K－N 黑洞熵的演化问题的。

前面已经确知 K－N 黑洞是一个处于负能态的系统，$E\leqslant 0$，黑洞系统的温度为负，外视界的温度高于内视界的温度，因此可以建立“热—引力”交换平衡机制。对 K－N 黑洞可以应用小尺度经典热力学理论。现在我们将 K－N 黑洞视为由内、外两子系建立的稳定的复合系统，K－N 黑洞的熵增可以近似地表示为两子系熵增之和[11]，即

$$\mathrm{d}S=\mathrm{d}S_{+}+\mathrm{d}S_{-} \tag{9}$$

其中 $\mathrm{d}S_{+}$ 为外视界子系的熵增，$\mathrm{d}S_{-}$ 为内视界子系的熵增。利用(8)式和(5′)式则有

$$\begin{aligned}\mathrm{d}S&=-4\pi k_{\mathrm{B}}\left(\frac{r_{+}^{2}+a^{2}}{r_{+}-r_{-}}+\frac{r_{-}^{2}+a^{2}}{r_{+}-r_{-}}\right)\mathrm{d}M\\&=-4\pi k_{\mathrm{B}}\frac{(2M^{2}-Q^{2})}{\sqrt{M^{2}-\eta^{2}}}\mathrm{d}M,\ \eta^{2}=a^{2}+Q^{2}\end{aligned} \tag{10}$$

其中 $a=\dfrac{J}{M}$，Q 为电荷。考虑到 η 不能大于 M，否则会出现虚值熵，因此(10)式积分应从 η 积到 M，积分结果有

$$S(W)-S(\eta)=-4\pi k_{\mathrm{B}}M^{2}\left\{\sqrt{1-\left(\frac{\eta}{M}\right)^{2}}+\left(\frac{a}{M}\right)^{2}\ln\left[\frac{M}{\eta}\left(1+\left(\sqrt{\frac{\eta}{M}}\right)^{2}\right)\right]\right\} \tag{11}$$

现在来确定初值熵 $S(\eta)$，这个初值熵不是任意的，它必须满足以下三个条件[11]：

(1) 由于 K－N 黑洞是处于负能态的系统，因此初值熵 $S(\eta)$ 必须是 η 的减函数；

(2) 当 $\eta=0$ 时系统退化为 Schwarzschild(SW)黑洞，因此初值熵 $S(\eta)$ 也应当退化为 SW 黑洞的初值熵，即

$$\lim_{\eta\to 0}S(\eta)=S(0)=4\pi k_{\mathrm{B}}M^{2} \tag{12}$$

(3) 当 $\eta=M$ 时，应当保证系统的极端零熵条件：

$$\lim_{\eta\to 0}S(\eta)=S(M)=0 \tag{13}$$

易于证明满足以上三个条件的初值熵函数表示如下：

$$S(\eta)=S(0)\left\{\sqrt{1-\left(\frac{\eta}{M}\right)^{2}}+\left(\frac{\eta}{M}\right)^{2}\ln\left[\left(\frac{M}{\eta}\right)^{2}\right]\right\} \tag{14}$$

将(14)式代入(11)式求得 K－N 黑洞熵的表示式：

$$S(M)=(S(0)-4\pi k_{\mathrm{B}}M^{2})\left\{\sqrt{1-\left(\frac{\eta}{M}\right)^{2}}+\left(\frac{\eta}{M}\right)^{2}\ln\left[\frac{M}{\eta}\left(1-\left(\sqrt{\frac{\eta}{M}}\right)^{2}\right)\right]\right\} \tag{15}$$

(15)式表明 K－N 黑洞的熵函数 $S(M)$ 随质量增加而减少，因此 K－N 黑洞在自坍缩过

程中遵循熵减少原理，(15)式给出熵函数存在两个零点：

$$\left.\begin{array}{ll}\text{i} & \lim\limits_{M\to\infty} S(M)=0 \\ \text{ii} & \lim\limits_{M=\eta} S(M)=0\end{array}\right\} \tag{16}$$

(16)式中第 i 个零点是绝对零度极限，在这个极限上系统进入这样一种状态，即系统中每个粒子不仅动能为零，而且引力势能也为零；第 ii 个零点极限称为极端极限点，在这一点上系统中每个粒子的动能正好被粒子的引力势能所对消。此外 $S(M)$ 在 $M=0$ 点上存在极大值。这一点易于看出，因为当 $M\to 0$ 时，η 必然等于零，至少要比 M 更快地趋近零，这时熵函数 $S(M)$ 回到 SW 熵函数形式，即有下式：

$$\lim_{M=0} S(M)=\lim_{M\to 0} S_{\text{SW}}(M)=\lim_{M\to 0}(S(0)-4\pi k_{\text{B}}M^2)=S(0) \tag{17}$$

$S(M)$ 在 $M=0$ 点存在极大，这是因为：

$$\left.\begin{array}{l}\lim\limits_{M\to 0}\dfrac{\partial S(M)}{\partial M}=\dfrac{\partial S(M)}{\partial M}=\left(\dfrac{\partial S_{\text{SW}}(M)}{\partial M}\right)_{M=0}=-8\pi K_{\text{B}}M=0\,|_{M=0} \\ \lim\limits_{M\to 0}\dfrac{\partial^2 S(M)}{\partial M^2}=\left(\dfrac{\partial S_{\text{SW}}(M)}{\partial M^2}\right)_{M=0}=-8\pi K_{\text{B}}<0\end{array}\right\} \tag{18}$$

(18)式表明 K－N 黑洞在未聚集时的初态熵是极大熵，通过聚集坍缩过程，K－N 黑洞的熵不断减少，直到所有物质都被聚集到黑洞中时(即黑洞质量 $M\to\infty$)，K－N 黑洞的熵才降至零，如图 1 所示。

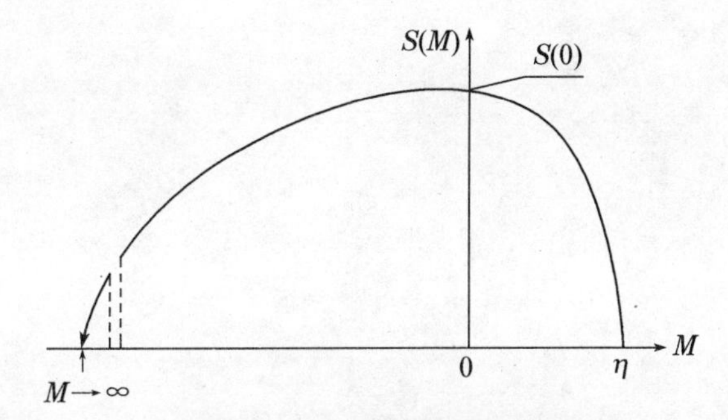

图 1　K－N 黑洞熵演化曲线

原载《西南师大学报》2013 年第 38 卷，第 3 期

参考文献

[1] φ. ρ. 甘特马赫. 分析力学讲义[M]. 钟奉俄，薛问西，译. 北京：人民教育出版社，1964：绪论.

[2] фил. базаров. 热力学[M]. 沙振舜，张毓昌，译. 北京：高等教育出版社，1988：绪论.

[3] 基普・S・索恩. 黑洞与时间弯曲[M]. 李泳，译. 长沙：湖南科学技术出版社，2007：绪论.

[4] 王永久. 经典黑洞和量子黑洞[M]. 北京：科学出版社，2008：19－25.

[5] 赵峥. 黑洞与弯曲的时空[M]. 北京：科学出版社，2008：19－25

[6] Hawking S. W. Black Hole Explosions[J]. *Nature*，248，30；王永久. 经典黑洞和量子黑洞[M]. 北京：科学出版社，2008：175－181.

[7] 刘辽，赵峥. 广义相对论[M]. 北京：高等教育出版社，2004：287；王永久. 经典黑洞和量子黑洞[M]. 北京：科学出版社，2008：51-52.
[8] 刘辽，赵峥. 广义相对论[M]. 北京：高等教育出版社，2004：212-213.
[9] 邓昭镜，等. 负能谱及负能谱热力学[M]. 重庆：西南师范大学出版社，2007：38-42，158.
[10] R. C. Tolman. *Relativity*, *Thermodynamics and Cosmology* [M]. Oxford: Oxford University Press, 1934: 306-307, 312-318.
[11] 李传安. 黑洞的普朗克绝对熵公式[J]. 物理学报，2001，50(5)：986-988.

贝肯斯坦(B)-斯马尔(S)公式与黑洞热力学第一定律①

摘　要:讨论了贝肯斯坦(B)-斯马尔(S)公式能否作为热力学第一定律问题,我们的结论是:B-S公式不能作为黑洞热力学第一定律,其主要原因是,黑洞的质量M不是状态函数——内能,因此,dM不可能是全微分;易于判明正文中(1)式右端三顶都是黑洞系统做的功,没有一项是热,如果将$\frac{k_+}{8\pi}dA_+$变为"热"——TdS,那不仅改变了B-S公式,同时也破坏了B-S公式的本意,将黑洞转变为黑体了。

1. B-S公式与黑洞热力学第一定律

当今天体物理主流学派将B-S公式确定为黑洞热力学的第一定律[1],表述如下:黑洞自引力对黑洞所做的总功恰等于黑洞质量M的增加,如下式所示:

$$dM=\frac{\kappa_+}{8\pi}dA_+ + \Omega_+ dJ_+ + V_+ dq_+ \tag{1}$$

(1)式中的dM是黑洞质量M(或能量$E=c^2M$)的增量,(1)式右端中的第一项是物质在自引力密度κ_+的吸引中使黑洞视界面积增加dA_+时所做的功;第二项是旋转黑洞按角速度Ω_+旋转的条件下,使黑洞的动矩J_+增加dJ_+的过程中做的功;第三项则是带电黑洞在电压为V_+的条件下吸入电荷dq_+时做的功。(1)式表明由dM表示的黑洞质量的总增量恰等于(1)式右端产生的三项功所引起的黑洞系统质量(能量)增加。由于(1)式右端三项都是"功",因此dM只能表示黑洞系统做的总功,没有热。这样一来,(1)式中的dM就不可能表征黑洞的内能增量dE了。为了使(1)式左端的总功增量dM转变成内能增量dE,贝肯斯坦将(1)式与下面带电转动的自辐射体的热力学第一定律进行类比,即与下式类比:

$$dE=TdS+\Omega dJ+Vdq \tag{2}$$

贝肯斯坦从类比中发现,只要令(1)式中的自引力加速度κ_+与视界面积A_+按以下方式转化为系统的温度T和熵S,即[2]

$$\frac{\kappa_+}{2\pi k_B}=T;\frac{k_B}{4}A_+=S \tag{3}$$

① 本文作者为邓昭镜、张庆生。

式中的 k_B 是玻耳兹曼常数，就可以将(1)式表示的 B-S 公式顺利地转化为与(2)式等价的形式，这样就可以进入热力学，其转化过程表示如下：

$$
\begin{aligned}
\mathrm{d}\widetilde{E}=\mathrm{d}(c^2M)&=\frac{k_+}{8\pi}\mathrm{d}(c^2A_+)+\Omega_+\mathrm{d}(c^2J_+)+V_+\mathrm{d}(c^2q_+)\\
&=\frac{\kappa_+}{8\pi}\mathrm{d}\,\widetilde{A}_+ +\Omega_+\mathrm{d}\,\widetilde{J}+V_+\mathrm{d}\,\widetilde{q}_+ \qquad (4)
\end{aligned}
$$

(4)式中已采用 $c^2M=\widetilde{E}$；$c^2A_+=\widetilde{A}_+$；$c^2J_+=\widetilde{J}_+$ 和 $c^2q_+=\widetilde{q}_+$。现在利用(3)式，我们就能够将(4)式转化为和(2)式等价的形式，表示如下：

$$
\mathrm{d}\,\widetilde{E}=T\mathrm{d}\,\widetilde{S}+\Omega_+\mathrm{d}\,\widetilde{J}_+ +V_+\mathrm{d}\,\widetilde{q}_+ \qquad (5)
$$

于是贝肯斯坦通过(3)式的变换不仅将动力学变量 κ_+，A_+ 转变成为热力学函数 T、S，同时还将吞噬物质的“黑洞”转变成由(5)式表示的，不断地向外“辐射”物质和光线的“黑体”了。他的这一变换看来似乎果真能够实现将动力学变量的乘积函数 $\frac{\kappa_+}{8\pi}\mathrm{d}A_+$ 转变成热力学函数之积——$T\mathrm{d}S$ 的目的，似乎实现了以“黑洞”内能增量 $\mathrm{d}\,\widetilde{E}$ 的形式表征黑洞热力学第一定律的目的。然而贝肯斯坦哪里知道他的这一变换的结果却改变了原有系统——黑洞的本质。实际上当贝肯斯坦将 B-S 公式中的第一项——$\frac{\kappa_+}{8\pi}\mathrm{d}A_+$ 转变成为 $T\mathrm{d}S$ 时，整个物系的性质就已经改变了，其结果是将原来不断地吸收物质甚至光线的“黑洞”转变为不断地向外辐射物质和光线的“黑体”了。[3]

实际上在正确的“黑洞”热力学第一定律中，只在定律中“自引力功”的表示中才有物质粒子的直接转移和转化，这一项在第一定律中就是以 $-\mathrm{d}M$ 的形式纳入其中的，这时在第一定律中的 $-\frac{\kappa_+}{8\pi}\mathrm{d}A_+$ 项就很自然地表示对物质的吸收。然而在(5)式中 $T\mathrm{d}S$ 是以正定形式进入该公式中，这时必然有 $T\mathrm{d}S\equiv\frac{\kappa_+}{8\pi}\mathrm{d}A\geqslant 0$，也即导致辐射。所以我们说(5)式实际上是“黑体”的热力学表示，它的转化过程正好与“黑洞”相反，表 1 给出了贝肯斯坦设计的由 B-S 公式到“黑洞”热力学第一定律的方案。[4]

表 1　B-S 公式转化为黑洞热力学第一定律

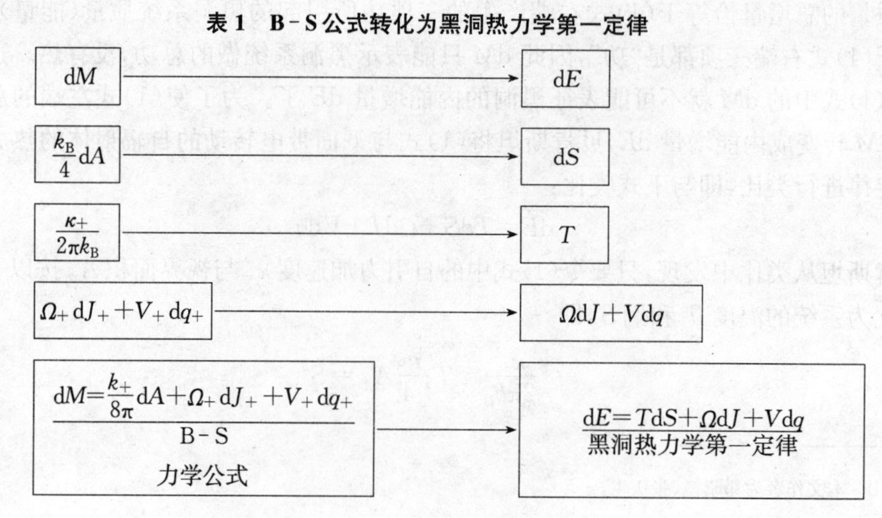

2. 如何能正确地建立黑洞热力学第一定律

前一节我们已知道了B-S公式不是黑洞系统运行中的黑洞热力学第一定律，现在的问题是B-S公式如何能正确地进入黑洞热力学第一定律中并能正确地显示它在黑洞热力学中应有的作用。现在首先我们一般地写出黑洞系统的热力学第一定律：

$$dE = đw + TdS \tag{6}$$

式中E是黑洞系统的内能；$đw$是黑洞系统从外界输入的功与黑洞系统的自引力功之和；TdS是黑洞从其内部和其外部所吸收的热，$đw$表示如下：[4]

$$đw = đw_e - đM \tag{7}$$

由(1)式给出的功，就是黑洞系统的自引力所主导的总功，由于这组功是聚集型的，或吸引型的，故在(7)式中dM取负号，现在将(7)式代入(6)式中，则有[3]

$$\begin{aligned} dE &= TdS + đw_e - dM \\ &= TdS + đw_e - \left(\frac{\kappa_+}{8\pi}dA_+ + \Omega_+ dJ_+ + V_+ dq_+\right) \end{aligned} \tag{8}$$

这样由(8)式所建立的黑洞热力学第一定律，才能不多也不少地包含黑洞热力学第一定律的全部必须具有的作用之贡献。这里我们以($-dM$)形式纳入黑洞热力学第一定律中，才能正确地表征黑洞内部过程所产生的全部功；$đw_e$是外界输入黑洞的功；TdS是由黑洞内部过程产生的热与外界输入黑洞的热之和，如果作用在黑洞系统上的外功$đw_e=0$时，黑洞热力学第一定律应表示成

$$dE = TdS - \left(\frac{k_+}{8\pi}dA_+ + \Omega_+ dJ_+ + V_+ dq_+\right) \tag{9}$$

表2列出了由贝肯斯坦建立的黑洞热力学第一定律，即(5)式；与我们建立的黑洞热力学第一定律，即(8)式或(9)式。两者作了较详细的对比，这种对比可以帮助我们判明哪一种热力学第一定律是正确的。

从两种热力学第一定律的对照中，可以清楚地看出我们和贝肯斯坦在建立黑洞热力学第一定律中存在有以下几点分歧[4]：

(1) 贝肯斯坦认定黑洞与黑体十分相似，确认黑洞跟黑体一样两者都是正能态系统。而我们则认定黑洞与黑体是两类本质完全不同的热力学系统，我们认为黑体就是通常正能态中的小尺度系统；而黑洞则是处于负能态中的大尺度系统。由此，必然导致黑洞与黑体在热力学上必将呈现出完全不同的规律和性状。

(2) 贝肯斯坦认定黑洞与黑体一样都属于正能态中的正温度系统。而我们则认定黑洞与黑体完全不同，黑体是处于正能态中的正温度系统；黑洞则是处于负能态中的负温度系统[5]。

(3) 黑体总以向外辐射物质显示它的存在；黑洞则以吞噬物质显示它的存在[6]。

除此以外，贝肯斯坦对黑洞人为地引入变换：$\frac{\kappa_+}{2\pi\kappa_B}=T$，$\frac{k_B}{4}A_+=S$，就将黑洞系统的

动力学变量——粒子的加速度κ_+和视界面积A_+转化为纯粹的热力学态函数T和S。这个贝肯斯坦变换，令人很难理解，我们认为黑洞的辐射只不过是黑洞吞噬物质的一种反应。在正常情况下黑洞吞噬物质愈多，它的表面产生的辐射量也就愈大，就是说黑洞表面辐射恰是黑洞吞噬物质的一种间接"量度"，如果我们能正确地确定黑洞吞噬物质(质量)与黑洞辐射物质质量之间的精确关系，我们就能正确地确定黑洞熵的自发演化规律，可以断言这个演化规律一定不会是Clausius式的熵增加规律，它必将显示负能态物质中的必然法则——熵减少规律。

表2　正、负能态热力学第一定律之比较

贝肯斯坦黑洞热力学第一定律	负能态黑洞热力学第一定律
黑洞与黑体等价，都是处于正能态中的热力学系统	黑洞与黑体不同，黑体是正能态中的小尺度系统，黑洞则是处于负能态中的大尺度系统
黑洞中参与反应的功和热都是正定的，例如黑洞做的功$dM\geqslant 0$。 正能态中的基本反应是： $dM=\frac{\kappa_+}{8\pi}dA_++\Omega_+dJ_++V_+dq_+\geqslant 0$ 按如下的线性变换，即 $\frac{\kappa_+}{2\pi k_B}=T;\frac{k_B}{4}A_+=S$ 就可以得到： $\frac{\kappa_+}{8\pi}dA_+=TdS$ 进而有： $dM=TdS+\Omega_+dJ_++V_+dq_+\geqslant 0$ 这就是贝肯斯坦建立的黑洞热力学第一定律的表述。	黑洞中参与反应的功和热都是负定的，因为自引力功消耗黑洞的能量，因此自引力功必然是负定的，实际上自引力功具体表示为： $dw_i=-dM=-\left(\frac{k_+}{8\pi}dA_++\Omega_+dJ_++V_+dq_+\right)\leqslant 0$ 于是负能态中黑洞热力学第一定律应表示为 $dE=TdS+dw_e+dw_i$ $=TdS+dw_e-dM$ $dw_i=-dM$ $=-\left(\frac{\kappa_+}{8\pi}dA_++\Omega_+dJ_++V_+dq_+\right)$ dw_e是外功增量，dE是内能增量。

总之，目前建立黑洞热力学，主要存在两种观点，第一种观点，我们称为正能态热力学观点，另一种观点，我们称为负能态热力学观点。正能态热力学观点认定物质能态的能量始终是正定的，即便是黑洞系统也绝对没有负能量状态，因此，黑洞是处于正能态热力学中的系统，其温度也必然是正定的。负能态热力学其观点恰与此相反，确认物系的内能是可正可负的，不会只能取正值。同时还认定由强引力源控制的系统，其内能密度总是负定的，因此，强引力源系统的温度也必然是负定的。根据正、负能态系统各自所具有的基本规律，显然，当有引力场，尤其是强引力场存在的条件下，物系不仅可以呈现正能态系统，同时还可以呈现负能态系统，正、负能态系统所显示的热力学规律是截然不同的。

原载《西南大学学报》2014年第37卷，第1期

参考文献

[1] [美]基普·S·索恩. 黑洞与时间弯曲[M]. 李泳，译. 长沙：湖南科技出版社，2007：391－393.

[2] [美]基普·S·索恩. 黑洞与时间弯曲[M]. 李泳,译. 长沙:湖南科技出版社,2007:410-413.
[3] 邓昭镜. 自引力系统能态热力学[J]. 西南大学学报,自然科学版,2011,33(11):55-62.
[4] 邓昭镜. 热力学第一定律与黑洞热力学第一定律[J]. 西南大学学报(自然科学版),2010,32(9):30-35.
[5] 邓昭镜,陈华林. 星系内黑洞形成过程的熵演化[J]. 西南师范大学学报(自然科学版)2012,37(1):20-26.
[6] 邓昭镜. 引力场是产生熵之源还是吸收熵之沟[J]. 西南师范大学学报(自然科学版),2007,32(4):1-7.

从相空间理论研究黑洞形成的熵演化

摘　要:试探地通过相空间理论计算稳定黑洞在其形成过程中相体积的变化来直接分析黑洞在其形成过程中熵的演化。结果发现,按照这一思路能有效地研究黑洞形成过程中的熵演化规律。

关键词:相空间;相体积;状态数;熵

1. 相体积和熵

按系综的相空间理论,物系在某一状态上所具有的熵是由该状态在其相空间中占有的状态数决定的,而系统在相空间中占有的状态数又是和该状态在相空间中占有的相体积成正比的,相体积的大小又直接取决于粒子在相空间中占有的维度多少和每一维度上被占有的可及区域的大小。注意,这里的相体积的维度是指那些能直接反映系统状态变化的所有自由度之集合。例如平直时空中一缸理想气体,它在相空间中能有效地反映系统状态变化的维度只有 $3N$ 维动量维度,这是因为平直时空中粒子间没有相互作用的势能存在,因此粒子在坐标空间内处处等价,使得粒子的坐标维度与系统状态变化无关,在系统状态表征中只能贡献一个常数,对系统状态变化没有贡献。但是在有力场(例如引力场)存在的情况下,粒子系的状态维度可以达到 $6N$ 维,因为这时粒子不仅具有能反映粒子动能变化的 $3N$ 维动量维度,还具有能反映粒子热能维度变化的 $3N$ 维坐标维度。但是,当粒子系处在球对称强引力场中,比如 SW 黑洞的强引力场中时,粒子在相空间的维度又会降至 $3N$ 维。这是因为根据不毛定理,在 SW 黑洞视界附近粒子的状态只由粒子所受的视界引力 $\kappa_{+}(r,\theta,\varphi)$决定,或者说在视界附近只由引力产生的径向动量 $p_r(\theta,\varphi)$决定,也就是说每个粒子的状态在视界面上只由 p_r,θ 和 φ 三个坐标决定,使得 SW 黑洞视界附近的粒子系统在相空间的维度降至 $3N$ 维[1]。

由此可见,粒子系在相空间所占有的相体积,首先取决于粒子系在相空间所能占有的维度的多少,其次取决于粒子在每一维度上的可及区域之大小。拥有的维度愈多,同时在每一维度上的可及区域愈大,则该粒子系在相空间中占有的相体积就愈大,进而该粒子系所拥有的状态数也愈大,由此所决定的该粒子系在所处的宏观态中所具有的熵也就愈大。相体积 ω 状态数 Γ 和熵 S 三者间的关系表示为[2]

$$S=k_{\mathrm{B}}\ln\Gamma=k_{\mathrm{B}}\ln\left(\frac{\omega}{\omega_0}\right) \tag{1}$$

式中 k_{B} 是 Boltzmann 常数;ω_0 是一个微观态所占有的极限相体积,可以从理论和实验

证明这里的 $\omega_0 \approx h^{\wp}$，其中$\wp$是相空间占有的维度(例如$\wp=3N$，$\wp=6N$ 等)[3]。

为了应用相空间理论来分析星云内黑洞形成过程中熵的演化，可将星云内黑洞形成过程中熵的演化分为两个阶段，其中第一个阶段是粒子在黑洞中心体引力场强制下沿径向被吸引至黑洞视界面的过程，这个过程我们称为“整肃”过程；第二个阶段，是这些已被“整肃”吸向视界的粒子系，以它们所具有的径向动量“撞击”黑洞视界产生“热辐射”的过程，称为“撞击辐射”过程[4]。

2. “整肃”过程中相体积和熵的演化

为简化计，现在考虑星云中将要形成球对称黑洞视界的粒子系。设该粒子系的粒子数为 N，在球对称坐标空间，这部分粒子系位于 σ_0 和 σ 两球面之间(图 1)，而在相空间中这部分粒子系的初始态相体积 ω_i 恰是由相空间中超曲面Σ_0和Σ围成的相体积。由于在视界以外的广大区域中，每个粒子既具有引力势能的坐标维度(r,θ,φ)，又具有动能的三个动量维度$(p_r, p_\theta, p_\varphi)$，因此该粒子系初始态相体积由 $6N$ 维表示：

$$\omega_i = \int_{\Sigma_{i0}}^{\Sigma_i}\int \mathrm{d}^{3N} q_a \mathrm{d}^{3N} p_a \tag{2}$$

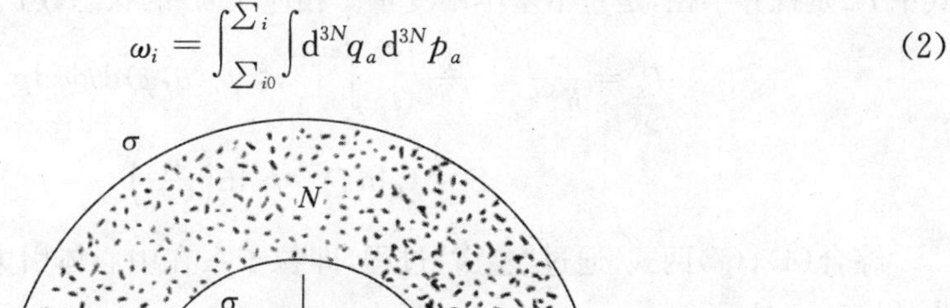

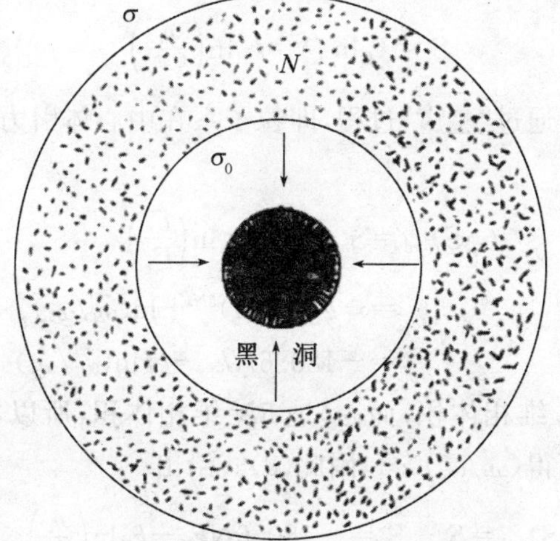

图 1　星云“整肃”过程示意

式中 N 是粒子数，q_a 和 p_a 分别是粒子的坐标和动量，与此相体积相对应的粒子系的状态数 Γ_i 表示为

$$\Gamma_i = \frac{\omega_i}{\omega_0} = \frac{\int_{\Sigma_{i0}}^{\Sigma_i}\cdots\int \mathrm{d}^{3N} q_a \mathrm{d}^{3N} p_a}{\omega_0} \tag{3}$$

式中Σ_0、Σ是粒子系的状态在相空间占有区域的内、外超曲面；ω_0 是一个微观状态占有的极限相体积。如前所述，$\omega_0 = h^{6N}$，$h=6.626\times10^{-27}$ J·s 代入(3)式，则有

$$\Gamma_i = \frac{1}{h^{6N}}\int_{\Sigma_{i0}}^{\Sigma_i}\cdots\int \mathrm{d}^{3N}q_a \mathrm{d}^{3N}p_a \tag{3'}$$

由此可以确定系统在“整肃”过程中初始状态的熵 S_i，表示为

$$S_i = k_B \ln \Gamma_i = k_B \ln\left(\frac{\omega_i}{h^{6N}}\right) \tag{4}$$

通过“整肃”过程，星云中粒子系的相体积在中心体引力场强制下，由 $6N$ 维转变为 $3N$ 维，这是“无毛定理”的结果[5]。“无毛定理”要求粒子系中每一个粒子的坐标 $\boldsymbol{r}(r,\theta,\varphi)$ 必须坐落在 r_+ 的视界面上的点 $r_+(\theta,\varphi)$ 上，使得粒子的坐标只由视界面上 θ,φ 两维坐标决定；同时，粒子的动量必须只沿径向，使得粒子动量只由 p_r 决定。就是说“无毛定理”使粒子的维度在视界面上降为三维：p_r、θ 和 φ，用 $p(\theta,\varphi)$ 表示。因此，对由 N 个粒子组成的粒子系其总维度只有 $3N$ 维，于是粒子系在“整肃”过程中的终态相体积 ω_e 应表示为

$$\omega_e = \left\{\int_0^{p_r}\int_0^{\pi}\int_0^{2\pi} p_r(\theta,\varphi) r_+^2 \,\mathrm{d}\theta \mathrm{d}\varphi \mathrm{d}p_r\right\} \tag{5}$$

式中 r_+ 是视界半径，是一个基本不变量。相应于 ω_e 的状态数 Γ_e 和熵 S_e 应表示为

$$\Gamma_e = \frac{\omega_e}{h^{3N}} = \frac{1}{h^{3N}}\left\{\int_0^{p_r}\int_0^{\pi}\int_0^{2\pi} r_+^2\, p_r(\theta,\varphi)\,\mathrm{d}\theta \mathrm{d}\varphi \mathrm{d}p_r\right\}^N \tag{6}$$

$$S_e = k_B \ln \Gamma_e = k_B \ln\left(\frac{\omega_e}{h^{3N}}\right) \tag{7}$$

综合(4)、(7)两式，通过“整肃”过程，即粒子系在中心体引力场强制的过程中所产生的熵改变是

$$\begin{aligned}(\Delta S)_{\mathrm{ord}} &= S_e - S_i = k_B \ln\left(\frac{\Gamma_e}{\Gamma_i}\right)\\ &= -k_B\{\ln(h)^{3N} + \ln(\omega_i/\omega_e)\}\\ &= -180.6Nk_B - k_B\ln(\omega_i/\omega_e)\end{aligned} \tag{8}$$

(8)式中由于 ω_e 是 $3N$ 维相体积，而 ω_i 是 $6N$ 维相体积，所以，ω_e 是 ω_i 的一个真子集[5]，即 $\omega_e \subset \omega_i$，由此可得 $(\omega_i/\omega_e) \gg 1$，因此(8)式给出

$$(\Delta S)_{\mathrm{ord}} = S_e - S_i = -180.6Nk_B - k_B\ln\left(\frac{\omega_i}{\omega_e}\right) \ll 0 \tag{9}$$

(9)式表明“整肃”过程是一个显然的熵减少过程[6]。

3. “撞击辐射”过程中相体积和熵的演化

“撞击辐射”过程是粒子系在中心体引力场强制下所获得径向动量，沿径向垂直撞击视界，并将粒子相对于视界的动能转化为“热辐射”的过程。显然“撞击辐射”过程的初态就是“整肃”过程的终态 S_e，因此“撞击辐射”过程的初态应表示为

$$S_e = k_B \ln \Gamma_e = k_B \ln\left(\frac{\omega_e}{h^{3N}}\right) \tag{10}$$

"撞击辐射"过程的实质是在"撞击"中使粒子相对于视界的运动质量转化为视界外部的辐射量子气体。因此,"撞击"过程必然使"整肃"过程中本应由运动质量所产生的那一部分视界面积的增加,在"撞击"过程中被撞掉,使原来本应增加的视界面积量减少。说得更确切些,就是使视界面积的增量减少到只由被吸引粒子相对于视界静止的固有质量组成视界面积的增量,而被撞掉的运动质量在视界外转化为量子辐射气体。因此,"撞击"后黑洞视界附近粒子系的相体积 $\bar{\omega}$ 应由两个因素之积表示:

$$\bar{\omega}=\bar{\omega}(M_0)\bar{\omega}(M_k) \tag{11}$$

式中 $\bar{\omega}(M_0)$ 是固有质量 M_0 在撞击中形成的相体积,而 $\bar{\omega}(M_k)$ 是由运动质量 M_k 转化为光量子气体的相体积。$\bar{\omega}(M_0)$ 实际上是 N 个粒子在视界面上作二维分布的相体积,因此 $\bar{\omega}(M_0)$ 应表示为

$$\bar{\omega}(M_0) = r_+^{2N}\left[\iint\gamma(\theta,\varphi)\sin\theta\mathrm{d}\theta\mathrm{d}\varphi\right]^N \tag{12}$$

式中:$\gamma(\theta,\varphi)$ 是质量为 m_0 的粒子在 r_+ 视界面上的分布函数;$\bar{\omega}(M_k)$ 则是视界以外区域中 $3N'$ 维光量子动量相体积,表示为

$$\bar{\omega}(M_k) = \int_{\tilde{\Sigma}_0}^{\tilde{\Sigma}}\cdots\int\mathrm{d}^{3N'}p \tag{13}$$

式中:$\tilde{\sum}_0$、$\tilde{\sum}$ 是视界外量子辐射气体相体积内、外超曲面;N' 是平衡的量子气体的量子数。由(12)、(13)两式可以求得粒子系统"撞击"过程中产生的状态数:

$$\tilde{\Gamma}=\frac{\tilde{\omega}(M_0)}{h^{2N}}\frac{\tilde{\omega}(M_k)}{h^{3N'}} \tag{14}$$

进而求得"撞击"后粒子系的熵:

$$\tilde{S}=k_{\mathrm{B}}\left\{\ln\frac{\tilde{\omega}(M_0)}{h^{2N}}+\ln\frac{\tilde{\omega}(M_k)}{h^{3N'}}\right\} \tag{15}$$

结合(10)式和(15)式就可以求得"撞击"过程中产生的熵变化 $(\Delta\tilde{S})_{\mathrm{col}}$:

$$\begin{aligned}(\Delta\tilde{S})_{\mathrm{col}}&=\tilde{S}-S_e=k_{\mathrm{B}}\left[\ln\left(\frac{\tilde{\omega}(M_0)}{\omega_e}\right)+\ln\left(\frac{\tilde{\omega}(M_k)}{h^{aN}}\right)\right]\\&=k_{\mathrm{B}}\left[\ln\left(\frac{\tilde{\omega}}{\omega_e}\right)-\ln h^{aN}\right]\end{aligned} \tag{16}$$

$$a=3\frac{N'}{N}-1$$

在这里 $\bar{\omega}(M_k)$ 的维度不会低于 $3N$ 维,这是因为每一个粒子的动量在撞击中至少会产生一个辐射光量子,因此,$\bar{\omega}(M_k)$ 的维度不会低于 $3N$ 维,即 $N'\geqslant N$,为了简化,取 $N'=(4/3)N$,即 $a=3$,在这样选取下(16)式变为

$$(\Delta\tilde{S})_{\mathrm{col}}=k_{\mathrm{B}}\left[\ln\left(\frac{\tilde{\omega}}{\omega_e}\right)+180.6N\right]>0 \tag{16$'$}$$

(16′)式表明星云在"撞击"过程中必然导致熵增加[7]。

现在将“整肃”过程的熵演化与“撞击”过程的熵演化加起来，就得到两个相继连续过程产生的总熵变化$(\Delta S)_{\text{tot}}$：

$$\begin{aligned}(\Delta S)_{\text{tot}}&=(\Delta S)_{\text{ord}}+(\Delta S)_{\text{col}}\\&=k_{\text{B}}\left[\ln\frac{\omega_e}{\omega_i}-180.6N\right]+k_{\text{B}}\left[\ln\frac{\tilde{\omega}}{\omega_e}+180.6N\right]\\&=k_{\text{B}}\ln\left(\frac{\tilde{\omega}}{\omega_i}\right)\end{aligned}\tag{17}$$

如前所述，ω_i 是 $6N$ 维的相体积，$\tilde{\omega}$ 是 $5N$ 维相体积，同时 ω_i 又是在满足 $M_0+M_k=M$ 的条件下，可能实现的一切 $\bar{\omega}(M_0)$ 与 $\bar{\omega}(M_k)$配对子集之和表示，即

$$\omega_i=\sum{}'\tilde{\omega}(M_0)\cup\tilde{\omega}(M_k)\tag{18}$$

式中：$\sum{}'$ 符号表示在满足条件 $M_0+M_k=M$ 下，对 M_0、M_k 的所有可能的配对组合(即 M_0、M_k 组合)求和，因此显然有 $\omega_i\gg\tilde{\omega}$，由此进一步得

$$(\Delta\tilde{S})_{\text{tot}}=k_{\text{B}}\ln\left(\frac{\tilde{\omega}}{\omega_e}\right)\ll 0\tag{17$'$}$$

(17′)表明星云内形成黑洞的过程是一个显然的熵减少过程。

参考文献

[1] 徐龙道，等. 物理学词典[M]. 北京：科学出版社，2004：869.

[2] R. K. Pathria. *Statistical Mechanics*[M]. New York：Oxford，1972：39-43.

[3] D. 特哈尔. 统计力学[M]. 丁原昌，等译. 上海：上海科技出版社，1980：48-52.

[4] 刘辽，赵峥. 黑洞与时间的性质[M]. 北京：北京大学出版社，2008：85-96.

[5] 刘辽，赵峥. 广义相对论[M]. 2 版. 北京：高等教育出版社，2004：267-273.

[6] 邓昭镜. 自聚集星体的内能和它的熵的演化[J]. 西南大学学报，2010，32(1)：44-48.

Carathéodory 定理与热力学第二定律

摘　要:在重温 Carathéodory 定理基本理论结果的基础上,着重阐明定理的普适性,从而判明 Clausius 热力学第二定律可适用的条件,以及负能态热力学存在的合理性。

关键词:热量;熵;热容;温度

在经典热力学中,学术界一致公认的最普适的演化规律是 Clausius 熵增加原理。然而,当我们从该理论(或定律)建立的基本条件上考察时,才发现经典热力学中最普适的宏观演化规律是 Carathéodory 定理。Clausius 热力学第二定律——熵增加原理仅仅是 Carathéodory 定理在有关熵的定义域的附加条件下建立的热力学第二定律的一种表述,而在另外一种有关熵的定义域的附加条件下,Carathéodory 定理将给出恰与 Clausius 熵增加原理互补(且相反)的另一种热力学第二定律的表述,即熵减少原理表述。本文正是在重温 Carathéodory 定理的基础上,从定理本质内涵中重新认识定理的本质内容,以期从严格的理论高度判明 Clausius 的熵增加原理适用的基本条件,并进一步从理论上为负能态热力学中的熵减少原理确立一个坚实的理论根据。

1. Carathéodory 定理的基本理论结果

定理:在热均匀系统的每一个状态的邻域中总存在不能通过绝热过程所达到的状态。

(1) 熵的存在

定理首先证明了一次微分式积分因子存在定理[1],定理指出:对于任意给定的一次微分式 $\sum_{a=1}^{l} \mathrm{d}Q_a$,如果在任一点 $\{x_i\}$ 附近存在这样的点 $\{\overline{x}_i\}$,从 $\{x_i\}$ 出发不能用方程 $\sum_{a=1}^{l} \mathrm{d}Q_a = 0$ 的积分曲线(即绝热曲线)将点 $\{x_i\}$ 和点 $\{\overline{x}_i\}$ 连接起来(这些点 $\{\overline{x}_i\}$ 称为 $\{x_i\}$ 的不可及点),则一次微分式 $\sum_{a=1}^{l} \mathrm{d}Q_a = \text{đ}Q$ 必然存在积分因子,因此保证了态函数熵的存在[2]。这个结论是可以理解的,因为在任一个初始态的邻域内除了有一次微分 $\text{đ}Q=0$ 的积分曲线(即绝热曲线)可以达到的可及点 $\{x_i\}$ 以外,还存在 $\text{đ}Q=0$ 的积分曲线不能达到的不可及点 $\{\overline{x}_i\}$。于是在函数空间中,这两类点集必将形成一个过初始点 $\{x_i^0\}$ 的分界曲面 $S_0(\{x_i^0\})$。这个分界曲面显然是一次微分式 $\text{đ}Q=0$ 过初始点 $\{x_i^0\}$ 的解曲面。同样,在整个可及点集区内必然类似初始曲面 S_0,分层地互不相交地形成 S

($\{x_i\}$)解曲面集。就是说,S 相对于 S^0 沿法向有一个全微分的位移 $\mathrm{d}S=S-S_0$。可以看出,既然 S 曲面集$\{S\}$中每一张曲面都是一次微分式 $đQ=0$ 的解曲面,那么,$đQ$ 与 $\mathrm{d}S$ 间必然是线性相关的,即 $đQ=\varphi(x_i)\mathrm{d}S$。这里的 $\varphi(x_i)$就是将一般的一次微分 $đQ$ 化为全微分 $\mathrm{d}S$ 的积分因子。于是将该非全微分的一次型 $đQ$ 除以积分因子就可以得到全微分 $\mathrm{d}S$ 表示。

(2) 积分因子

对于只有两个独立自变量的函数 $\Omega(x,y)$(一般热力学系统其热力学函数在物态方程约束下都是两个独立自变量的函数)的一次微分式一般可以表示为

$$\mathrm{d}\Omega(x,y)=M(x,y)\mathrm{d}x+N(x,y)\mathrm{d}y \tag{1}$$

如果(1)式中右端的系数 $M(x,y)$,$N(x,y)$满足以下条件:

$$\frac{\partial M}{\partial y}=\frac{\partial N}{\partial x} \tag{2}$$

则(2)式必然是函数 $\Omega(x,y)$的全微分,这时 $\Omega(x,y)$就是热力学中的态函数;反之,若(2)式是 $\Omega(x,y)$的全微分表示,则其系数 M 和 N 必然满足(2)式。因此,(2)式是判明函数 $\Omega(x,y)$的一次微分 $\mathrm{d}\Omega$ 是不是全微分的充要条件。

如果(1) 式右端的系数 M、N 不满足条件(2),$\mathrm{d}\Omega$ 就不是全微分,$\Omega(x,y)$就不是热力学中的态函数。这时可以对(1)式除以函数 $\varphi(x,y)$,使(1)式变为

$$\frac{\mathrm{d}\Omega}{\varphi(x,y)}=\frac{M(x,y)}{\varphi(x,y)}\mathrm{d}x+\frac{N(x,y)}{\varphi(x,y)}\mathrm{d}y \tag{3}$$

在数学中已证明了,总可以选择函数 $\varphi(x,y)$以保证(3)式右端的系数满足全微分条件,即

$$\frac{\partial}{\partial y}\left(\frac{M(x,y)}{\varphi(x,y)}\right)=\frac{\partial}{\partial x}\left(\frac{N(x,y)}{\varphi(x,y)}\right) \tag{4}$$

这时(3)式必然是某一态函数 $S(x,y)$的全微分,因此有

$$\mathrm{d}S(x,y)=\frac{\mathrm{d}\Omega}{\varphi(x,y)}=\frac{M(x,y)}{\varphi(x,y)}\mathrm{d}x+\frac{N(x,y)}{\varphi(x,y)}\mathrm{d}y \tag{5}$$

从而有

$$\mathrm{d}\Omega=\varphi(x,y)\mathrm{d}S \tag{6}$$

这里的 $\varphi(x,y)$就是函数 $\Omega(x,y)$的一次微分式的积分因子。由此可见,积分因子 $\varphi(x,y)$可以将一般非全微分式 $\mathrm{d}\Omega(x,y)$化为全微分 $\mathrm{d}S(x,y)$。下面将积分因子理论应用于热力学中。

不失一般性,设有由两个子系统组成的系统,在某一过程中子系统 1 吸热 $đQ_1$,子系统 2 吸热 $đQ_2$,显然整个系统吸热 $đQ$ 应由下式给出:

$$đQ=đQ_1+đQ_2 \tag{7}$$

(7)式中的 $đQ$、$đQ_1$ 和 $đQ_2$ 除了需要满足热力学第一定律外,还必须满足物态方程所加的限制,使得当系统处于热平衡时,足以保证 $đQ$、$đQ_1$ 和 $đQ_2$ 只是两个独立的自变量的函数[3]。因此作为过程量的一般微分,$đQ$、$đQ_1$ 和 $đQ_2$ 必然存在积分因子(或积分除数)。Caratheódory 定理严格地证明了当系统达到热平衡时,$đQ$、$đQ_1$ 和 $đQ_2$ 不仅存在

积分因子，而且这些积分因子是系统达到热平衡时的共同温度的函数，用$\varphi(t)$表示[1]。于是作为过程量——热量的一般微分，$đQ$、$đQ_1$ 和 $đQ_2$ 就可以通过积分因子(或积分除数)$\varphi(t)$确定为一组新的状态函数熵 S、S_1 和 S_2 的全微分，表示如下：

$$dS=\frac{đQ}{\varphi(t)},dS_1=\frac{đQ_1}{\varphi(t)},dS_2=\frac{đQ_2}{\varphi(t)} \tag{8}$$

再由(7)式可得

$$dS=dS_1+dS_2 \tag{9}$$

进而有：

$$S=S_1+S_2 \tag{10}$$

(10)式表明这个新的态函数具有可加性，是扩延量。(8)式中的积分因子 $\varphi(t)$是采用经验温度 t 表示的，不同的经验温度将有不同的 $\varphi(t)$函数，为了克服这种表述上的不便，在热力学中特引入不依赖于测温物质的绝对温度 T，定义为[4]

$$T\equiv\varphi(t) \tag{11}$$

采用绝对温度表示后，(8)式中的全微分熵就可以简洁地表示为

$$dS=\frac{đQ}{T},dS_1=\frac{đQ_1}{T},dS_2=\frac{đQ_2}{T} \tag{8'}$$

(3) 态函数熵的演化

Carathéodory 定理严格地分析了新态函数熵的演化性质，其基本结论是：态函数熵 S 在闭域$[0_+,+\infty_-]$中通过可逆的准静态绝热过程，显然有 $đQ=TdS=0$，这时熵取常数值 S_0。因此：

$$dS=S-S_0=0,S=S_0 \tag{12}$$

即在可逆的准静态绝热过程中熵保持不变。而在不可逆的非静态绝热过程中，根据第一定律，系统的熵 S 将通过关系 $dE(S,\{x_i^0\})=đW$ 依赖于 $đW$，也即 dS 依赖于 $đW$。既然是非平衡的不可逆过程，那么这时的 dS 不会为零，这里有三种可能情况，即从闭域$[0_+,+\infty_-]$中任一初始态 S_0 出发，熵的演化可能有以下三种情况：

$$\text{(a) } dS\geqslant0;\quad \text{(b) } dS\leqslant0;\quad \text{(c) } dS\text{ 可以取任意值} \tag{13}$$

Carathéodory 定理确认(13)式中的情况(c)是不可能出现的。因为它表示从任一初态 S_0 出发，通过绝热过程可以达到初始态 S_0 的邻域中的一切状态，因此初态 S_0 邻域中没有不可及态，只有可及态。于是在初态邻域中不可能出现可及态集与不可及态集间的交界曲面，从而不可能产生状态函数熵，直接违反 Carathéodory 定理。而(13) 式中情况(a)和情况(b)都不违反 Carathéodory 定理，是定理允许的过程。事实上，对于情况(a)有

$$S-S_0=dS\geqslant0 \tag{14}$$

表示 S 状态可以覆盖 S_0 的邻域中所有 $S\geqslant S_0$ 的状态，但所有 $S<S_0$ 的状态皆不可及。同样，对于情况(b)有

$$S-S_0=dS\leqslant0 \tag{15}$$

表示 S 状态可以覆盖 S_0 的邻域中所有 $S\leqslant S_0$ 的状态，但所有 $S>S_0$ 的状态皆不可及。这就是说，情况(a)和情况(b)都满足 Carathéodory 定理，都能同样好地建立态函数熵

的热力学理论。由此可见，根据 Carateódory 定理不仅可以建立正能态热力学（即 Clausius 热力学），同时还可以同样好地建立负能态热力学[5]。

2. 物系熵的实际演化所必须附加的条件

(13) 式中(a)、(b)两种情况，即 $dS \geqslant 0$ 和 $dS \leqslant 0$ 的单向演化规律都能很好地满足 Carateódory 定理。现在所需研究的问题是：在实际演化过程中，物系选择某一种演化规律所必须附加的条件是什么？

根据(8′)式，由于输入的热量 $đQ$ 始终是正定的，即 $đQ \geqslant 0$，因此系统熵的改变(dS)，其符号将完全由系统温度 T 的符号决定。当系统温度正定时，系统的熵必然按熵增加规律演化；反之，当系统温度负定时，系统的熵必将按熵减规律演化[5]，于是有

$$dS = \frac{đQ}{T}\begin{cases} \geqslant 0 & T \geqslant 0 \\ \leqslant 0 & T \leqslant 0 \end{cases} \tag{16}$$

可以证明，系统温度的正、负完全由系统初始状态的性质决定，因此由热均匀系统初始状态的性质就能决定系统的演化方向。事实上，根据绝对温度的定义式（即(11)式）和热均匀系统热力学基本等式

$$TdS = dE - Ada \tag{17}$$

很容易求得以下关系[1]：

$$\frac{dT}{T} = \frac{(\partial A/\partial t)_a dt}{A - (\partial E/\partial a)_t} \tag{18}$$

对(18)式积分则有

$$T = T_0 e^I,\ I = \int_{t_0}^{t} \frac{(\partial A/\partial t)_a dt}{A - (\partial E/\partial a)_t} \tag{19}$$

(19)式表明，当系统从一个平衡态过渡到另一个平衡态时，它的温度不可能改变符号，它总是正的，或者总是负的。热力学温度的符号是由(19)式中的初始温度 T_0 的符号决定的，系统初始温度 T_0 的正、负又是由系统最初所处的能态的正、负决定的[1]，而系统所处的初始能态的正、负则是由系统初始态比热容的正、负判明的。于是当判明了系统初始态比热容正定时，即 $C_x \geqslant 0$，则系统必然处于正能态中，因此系统的初始温度必然正定，即 $T_0 \geqslant 0$，系统必然处于正温度域中；反之，当判明系统初始态比热容为负定时，即 $C_x \leqslant 0$，则系统的初始态必然处于负能态中，系统的初态温度必然负定，即 $T_0 \leqslant 0$，系统必然处于负温度域中。

现在举两个典型的例子。第一个例子是平直时-空（或地球表面）中的理想气体，大家知道理想气体的定容比热容 $C_v = \frac{3}{2}Nk_B$ 和定压比热容 $C_p = \frac{5}{2}Nk_B$ 都是正定的，显然理想气体的内能 E 和熵 S 都是温度 T 的单增函数，因此理想气体必然处于正定的温度域中，即 $T \geqslant 0$。于是理想气体的熵必然按熵增加原理自发演化，即 $\Delta S \geqslant 0$。

第二个例子是处于强引力场中的正在通过自收缩过程形成黑洞的星云系统，对于这样的星云，它的热力学第一定律是

$$dE=(TdS)_e+(đW)_e+(TdS)_i+(đW)_i \tag{20}$$

或中$(TdS)_e$、$(đW)_e$分别是外界对星云输入的热和输入的功；$(TdS)_i$和$(đW)_i$则是星云内部产生的热和自引力做的功。现在假定星云系统是孤立的，于是有

$$dE=0,(TdS)_e=(đW)_e=0 \tag{21}$$

又考虑到星云内力的功只有自引力收缩星云形成黑洞时所做的功，因此内力的功应表示为

$$(đW)_i=-dM \tag{22}$$

同时又考虑$(TdS)_i$可以用一个等效比热容C_x表示为

$$(TdS)_i=C_x dT \tag{23}$$

将(21)、(22)和(23)等式代入(20)式则有

$$C_x=\frac{dM}{dT}=-8\pi k_B M^2<0 \tag{24}$$

由此可见黑洞系统具有负的比热容[6]，因此黑洞必处于负能态中，它的温度是负定的，它的熵必然按熵减少原理自发演化，即$\Delta S\leqslant 0$。这里必须强调的是，有人单凭黑洞比热容是负定的，就断定黑洞是不稳定系统，这是错误的。因为黑洞是负能态系统，只有当它的比热容负定时，系统才是稳定的。正如通常的正能态中的系统，只有当它的比热容正定时，系统才能稳定一样。显然，有些人正是错误地用正能态热力学的稳定性判据去判定负能态中系统的稳定性。

由此可知 Caratheódory 定理的核心内容是：尽管热均匀系统从任一初始状态出发有两种可能的宏观演化方向，但系统的宏观演化总是单向的。正由于此，才存在一个表征系统单向宏观演化的状态函数熵S，并用熵增加或熵减少来反映这两种可能的单向选择。系统从任一初始状态出发的单向宏观演化方向，取决于系统初始状态的性质，即取决于系统初始状态的能态$\{\varepsilon_i\}$、温度T_0和比热容C_x。当初始状态的比热容正定时，即$C_x\geqslant 0$，则系统的初始态必处于正温度域中，即$T\geqslant 0$，从而导致系统的初始态必处于正能态中，即$\{\varepsilon_i\}\geqslant 0$，这时系统从该初始态的演化必然沿熵增加方向演化，即$\Delta S\geqslant 0$；反之，当系统初始态的比热容负定时，$C_x\leqslant 0$，它的初始温度也必然负定，即$T\leqslant 0$，导致系统初始态必处于负能态中，即$\{\varepsilon_i\}\leqslant 0$，这时系统从该初始态的演化必然沿熵减少方向演化，即$\Delta S\leqslant 0$。

Clausius 以(14)式为基础建立了他的热力学理论，提出了著名的熵增加原理，这个原理得到了地球表面上（平直时-空中）几乎所有有关热过程的实验支持。然而当他将他的热力学推广到宇宙时，则得出了永远不可能被实验证实的荒谬的"热寂论"。不仅如此，当今黑洞理论的主流派将 Clausius 热力学搬用到由强引力场支配的黑洞理论中，建立了他们的"黑洞热力学"。然而，这个"黑洞热力学"目前在他的热力学第一、第二和第三定律上都面临着各种难以克服的困难，这已充分表明 Clausius 热力学是一个仅适用于平直时-空的局域性理论。

我们根据(15)式建立了负能态热力学理论，所幸的是我们所提出的负能态热力学理论恰能较好地表征由引力场形成的椭圆型时-空中小尺度系统的热力学性状，克服了

当今以 Clausius 热力学为基础所建立的黑洞热力学所面临的各种困难，显示了负能态热力学在椭圆型时-空的小尺度系统中的生命力。

3. Caratheódory 定理中的两个独立的命题

Caratheódory 定理在涉及“热-功”转化问题上确立了两个独立的彼此排他的命题，表述如下：

命题 1：热不能无补偿地完全转化为功，功可以无补偿地全部转化为热；

命题 2：功不能无补偿地完全转化为热，热可以无补偿地全部转化为功。

可以看出这两个命题是彼此排他的，承认其中一个就不能同时承认另一个。实际上，假定系统从状态 1 准静态地过渡到状态 2，在此过程中物系从外界吸收热 $đQ$，外界对系统做功 $đW$，使系统内能增加 $\mathrm{d}E$，按热力学第一定律则有

$$đQ_r = \mathrm{d}E - đW_r \tag{25}$$

然后又假设系统从状态 2 非准静态地绝热地返回到状态 1，这时外界对系统做功 $đW_{ir}$，于是按热力学第一定律应有

$$0 = -\mathrm{d}E - đW_{ir} \tag{26}$$

两个过程构成的循环给出的结果是

$$đQ_r = -(đW_r + đW_{ir}) \begin{cases} >0 & (27\mathrm{a}) \\ <0 & (27\mathrm{b}) \end{cases}$$

(27)式给出了两种可能的结果。这个结果对命题 1 和命题 2 是否成立将分别给出彼此相反的结论：若承认命题 1，则(27a)式的结论是不允许的，因为它表示系统在循环中所吸收的热完全无补偿地转化为对外界做的功；而(27b)的结论是允许的，因为它表示系统在循环中对外界做的功完全转化为所释放的热。反之，若承认命题 2，其结果正好相反，即(27a)的结论是允许的，因为它表示循环中系统所吸收的热完全无补偿地转化为对外界做的功；而(27b)的结论则是不允许的，因为它违反了该命题中“功不能无补偿地完全转化为热”的结论。Clausius 热力学认定命题 1 是唯一正确的，因此 Clausius 热力学认定只有无序化“热”才是物质中最普适的能量存在形式，宇宙中所有其他能量将通过“功”对“热”的转化逐渐消耗，其最终结局必将是所有其他形式的能量无一例外地完全转化为“热”。显然，按照命题 1 建立的热力学理论，“热寂论”的演化结局是不可避免的[6]；反之，若承认命题 2 是正确命题，则会得出与 Clausius 热力学完全相反的结果，例如我们建立的负能态热力学正是认定命题 2 是对物系中“热-功”转化的正确判据，因此由(27a)式给出的循环是允许的，因为它表示在负能态系统中“热”可以无补偿地完全转化为“功”(即热可以无补偿地完全转化为其他形式的能量)[5]。负能态热力学认定只有物质的引力才是与物质同在的最普适的能量存在形式。例如几乎只有无序化“热能”存在的气体分子星云，在自引力支配下会自发地聚集成有序化的恒星系，从而使无序化“热能”自发地无补偿地转化为由引力能、电磁能以及核能维系的有序化结构的能量存在形式。而由(27b)式给出的“热-功”转化循环是不允许的。因为在负能态中，任何

"功"转化为"热"的过程都必然会伴随有补偿。例如在自引力作用下形成恒星的过程中，恒星的表面会产生大量的"热辐射"，由于这些"热辐射"具有质量，因此当"热辐射"离开恒星的表面时，必然要克服恒星的引力而做功。这个"功"正是对由自引力做功产生"热辐射"过程的一种补偿。

4. 结论

Caratheódory 定理是热力学中最普适的宏观演化规律。该定理严格地证明了：在闭域$[0_+,+\infty_-]$中，热均匀系统在其每一个初始状态的邻域内总存在通过绝热过程所不能达到的状态，这样就能在该邻域内由绝热方程 $đQ=0$ 确定积分曲面存在，从而保证了态函数熵 S 的存在。由此所决定的态函数熵 S 的演化规律将取决于系统初始态的熵 S_0 在邻域中所处的相对位置。当邻域中所有可及态的熵 S 可以覆盖 S_0 的邻域中所有 $S\geqslant S_0$ 的状态，而所有 $S<S_0$ 的状态皆不可及时，这时系统必然按熵加原理演化；反之，当邻域中所有可及态的熵 S 可以覆盖 S_0 的邻域中所有 $S\leqslant S_0$ 状态，而所有 $S>S_0$的状态皆不可及时，这时系统必然按熵减少原理演化。而在物理上又应如何判断系统熵的演化方向呢？这可以根据系统初始态的性质来判断。当判明系统初始态的比热容正定时（系统吸热时温度升高），系统温度必然恒正，系统处在正能态中，这时系统必然按熵增加原理演化；反之，当判明系统初始态的比热容负定时（系统放热时温度升高），系统温度必然恒负，系统处于负能态中，这时系统必然按熵减少原理演化。因此，由 Caratheódory 定理在闭域$[0_+,+\infty_-]$中确定了两种可能的等价而互补的单向演化规律。由此可见，熵增加的自发演化规律并不是物系独一无二的自发演化规律，当物系处在负能态时，物系必将按熵减少原理自发演化。然而由于在地球表面上（或平直时-空中），人们从未取得熵自发减少的实验证明，使得负能态中熵自发地减少的演化规律似乎已被人们遗忘了。但是当我们考察宇宙中星云、星团和星体在自引力场中演化时，我们将取得大量的有关熵自发减少的实验证据，使 Caratheódory 定理的结论得到完整的实践证明。这就是说，Caratheódory 定理在 1909 年就已给出了负能态系统中熵自发减少规律存在的预言，同时该定理从热力学理论上已确立了负能态热力学存在的合理性。

原载《西南大学学报》2011 年第 33 卷，第 1 期

参考文献

[1] и. л. ъазаров. 热力学[M]. 沙振舜，强毓昌，译. 北京：高等教育出版社，1988：53－59.
[2] R. Kubo. *Thermodynamics*[M]. American：Elsevier Publishing Company，1968：117.
[3] 王竹溪. 热力学[M]. 北京：高等教育出版社，1956：142－146.
[4] T. J. Quinn. *Temperature*[M]. London：Academic Press，1983：7－9.
[5] 汪志诚. 热力学·统计物理[M]. 2 版. 北京：高等教育出版社，1980：59.
[6] 邓昭镜. 负能谱及负能谱热力学[M]. 重庆：西南师范大学出版社，2007：54－56.

负能谱系统中"热"的自发传输规律和"热-功"转化规律

摘　要：具体分析了负能谱系统中"热"的自发传输规律和"热-功"转化规律。负能谱中热的自发传输规律和"热-功"转化规律是与正能谱中"热"的自发传输规律、"热-功"转化规律彼此互补的。例如，在正能谱中的系统，热量将自发地从高温流向低温，而在负能谱中的系统，热量将自发地由低温流向高温；在正能谱中，功可以无补偿地全部转化为热，热不能无补偿地完全转化为功，而在负能谱中，热可以无补偿地完全转化为功，功不能无补偿地全部转化为热。

关键词：热的自发传输；热-功转化；负能谱系统

在正能谱中，"热"将自发地从高温热源流向低温热源，功可以无补偿地全部转化为"热"，"热"不能无补偿地完全转化为功[1]。这些规律不仅是人们日常生活中十分熟悉的事实，而且人们在正能谱热力学中从熵增加原理出发已严格地论证了这些规律。然而在负能谱中，"热"的自发传输和"热-功"转化规律却鲜为人知，更谈不上如何从理论上去正确地认识这些规律。为此，本研究将详细地分析负能谱中"热"的传输规律与"热-功"转化规律。

1. 负能谱中"热"的自发传输规律

在负能谱中，"热"将自发地从低温流向高温。设在负能谱中有一孤立系统由两个温度分别为$\tilde{T}_1$，$\tilde{T}_2$ 的"热"源组成，并假定在这个孤立系统中，当两个"热"源彼此接触时，有"热"量 $Q(Q>0)$自发地从$\tilde{T}_1$"热"源流入$\tilde{T}_2$"热"源中，现在证明$\tilde{T}_1<\tilde{T}_2$，即热量 Q 从低温"热"源流向高温"热"源。

既然该孤立系统由$\tilde{T}_1$，$\tilde{T}_2$ 两个"热"源组成，根据负能谱中熵减原理的要求，即孤立系统中的任何自发过程必将导致系统的总熵减少，表示为[2]

$$\Delta\tilde{S}=\Delta\tilde{S}_1+\Delta\tilde{S}_2<0 \tag{1}$$

由于"热"量 Q 从$\tilde{T}_1$ 流出，因此$\tilde{T}_1$"热"源的熵改变应表示为

$$\Delta\tilde{S}_1=-\frac{Q}{\tilde{T}_1} \tag{2}$$

而$\tilde{T}_2$"热"源吸收"热"量 Q，故$\tilde{T}_2$"热"源的熵改变应表示为

$$\Delta \widetilde{S}_2=-\frac{Q}{\widetilde{T}_2} \tag{3}$$

于是由$\widetilde{T}_1$，$\widetilde{T}_2$ 两个“热”源组成的孤立系统，其总熵减少应表示为

$$\Delta S=Q\left(\frac{1}{\widetilde{T}_2}-\frac{1}{\widetilde{T}_1}\right)<0 \tag{4}$$

由此可得

$$\widetilde{T}_1<\widetilde{T}_2\text{，即}|\widetilde{T}_1>\widetilde{T}_2| \tag{5}$$

(5)式表明$\widetilde{T}_2$ 是高温“热”源，$\widetilde{T}_1$ 是低温“热”源，热量 Q 从低温“热”源$\widetilde{T}_1$ 自发地流向高温“热”源$\widetilde{T}_2$。“热量自发地从低温‘热’源流向高温‘热’源”这个结论从负能谱中熵减少原理角度是易于证明的，但关键是如何从分子(或微粒)间相互作用的角度来具体认识负能谱中“热”的自发传输规律。

在负能谱中粒子处于负能态中，这时粒子的能量主要表现为负定的引力势能(其他能量，如简并能和各种无序动能都不能起支配作用)。粒子在负定的引力势能的作用下，必然要受到一种负定的引力张协强(即单位体积中平均的负定的引力势能密度)，或称为引力“负压”，$\widetilde{P}\leqslant 0$[3]。这个引力负压 $\widetilde{P}$ 和负温度都正比于粒子在负能态中的平均能量密度$\langle \varepsilon_i \rangle$($\varepsilon_i\leqslant 0$)，因此负温度 $\widetilde{T}$ 愈高，其负压强 $\widetilde{P}$ 也愈高。同时又因 $\widetilde{T}$，$\widetilde{P}$ 都是负值，因此当$\widetilde{T}_2>\widetilde{T}_1$，$\widetilde{P}_2>\widetilde{P}_1$ 时，必然有$|\widetilde{T}_2|<|\widetilde{T}_1|$，$|\widetilde{P}_2|<|\widetilde{P}_1|$，这表明高温系统中粒子所受的引力负压的绝对值$|\widetilde{P}_2|$要小于低温系统中粒子所受的引力负压的绝对值$|\widetilde{P}_1|$，于是当高、低温系统通过可以自由移动的不可穿透的壁彼此接触时，在接触面两边压强差的作用下，接触壁必然要从高温区向低温区膨胀，令 ΔV 是高温区在接触处的体积增量，($-\Delta V$)为低温区在接触处的体积增量(图 1)，于是低、高温区因体积变更所做的功分别是

$$\widetilde{P}_1(-\Delta V)=|\widetilde{P}_1|\Delta V>0 \tag{6}$$

$$\widetilde{P}_2(-\Delta V)=|\widetilde{P}_2|\Delta V\leqslant 0 \tag{6'}$$

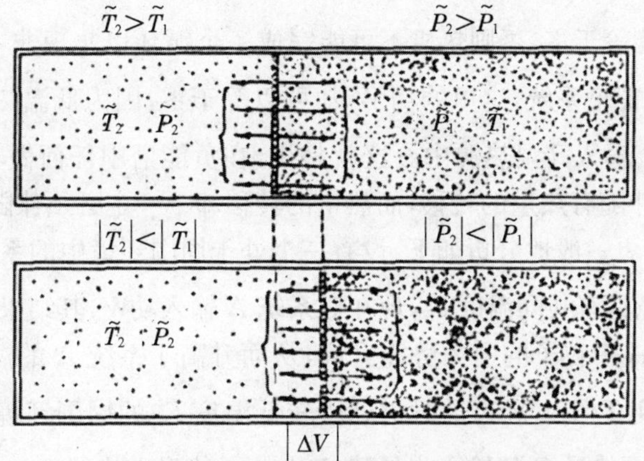

图 1　高低温区接触时膨胀收缩过程示意

(6)式表明低温区引力负压做正功,消耗能量,故$|\widetilde{P}_1|\Delta V$表示低温区的输出功;(6′)式表明高温区的引力负压$\widetilde{P}_2$做负功,吸收能量,$-|\widetilde{P}_2|\Delta V$则是高温区在膨胀过程中吸收的功。又由于$|\widetilde{P}_1|>|\widetilde{P}_2|$,因此低温区引力负压除了克服高温区引力负压所必须消耗的功之外,还有一部分剩余功,即

$$(|\widetilde{P}_1|-|\widetilde{P}_2|)\Delta V>0 \tag{7}$$

这部分剩余功恰是对除因体积膨胀所增加高温区的能量外还进一步用于改变高温区的宏观状态(如升高高温区的温度)所必需的能量,这种能量称为“热”,以ΔQ表示,即

$$\Delta Q=(|\widetilde{P}_1|-|\widetilde{P}_2|)\Delta V>0 \tag{8}$$

注意这里由低温源输送到高温源的“热”是用于升高高温源的温度,也就是升高高温源的引力势能,因此由低温区向高温区输送能量的结果是提高高温区的有序化程度的“热”,故称为有序化“热”。

2. “热-功”转化规律

在负能谱中“热”可以无补偿地全部转化为功,功不能无补偿地完全转化为“热”。这个结论是负能谱中熵减少原理的必然结论[4]。现在来证明这个结论,试考虑由高温热源$\widetilde{T}_2$与低温热源$\widetilde{T}_1$组成的热机。令热量$\widetilde{Q}_2$从高温热源流出,同时令工作物质对外做功$\widetilde{W}$,并将剩余的“热”$\widetilde{Q}_1$送入低温热源$\widetilde{T}_1$中。另外高、低温热源又设计了直接接触机构,通过“热”传输方式将低温热源得到的“热”量$\widetilde{Q}_1$重新送回高温热源中,这样一来热机循环的结果是高温热源只输出了热量$\widetilde{Q}_2'=\widetilde{Q}_2-\widetilde{Q}_1$,并将它全部转化为功$\widetilde{W}(\widetilde{W}=\widetilde{Q}_2')$,因此负能谱中“热”可以无补偿地完全转化为功(图2)。

如果反过来对热机输入功$\widetilde{W}$(图3),这时工作物质将从低温热源吸入热量$\widetilde{Q}_1$,同时将热量$\widetilde{Q}_2=\widetilde{W}+\widetilde{Q}_1$送入高温热源中。在这个循环中,从低温热源输入的热量$\widetilde{Q}_1$不能等于零,否则热机不可能完成一个循环,$\widetilde{Q}_1$送入高温热源中,在这个循环中从低温热源输入的热量$\widetilde{Q}_1$不能等于零,否则热机不可能完成一个循环以实现非零功$\widetilde{W}(\widetilde{W}\neq 0)$的输入;反之,对于负能谱系统,这里的功$\widetilde{W}$却可以等于零,因为低温热源可以通过传输方式直接将热量$\widetilde{Q}_1$输入高温热源中。这就是说,在负能谱中任何做功(功的输入或输出)都不可避免地伴随有热量的转移,而热量的转移却不一定必须伴随有功的输入或输出。这一点还可以更一般地分析如下:设有一个处于周围环境中的系统A(图4),假定最初A和它的环境具有共同温度$\widetilde{T}_0$,现在对系统A输入功$\widetilde{W}$,其结果使系统A的能量升高,也即使系统A中粒子的引力势能升高,从而升高了系统A的温度,设系统A的温度$\widetilde{T}_0$因此升高到$\widetilde{T}(\widetilde{T}>\widetilde{T}_0)$,这时仍处于较低温度$\widetilde{T}_0$的周围环境必将自发地向系统A输入热量$\widetilde{Q}$,而热量$\widetilde{Q}$的输入将导致A中粒子的引力势能进一步升高,引起系统

略为膨胀,周围环境略为收缩,就是说系统在这个过程中将从周围环境中吸入热 $\tilde{Q}=(|\tilde{P}_0|-|\tilde{P}|)\Delta V$,这里$\tilde{P}_0$ 是周围环境中的压强,$\tilde{P}$是系统 A 的压强。同样,若令系统 A 向外界输出$\tilde{W}'$,必然会降低系统 A 的温度,使它的温度$\tilde{T}<\tilde{T}_0$,这时系统 A 必然会自发地向周围环境输出热量$\tilde{Q}'$,而由于热量$\tilde{Q}'$的输出,将进一步降低系统 A 的温度,引起系统 A 略微收缩,使周围环境略为膨胀,因此系统在此过程中将向周围环境输出热 $\tilde{Q}'=(|\tilde{P}'|-|\tilde{P}'_0|)\Delta V$,这里 $\tilde{P}'_0$是周围环境中的压强,$\tilde{P}'$是系统 A 的压强。由此可见,对系统 A 的任何功 $\tilde{W}$ 的输入都必然伴随有周围环境对系统 A 的附加热 $\tilde{Q}$ 的输入,而系统 A 对外界任何功$\tilde{W}'$的输出,都必然会伴随有系统 A 对周围环境进行的附加热$\tilde{Q}'$的输入。因此,在负能谱中任何做功都不能无补偿地全部转化为热,而热却可以无补偿地全部转化为功。

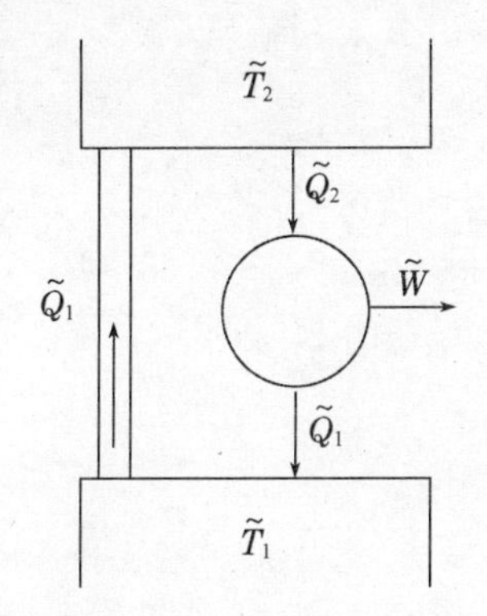

图 2　“热”可以无补偿地完全转化为功

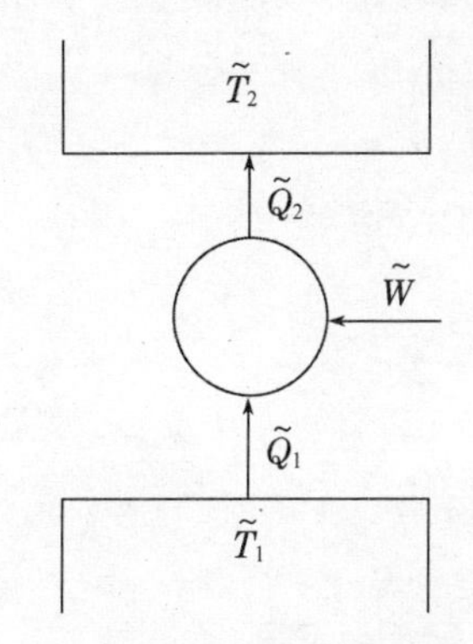

图 3　功不能无补偿地全部转化为“热”

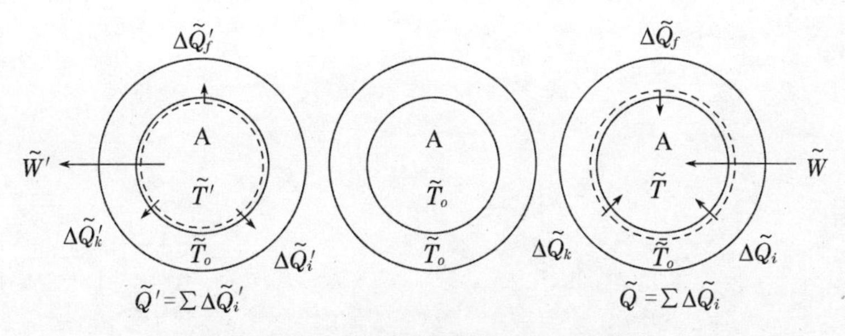

图 4　系统 A 和周围环境的“热-功”转化

总之,可以看出正、负能谱中“热”的自发传输规律与“热-功”转化规律是完全互补的。在正能谱中,“热”可以自发地从高温流向低温,功可以无补偿地完全转化为“热”,而“热”却不能无补偿地全部转化为功。但在负能谱中,“热”可以自发地由低温流向高温,“热”可以无补偿地完全转化为功,功不能无补偿地全部转化为“热”。在正能谱中,一个处于非平衡的孤立系统,必将通过“热”的自发传输消除系统内部各部分间的温度差,最终达到一个由某一温度标示的“热寂”式的熵极大态。而在负能谱中,一个处于非平衡态的孤立系统,必将通过“热”的自发传输,不断地扩大系统内各部分间的温度差,也即扩大系统中各部分间的密度差，使得密度愈高，质量愈大的区域愈来愈大，密度小，质量小的区域愈来愈小，直到消失，最终达到物质的最大聚集的黑洞式的熵极小态。

原载《西南大学学报》2008年33卷，第2期

参考文献

[1] 汪志诚.热力学统计物理[M].2版.北京：人民教育出版社，1980：59-61.
[2] 邓昭镜.黑洞熵的演化规律与热力学第三定律[J].西南师范大学学报(自然科学版)，2006，31(3)：32-38.
[3] 徐锡中.实用物态方程理论导引[M].北京：科学出版社，1986：119-120.
[4] 邓昭镜.系统的能谱、温度和熵的演化[J].西南师范大学学报(自然科学版)，2002，27(5)：794-800.

负能态系统中热量自发地由低温流向高温

摘　要:在地球表面上或平直时-空中,热量总是从高温自发地流向低温,绝不会自发地反流。但是在强引力场中,热量传播的方向将反过来,将由低温自发地流向高温。本文将具体分析在强引力场中,引力体内部热量的传导规律,从理论上阐明在强引力场中热量自发地由低温流向高温的机理。

关键词:动能;势能;内能;温度

1. 强引力体(星体)的内能

在强引力场中一个正在长大的星体,它的内能可以表述如下[1],令 $\rho(r)$ 是星体在弯曲时-空中的固有密度,$\rho'(r)$ 是星体在弯曲时-空中的实测密度,于是星体实测的总质量(也即弯曲时空中的固有总能量)将由下式给出:

$$M_s = \int_0^R 4\pi r^2 \rho(r)\,\mathrm{d}r = \int_0^R \rho(r)\,\frac{1}{\Gamma}\mathrm{d}V = \int_0^R \rho'(r)\,\mathrm{d}V \tag{1}$$

其中

$$\mathrm{d}V = 4\pi r^2 \Gamma \mathrm{d}r,\ \Gamma = \frac{1}{\sqrt{1-\dfrac{2Gm(r)}{r}}} \tag{2}$$

式中 R 是星体的外边界,$m(r) \equiv \int_0^r 4\pi r^2 \rho(r)\,\mathrm{d}r$。然后再引入由核子 m_N^0 按初始状态数密度 $n(r)$ 组成的星云(即星前状态的星体)的总质量 M_0,定义为[1]

$$M_0 = \int_0^R m_N^0 n(r)\,\mathrm{d}V = \int_0^R \frac{4\pi r^2 m_N^0 n(r)}{\sqrt{1-\dfrac{2Gm(r)}{r}}}\mathrm{d}r = \int_9^n 4\pi r^2 m_N n(r)\,\mathrm{d}r \tag{3}$$

M_s 与 M_0 之差将给出星体的内能(即结合能)E:

$$E = M_s - M_0 = \int_0^R 4\pi r^2 \left[\rho(r) - \frac{m_N^0 n(r)}{\sqrt{1-\dfrac{2Gm(r)}{r}}}\right]\mathrm{d}r = \int_0^R 4\pi r^2 \varepsilon(r)\,\mathrm{d}r \tag{4}$$

可以证明(4)式给出的星体的内能,对椭圆型时-空恒负。事实上,如果存在线度为 $L(t)$ 的孤立的巨大的气体星云,它由许多线度为 $R(t)$ 的小气体星云组成。只要 $R(t) \ll L(t)$,则小星云 $R(t)$ 可以适用标准宇宙模型。由这个模型可以证明 t 时刻星云 $R(t)$ 中单粒子(或单核子)所具有的平均能量 $\varepsilon(t)$ 可以表示为[2]

$$\varepsilon(t)=-\frac{K}{2}m\frac{R(t)^2}{L(t)^2}\begin{cases}>0 & K<0,\text{双曲时-空}\\ =0 & K=0,\text{平直时-空}\\ <0 & K>0,\text{椭圆时-空}\end{cases}\tag{5}$$

这里的 m 是粒子质量(例如核子质量),K 是时-空高斯曲率。因此当星云中的粒子处在由引力场形成的椭圆型时-空中时,粒子的能量必然恒负。若 $R(t)$ 星云中总粒子数为 N,则该星云中的内能 $E\propto N\varepsilon(t)<0$,显然是负定的。因此在吸引场起支配作用的椭圆型时-空中,星体的内能(如(4)式)是负定的。为了进一步给出星体内粒子系的总势能 E_v 和总动能 E_k,这里特引入弯曲时-空中密度 $\tilde{\rho}(r)$,定义为

$$\tilde{\rho}(r)=\Gamma\rho(r)=\frac{\rho(r)}{\sqrt{1-\dfrac{2Gm(r)}{r}}}\tag{6}$$

由 $\tilde{\rho}(r)$ 定义的弯曲时-空中的总质量(总能量)表示为

$$\tilde{M}=\int_0^R 4\pi r^2\,\tilde{\rho}(r)\mathrm{d}r=\int_0^R\frac{4\pi r^2\rho(r)}{\sqrt{1-\dfrac{2Gm(r)}{r}}}\mathrm{d}r\tag{7}$$

利用 $\tilde{M}$,星体的总势能和总动能分别表示如下[2]:

$$\begin{aligned}E_v&=M_s-\tilde{M}=\int_0^R 4\pi r^2[\rho(r)-\tilde{\rho}(r)]\mathrm{d}r\\&=\int_0^R 4\pi r^2\rho(r)\left[1-\frac{1}{\sqrt{1-\dfrac{2Gm(r)}{r}}}\right]\mathrm{d}r=\int_0^R 4\pi r^2\varepsilon_v(r)\mathrm{d}r\\&=-\int_0^R 4\pi r^2\rho(r)\left[\frac{Gm(r)}{r}+\frac{3}{2}\left(\frac{Gm(r)}{r}\right)^2+\cdots\right]\mathrm{d}r\leqslant 0\end{aligned}\tag{8}$$

$$\begin{aligned}E_k&=\int_0^R 4\pi r^2\frac{\rho(r)-m_N^0 n(r)}{\sqrt{1-\dfrac{2Gm(r)}{r}}}\mathrm{d}r=\int_0^R 4\pi r^2\varepsilon_k(r)\mathrm{d}r\\&=\int_0^R 4\pi r^2[\rho(r)-m_N^0 n(r)]\left[1+\frac{Gm(r)}{r}+\frac{3}{2}\left(\frac{Gm(r)}{r}\right)^2+\cdots\right]\mathrm{d}r\geqslant 0\end{aligned}\tag{9}$$

2. 内能密度、引力势能密度和动能密度的取值范围

这里引入了三种密度定义:

$$\left.\begin{array}{ll}\text{内能密度} & \varepsilon(r)\equiv\rho(r)-\Gamma m_N^0 n(r)\\ \text{引力势能密度} & \varepsilon_v(r)\equiv\rho(r)(1-\Gamma)\\ \text{动能密度} & \varepsilon_k(r)\equiv\Gamma[\rho(r)-m_N^0 n(r)]\end{array}\right\}\tag{10}$$

为了确定这三个密度的取值范围,首先应确定 Γ 函数和密度 $\rho(r)$ 的极限取值,将 $r\to r_g$(r_g 为星体的视界)取为下极限,$r\to\infty$ 取为上极限(即平直时-空极限),这时有[3]

$$\lim_{r\to r_g}\frac{2Gm(r)}{r}\to 1,\ \lim_{r\to\infty}\frac{2Gm(r)}{r}\to 0\tag{11}$$

由此，Γ 函数的取值范围是

$$1=\lim_{r\to\infty}\Gamma\leqslant\Gamma<\lim_{r\to r_g}\Gamma\to\infty \tag{12}$$

而 $\rho(r)$ 存在的两个极限密度，$\rho(r_g)$ 有限和 $\rho(\infty)\to m_N^0 n(\infty)$，故有

$$\lim_{r\to 0}\rho(r)=\rho(r_g)<\infty,\ \lim_{r\to\infty}\rho(r)\to m_N^0 n(\infty) \tag{13}$$

根据 Γ 与 $\rho(r)$ 的极限取值，就可以确定 $\varepsilon(r)$、$\varepsilon_v(r)$ 和 $\varepsilon_k(r)$ 的取值范围，现分别确定如下：

(i) 内能密度 $\varepsilon(r)$ 的两个极限：

$$\left.\begin{aligned}&\lim_{r\to r_g}\varepsilon(r)=\lim_{r\to r_g}[\rho(r)-\Gamma m_N^0 n(r)]\to-\infty\\&\lim_{r\to\infty}\varepsilon(r)=\lim_{r\to\infty}[\rho(r)-\Gamma m_N^0 n(r)]\to 0\end{aligned}\right\} \tag{14}$$

因此内能密度的取值范围是

$$-\infty<\varepsilon(r)\leqslant 0 \tag{15}$$

由此可知，星体的内能 E 必然是负定的，即 $E\leqslant 0$。

(ii) 引力势能密度 $\varepsilon_v(r)$ 的取值范围：

$$\left.\begin{aligned}&\lim_{r\to r_g}[\rho(r)(1-\Gamma)]\to-\infty\\&\lim_{r\to\infty}[\rho(r)(1-\Gamma)]\to 0\end{aligned}\right\} \tag{16}$$

于是引力势能密度 $\varepsilon_v(r)$ 的取值范围是

$$-\infty<\varepsilon_v(r)\leqslant 0 \tag{17}$$

(iii) 动能密度 $\varepsilon_k(r)$ 的取值范围：

$$\left.\begin{aligned}&\lim_{r\to r_g}\Gamma[\rho(r)-m_N^0 n(r)]\to\infty\\&\lim_{r\to\infty}\Gamma[\rho(r)-m_N^0 n(r)]\to 0\end{aligned}\right\} \tag{18}$$

由此，动能密度的取值范围是

$$0\leqslant\varepsilon_k(r)<\infty \tag{19}$$

3. 自聚集星体中热的传导规律

前面已确定了三个密度函数 $\varepsilon(r)$、$\varepsilon_v(r)$ 和 $\varepsilon_k(r)$ 的取值范围（或定义域）。根据能量守恒关系：

$$E-E_v-E_k=\int_0^R 4\pi r^2[\varepsilon(r)-\varepsilon_v(r)-\varepsilon_k(r)]\mathrm{d}r=0 \tag{20}$$

易于求得密度函数的守恒关系：

$$\varepsilon(r)=\varepsilon_v(r)+\varepsilon_k(r) \tag{21}$$

这三个密度函数也只有在密度守恒的条件下，才能保证系统在其定义域上连续变化的稳定性[4]。

现在以 r 为横轴，以 $\varepsilon(r)$、$\varepsilon_v(r)$ 和 $\varepsilon_k(r)$ 为纵轴，按(14)～(19)式分别绘制出密度函

数 $\varepsilon(r)$、$\varepsilon_v(r)$和 $\varepsilon_k(r)$曲线，如图 1 所示。

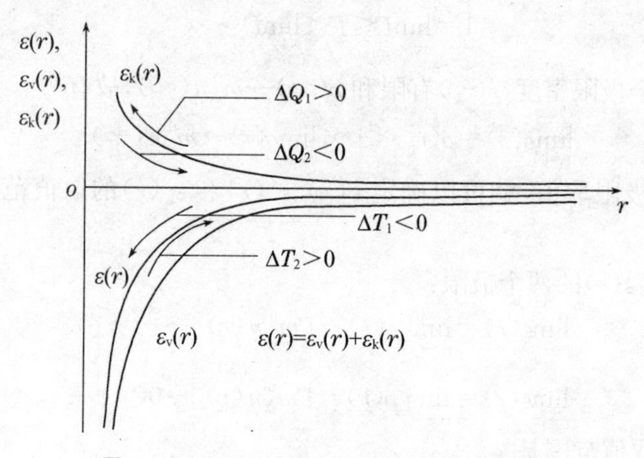

图 1　$\varepsilon(r)$、$\varepsilon_v(r)$和 $\varepsilon_k(r)$随 r 的变化曲线

星体的热量交换由无序动能密度 $\varepsilon_k(r)$决定[2]。当星体吸热时，$đQ>0$，这时星体所吸收的热能(密度)$\varepsilon_k(r)$将转化为星体内部的结构能[7]，其中最直接的是转化为星体内部结构中各种波长的振动能，使星体中结构动能密度增加，$\Delta\varepsilon_k(r)>0$；反之，当星体放热时，$đQ<0$，这时星体中各种形式的结构能(其中尤其是结构中各种波长的结构能)将转化为无序化热能，使结构中的动能密度 $\varepsilon_k(r)$减少，$\Delta\varepsilon_k(r)<0$。因此有

$$đQ = \mathrm{d}E_k = \int_0^R 4\pi r^2 \Delta\varepsilon_k(r)\,\mathrm{d}r \begin{cases} >0 & \text{吸热时} \\ <0 & \text{放热时} \end{cases} \tag{22}$$

而星体的温度则是由星体中粒子的内能密度(即总能量密度)$\varepsilon(r)$决定的，由于星体中各点上的内能密度 $\varepsilon(r)$依赖于星体中时-空曲面分布，因此星体的温度分布 $T(r)$在宏观上也必然依赖于星体的时-空曲面分布，并在给定的时-空曲面上 $T(r)$正比于该时-空曲面上粒子的内能密度 $\varepsilon(r)$的平均值[6]：

$$T(r) \propto \langle \varepsilon(r) \rangle_a \tag{23}$$

这里下标 a 表示对时-空曲面平均。就是说星体中各类时-空曲面上的温度 $T(r)$彼此间是不相同的，它随时-空曲面变化呈非均匀变化。例如，按球对称引力场形成的星球，它的温度分布必然是球对称地随 r 按球层作均匀分布，但沿 r 方向作非均匀分布。因此 $\varepsilon(r)$的平均是分层地对给定球层所作的平均，即$\langle\varepsilon(r)\rangle_a$。于是由此确定的温度 $T(r)$也必然按球层作均匀分布，而沿 r 方向各球层温度作非均匀分布。前面由(15)、(17)和(19)三式分别给出了 $\varepsilon(r)$、$\varepsilon_v(r)$和 $\varepsilon_k(r)$的定义域。同时通过图 1 绘制了三个密度函数在密度守恒的条件下，在其定义域中的连续变化。图 1 表明 $\varepsilon_k(r)$是 r 的减函数，$\varepsilon(r)$和 $\varepsilon_v(r)$是 r 的增函数。$\varepsilon_k(r)$在正定域中随 r 增加而减少，$\varepsilon(r)$和 $\varepsilon_v(r)$在负定域中随 r 增加而增加。反之，当 r 减少时，$\varepsilon_k(r)$将在正定域中随 r 减少而增加，$\varepsilon(r)$和 $\varepsilon_v(r)$在负定域中随 r 减少而减少。因此，当 r 由 r 增至 $r+\Delta r$ 时，有

$$\left.\begin{aligned} \Delta\varepsilon_k(r) &= \varepsilon_k(r+\Delta r) - \varepsilon_k(r) < 0 \\ \Delta\varepsilon(r) &= \varepsilon(r+\Delta r) - \varepsilon(r) > 0 \end{aligned}\right\} \tag{24}$$

而当 r 由 r 减至 $r-\Delta r$ 时，则有

$$\left.\begin{aligned}\Delta\varepsilon_k(r)=\varepsilon_k(r-\Delta r)-\varepsilon_k(r)>0\\ \Delta\varepsilon(r)=\varepsilon(r-\Delta r)-\varepsilon(r)<0\end{aligned}\right\} \tag{25}$$

再根据(22)式和(23)式可知，当星体释放热量时，即当热量沿 r 增加方向流出时，有

$$\left.\begin{aligned}đQ=\int_0^R 4\pi r^2\Delta\varepsilon_k(r)\mathrm{d}r<0\\ \Delta T(r)\propto\langle\Delta\varepsilon(r)\rangle_a\geqslant 0\end{aligned}\right\} \tag{26}$$

(26)式表明，当星体自发地沿 r 增加方向释放热量 $đQ$ 时，热量将由低温自发地流向高温，或者说，星体自发地释放热量的过程恰是星体由低温态自发地转向高温态的过程。

反之，当星体沿 r 减小方向吸收热量时，有

$$\left.\begin{aligned}đQ=\int_0^R 4\pi r^2\Delta\varepsilon_k(r)\mathrm{d}r>0\\ \Delta T(r)\propto\langle\Delta\varepsilon(r)\rangle_a<0\end{aligned}\right\} \tag{27}$$

(27)式表明，星体吸热过程是使星体温度减少的过程。综合(26)、(27)两式的结果，显然表明在强引力场支配下的星体，其比热容是负定的，即

$$C_x=\frac{đQ}{\mathrm{d}T}<0 \tag{28}$$

这里充分地表明：在自引力支配下形成的稳定形态的星体是一个负能态系统，它的熵必然按熵减少原理演化。同时，必须强调地指出：这里得出的具有负比热容的星体是处于稳定状态的负能态系统。如果将星体视为正能态系统，那么当星体处在负比热容时，它肯定是不稳定的，这样的星体必将自动飞散[7]。但事实并非如此，在自引力支配下形成的星体绝大多数是稳定的，不会自动飞散。这就足以证明在引力场支配下形成的星体是一个稳定的负能态系统，不会是不稳定的正能态系统。

原载《西南大学学报》2011 年第 33 卷，第 2 期

参考文献

[1] 刘辽，赵峥. 广义相对论[M]. 北京：高等教育出版社，2004：212 - 213.
[2] S. 温伯格. 引力论和宇宙论[M]. 邹振隆，张历宁，译. 北京：科学出版社，1980：540 - 549，350.
[3] 王永久. 经典黑洞和量子黑洞[M]. 北京：科学出版社，2008：30.
[4] Landau L D, Lifshitz E M. 统计物理[M]. 杨训恺，译. 北京：人民教育出版社，1979：417 - 420.
[5] F. 霍伊尔，丁・纳黑卡. 物理天文学前沿[M]. 何香涛，赵君亮，译. 长沙：湖南科技出版社，2005：260 - 279.
[6] 邓昭镜，等. 负能谱及负能谱热力学[M]. 重庆：西南师范大学出版社，2007：141 - 143.
[7] 刘辽，赵峥. 黑洞与时间的性质[M]. 北京：北京大学出版社，2008：58 - 59.

负能谱中黑洞的熵

摘　要：本文首先提出了系统的 Hamilton、能谱、温度和熵之间的逻辑关系；阐明了负能谱存在的可能性和实现负能谱系统的必然性。最后，在负能谱中研究了几种典型的稳态黑洞的熵及其演化规律，所得结果充分地表明黑洞作为负能谱系统的合理性。

关键词：负能谱；熵的演化规律；黑洞；黑洞的熵

1. 系统的 Hamilton、能谱和熵

系统的能谱是系统 Hamilton 本征值的集合。给定了系统的 Hamilton 就给定了系统 Hamilton 本征值的定义域(即正定域或负定域)和本征值的分布结构(即连续谱或间断谱结构)，就是说当给定了系统的 Hamilton 之后，系统能谱的定义域和能谱结构就自然地被确定下来了，在此基础上系统的基础温度的定义域(即正定域或负定域)也被确定下来，进一步就规定了系统的统计类型。于是系统熵所必须遵循的演化规律是熵增原理不是熵减原理也就被确定下来，可以证明在系统的 Hamilton、能谱、温度、统计类型和熵的演化规律之间存在以下的严格的逻辑关系。

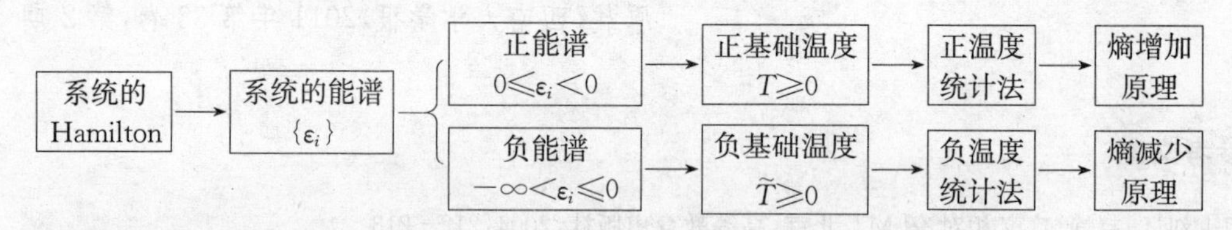

因此，系统熵的演化规律不是普适的，它是植根于系统能谱域之上的，而系统的能谱又是由系统的 Hamilton 熵增原理只是在有限条件下才能形成的规律，不能将它绝对化，更不能将它凌驾于系统的能谱和系统的 Hamilton 之上，否则必然会在理论上导致许多不可克服的矛盾。

2. 负能谱存在的可能性和实现负能谱系统的必然性

大家知道在平直的 4-度时-空中(即不存在引力作用的条件下)，自由粒子将平权地存在着两个能谱，一个是下界为 $E_{+}^{0}=m$，而无上界的正能谱：$E_{+}^{0}\leqslant E_{+}<\infty$；另一个则是上界为 $E_{-}^{0}=-m$，而无下界的负能谱：$E_{-}^{0}\geqslant E_{+}>-\infty$。在正、负能谱之间存在由

$\Delta E_{\pm}^{0}=E_{+}^{0}-E_{-}^{0}=2m$ 给出的禁带，以上是没有引力场的情况，现在对 4-度时-空导入强引力场(即大质量源)，使 4-度时-空的弯曲是静态球对称的(即 Schwarzschild 弯曲时-空)，在这种情况下文献[2]证明了正、负能谱依然存在，所不同的是这时正能谱的下界 E_{+} 和负能谱的上界 E_{-} 将明显地依赖于坐标 x、y，并表示如下[2]：

$$E_{\pm}=\pm\frac{\sqrt{x^2-1}}{k}\left\{\frac{Cp_y^2}{D^2}(1-y^2)(x^2-y^2)^8+\frac{(Cp_\phi)^2}{D^4(1-y^2)}+\frac{C}{D}(mk)^2\right\}^{\frac{1}{2}} \tag{1}$$

式中：$C=(x^2-y^2)^8$，$D=[(x+1)(x^2-y)^4+(3x^2+1)]^2$，而 p_y、p_ϕ 分别是由 $\frac{\partial S}{\partial y}=p_y$，$\frac{\partial S}{\partial y}=p_\phi$ 定义的动量分量。由(1)式给出的禁带能隙为

$$\Delta E_{\pm}=E_{+}-E_{-}=2\frac{\sqrt{x^2-1}}{k}\left\{\frac{Cp_y^2}{D^2}(1-y^2)(x^2-y^2)^8+\frac{(Cp_\phi)^2}{D^4(1-y^2)}+\frac{C}{D}(mk)^2\right\}^{\frac{1}{2}} \tag{2}$$

值得注意的是，这里的坐标 x 最具有特征性，$x\to1$ 表示黑洞的外视界，而 $x\to\infty$ 则表示远离黑洞趋于平直时-空，从(1)和(2)两式很容易证实以下两极限成立：

$$\lim_{x\to1}E_{\pm}=0,\ \lim_{x\to1}\Delta E_{\pm}=0 \qquad \lim_{x\to1}E_{\pm}^{0}=\pm m,\ \lim_{x\to1}\Delta E_{\pm}^{0}=2m \tag{3}$$

(3)式清楚地表明，由于引力场的出现，粒子的正、负能谱间的禁带将随着粒子接受黑洞视界而消失，当达到黑洞视界时，粒子的正、负能谱将连成一片，如下式所示：

$$-\infty<E<\infty \tag{4}$$

由此可见负能谱的存在并不是由引力场(或时-空弯曲)所导致的结果，而是由平直的 4-度时-空的对称性(即 $p_\mu p_\mu$ 在 Lorentz 变换下的不变性)所得出的必然结论。但是引力场的出现(或时-空弯曲)却是导致正、负能谱间的禁带在黑洞视界面上消失，从而形成正、负能谱中粒子彼此自由度越的基本条件。只有 Landau 的负能谱理论才确立了满足什么条件的引力场就必然能导致负能谱系统的实现，Landau 根据不确定关系证明了粒子系形成负能谱的条件取决于粒子间的引力势 $U(r)\sim-\frac{a}{r^s}$ 的形式，也即取决于引力势的负幂次 s 和它的系数 a。Landau 的基本结论是：[3]当引力势的负幂次 $s<2$ 时，则无论系数 a 为何值，粒子系皆不可能形成无下界的负能谱；当负幂次 $s=2$，且系数 $a<\hbar^2/(8m)$ 时(这里 m 是粒子的质量，$\hbar$ 为 Planck 常数)，粒子系也不可能形成无下界的负能谱；只有当负幂次 $s<2$，或者当 $s=2$，且系数 $a>\hbar^2/(8m)$ 时，粒子系才必然形成无下界的负能谱。黑洞是高密度物质形成的强引力源，黑洞内部粒子间的引力势(也即引力势的负幂次 s 和系数 a)完全可以达到形成负能谱的条件。这就是说，黑洞内部完全具有形成负能谱系统的条件：因此将黑洞视为负能谱系统是完全合理的。事实上以静态球对称黑洞——Schwarzchild(SW)黑洞为例，写出关于 SW 黑洞内部场的结构方程(即关于内部密度 $\rho(r)$ 和压强 $p(r)$ 的微分方程)—FOV 方程[4]：

$$\frac{\mathrm{d}p(r)}{\mathrm{d}r}=-G\left(\rho(r)+\frac{p(r)}{c^2}\right)m(r)+\frac{4\pi r^3}{c^2}p(r)\left(1-\frac{2Gm(r)}{c^2 r}\right)^{-1}\frac{1}{r^2} \tag{5}$$

式中 $m(r)$ 是半径为 r 的球内的总质量，由下式给出：

$$m(r)=4\pi\int_0^{+}r^2\rho(r)\mathrm{d}r \tag{6}$$

对于这样的系统，只要密度达到中子星的密度时（这对足够大质量的 SW 黑洞而言都能达到），这时系统的物态方程是[4]：

$$p(r)=\frac{1}{3}\rho(r) \tag{7}$$

若将(6)、(7)两式代入(5)式就可以给出关于 $\rho(r)$ 的积分微分方程，对这个方程可以求得严格解[4]：

$$\rho(r)=\frac{3}{56\pi Gr^2} \tag{8}$$

利用(8)式代回(7)式就可以求得引力 $F_0(r)$ 为

$$F_G(r)=\frac{\mathrm{d}p}{\mathrm{d}r}\approx-\frac{A}{r^3},A\approx\frac{0.003}{G}\left(1+\frac{1}{3c^2}\right)\left(1+\frac{1}{2.5c^2}\right)\left(1-\frac{1}{2.7c^2}\right)^{-1} \tag{9}$$

由此求得引力势 $U(r)$ 为

$$U(r)\approx\frac{a}{r^2},a=0.5A\approx2.25\times10^4 \tag{10}$$

即引力势的负幂次 $s=2$，若取黑洞粒子为中子（或质子），则有

$$a\approx2.25\times10^4\gg\hbar^2/(8m_{\mathrm{n}})\approx0.332\times10^{-54} \tag{11}$$

因此当 SW 黑洞内部的密度按(10)式分布时，SW 黑洞内部的引力势 $U(r)$ $\left(=-\frac{a}{r^2}\right)$ 的负幂次 $s=2$，同时对于质子 m_{p}，中子 m_{n} 和电子 m_e 而言，引力势的系数 $a\gg\hbar^2/(8m)$，这就是说静态球对称的 SW 黑洞必然是一个负能谱系统。至于其他较复杂结构的稳定动态黑洞（例如 Kerr-Newman 黑洞），要直接证明它是一个负能谱系统在数学上显然是相当复杂的，这是因为事先要建立有关这类黑洞内部场的更复杂的结构方程。但是可以确信这些黑洞的内部也必然是一个负能谱系统。实际上对各类稳态黑洞可以证明正、负能谱间的能隙都消失在黑洞的外视界上。这就是说黑洞的外视界既是正能谱的下界面，同时又是负能谱的上界面。而黑洞外视界的外部不可能是负能谱区，这是因为黑洞外部的物质密度不可能达到那样高，以至于粒子间的引力势（即引力的负幂次 s 和系数 a）能满足形成负能谱的条件。只有进入黑洞的内部物质密度才可能足够高，使得粒子间的引力势能满足形成负能谱的条件，因此我们确信黑洞本身就是一个负能谱系统。

3. 负能谱中黑洞的熵

上面已经论述了黑洞本身就是一个负能谱系统。因此研究黑洞熵及其演化必须用负能谱热力学理论才能得出正确的结果。下面将用负能谱热力学来讨论一些典型的稳

态黑洞的熵及其演化。既然确认黑洞为负能谱系统，$\varepsilon_i \leqslant 0$，于是根据 $\beta_{\pm} \cdot \varepsilon_i = \varepsilon_i / (k_B T_{\pm}) \geqslant 0$[5]可知黑洞视界的基础温度必须为负，即 $\tilde{T}_+ = -\kappa_+ / (2\pi k_H)$。下面在负能谱热力学中分别讨论 SW 黑洞，Kerr-Newman(K-N)黑洞和 Sen 黑洞的熵及其演化。

(1) 负能谱中 SW 黑洞的熵

由于 SW 黑洞中没有转动($a=0$)也没有电荷($Q=0$)，又由于 SW 黑洞是负能谱系统，它的视界温度 $\tilde{T}_+$ 必须取负值，否则会出现负粒子数和空心 Fermi 球等违反物理实际的结论。[5]因此 $\tilde{T}_+ = -\kappa_+ / (2\pi k_H) = -(8\pi k_B M)^{-1}$，于是 SW 黑洞熵的微分等式应表示为

$$\mathrm{d}\,\tilde{S}_{SH^+} = \frac{1}{\tilde{T}}\mathrm{d}M = -4\pi k_B \mathrm{d}M^2 \tag{12}$$

积分后有

$$\tilde{S}_{SH^+}(M) = -\tilde{S}(0) = -4\pi k_B \mathrm{d}M^2 \leqslant 0 \tag{13}$$

这里必须注意，熵差($\tilde{S}_{SH^+}(M) - \tilde{S}(0)$)可以取负值，但熵本身，如 $\tilde{S}_{SH^+}(M)$ 不能取负值，否则将违反概率函数对熵的普适定义：$S = -\sum_i p_i \ln p_i \geqslant 0$（有人引入所谓负熵，那就要求粒子的几率 $p_i \geqslant 1$，显然是荒谬的）。同时 SW 黑洞又允许有 $M \to \infty$ 的极限存在，因此(13)式中的 $\tilde{S}(0)$ 必须是一个极大的正数以保证下极限成立：

$$\lim_{M\to\infty} 4\pi k_B M^2 = \tilde{S}(0) \tag{14}$$

这样就可以保证(13)式中的 $\tilde{S}_{SW}(M)$ 非负：

$$\tilde{S}_{SW}(M) = \tilde{S}(0) - 4\pi k_B M^2 \geqslant 0 \tag{13'}$$

(13′)式表明 SW 黑洞的熵随质量 M^2 增加而减少，这个结果完全符合熵作为物质分布无序化程度的量度这一本质特征。结合(14)、(13′)两式，对 SW 黑洞给出它的零熵极限：

$$\lim_{M\to\infty} \tilde{S}_{SH^+}(M) = \lim_{M\to\infty} (\tilde{S}(0) - 4\pi k_B M^2) = 0 \tag{15}$$

同时对负能谱中 SW 黑洞的视界温度 $\tilde{T}_+$ 在 $N \to \infty$ 也存在零点极限：

$$\lim_{M\to\infty} \tilde{T}_+ = \lim_{M\to\infty} (8\pi k_B M)^{+1} = 0 \tag{16}$$

(15)、(16)两式表明负能谱的 SW 黑洞的熵满足热力学第三定律：

$$\lim_{M\to\infty} \tilde{S}_{SH^+}(M) \to 0 \tag{17}$$

(2) 负能谱中 K－N 黑洞的熵

对于 K－N 黑洞由于有转动和电荷存在，$a^+ + Q^2 \neq 0$，黑洞中出现了内视界。由于处在负能谱中，则外、内视界的温度分别为：$\tilde{T}_+ = -\dfrac{r_+ - r_-}{4\pi k_B (r_+^2 + a^2)}$；$\tilde{T}_- = -\dfrac{r_+ - r_-}{4\pi k_B (r_-^2 + a^2)}$。由于 $r_+ > r_-$，所以内视界温度的绝对值总大于外视界温度的绝对

值,即:$|\widetilde{T}_+|<|\widetilde{T}_-|$。只当 $r_- - r_+$ 时(即处于极端状态时),黑洞内、外视界重合,并共同趋于绝对零度 $\lim\limits_{r_-\to r_+}\widetilde{T}_\pm\to 0$。显然,在一般情况下 K-N 黑洞应视为由外视界温度 $\widetilde{T}_+$ 标示的子系与由内视界温度 $\widetilde{T}_-$ 标示的子系组成的复合系统。该复合系统的熵应由两个子系的熵的贡献之和表示。于是 K-N 黑洞熵的微分等式应表示为[6]

$$\mathrm{d}\,\widetilde{S}=\mathrm{d}\,\widetilde{S}_+ +\mathrm{d}\,\widetilde{S}_- =\frac{1}{\widetilde{T}_+}(\mathrm{d}M-\Omega_+\mathrm{d}J+V_+\mathrm{d}Q)+\frac{1}{\widetilde{T}_-}(\mathrm{d}M-\Omega_-\mathrm{d}J-V_-\mathrm{d}Q) \tag{18}$$

式中:$\widetilde{T}_\pm=-\dfrac{k_\pm}{2\pi k_\mathrm{B}}=-\dfrac{r_+-r_-}{4\pi k_\mathrm{B}(r_\pm^2+a^2)}$,$\Omega_\pm=\dfrac{a}{r_r^2+a^2}$,$V_\pm=\dfrac{Qr_\pm}{r_\pm^2+a^2}$;而 $a=\dfrac{J}{M}$。将 $\widetilde{T}_\pm$、$\Omega_\pm$ 和 $V_\pm$ 代入(18)式中则有

$$\mathrm{d}\,\widetilde{S}_\pm=-\pi k_\mathrm{B}\left\{\frac{2(2M^2-a^2-Q^2)\mathrm{d}M-M\mathrm{d}a^2-M\mathrm{d}Q^2}{\sqrt{M^2-a^2-Q^2}}\pm 2\mathrm{d}M^2\mp\mathrm{d}Q^2\right\} \tag{19}$$

另外,由 $r_\pm=M\pm\sqrt{M^2-a^2-Q^2}$,可以求得

$$\pi k_\mathrm{B}\mathrm{d}(r_\pm^2+a^2)=\pm\pi k_\mathrm{B}\left\{\frac{2(2M^2-a^2-Q^2)\mathrm{d}M-M\mathrm{d}a^2-M\mathrm{d}Q^2}{\sqrt{M^2-a^2-Q^2}}\pm 2\mathrm{d}M^2\mp\mathrm{d}Q^2\right\} \tag{20}$$

综合(19)与(20)两式,并注意 K-N 黑洞的视界面积 $A_\pm=(r_\pm^2+a^2)$,[6]于是有

$$\mathrm{d}\,\widetilde{S}_+=-\pi k_\mathrm{B}\mathrm{d}(r_+^2+a^2)=-\frac{k_\mu}{4}\mathrm{d}A_+\leqslant 0 \tag{21}$$

$$\mathrm{d}\,\widetilde{S}_-=\pi k_\mathrm{B}\mathrm{d}(r_-^2+a^2)=-\frac{k_\mu}{4}\mathrm{d}A_-\geqslant 0$$

(21)式表明负能谱中的 K-N 黑洞外视界的熵随其视界面积增加而减少;内视界的熵随其视界面积增加而增加。因此外视界在吸收物质的过程中所减少的熵,部分地又被内视界产生出来。利用(18)和(21)式我们得

$$\mathrm{d}\,\widetilde{S}=\mathrm{d}\,\widetilde{S}_+ +\mathrm{d}\,\widetilde{S}_- =-\pi k_\mathrm{B}(\mathrm{d}r_+^2-\mathrm{d}r_-^2)=-4\pi k_\mu\mathrm{d}(M^2\sqrt{1-(\eta/M)^2})\leqslant 0 \tag{22}$$

式中 $\eta^2=a^2+Q^2$。现在将(24)式从 $M=0$ 到 M 积分,则(22)式的积分在形式上可表示为

$$\widetilde{S}(M)-\widetilde{S}(0)=\int_0^M \mathrm{d}(-4\pi k_\mathrm{B}M^2\sqrt{1-(\eta/M)^2}) \tag{23}$$

然而只要 $\eta\neq 0$,则(23)式右端的积分号内的被积函数,必然会因下限初始值 $M<\eta$ 而使该积分产生很大的虚值熵。为了避免出现虚值熵,就必须考虑对熵 $\widetilde{S}(M)$ 初始值加上限制,就是说对(25)式积分下限应加上限制条件:

$$M^2\geqslant\eta^2=a^2+Q^2\geqslant 0 \tag{24}$$

条件(24)要求积分(23)的积分下限的最小值只能是 $M=M_R=\eta$,而这个下限值给出的限制条件是 Penrose 提出的宇宙监督假设。现在我们已清楚地看出所谓宇宙监督就是避免出现虚值熵。进一步将(22)式从 $M=M_E=\eta$ 到 M 积分,则有

$$\widetilde{S}(M)-\widetilde{S}(\eta)=-4\pi k_\mathrm{B}M^2\sqrt{1-(\eta/M)^2} \tag{25}$$

这里的初始熵 $\widetilde{S}(\eta)$ 也不是任意函数,它应当满足以下三个条件:(i) 由于系统处于

负能谱中,应遵从熵减原理,要求初始熵$\widetilde{S}(\eta)$随η的增加而减少;(ii) 当$\eta=0$时,系统应当回到SW黑洞,因此要求$\widetilde{S}(\eta)$必须回到SW黑洞的初始熵$\widetilde{S}(0)$,(25)式应回到(13)式;(iii) 当$M=M_i=\eta$时,要求$S(\eta)$能同时满足这三个条件。则$\widetilde{S}(\eta)$应取如下的函数形式:

$$\widetilde{S}(\eta)=\widetilde{S}(0)\sqrt{1-(\eta/M)^2} \tag{26}$$

由于这里的$\widetilde{S}(0)$就是SW黑洞的初始熵,因此$\widetilde{S}(0)$应满足由(14)式给出的极大正数极限要求:

$$\lim_{M\to\infty}4\pi k_B M^2=\widetilde{S}(0) \tag{14}$$

将(26)式代入(25)式则有

$$\widetilde{S}(M)=\widetilde{S}(0)-4\pi k_B M^2\sqrt{1-(\eta/M)^2} \tag{27}$$

(27)式就是负能谱中K-N黑洞的熵的演化公式。这个演化公式存在两个零熵极限点,一个是$M\to\infty$的零熵极限点,另一个是$M=\eta$的极端极限点。在第1个零熵极限点上有

$$\lim_{M\to\infty}[\widetilde{S}(0)-4\pi k_B M^2]=0,\ \lim_{M\to\infty}\left(\frac{a^2+Q^2}{M^2}\right)=0,\ \lim_{M\to\infty}\widetilde{S}(M)=0$$

$$\lim_{M\to\infty}\widetilde{F}_+=\lim_{M\to\infty}\left[\frac{r_+-r_-}{4\pi k_B(r_+^2+a^2)}\right]\sim\lim_{M\to\infty}\left(-\frac{1}{r_+}\right)=0 \tag{28}$$

因此负能谱中的K-N黑洞在第1个零熵极限点上满足热力学第三定律:

$$\lim_{\widetilde{T}\to\infty}\widetilde{S}(M)=0 \tag{29}$$

在第2个零熵极限点上有$\lim\limits_{F\to F_i}M^2=M_k^2=\eta^2$,进而有

$$\lim_{F\to F_i}\widetilde{S}(M)=\widetilde{S}(M_E)=0 \tag{30}$$

对于温度$\widetilde{T}_\pm$,又有极限

$$\lim_{F\to F_i}\widetilde{T}_\pm=\lim_{F\to F_i}\left[-\frac{r_+-r_-}{4\pi k_B(r\pm a^2)}\right]=0 \tag{31}$$

由此可见,负能谱中的K-N黑洞在第2个零熵极限点上也满足热力学第三定律:

$$\lim_{F\to F_i}\widetilde{S}(M)=0 \tag{32}$$

(3) 负能谱Sen黑洞的熵

Sen黑洞是轴对称稳态荷电-转动黑洞,这种黑洞也有内、外视界。既然确认Sen黑洞处于负能谱中,黑洞视界温度$\widetilde{T}_\pm=-[k_\pm/(2\pi k_B)]$。和K-N黑洞一样,Sen黑洞也应看作由温度为$\widetilde{T}_+$的外视界子系与温度为$\widetilde{T}_-$的内视界子系组成的复合系统。和K-N黑洞一样,Sen黑洞的熵应当由两个子系熵之和表示,于是Sen黑洞熵的微分等式应由下式给出:

$$\mathrm{d}\widetilde{S}=\mathrm{d}\widetilde{S}_++\mathrm{d}\widetilde{S}_-=\frac{1}{\widetilde{T}_+}(\mathrm{d}M-\Omega_+\mathrm{d}J-V_+\mathrm{d}Q)+\frac{1}{\widetilde{T}_-}(\mathrm{d}M-\Omega_-\mathrm{d}J-V_-\mathrm{d}Q) \tag{33}$$

对于 Sen 黑洞，上式中的$\widetilde{T}_{\pm}$，$\Omega_{\pm}$和$V_{\pm}$应表示为[7]

$$\widetilde{T}_{\pm}=-\frac{k_{\pm}}{2\pi k_{B}}=\frac{1}{4\pi k_{B}Mr_{\pm}}\sqrt{\left(M-\frac{Q^{2}}{2M}\right)^{2}-\left(\frac{J}{M}\right)^{2}} \tag{34}$$

$$\Omega_{\pm}=\frac{J}{2M^{2}r_{\pm}},V_{\pm}=\frac{Q}{2M}$$

其中 $r_{\pm}=M-\frac{Q^{2}}{2M}\pm\sqrt{\left(M-\frac{Q^{2}}{2M}\right)^{2}-\left(\frac{J}{M}\right)^{2}}$。

将(34)式代入(33)式中可以分别求得 $\mathrm{d}\widetilde{S}_{+}$ 和 $\mathrm{d}\widetilde{S}_{-}$：

$$\begin{aligned}\mathrm{d}\widetilde{S}_{+}&=-\frac{4\pi k_{B}Mr_{+}}{\sqrt{\left(M-\frac{Q^{2}}{2M}\right)^{2}-\left(\frac{J}{M}\right)^{2}}},\left(\mathrm{d}M-\frac{1}{2M^{2}r_{+}}\mathrm{d}J-\frac{Q}{2M}\mathrm{d}Q\right)=-2\pi k_{B}\mathrm{d}(Mr_{+})\\ \mathrm{d}\widetilde{S}_{-}&=-\frac{4\pi k_{B}Mr_{-}}{\sqrt{\left(M-\frac{Q^{2}}{2M}\right)^{2}-\left(\frac{J}{M}\right)^{2}}},\left(\mathrm{d}M-\frac{1}{2M^{2}r_{-}}\mathrm{d}J-\frac{Q}{2M}\mathrm{d}Q\right)=-2\pi k_{B}\mathrm{d}(Mr_{-})\end{aligned} \tag{35}$$

(35)式可以直接通过对$(Mr_{\pm})$微分得证，例如通过对$(Mr_{\pm})$微分就求得(35)式中的第一式，具体推导如下：

$$\begin{aligned}\mathrm{d}(Mr_{+})&=M\mathrm{d}F_{+}+r_{+}\mathrm{d}M\\&=\left\{2M+\sqrt{\left(M-\frac{Q^{2}}{2M}\right)^{2}-\left(\frac{J}{M}\right)^{2}}+\frac{M^{2}-\left(\frac{Q^{2}}{2M}\right)^{2}+\left(\frac{J}{M}\right)^{2}}{\sqrt{\left(M-\frac{Q^{2}}{2M}\right)^{2}-\left(\frac{J}{M}\right)^{2}}}\right.\\&=\left\{\left[-\frac{Q^{2}}{2M}+\sqrt{\left(M-\frac{Q^{2}}{2M}\right)^{2}}\right]Q\mathrm{d}Q+J\,\frac{1}{M}\mathrm{d}J\right\}\left[\left(M-\frac{Q^{2}}{2M}\right)^{2}-\left(\frac{J}{M}\right)^{2}\right]^{-\frac{1}{3}}\\&=2Mr_{+}\left\{\mathrm{d}M-\frac{Q}{2M}\mathrm{d}Q-\frac{J}{2M^{2}r}\sqrt{\left(M-\frac{Q^{2}}{2M}\right)^{2}-\left(\frac{J}{M}\right)^{2}}\right\}^{-\frac{1}{2}}\end{aligned} \tag{36}$$

由此可以求得(35)式的第一式，按同样推导步骤也可以求证(35)式的第二式，于是我们得到 Sen 黑洞熵的微分等式为

$$\begin{aligned}\mathrm{d}\widetilde{S}&=\mathrm{d}\widetilde{S}_{+}+\mathrm{d}\widetilde{S}_{-}=-2\pi k_{B}\mathrm{d}[M(r_{+}-r_{-})]\\&=-\mathrm{d}\left[4\pi k_{B}M^{2}\sqrt{1-\frac{a^{2}+Q'^{2}}{M^{2}}}\right]\end{aligned} \tag{37}$$

式中 $Q'=(\sqrt{1-(Q/2M))^{2}}Q,a=J/M$。同时 Sen 黑洞的视界面积应表示为

$$A_{\pm}=\int\sqrt{g}\mathrm{d}\theta\mathrm{d}\varphi=2Mr_{\pm}\int\sin\theta\mathrm{d}\theta\mathrm{d}\varphi=8\pi Mr_{\pm} \tag{38}$$

代入(39)式则有

$$\mathrm{d}\widetilde{S}=-\frac{k_{B}}{4}\mathrm{d}(A_{+}-A_{-})=-\mathrm{d}\left[4\pi k_{B}M^{2}\sqrt{1-\frac{a^{2}+Q'^{2}}{M^{2}}}\right] \tag{37'}$$

于是完全可以类似于 K－N 黑洞熵的积分式处理，在(37′)中令 $\eta'^{2}=a^{2}+Q'^{2}$，为了

避免在(37′)式积分时出现虚值熵，必须要求积分的初始质量 M_E 满足条件：$M_E^2=a^2+Q'^2=\eta'^2\geqslant 0$。(37′)式右端积分的初始值选为 $M_E=\eta'$。这样(37′)式积分后有

$$\widetilde{S}(M)-\widetilde{S}(\eta')=-4\pi k_B M^2\sqrt{1-(\eta'/M)^2} \tag{39}$$

同样这里的初值熵 $\widetilde{S}(\eta')$ 也要满足三个条件：(i) $\widetilde{S}(\eta')$ 是 η' 的减函数：(ii) $\eta'=0$ 时，$\widetilde{S}(\eta')$ 必须回到 SW 黑洞的初始值 $\widetilde{S}(0)$；(iii) 当 $M=M_E=\eta'$ 时，$\widetilde{S}(\eta')$ 自动满足零熵初值条件 $\widetilde{S}(\eta')\big|_{\eta'=M_E}=0$。满足这三个条件的 $\widetilde{S}(\eta')$ 必然表示为

$$\widetilde{S}(\eta')=\widetilde{S}(0)\sqrt{1-(\eta'/M)^2} \tag{40}$$

将(40)式代入(39)式中则有

$$\widetilde{S}(M)=(\widetilde{S}(0)-4\pi k_\mu M^2)\sqrt{1-(\eta'/M)^2} \tag{41}$$

这里 $\widetilde{S}(0)$ 就是 SW 黑洞的初值熵，因此它必然满足条件：$\lim\limits_{M\to\infty}(4\pi k_B M^2)=\widetilde{S}(0)$。由(41)式给出的 $\widetilde{S}(M)$ 曲线就是负能谱中 Sen 黑洞熵的演化公式，这个演化曲线也具有两个零熵极限点，第 1 个零熵极限点是 $M\to\infty$ 的极限点，在这个极限点上显然有

$$\lim_{M\to\infty}\overline{S}(M)=\lim_{M\to\infty}(\overline{S}(0)-4\pi k_B M^2)\sqrt{1-(\eta'/M)^2}=0 \tag{42}$$

$$\lim_{M\to\infty}\widetilde{T}_\pm=-\lim_{M\to\infty}\frac{r_+-r_-}{8\pi k_B M r'_\pm}=-\lim_{M\to\infty}\frac{1}{M}=0$$

(42)式表明负能谱中的 Sen 黑洞在第 1 个零熵极限上满足热力学第三定律。第 2 个零熵极限点出现在 $r_-=r_+$ 的极端状态上，即 $M=M_E$ 点上，在这点上有 $M_E=\eta'$，于是有以下极限：

$$\lim_{r_-\to r'}\overline{S}(M)\sim\lim_{r_-\to r'}\sqrt{1-(\eta'/M)^2}=\sqrt{1-(\eta'/M_k)^2}=0 \tag{43}$$

$$\lim_{r_-\to r_+}\widetilde{T}_\pm-\lim_{r_-\to r_+}\sqrt{1-(\eta'/M)^2}=\sqrt{1-(\eta'/M_k)^2}=0$$

(43)式表明负能谱中 Sen 黑洞在第 2 个零熵极限点也满足热力学第三定律。

总之，从以上对几个典型的稳态黑洞熵的演化规律的研究可以看出，如果把黑洞视为负能谱系统，不仅所表征的熵的演化规律与黑洞熵的实际演化历程一致，而且所表征的熵才真正具有作为物质无序化程度的量度这一本质特征；此外，对所有的黑洞所表征的熵都能很好地满足热力学第三定律。但是，如果把黑洞视为正能谱系统，例如 Bekenstein 所建立的黑洞热力学，对黑洞所表征的熵不仅与熵的实际演化历程以及与熵作为无序化程度的量度的本质特征直接对立，而且不能保证所有零熵极限点满足热力学第三定律。

参考文献

[1] 白铭复，等. 高等量子力学(II)[M]. 长沙：国防科技大出版社，1994.
[2] Yang Shuzheng, Lin Libin. New Kinds of Dirac Energy Levels and Their Crossing Regions[J]. *Chinese Physics*, 2001, 10(11): 1066 - 1070.

[3] Landau. 量子力学[M]. 严肃,译. 北京:人民教育出版社,1980: 65-68,140-143.
[4] S. Weinberg. 引力论和宇宙论[M]. 邹振隆,张历宁,译. 北京:科学出版社,1980:346,369,370.
[5] 邓昭镜. 试论概率函数 $\beta\cdot\varepsilon_i$ 因子乘积的符号[J]. 科学研究月刊,2004,11:1-2.
[6] 李传安. 黑洞的普朗克绝对熵公式[J]. 物理学报,2001,5:986-988.
[7] A. Sen. Rotating Charged Black Hole Solution in Heterotic String Theory[J]. *Physical Rew. Lett*, 1992, 69(7): 1006-1009.

两类自发演化过程与相对论热力学①

摘　要：文章中首先阐述了宇宙中允许两类自发演化过程同时并存的事实基础，然后又阐明了作为唯象科学——热力学的唯象特征，在此基础上对相对论热力学基本定律，主要是对相对论热力学第0定律、第一定律和第二定律的建立提出了基本思考。

关键词：自发演化过程；唯象热力学；熵；时-空曲率

1. 引言

现在，广义相对论，黑洞理论和宇宙论中所采用的热力学理论仍然是半个多世纪前由 Tolman 所建立的相对论热力学理论。Tolman 在严格保证满足协变原理和等效原理的条件下，通过时-空变换，从平直时-空中的经典热力学规律求得了弯曲时-空中的相对论热力学规律。Tolman 所建立的能满足协变条件的弯曲时-空中相对论热力学规律，正是他理论的成功之处。但是 Tolman 在建立相对论热力学理论时，却忽视了有别于其他力学(如牛顿力学、电动力学)且仅属于热力学的“唯象”方法论，那就是热力学的四条定律都是大量实验归纳总结的结论。因此，这就要求热力学规律和它依赖的实验基础在时-空变换中都同时是协变的。如果热力学规律和它依赖的实验基础在时-空变换中是彼此协变的，那么，Tolman 的相对论热力学就是完全成功的。反之，如果规律和它依赖的实验基础，在时-空变换中不是协变的，甚至是反变的，那么，Tolman 的相对论热力学就是不成功的。可惜的是热力学规律和它的实验基础在许多情况下不仅不是协变的，而且还是反变的，例如，建立热力学第二定律所依赖的实验基础——自发演化过程，与第二定律就不是共同协变的，一缸气体在平直时-空中要自发地膨胀，熵会自发增加，而在弯曲时-空中同样一缸气体完全可能会自发地收缩，使其熵自发地减少。在这样的情况下，Tolman 所建立的相对论热力学理论就是不成功的。当然，我们不能因此全盘否定 Tolman 的工作，Tolman 的贡献是完成了相对论热力学中热力学定律自身的协变表示，对相对论热力学的建立已完成了很重要的一半工作，现在的问题是如何在 Tolman 相对论热力学理论的基础上进行合理补充修改，使热力学定律和它的实验基础在时-空变换中能实现共同协变的要求。以下内容正是为此目的提出的一种试探

① 待刊稿。作者为邓昭镜、陈华林。

性的对 Tolman 相对论热力学的修改方案。

2. 宇宙中同时允许两类对立的自发演化过程存在

在地球表面上只能观察到一类自发演化过程，即物质状态会自发地趋向无序化的熵增加过程。但在宇宙中不仅能观测到人们熟知的熵自发地增加过程，同时还能观测到熵自发地减少过程。我们把前者称为第一类自发演化过程，而将后者称为第二类自发演化过程。除在地球表面上已观察到的所有熟知的各种导致熵增加的自发过程外[1]，在宇宙中还有很多第一类自发演化过程，比如恒星的辐射，银河系的膨胀，红巨星的爆发等都是导致物系熵增加的第一类自发演化过程[2]。因此第一类自发演化过程在宇宙中大量存在是不言而喻的。现在的关键在于认识第二类自发演化过程能否在宇宙中也大量存在。

(1) 第二类自发演化过程所依据的基本条件

第二类自发演化过程是在弯曲时-空中形成的恰与第一类自发演化过程对立的自发演化过程，这一类自发演化过程的基本特征表现为：热量只能自发地由低温流向高温；物系中粒子流只能自发地由低密度区流向高密度区；物系中低压区将自动地向高压区收缩；化学势将自发地由化学势低的物质向化学势高的物质转化；功不能无补偿地完全转化为热，热可以无补偿地全部转化为功。可以看出由第二类自发演化过程所导致的必然结果是：① 物质中密度、压强、温度的分布愈来愈集中，不断地消灭物系中各种性质的均匀化状态，以达到物质中各种性质分布的最大的非均匀化；② 在物质自聚集中，将为物系的粒子间产生各种新的作用创造条件，致使物系在自聚集中不断地产生新的结构；③ 在自聚集中物系内各种可被利用的相互作用能将达到最大的积蓄[3]。然而这第二类自发演化过程在地球表面上从未被观察到，并非这类自发演化过程不存在，而是因为地球表面的引力场非常弱[地球表面引力场强弱由地球半径 R_e 和地球质量的视界半径 R_g 之比 (R_g/R_e) 决定，很容易确定 $(R_g/R_e)\approx 1.25\times 10^{-10}$，因此地球表面引力场非常弱[4]]，使得在地球表面小尺度范围内所引起的引力度规的变更将更小，在这种条件下自引力场很难对地球表面物系的宏观演化起任何可察觉的影响。因此在地球表面上不可能观测到由自引力支配的第二类自发演化过程。但是在强引力场区域中，如黑洞，或大尺度的宇宙环境中，如星云，在物系内由时-空弯曲形成的自引力场必然会形成超越所有其他作用的力场。对于这一点 Hawking 正确地指出：尽管在四种相互作用中，引力场是最弱的场，但由于引力场不仅是长程作用，而且还是不可屏蔽的长程作用，这种作用在形成宇宙大尺度结构中必然会成为超过所有其他相互作用的力场[5]。因此第二类自发演化过程存在的基本条件是在所论的大尺度系统中热力学系统内自引力场起着超越其他力场的支配作用。

(2) 第二类自发演化过程在宇宙中大量存在

我们已经知道第二类自发演化过程是在自引力场起支配作用的热力学系统中显示的自发演化过程，或者说是弯曲时-空中热力学系统的自发演化过程。这类自发演化过程在宇宙形成大量恒星的过程中和进入衰老恒星的归途中大量存在。例如巨型分子云(GMC)就是产生恒星的重要原胚,在自引力作用下将一个几乎均匀分布的巨大的分子星云通过密度涨落而产生自发碎裂以形成的许多较小子块,称为子星云,然后这些子星云又通过引力自聚集,在子星云中产生许多高密度的中心。此后又从这些高密度中心处经过引力坍缩产生原恒星。猎户星座正是由许多这类巨型分子云组成的巨型分子星云集合,大量原恒星正是在巨型分子云集合中通过星云碎裂,聚集,坍缩过程而自发地产生的[6]。可以看出这里原恒星诞生过程的每一步都是在自引力支配下进行的第二类自发演化过程。另一种第二类自发演化过程是在宇宙内大量死亡恒星的归途中呈现的。白矮星和中子星是由几个(约 3 个左右)太阳质量的恒星,当其内部核燃料燃烧殆尽后,在强大的自引力压缩下,不断克服星体内部的简并压的自坍缩过程而形成的。这里所不同的是:中子星是靠自引力不断克服“冷中子”简并压的自坍缩过程而形成的,而白矮星则是靠自引力不断克服电子简并压的自坍缩过程而形成的[7]。显然这里白矮星和中子星的自坍缩过程正是典型的第二类自发演化过程。最能显示第二类自发演化过程的实际对象莫过于黑洞天体的形成。黑洞在一般情况下是大质量天体的最后归宿。黑洞的边界称为视界,视界半径 R_g 由黑洞质量决定:$R_g=\frac{2MG}{c^2}$。黑洞要吸收一切物质,使物质自发地由低密度区流向黑洞内部的高密度区,导致物质分布极端地非均匀化;黑洞使物质自发地走向最有序、最简单的结构,它的最终结构只需用三个量——M、J 和 Q 来表征;黑洞通过不断地释放引力能以最有效的形式——能层储备能源。它所储备的能量可以达到 10^{60} erg。由于黑洞要吸收一切物质,包括光,因此我们无法直接观测到黑洞的存在(它的运动和演化)。但是可以根据黑洞附近可见天体和星际物质在黑洞引力场中的运行和演化行为来判断黑洞的存在。目前天体观测中发现了大量的双星结构,其中有一部分双星结构中只能观测到一个伴星在运行,它的另一个伴星是不发光的,这类不发光的伴星有一部分已判明就是黑洞。例如天鹅座中有一个蓝色巨星 x-1,它正围绕着另一个不发光的中心天体旋转。由观测数据判明这个足以使蓝色巨星 x-1绕其旋转的不发光的中心天体就是黑洞,观测表明不发光的黑洞正不断地从蓝色巨星中拉出物质流,并将它们吸入以黑洞为中心的吸积盘中以形成铁饼似的旋涡结构[8]。另外,从黑洞理论证明巨大的旋转黑洞的能层可以储备量级达 10^{60} erg 的可被利用的转动能,这个巨大的能源正好与当今天文观测中发现的射电星系和类星体在暴胀过程中释放的能量在量级上相当。就是说只有黑洞的存在才能为射电星系和类星体提供如此巨大的能源储备,它也是从另一角度反映着黑洞的存在[9]。由此可见第二类自发演化过程在宇宙中也是大量存在的。正由于宇宙中存在大量的第二类自发演化过程,这个现实必将对弯曲时-空中热力学的建立产生基本影响。

3. 关于相对论热力学

(1) 热力学是唯象科学

经典热力学是一种唯象科学，它的基本原理不是以少数一两个基本假设单靠逻辑推理的演绎过程建立的，而是在平直时-空中(即地球表面)通过对大量实验归纳总结而建立的。具体讲，经典热力学第0定律在平直时-空中根据物系间达到热平衡的大量实验判明了物系达到热平衡的状态函数——温度 T，并确立了温度相等是物系间达到热平衡的充要条件；热力学第一定律在平直时-空中根据物系和外界之间有关能量转化和转移的大量实验结果，提出了标示物系能量的状态函数——内能 U，建立了在各种热力学过程中系统遵循的能量守恒和转化定律；热力学第二定律根据平直时-空中大量有关物系演化的实验，归纳出了能标示物系演化(尤其是自发演化)方向和演化强度的状态函数——熵 S，总结出了孤立系统的熵永不减少的基本定律；热力学第三定律根据大量获取低温的实验，在平直时-空中总结出一条重要的极限定律。当物质的温度趋于绝对零度时，也即趋于绝对零点能状态时，所有物系的熵将不再依赖于物系的性质和系统趋向绝对零度的过程。在这个极限状态上物系的熵可以取为一个恒定的零值。因此 S 和 T 之间在绝对零度上存在极限关系 $\lim\limits_{T\to 0} S=0$。以上就是经典热力学的唯象特征，即从大量实验中总结基本规律的方法论特征。必须强调，热力学的唯象特征(即按实验经归纳得出规律的方法论特征)在一般情况下并不具有协变性。例如在平直时-空中，经典热力学第二定律表述为：孤立系统的熵永不减少，$\Delta S\geqslant 0$。当通过时-空坐标变换转到弯曲时-空时，由于规律的协变性，在弯曲时-空中热力学第二定律理应仍是熵增加定律：$\Delta S\geqslant 0$。但是，在弯曲时-空中若通过大量演化实验经归纳法(即唯象法)总结的第二定律应给出孤立系统的熵会自发地减少的结果：$\Delta S\leqslant 0$。这就是说如果按相对论规律的协变要求，就会丢失热力学规律的唯象特征。反之，若保留热力学规律的唯象特征则会违反规律在变换中的协变性。于是如何把规律的协变性与其唯象特征统一起来将是我们必须解决的基本问题。

以下我们分别阐述弯曲时-空中热力学第0定律、热力学第一定律和热力学第二定律的建立。关于热力学第三定律，由于奇点出现，其中的问题很多，我们打算专门讨论。

(2) 热力学第0定律和热力学系统的温度

在平直时-空中经典热力学通过大量实验探明了一个状态函数，称为温度，以 T 表示，当系统达到热平衡时，系统的温度在整个系统的所有点上皆取同一个常数值，表示为

$$T(x,y,z)=C \quad (x,y,z)\in U \tag{1}$$

U 是系统占有的空间区域，x,y,z 是 U 中的坐标，反之，当有多个区域 U_a、U_b、U_c 中的温度皆取同一常数值时，这些区域彼此间必将达到热平衡。

当转入弯曲时-空后，经典热力学第0定律不再适用。这时必须对它作相应地推广。Tolman 通过时-空变换，对弯曲时-空中的静态系统基本上建立了相应的热力学第

0 定律。Tolman 的基本结果是：[10]

a. 弯曲时-空中系统的温度将直接受制于弯曲时-空的度规分布。即便是一个静态系统，当达到热平衡时，系统的温度也不会处处相等，恰是为适应于静态（或稳态）度规场分布而形成的一个确定的温度场分布。因此一个度规场将直接制约着系统的温度场；

b. 可以证明弯曲时-空中一个随动参考系中的静引力场系统存在一个状态函数 $T(x^i)$，当系统达到热平衡时，这个函数和度规分量 g_{44} 组成的乘积 $T_0(x^i)\sqrt{|g_{44}|}$ 在整个系统中取常数值，表示为[10]

$$T_0(x^i)\sqrt{|g_{44}|}=C \quad x^i\in U \tag{2}$$

式中 g_{44} 是随动参考系中度规张量的时间分量称为红移因子，U 是系统存在的区域，x^i 是 U 中的时-空坐标。（2）式中的 C 是一个接近零度的很小的数。事实上当远离弯曲时-空（即远离引力体）时，时-空度规 $g_{44}\to 1$。这时自然有 $C\to \overline{T}_0$，$\overline{T}_0$ 是远离物质、远离引力体时平直时-空的温度，这个温度至多只能是时-空背景温度。因此 $\overline{T}_0$ 是一个接近零度的很小的数。于是（2）式可以进一步写成

$$T_0(x^i)\sqrt{|g_{44}|}=\overline{T}_0\sim 0^+ \quad x^i\in U \tag{2$'$}$$

（2′）式的结论不能反这来说，不能认为所有使乘积 $T_0(x^i)\sqrt{|g_{44}|}$ 等于同一常数 $\overline{T}$ 的系统彼此间都能达到热平衡。只有那些能处于同一张时-空曲面上的系统，在热接触时可以达到热平衡。因此，当两个质量相等的 Schwarzschild(SW) 黑洞接触时，由于它们各自独立的时空结构，连同这两个黑洞相应的热平衡，将立即被破坏，进而形成一个新的更大的黑洞，如果这个新的更大的黑洞也是 SW 黑洞，那么它将有一个新的热平衡的温度分布。现在以孤立的 SW 黑洞为例来讨论由 Tolman 给出的弯曲时-空中热力学第 0 定律的应用。SW 黑洞是静态球对称引力系统，既然 SW 黑洞是孤立的，则黑洞外是真空，这时 SW 黑洞外部场的线元应表示为[11]

$$ds^2=\frac{dr^2}{1-\dfrac{2m}{r}}+r^2(d\theta^2+\sin^2\theta d\varphi^2)-\left(1-\frac{2m}{r}\right)dt^2 \tag{3}$$

此式已令光速 $c=1$。由于是外部场，则有 $r\geqslant r_0=2m$，外部场线元的 $g_{44}=-\left(1-\dfrac{2m}{r}\right)$，代入（2′）式则有

$$T_0(r)=\frac{\overline{T}_0}{\sqrt{1-\dfrac{2m}{r}}}\begin{cases}=\overline{T}_0 & r\to\infty\\ \approx\dfrac{3}{2}\overline{T}_0 & r\to r_0=2m\end{cases} \tag{4}$$

（4）式表明孤立的 SW 黑洞外部的温度分布随径向距离减少而增加，也即从无穷远处的 $\overline{T}_0$ 随径向距离减小到视界面附近时，温度近似地增加到 $\dfrac{3}{2}\overline{T}_0$。SW 黑洞的内部的温度分布，也可以从内部场线元表示式中的 g_{44} 度规求得，SW 场的内部线元表示为[11]

$$ds^2=\frac{dr^2}{1-\frac{r^2}{r_g^2}}+r^2(d\theta^2+\sin^2\theta d\varphi^2)-\left(1-\frac{r^2}{r_g^2}\right)dt^2 \tag{5}$$

由此可知 $g_{44}=-\left(1-\frac{r^2}{r_g^2}\right)$，于是 SW 黑洞内部温度将由下式决定：

$$T_0(r)=\frac{\overline{T}_0}{\sqrt{1-\frac{r^2}{r_g^2}}}\begin{cases}\approx\frac{3}{2}\overline{T}_0 & r\approx r_g\\ =\overline{T}_0 & r\to 0\end{cases} \tag{6}$$

(6)式表明 SW 黑洞内部的温度分布是由视界处的$\frac{3}{2}\overline{T}_0$ 降到球心处的$\overline{T}_0$。这样一来从无穷远到球心的整个区域中 SW 黑洞是在正温度域中从(无穷远)$\overline{T}_0\to$(视界)$\frac{3}{2}\overline{T}_0\to$(球心)$\overline{T}_0$。然而，SW 黑洞是一个纯粹的吸引场，空间常曲率为椭圆曲率，$K>0$。这样的吸引场，必然属于能量负定的场，而在一个能量负定的场中要能产生一个正定的温度分布场显然是不可能的。由此可见 Tolman 给出的静态场的第 0 定律是有问题的。为了克服 Tolman 对静态场建立的热力学第 0 定律所面临的困难，使所建立的热力学第 0 定律在时-空曲率变化同时能产生对温度分布域的变化，我们在 Tolman 第 0 定律的表述中引入时-空弯曲方向指数的符号因子$(-1)^\alpha$，其定义如下：在时-空曲面上任一点作一切平面，同时又在该点作两条互为垂直的法截线，如果这两条法截线相对于切平面都弯向切平面的一边，则表示曲面相对于切平面向一边弯曲，这时曲面在该点的弯曲方向指数$\alpha=1$，弯曲方向指数的符号因子$(-1)^\alpha=-1$；反之，当两条法截线相对于切平面各自弯向切平面的两边，则表示曲面相对于切平面有两个弯曲方向，其弯曲方向指数$\alpha=2$，弯曲方向指数的符号因子$(-1)^\alpha=1$；最后，当两条法截线位于切平面时，表示曲面相对于切平面在该点没有任何弯曲，其弯曲方向指数$\alpha=0$，且弯曲方向指数的符号因子$(-1)^\alpha=1$。因此，椭圆时-空的方向指数的符号因子为-1，而平直时-空和双曲时-空的方向指数的符号因子是$+1$。于是当一个时空变换是将平直时-空的规律变换到双曲时-空中时，规律中的量不会改变符号。但当时-空变换是将平直时-空的规律变换到椭圆时-空中时，则所变换规律中的量要改变符号。因此$(-1)^\alpha$ 因子中当$\alpha=0$时表示平直时-空，时空常曲率 $K_0=0$；$\alpha=1$ 时表示椭圆时-空，时-空常曲率 $K_1>0$；$\alpha=2$ 时表示双曲时-空，双曲时-空常曲率 $K_2<0$。现在对$(2')$式乘上$(-1)^\alpha$ 因子，则有

$$\overline{T}_0=(-1)^\alpha T_0(x^i)\sqrt{|g_{44}|}=\begin{cases}T_0(x^i)\sqrt{|g_{44}|} & \alpha=0,K_0=0\\ -T_0(x^i)\sqrt{|g_{44}|} & \alpha=1,K_1>0\\ T_0(x^i)\sqrt{|g_{44}|} & \alpha=2,K_2<0\end{cases} \tag{7}$$

既然 SW 场是纯粹吸引场，属于椭圆时-空，根据(7)式很容易求得 SW 黑洞内部和外部场中的温度分布：

$$(\text{外部})\quad T_0(x^1)=\begin{cases}-\overline{T}_0 & r\to\infty\\ -\frac{3}{2}\overline{T}_0 & r\to r_0=2m\end{cases} \tag{4'}$$

$$(\text{内部}) \quad T_0(x^1)=\begin{cases}-\dfrac{3}{2}\overline{T}_0 & r\to r_g \\ -\overline{T}_0 & r\to 0\end{cases} \tag{6'}$$

经过这一变换后,静态 SW 场的温度分布可以在负温度域中表示为

$$\underbrace{-\overline{T}_0>\overline{T}_0(x^i)>-\frac{3}{2}\overline{T}_0}_{\text{外部}}\underbrace{<T_0(x^i)<-\overline{T}_0}_{\text{内部}} \tag{8}$$

(8)式的温度分布对 SW 引力场才是可以理解的。事实上 SW 球的外部是纯引力场真空,时-空中任一点的能量密度只由纯引力场能量密度 t^{00} 决定,而负定的引力场密度 t^{00} 又将随着接近黑洞视界而迅速地增强,这就导致 SW 黑洞外部的温度分布由 $-\overline{T}_0$ 降至 $-\frac{3}{2}\overline{T}_0$。在黑洞内部由于有物质存在,物质处在黑洞内部引力坍缩中,产生了正定的热压 P_{th} 和简并压 P_{dog},这两项正定压强对应的正能密度将迅速减小由引力负压产生的负能密度,从而使黑洞的温度从 $-\frac{3}{2}\overline{T}_0$ 升至 $-\overline{T}_0$,这样 SW 黑洞的温度分布才是合理的。对静态 SW 场温度分布的合理解式——(8)式,正说明了我们引入的曲率指数因子 $(-1)^{\alpha}$ 的正确性。

(3) 热力学第一定律与 Bekenstein-Smar(B-S)公式

① 内能、功和热

热力学第一定律是能量守恒和转化定律,这条普适规律在任何时-空坐标中都成立。这条定律一般表示为

$$\mathrm{d}E=\text{đ}Q+\text{đ}W \tag{9}$$

式中 $\mathrm{d}E$ 是物系的内能增量,$\text{đ}Q$ 是物系吸收的热,$\text{đ}W$ 是外界对物系做的功。(9)式中,内能 E 是状态函数,它的变更只取决于始末两个状态内能之差,与物系经历的过程无关。外界所做的功 $\text{đ}W$ 和传入的热 $\mathrm{d}Q$ 都是依赖于过程的过程量,"功"和"热"是物系间(或物系中)能量转移和转化的形式。所谓"功"是指一切由可测的动力学的或几何的宏观外参量的"位移"所产生的能量转移或转化,例如 $-p\mathrm{d}V, \Omega\mathrm{d}J, \sigma\mathrm{d}A, \boldsymbol{E}\cdot\mathrm{d}\boldsymbol{D}$ 等分别是可测量的宏观动力学外参量或几何外参量 V, J, A 和 $\boldsymbol{E}$ 产生位移 $\mathrm{d}V, \mathrm{d}J, \mathrm{d}A$ 和 $\mathrm{d}\boldsymbol{D}$ 时对物系所做的功。反之,如果在物系之间存在能量转移和转化,但又不存在任何几何的或动力学的外参量的宏观"位移",这时物系间的能量转移和转化统称为"热",用 $\mathrm{d}Q$ 表示。除准静态过程外,一般情况下的"热"出现的过程是不可逆的,因此,有"热"出现的过程在状态参量空间中是不能用状态曲线来表示的。但是,可以证明任何两个状态间的不可逆过程总可以设想一个可逆过程来连接。因此,对一般不可逆过程我们总可以写出 $\mathrm{d}Q=T\mathrm{d}S$,就是说(9)式一般可以表示为

$$\mathrm{d}E=T\mathrm{d}S+\mathrm{d}W \tag{10}$$

这样式中 $\mathrm{d}Q$ 就可以通过设想的可逆过程来实现对不可逆过程热量输入的计算,从而使(10)式能适用于对各种不可逆的热力学过程中能量转化和转移的实际计算,故称(10)式为热力学的基本等式[12]

在热力学中总把物系的能量分为外能和内能。外能是物质作为整体参与的各种运动的动能和物系在外场中的势能之总合；内能是指物系中物体间，粒子间，分子、原子间，以及核子间等所有内部物质间已被激发的相互作用能，以及物系中各类粒子的平动、转动、振动和置换等运动能量之总合。在这里要特别强调的是：在具体问题（或具体过程）中，说到物系的内能总是指参与过程变化的属于物系粒子的那部分能量，而把物系中那些未被激发的那一部分“内能”均视为与所论问题无关的常数——“0”。就是说对于具有不同“激发”状态的热力学系统，表征系统内能的独立自然变量数是不同的。内能的独立自然变数愈多，则表示引起系统状态变化所参与的能量转化和转移的形式也就愈多。例如最简单的理想气体，其内能的独立自然变量是熵 S 和体积 V。其基本等式是：$dE=TdS-pdV$。而对于一缸由多种粒子组成的混合气体，其独立自然变量就多得多，可以有 $2+n$ 个，这时系统的基本等式表示为：$dE=TdS-pdV+\sum_{-1}^{n}\mu_i dN_0$。因此，内能不是物系中物质所有能量之总和，更不是物系物质固有能之总和，而是参与热力学反应过程，能引起反应的已被激发的那部分能量之总和，因此，内能有时又称为反应能或结合能，内能是可正、可负的。

② B－S公式和热力学第一定律

在当今黑洞热力学中把B－S公式确定为黑洞热力学的第一定律，同时又把B－S公式中的$\frac{k_\pm}{8\pi}dA_+$规定为“热”TdS，表示如下[13]：

$$\left.\begin{aligned}&\text{黑洞热力学第一定律}\qquad dM=\frac{\kappa_\pm}{8\pi}dA_\pm+\Omega_\pm dJ_\pm+V_\pm dQ_\pm\\&\text{黑洞视界面的“热”}\qquad \frac{\kappa_\pm}{8\pi}dA_\pm\equiv dQ\equiv TdS\end{aligned}\right\}\tag{11}$$

现在要问，当今黑洞热力学中这两个表述正确吗？我们的回答是表述不正确，其理由如下：

首先，分析“热”的表述，即 $TdS\equiv\frac{\kappa_\pm}{8\pi}dA_+$ 中的问题。

实际上在B－S公式中 $dA_\pm$ 这一项是“功”不是“热”，因为这里的$\frac{\kappa_\pm}{8\pi}$是视界面积的自引力密度，$dA_\pm$ 是宏观几何变量 $A_\pm$ 的宏观位移，两者之积是自引力密度在使黑洞视界面积增加 $dA_\pm$ 的过程中做的“功”，不是“热”。至于这项“功”是否会转化为“热”，那是“功-热”转化的问题。正如摩擦力做功 $\boldsymbol{f}\cdot d\boldsymbol{r}$ 必然会转化成“热”一样，在这里我们不能将 $\boldsymbol{f}\cdot d\boldsymbol{r}$ 确定为“热”，这是因为它是由摩擦力 $\boldsymbol{f}$ 在产生宏观几何位移 $d\boldsymbol{r}$ 的过程中所转化的能量贡献，而不是靠粒子的“无序运动”所“传递”的能量。至于由摩擦力做功所获取的能量怎样又通过接触面间分子无序碰撞方式将它转化为热，这是“功-热”转化问题，不能因此就将摩擦力的功定义为“热”。由此可见，在B－S公式中将$\frac{\kappa_\pm}{8\pi}dA_\pm$定义为热（$TdS$）是错误的，这是第一错误。B－S公式中所有三项能量贡献都是“功”，不是

“热”。其中第一项$\frac{\kappa_\pm}{8\pi}\mathrm{d}A_\pm$是视界面上自引力密度作用下产生视界面积增量 $\mathrm{d}A_\pm$ 时所做的功；第二项 $\Omega_\pm \mathrm{d}J_\pm$ 是由视界引力强制周围物质以视界角速度 $\Omega_\pm$ 旋转时，由自引力导致动量矩增加 $\mathrm{d}J_\pm$ 时反抗惯性离心力所做的功；第三项 $V_\pm \mathrm{d}Q_\pm$ 则是视界引力在自引力坍缩中使视界电荷增加 $\mathrm{d}Q_\pm$ 时，视界电势 $V_\pm$ 所做的功。而 B-S 公式则表示自引力通过三种做功形式产生的能量总贡献等于黑洞质量的增加 $\mathrm{d}M$。于是黑洞的自引力所做的总功就是 B-S 公式。

黑洞自引力做的总功：

$$\frac{\kappa_\pm}{8\pi}\mathrm{d}A_\pm+\Omega_\pm \mathrm{d}J_\pm+V_\pm \mathrm{d}Q_\pm=\mathrm{d}M \tag{12}$$

由此可见将 B-S 公式确定为黑洞热力学第一定律显然又是错误的。考虑到黑洞自引力做功是消耗黑洞内能所做的功，因此这个功等于外界输入负功，如果除自引力功以外，外界对黑洞没有做其他的功时，则有

$$\mathrm{d}W=-\mathrm{d}M \tag{13}$$

再根据(10)式，黑洞热力学的第一定律应当表示为

$$\mathrm{d}E=T\mathrm{d}S+\mathrm{d}W=T\mathrm{d}S-\mathrm{d}M \tag{14}$$

$$\mathrm{d}M=\frac{\kappa_\pm}{8\pi}\mathrm{d}A_\pm+\Omega_\pm \mathrm{d}J_\pm+V_\pm \mathrm{d}Q_\pm \tag{14'}$$

(14)式就是适用于稳定黑洞视界面上能量转化与守恒的热力学第一定律，(14)式表明 B-S 公式不是黑洞热力学第一定律，它只是当黑洞系统没有其他外功输入时，以 $-\mathrm{d}M$ 表示黑洞系统的总外功贡献。

(4) 热力学第二定律与时空结构

前面已阐述了热力学是一种唯象科学，而规律的唯象特征在一般情况下并不具有相对论时-空变换下的不变特征。于是，当将平直时-空中的经典热力学理论通过时-空变换以求得弯曲时-空中的相对论热力学时，很有可能丢失原有规律的唯象特征。因此，在作热力学理论变换时必须十分注意热力学规律唯象特征在时-空变换中的变化，这一点对建立相对论热力学第二定律尤为重要。这是因为时-空弯曲就是物系中自引力场的形成，而自引力场出现又必然会改变物系中自发演化过程的方向，也就是时-空变换要产生演化规律对称性改变。而这类涉及规律对称性改变的变化是不连续群变换，在保证规律协变的相对论时-空变换的连续群中不可能自动地产生。因此，当我们从经典热力学第二定律通过时-空变换以期建立相对论热力学第二定律时，必须在通常时-空变换的程序上再乘以能反映演化方向随空间曲率改变的不连续变换。Tolman 在建立相对论热力学时，只进行了时-空度规的连续变换，没有考虑因时-空曲率变化所导致的演化方向的(不连续)改变。这样一来，平直时-空中热力学第二定律(即熵增加原理)经时-空度规变换后在弯曲时-空中仍然还是熵恒增形式的热力学第二定律。具体讲由 Tolman 建立的相对论热力学第二定律在平直时-空中表示为[14]

$$\Delta S_0=\int_{x^4}^{\bar{x}^4}\iiint \frac{\partial}{\partial^{x^4}}x\left(\sigma_0-\frac{\mathrm{d}x^4}{\mathrm{d}s}\right)\mathrm{d}x^1\mathrm{d}x^2\mathrm{d}x^3\mathrm{d}x^4\geqslant\frac{\delta Q_0}{T_0}\geqslant 0 \tag{15}$$

当系统时-空由平直时-空转变到弯曲时-空时，热力学第二定律将变为

$$\Delta S=\int_{x^4}^{\bar{x}^4}\iiint \frac{\partial}{\partial^{x^4}}x\left(\sigma_0-\frac{\mathrm{d}x^4}{\mathrm{d}s}\sqrt{-g}\right)\mathrm{d}x^1\mathrm{d}x^2\mathrm{d}x^3\mathrm{d}x^4\geqslant\frac{\delta Q_0}{T_0}\geqslant 0 \tag{16}$$

式中 σ_0 是时-空中的熵密度，g 是时-空度规行列式，S_0 是平直时-空中系统的熵，S 是弯曲时-空中系统的熵。由(15)、(16)两式可知，无论是平直时-空，还是弯曲时-空，系统的热力学第二定律总是熵增加原理，即

$$\Delta S\geqslant 0 \tag{17}$$

显然这一结果将直接与弯曲时-空中大量存在的第二类自发演化过程的实践观测事实相对立。这一矛盾充分地反映了热力学第二定律与时-空结构(尤其是时-空曲率)之间的密切关系。显然 Tolman 的相对论热力学并不能反映这个关系，由此可见 Tolman 的相对论热力学是不成功的[13]。为了能正确地反映由经典热力学到相对论热力学的变换中，热力学第二定律所依赖的作为实践基础的自发演化过程也能自动地由第一类自发演化过程转化为第二类自发演化过程，和对第 0 定律的处理一样，我们需要在 Tolman 相对论热力学第二定律的表示式中引入一个曲率指数的符号变换。为此，我们在时-空任一点上引入空间弯曲指数符号因子 $(-1)^\alpha$。当 $\alpha=0$ 时为平直时-空；$\alpha=1$ 时为椭圆时-空；$\alpha=2$ 时为双曲时-空。只要对 Tolman 的(16)式和(17)式乘上这个(不连续的)曲率符号因子就能使热力学二定律按时-空任一点的曲率正确地给出该时-空点的演化方程，于是(15)式应改写为

$$(-1)^\alpha\delta S\geqslant\frac{\delta Q_0}{T_0}\quad \delta S\begin{cases}\geqslant\dfrac{\delta Q_0}{T_0} & \alpha=0\text{ 时},K_0=0\\[2ex] \leqslant\dfrac{\delta Q_0}{T_0} & \alpha=1\text{ 时},K_1>0\\[2ex] \geqslant\dfrac{\delta Q_0}{T_0} & \alpha=2\text{ 时},K_2<0\end{cases} \tag{18}$$

对于孤立系统或绝热系统则有

$$(-1)^\alpha\delta S\geqslant 0\quad \delta S\begin{cases}\geqslant 0, & \alpha=0\text{ 时},K_0=0\\ \leqslant 0, & \alpha=1\text{ 时},K_1>0\\ \geqslant 0, & \alpha=2\text{ 时},K_2<0\end{cases} \tag{19}$$

(19)式表明当时-空某一点的空间常曲率 K_i 是零曲率和负曲率(即平直时-空或双曲时-空)时，则热力学第二定律必然表现为熵增加原理。当该点的空间常曲率为正(即椭圆时-空)时，则热力学第二定律必然表现为熵减少原理。这样，所建立的新的相对论热力学第二定律才能正确地反映弯曲时-空中的实际演化过程。

这里有一点很值得注意，那就是热能总是正定的。这个基本属性在我们对第 0 定律中的温度 T 和对第二定律中的熵增 $\mathrm{d}S$，同时引入曲率指数符号因子 $(-1)^\alpha$ 后不会受到任何影响。实际上，在这个变换中我们有

$$(-1)^\alpha T\cdot(-1)^\alpha\mathrm{d}S=T\mathrm{d}S\geqslant 0 \tag{20}$$

这就是说正温度域中的系统，其熵必然遵从熵增加原理；而负温度域中的系统，其熵必

然遵从熵减少原理。因此,在时-空曲率、温度域和熵的演化三者之间必然存在着以下的关系:

$$\text{当} K\leqslant 0 \text{时},\quad T\geqslant 0,\quad dS\geqslant 0;\qquad (21)$$
$$\text{当} K>0 \text{时},\quad T\leqslant 0,\quad dS\leqslant 0。$$

(5) 新建的热力学第一定律对 Kerr-Newman(K-N)黑洞的应用

K-N 黑洞是球对称荷电的转动黑洞,由于 $a^2+Q^2\neq 0$,黑洞内部出现了内视界,又假定黑洞中没有触发核反应,可以证明孤立的球对称自引力体的内能恒负,表示为

$$E=-4\pi\int_0^R m_N^0 n(r)\beta\left\{\frac{1}{2}+\frac{3}{2}\frac{Gm(r)}{r}+\frac{3}{2}\left(\frac{Gm(r)}{r}\right)^2+\frac{3}{8}\beta^2+\cdots\right\}dr\leqslant 0 \qquad (22)$$

式中 E 是系统的内能,m_N^0 是单粒子的固有质量,$n(r)$是引力球中 r 点的数密度,$\beta=\frac{v}{c}$ 是粒子速度,$m(r)=4\pi\int_0^r \rho(r')r'^2 dr'$ 是半径为 r 的引力球的球内总质量,其中 $\rho(r')$是 r'点的密度。(22)式表明系统内能是负定的,因此,系统恒处于负能态中。于是系统的温度也必然是负定的,$T\leqslant 0$。对于 K-N 黑洞系统,其内外视界温度 T_+、T_-应表示为

$$T_\pm=\frac{r_+-r_-}{4\pi k_B(r_\pm^2+a^2)}\leqslant 0 \qquad (23)$$

式中 r_+、r_-是外、内视界半径;$a=\frac{J}{M}$是单位质量的角动量,或称比角动量,由于 $r_+>r_-$,故有 $T_+>T_1$(即$|T_+|<|T_-|$)。

现在假定 K-N 黑洞是孤立的,其内能保持恒定 $dE=0$,根据(14)式则有

$$TdS=dM \qquad (24)$$

在讨论 K-N 黑洞熵的演化之前,我们尚须作一说明,必须指出这里得出的(14)式和(24)式都是适用于小尺度热力学的经典形式,而这里讨论的 K-N 黑洞却不是小尺度系统,它处于稳定平衡时,各种热力学参量,如温度 T、熵 S 都是度规张量的函数,具有分布特征,对于球对称的 K-N 黑洞,若要严格处理这个问题,必须至少要采用径向积分形式才能给出较正确的结果。但是,如果我们只在判明黑洞内具有代表性的特征——内、外视界熵的演化规律,借此以期从原则上了解黑洞的演化规律,(14)式和(24)式仍然是适用的。下面我们将黑洞假定为由外、内视界两个子系组成的系统。按(23)式可知,外视界子系处于高温状态,内视界处于低温状态,这样就可以在外、内视界之间形成"热-引力"交换平衡,我们假定"热-引力"的交换平衡在两个子系间已经形成,在这样的条件下,才可以假定 K-N 黑洞的熵增为内、外两个子系熵增之和,表示为

$$dS=dS_++dS_-=\left(\frac{1}{T_+}+\frac{1}{T_-}\right)dM \qquad (25)$$

将(23)式代入则有

$$dS=-4\pi k_B\frac{2M^2-Q^2}{\sqrt{M^2-\eta^2}}dM,\ \eta^2=a^2+Q^2 \qquad (26)$$

对(26)式积分时,要求保证不出现虚值熵,这样可以求得

$$S(M)-S(\eta)=-4\pi k_{\mathrm{B}}M^{2}\left\{\sqrt{1-\left(\frac{\eta}{M}\right)^{2}}+\left(\frac{a}{M}\right)^{2}\ln\left[\frac{M}{\eta}\left(1+\sqrt{1-\left(\frac{\eta}{M}\right)^{2}}\right)\right]\right\} \tag{27}$$

现在根据以下三个条件来确定初值熵 $S(\eta)$：

① 由于 K－N 黑洞内部是负能态系统，因此 $S(\eta)$ 必须是 η 的减函数；

② 当 $\eta=0$ 时，K－N 系统退化为 SW 系统，$S(\eta)$ 应退化为 SW 黑洞的初值熵，即 $\lim\limits_{\eta=0}S(\eta)=4\pi k_{\mathrm{B}}M^{2}$；

③ 当 $\eta=M$ 时，要求满足极端零熵条件，即 $\lim\limits_{\eta=0}S(\eta)=S(M)=0$。

由此易于求出满足以上三个条件的 $S(\eta)$ 是

$$S(\eta)=S(0)\left\{\sqrt{1-\left(\frac{\eta}{M}\right)^{2}}+\left(\frac{a}{M}\right)^{2}\ln\left[\frac{M}{\eta}\left(1-\sqrt{1-\left(\frac{\eta}{M}\right)^{2}}\right)\right]\right\} \tag{28}$$

代入(27)式最后得

$$S(M)=\{S(0)-4\pi k_{\mathrm{B}}M^{2}\}\left\{\sqrt{1-\left(\frac{\eta}{M}\right)^{2}}+\left(\frac{a}{M}\right)^{2}\ln\left[\left(\frac{M}{\eta}\right)\left(1+\sqrt{1-\left(\frac{\eta}{M}\right)^{2}}\right)\right]\right\} \tag{29}$$

由此求得的 K－N 黑洞的熵满足减少原理，同时又遵从能斯特热力学第三定律和极端黑洞的零熵条件：

$$\lim_{M\to\infty}S(M)=0\quad \lim_{M=\eta}S(M)=0$$

将以上新建立的黑洞热力学第一定律应用于 K－N 黑洞后能自动地保证了负能谱热力学第二定律——熵减少原理，负能谱热力学第三定律——能斯特定律成立，说明了这里建立的负能谱热力学第一定律是理论自洽的。

参考文献

[1] 常树人. 热学[M]. 天津：南开大学出版社，2001：276－359；陈鹏万，等. 大学物理学手册[M]. 济南：山东科技出版社，1985：146.

[2] F. 霍伊尔，J. 纳里卡. 物理天文学前沿[M]. 何香涛，赵君亮，译. 长沙：湖南科学出版社，2005.

[3] 邓昭镜. 负能谱及负能谱热力学[M]. 重庆：西南师范大学出版社，2007：50－94；张邦国. 恒星起源动力学[M]. 北京：科学出版社，1994：197－199，214－230.

[4] Woam，G. 剑桥物理公式手册[M]. 上海：上海科技出版社，2006：176.

[5] S. W. Hawking. 时空的大尺度结构[M]. 王文浩，李泳，译. 长沙：湖南科技出版社，2006：1－4.

[6] F. 霍伊尔，J. 纳里卡. 物理天文学前沿[M]. 何香涛，赵君亮，译. 长沙：湖南科技出版社，2005：76－81.

[7] S. 温伯格. 引力论和宇宙论[M]. 邹振隆，张历宁，译. 北京：科学出版社，1980：355－370.

[8] Andrew Solway. 黑洞里面有什么[M]. 苏湛，译. 北京：北京理工大学出版社，2007：21.

[9] F. 霍伊尔，J. 纳里卡. 物理天文学前沿[M]. 何香涛，赵君亮，译. 长沙：湖南科技出版社，2005：130－131.

[10] R. C. Tolman. *Relativity，Thermodynamics and Cosmology*[M]. Oxford：Oxford University Press，1934：313－318.

[11] C. Mφller. *The Theory of Relativity*[M]. London：Oxford University Press，1952：326，330－

332.
[12] Landau L D, Lifshitz E M. 统计物理学[M]. 杨训恒，译. 北京：人民教育出版社，1979：417－720.
[13] ид. базаров. 热力学[M]. 沙振舜，张毓昌，译. 北京：高等教育出版社，1983：17－19.
[14] 刘辽，等. 黑洞与时间的性质[M]. 北京：北京大学出版社，2008：48.
[15] R. C. Tolman. *Relativity, Thermodynamics and Cosmology*[M]. Oxford: Oxford University Press, 1934.

黑洞熵的演化规律与热力学第三定律

摘　要:将正、负能谱中黑洞热力学理论分别应用于分析 Schwarzchild (SW)黑洞,Kerr-Newman(K-N)黑洞以及 Sen 黑洞的熵及其演化过程,对它们的对照分析结果表明:负能谱热力学对表征黑洞的熵及其演化规律和极限特征比 Bekenstein 热力学优越得多。

关键词:熵;Schwarzchild 黑洞;Kerr-Newman 黑洞;Sen 黑洞

Bekenstein 等人在 Clausius 热力学(即正能谱热力学)的基础上,用类比方式建立了黑洞热力学[1],受到了学术界极大的关注,有支持的(如约翰、惠勒),也有反对的(如当时霍金就是反对者之一),直到现在也仍然有许多学者对 Bekenstein 黑洞热力学中的基本规律表示质疑[2]。近年来我们建立了负能谱热力学理论[3],从基础上直面挑战 Bekenstein 黑洞热力学,并用负能谱热力学理论对 Bekenstein 黑洞热力学中存在的基本矛盾作了较全面的剖析[4]。本研究采用对照分析方式,将负能谱热力学理论和 Bekenstein 黑洞热力学理论同时应用于分析一些典型的稳态黑洞中熵的演化和热力学第三定律。Bekenstein 热力学是以 Clausius 热力学为基础的,因此它是定义于正温度域中的热力学,其基础温度恒正($T\geqslant 0$)[2],即 Bekenstein 等人认定黑洞系统是处于正能谱中的系统,系统中单粒子的能谱有下界无上界。也就是说,Bekenstein 所建立的热力学属于正能谱热力学,正能谱热力学中熵的演化规律只能是熵增加原理——孤立黑洞的熵永不减少[3]。而负能谱热力学正好相反,它定义于负温度域中,它的基础温度恒负($\tilde{T}\leqslant 0$),即负能谱热力学认定系统处于负能谱中,系统中粒子态能谱有上界而无下界,负能谱热力学中熵的演化规律必然是熵减原理——孤立黑洞的熵永不增加[4]。

1. Schwarzchild 黑洞熵的演化规律与热力学第三定律

(1) 正能谱中 Schwarzchild 黑洞熵的演化与热力学第三定律

由于 Schwarzchild 黑洞中不存在转动和电荷(即 $a=Q=0$),黑洞只存在外视界,这时视界温度 $T_{+}=\frac{1}{8\pi k_{\mathrm{B}}M}$[5]。因此,正能谱中 SW 黑洞熵的微分等式应表示为

$$\mathrm{d}S_{\mathrm{SW}}=\frac{1}{T_{+}}\mathrm{d}M=4\pi k_{\mathrm{B}}\mathrm{d}M^{2}$$

积分有

$$S_{\mathrm{SW}}(M)=4\pi k_{\mathrm{B}}\mathrm{d}M^{2} \tag{1}$$

(1)式表明 SW 黑洞的熵是黑洞质量 M 的二次函数,随 M^{2} 迅速增加,它表示黑洞

聚集物质愈多,物质的熵的愈大。显然,这一结论与熵作为物质无序化程度的量度这一本质含义相悖。另外,SW 黑洞的视界温度反比于质量,于是黑洞愈聚集物质,黑洞的温度愈低。这样一来,SW 黑洞不可能存在熵和温度同时趋于零的极限点[6]。于是,正能谱中的 SW 黑洞只存在如下违反热力学第三定律的极限点,即

$$\left.\begin{array}{ll}\lim\limits_{M\to 0}S(M)\to 0 & \lim\limits_{M\to 0}T_+\to\infty\\ \lim\limits_{M\to\infty}S(M)\to\infty & \lim\limits_{M\to\infty}T_+\to 0\end{array}\right\}\tag{2}$$

就是说以正能谱热力学表征 SW 黑洞的熵是违反热力学第三定律的。

(2) 负能谱中 SW 黑洞熵的演化及热力学第三定律

在负能谱中,SW 黑洞仍然有 $a=Q=0$。但正由于处在负能谱中,黑洞的视界温度 $\widetilde{T}_+$ 必须取负值,否则将会出现负几率,负粒子数和空心 Fermi 球等违反物理实际的结果[7],故有 $\widetilde{T}_+=-\frac{k_+}{2\pi k_B}=-\frac{1}{8\pi k_B M}$。这时,SW 黑洞熵的微分等式应表示为

$$\mathrm{d}\,\widetilde{S}_{SW}=\frac{1}{T_+}\mathrm{d}M=-4\pi k_B\mathrm{d}M^2\tag{3}$$

积分后得

$$\widetilde{S}_{SW}(M)-\widetilde{S}(0)=-4\pi k_B\mathrm{d}M^2\leqslant 0\tag{4}$$

这里必须注意,熵差可以取负值,但熵本身不能取负值,否则将违反概率函数对熵的普适定义[8]:$S=-\sum_i P_i\lim P_i\geqslant 0$。同时,SW 黑洞又允许 $M\to\infty$ 的极限存在,因此(4)式中的 $\widetilde{S}(0)$ 必须是一个非常大的正数,以保证以下极限存在:

$$\lim_{M\to\infty}(4\pi k_B M^2)=\widetilde{S}(0)\tag{5}$$

这样可以保证熵 $\widetilde{S}_{SW}(M)$ 非负,即

$$\widetilde{S}_{SW}(M)=\widetilde{S}(0)-4\pi k_B\mathrm{d}M^2\geqslant 0\tag{4$'$}$$

(4′)式表明负能谱中 SW 黑洞的熵随 M^2 增加而减少,完全符合熵作为物质无序化程度量度的这一本质特征。结合(4′)、(5)两式自然得出负能谱中 SW 黑洞的零熵极限:

$$\lim_{M\to 0}\widetilde{S}_{SW}(M)-\lim_{M\to 0}(\widetilde{S}(0)-4\pi k_B M^2)=0\tag{6}$$

同时,负能谱中 SW 黑洞的温度 $\widetilde{T}_+$ 在 $M\to\infty$ 时也存在零点,即

$$\lim_{M\to\infty}\widetilde{T}_+=-\lim_{M\to\infty}\frac{1}{8\pi k_B M}=0\tag{7}$$

因此,负能谱中 SW 黑洞的熵存在满足热力学第三定律的极限点,即当 $M\to\infty$ 时,有

$$\lim_{T_+\to 0}\widetilde{S}_{SW}(M)=0\tag{8}$$

(8)式表明 SW 黑洞在 $M\to\infty$ 极限上满足热力学第三定律。

2. Kerr-Newman 黑洞熵的演化规律与热力学第三定律

(1) 正能谱中 Kerr-Newman 黑洞熵的演化及热力学第三定律

对于 Kerr-Newman 黑洞，由于有转动和电荷存在，$a^2+Q^2\neq 0$，黑洞中出现了内视界，而且外、内视界的温度分别为 $T_+=\frac{r_+-r_-}{4\pi k_B(r_+^2+a^2)}$ 和 $T_-=\frac{r_+-r_-}{4\pi k_B(r_-^2+a^2)}$。在一般情况下，由于 $r_+>r_-$，则内视界的温度总高于外视界的温度，即 $T_->T_+$，只当 $r_-\to r_+$ 时，黑洞的内、外视界才共同趋于绝对零度，即 $\lim\limits_{r_-\to r_+}T_\pm=0$。因此，在一般情况下，K-N 黑洞应视为由外视界温度(T_+)标示的子系与由内视界温度(T_-)标示的子系组成的复合系统。而稳定的复合系统的熵在一般情况下应由两个子系的熵的贡献之和来表示，于是 K-N 黑洞熵的微分等式应表示为[9]

$$dS=dS_++dS_-=\frac{1}{T_+}(dM-\Omega_+dJ-V_+dQ)+\frac{1}{T_-}(dM-\Omega_-dJ-V_-dQ) \tag{9}$$

对于 K-N 黑洞，式中 $T_\pm=\frac{\kappa_\pm}{2\pi k_B}=\frac{r_+-r_-}{4\pi k_B(r_\pm^2+a^2)}$，$\Omega_\pm=\frac{a}{r_\pm^2+a^2}$，$V_\pm=\frac{Qr_\pm}{r_\pm^2+a^2}$，而$a=\frac{J}{M}$。

现将 $T_\pm$，$\Omega_\pm$ 和 $V_\pm$ 代入(9)式，则有

$$dS_\pm=\pi k_B\left[\frac{2(2M^2-a^2-Q^2)dM-Mda^2-MdQ^2}{\sqrt{M^2-a^2-Q^2}}\pm 2dM^2\right] \tag{10}$$

又由 $r_\pm=M\pm\sqrt{M^2-a^2-Q^2}$，可以求得

$$\pi k_B d(r_\pm^2+a^2)=\pm\pi k_B\left[\frac{2(2M^2-a^2-Q^2)dM-Mda^2-MdQ^2}{\sqrt{M^2-a^2-Q^2}}\pm 2dM^2\mp dQ^2\right] \tag{11}$$

利用(10)、(11)两式，并注意，K-N 黑洞的视面积 $A_\pm=4\pi(r_\pm^2+a^2)$[6]，于是有

$$\left.\begin{aligned}dS_+&=\pi k_B d(r_+^2+a^2)=\frac{k_B}{4}dA_+\geqslant 0\\ dS_-&=-\pi k_B d(r_-^2+a^2)=-\frac{k_B}{4}dA_-\leqslant 0\end{aligned}\right\} \tag{12}$$

(12)式表明正能谱中 K-N 黑洞的外视界的熵随视界面积增加而增加，内视界的熵随视界面积增加而减少，可见能层出现(或内视界出现)是提取(或吸收)由外视界所产生的熵，利用(12)式，由(9)式可得

$$dS=dS_++dS_-=\pi k_B(dr_+^2-dr_-^2)=4\pi k_B d(M\sqrt{M^2-a^2-Q^2})\geqslant 0 \tag{13}$$

积分后有

$$S(M)=4\pi k_B M^2\sqrt{1-\frac{\eta^2}{M^2}}\quad \eta^2=a^2+Q^2 \tag{14}$$

(14)式给出了正能谱中多层黑洞熵的演化方程。(14)式表明正能谱中 K-N 黑洞的熵曲线存在两个零点，其中第一个零点是 $r_-\to r_+$ 时黑洞的极端状态的极限点，在这一点

上有

$$\left.\begin{aligned}&\lim_{r_-\to r_+}(a^2+Q^2)=M^2 \text{ 即 } \lim_{r_-\to r_+}S(M)=0\\&\lim_{r_-\to r_+}T_\pm=\frac{r_+-r_-}{4\pi k_B(r_\pm^2+a^2)}=0\end{aligned}\right\} \tag{15}$$

因此在极端状态极限点上，正能谱中 K－N 黑洞满足热力学第三定律，即当 $r_-\to r_+$ 时，有

$$\lim_{T_\pm=0}S(M)=0 \tag{15'}$$

第二个熵零点出现在原点处，在这一点上黑洞的熵和温度分别取

$$\lim_{r_\pm=0}S(M)=0 \quad \lim_{M\to 0}T_\pm=\infty \tag{16}$$

由此可见正能谱中 K－N 黑洞在第二个熵零点上不可能满足热力学第三定律。

(2) 负能谱中 K－N 黑洞熵的演化及热力学第三定律

和 SW 黑洞一样，由于处在负能谱中的 K－N 黑洞的温度 $\widetilde{T}_\pm$ 应当是正能谱中 K－N 黑洞温度 $T_\pm$ 的负值，即 $\widetilde{T}_\pm=-T_\pm$，于是类似于正能谱中 K－N 黑洞熵的微分等式的推导，有

$$\begin{aligned}\mathrm{d}\,\widetilde{S}&=\mathrm{d}\,\widetilde{S}_++\mathrm{d}\,\widetilde{S}_-=-\pi k_B(\mathrm{d}r_+^2-\mathrm{d}r_-^2)\\&=\mathrm{d}\left(-4\pi k_B M^2\sqrt{1-\frac{\eta^2}{M^2}}\right)\quad \eta^2=a^2+Q^2\end{aligned} \tag{17}$$

当将(17)式从 $M=0$ 积到 M 时，(17)式可以形式地表示为

$$\widetilde{S}(M)-S(0)=\int_0^M \mathrm{d}\left[-4\pi k_B M^2\sqrt{1-\frac{\eta^2}{M^2}}\right) \tag{18}$$

然而(18)式右端的积分下限会产生很大的虚值。的确，只要下限值 $M<\eta$，则(18)式右端积分下限都要出现虚值，因此在考虑对(17)式积分时，必须考虑由 η(即电荷 Q 和动量矩 a)对熵 $\widetilde{S}(M)$ 的初始值所给出的限制。当 $\eta^2=a^2+Q^2>0$ 时，这个限制应表现为对积分的初始质量应加上条件

$$M^2\geqslant\eta^2=a^2+Q^2>0 \tag{19}$$

条件(19)要求(17)式右端的积分必须有 $M\geqslant\eta$，表明积分应从 $M=\eta$ 值开始，于是有

$$\widetilde{S}(M)-\widetilde{S}(\eta)=-4\pi k_B M^2\sqrt{1-\frac{\eta^2}{M^2}} \tag{20}$$

在这里，作为 η 的函数的初始熵 $\widetilde{S}(\eta)$ 应满足以下 3 个条件：① 由于该系统处于负能谱中，遵从熵减原理，要求初始熵 $\widetilde{S}(\eta)$ 随 η 增加而减少；② 当 $\eta=0$ 时，系统回到 SW 黑洞，这就要求 $\widetilde{S}(\eta)$ 也回到 SW 黑洞的初始熵 $S(0)$，也即要求 $\lim\limits_{\eta\to 0}\widetilde{S}(\eta)=S(0)$；③ 当 $\eta=M$ 时，$\widetilde{S}(\eta)$ 应当自动地满足极端状态时的零熵条件，即 $\widetilde{S}(\eta)\big|_{\eta=M}=0$。要 $\widetilde{S}(\eta)$ 能同时满足这 3 个条件，则 $\widetilde{S}(\eta)$ 应具有如下函数形式：

$$\widetilde{S}(\eta)=S(0)\sqrt{1-\frac{\eta^2}{M^2}} \tag{21}$$

由于这里引入的 $S(0)$ 正是 SW 黑洞中引入的初始熵，因此，$S(0)$ 必须是一个极大的正数，使得当 $M\to\infty$ 时，能保证以下极限成立：

$$\lim_{M\to\infty}(4\pi k_B M^2)=S(0) \tag{5'}$$

将(21)式代入(20)式，则有

$$\widetilde{S}(M)=(\widetilde{S}(0)-4\pi k_B M^2)\sqrt{1-\frac{\eta^2}{M^2}} \tag{22}$$

(22)式就是负能谱中 K－N 黑洞熵的演化公式，这个演化方程存在两个零熵极限点，和一个熵的极大点，其中第一个零熵极限点发生在 $M\to\infty$ 的极限点上，这时有

$$\lim_{M\to\infty}[S(0)-4\pi k_B M]=0\quad \lim_{M\to\infty}\left(\frac{a^2+Q^2}{M}\right)=0 \tag{23}$$

同时在这一点上又有

$$\lim_{M\to\infty}\widetilde{T}_+=\lim_{r_+\to\infty}\left[-\frac{r_+-r_-}{4\pi k_B(r_+^2+a^2)}\right]\sim\lim_{r_+\to\infty}\left(-\frac{1}{r_+}\right)=0 \tag{24}$$

由(23)、(24)两式可知，负能谱中 K－N 黑洞在第一个零熵极限上满足热力学第三定律，即

$$\lim_{T_+\to 0}\widetilde{S}(M)=0(\text{在第一个零熵极限点上}) \tag{25}$$

第二个零熵极限点发生在 M_E 点上，称为极端极限点，在这一点上存在极限

$$\lim_{r_-\to r_+}(M_E^2)=a^2+Q^2 \tag{26}$$

因此有

$$\lim_{r_-\to r_+}\widetilde{S}(M)=\widetilde{S}(M_E)=0 \tag{27}$$

同时当 $r_-\to r_+$ 时，又有极限

$$\lim_{r_-\to r_+}\widetilde{T}_\pm(M)=\lim_{r_-\to r_+}\left[\frac{r_+-r_-}{4\pi k_B(r_\pm^2+a^2)}\right]=0 \tag{28}$$

由(27)、(28)两式可知，负能谱中 K－N 黑洞在第二个零熵极限点上也满足热力学第三定律，即

$$\lim_{\widetilde{T}\to 0}\widetilde{S}(M)=0(\text{在第二零熵极限点上}) \tag{29}$$

3. 轴对称荷电转动黑洞(Sen 黑洞)熵的演化及热力学第三定律

(1) 正能谱中 Sen 黑洞熵的演化和热力学第三定律

和 K－N 黑洞一样，Sen 黑洞也有内、外视界，于是它的熵的微分等式应由内、外视界熵的微分之和表示，即

$$\begin{aligned}dS&=dS_++dS_-\\&=\frac{1}{T_+}(dM-\Omega_+dJ-V_+dQ)+\frac{1}{T_-}(dM-\Omega_-dJ-V_-dQ)\end{aligned} \tag{30}$$

对于 Sen 黑洞 $T_\pm$，$\Omega_\pm$ 和 $V_\pm$ 应表示为[10]

$$\left.\begin{aligned}&T_{\pm}=\frac{\kappa_{\pm}}{2\pi k_{\rm B}}=\frac{1}{4\pi k_{\rm B}Mr_{\pm}}\sqrt{\left(M-\frac{Q^2}{2M}\right)^2-\left(\frac{J}{M}\right)^2}\\&\Omega_{\pm}=\frac{J}{2M^2r_{\pm}},V_{\pm}=\frac{Q}{2M}\end{aligned}\right\}\tag{31}$$

将(31)式代入(30)式则求得

$$\left.\begin{aligned}&{\rm d}S_{+}=\frac{4\pi k_{\rm B}Mr_{+}}{\sqrt{\left(M-\frac{Q^2}{2M}\right)^2-\left(\frac{J}{M}\right)^2}}\left({\rm d}M-\frac{J}{2M^2r_{+}}{\rm d}J-\frac{Q^2}{2M}{\rm d}Q\right)=2\pi k_{\rm B}Mr_{+}\\&{\rm d}S_{-}=\frac{4\pi k_{\rm B}Mr_{-}}{\sqrt{\left(M-\frac{Q^2}{2M}\right)^2-\left(\frac{J}{M}\right)^2}}\left({\rm d}M-\frac{J}{2M^2r_{-}}{\rm d}J-\frac{Q^2}{2M}{\rm d}Q\right)=2\pi k_{\rm B}Mr_{-}\end{aligned}\right\}\tag{32}$$

(32)式可以直接通过对$(Mr_{\pm})$微分得证，例如对(32)式的第一式通过对Mr_{+}微分则有 ${\rm d}(Mr_{+})=M{\rm d}r_{+}+r_{+}{\rm d}M$

$$=\left[2M+\sqrt{\left(M-\frac{Q^2}{2M}\right)^2-\left(\frac{J}{M}\right)^2}+\frac{M^2-\left(\frac{Q^2}{2M}\right)^2+\left(\frac{J}{M}\right)^2}{\sqrt{\left(M-\frac{Q^2}{2M}\right)^2-\left(\frac{J}{M}\right)^2}}\right]{\rm d}M-$$

$$\frac{\left[\left(M-\frac{Q^2}{2M}\right)+\sqrt{\left(M-\frac{Q^2}{2M}\right)^2-\left(\frac{J}{M}\right)^2}\right]Q{\rm d}Q+\frac{J}{M}{\rm d}J}{\sqrt{\left(M-\frac{Q^2}{2M}\right)^2-\left(\frac{J}{M}\right)^2}}$$

$$=\frac{1}{\sqrt{\left(M-\frac{Q^2}{2M}\right)^2-\left(\frac{J}{M}\right)^2}}\left[({\rm d}Mr_{+}){\rm d}M-r_{+}Q{\rm d}Q-\frac{J}{M}{\rm d}J\right]$$

$$=\frac{2Mr_{+}}{\sqrt{\left(M-\frac{Q^2}{2M}\right)^2-\left(\frac{J}{M}\right)^2}}\left({\rm d}M-\frac{Q}{2M}{\rm d}Q-\frac{J}{2M^2r_{+}}{\rm d}J\right)\tag{33}$$

于是(32)式的第一式得证，按完全同样的步骤可以证明(32)式的第二式，由此得到

$${\rm d}S={\rm d}S_{+}+{\rm d}S_{-}=2\pi k_{\rm B}{\rm d}[M(r_{+}-r_{-})]$$

积分后有

$$S=2\pi k_{\rm B}M(r_{+}-r_{-})\tag{34}$$

另外，对 Sen 黑洞又可以证明[10]

$$A_{\pm}=\int\sqrt{g}\,{\rm d}\theta{\rm d}\varphi=2Mr_{\pm}\int\sin\theta{\rm d}\theta{\rm d}\varphi=8\pi Mr_{\pm}\tag{35}$$

于是正能谱中 Sen 黑洞的熵可以表示为

$$s=\frac{k_{\rm B}}{4}(A_{+}-A_{-})=2\pi k_{\rm B}M(r_{+}-r_{-})=4\pi k_{\rm B}M^2\sqrt{1-\frac{a^2+Q'^2}{M^2}}\tag{36}$$

式中：$a=\dfrac{J}{M}$，$Q'=\left[\sqrt{1-\left(\dfrac{Q}{2M}\right)^2}\right]Q$。与(14)式比较，(36)式表明正能谱中电荷量为Q的 Sen 黑洞恰与电荷量为Q'的 K－N 黑洞相当。由(36)式可以看出，Sen 黑洞的熵随

其外视界面积增加而增加，同时又随内视界面积增加而减少，因此内视界的出现起着吞噬外视界所产生的熵的作用。和 K－N 黑洞一样，正能谱中的 Sen 黑洞的熵也存在两个零点，第一个熵的零点出现在 $r_{-}\to r_{+}$ 的极端状态上，在这一点上熵和温度都同时趋于零，即

$$\lim_{r_{-}\to r_{+}} S(M)\to 0 \quad \lim_{r_{-}\to r_{+}} T_{\pm}\to 0 \tag{37}$$

因此在极端状态点近旁有

$$\lim_{T_{\pm}\to 0} S(M)\to 0 \tag{37'}$$

(37)、(37′)式表明在极端状态点附近，正能谱中 Sen 黑洞的熵满足热力学第三定律。第二个熵的零点出现在 $M=0$ 点上，在这一点上 Sen 黑洞的熵和温度取如下极限(注意 $M^2\geqslant a^2+Q^2$ 条件)：

$$\lim_{M\to 0} S(M)\to 0 \quad \lim_{M\to 0} T_{\pm}\sim\frac{1}{M}\to\infty \tag{38}$$

(38)式表明正能谱中 Sen 黑洞在第二个零熵点上不可能满足热力学第三定律。

(2) 负能谱中 Sen 黑洞熵的演化和热力学第三定律

和 SW 黑洞与 K－N 黑洞一样，处于负能谱的 Sen 黑洞其温度 $\tilde{T}_{\pm}$ 应是正能谱中 Sen 黑洞的温度 $T_{\pm}$ 的负值，$\tilde{T}_{\pm}=-T_{\pm}$。于是完全类似于正能谱中推导熵的微分等式的步骤，只需将温度改变符号就可以求得负能谱中 Sen 黑洞熵的微分表示，即

$$\begin{aligned}\mathrm{d}\,\tilde{S}&=-2\pi k_{\mathrm{B}}\mathrm{d}[M(r_r-r_{-})]=-\frac{k_{\mathrm{B}}}{4}\mathrm{d}(A_{+}-A_{-})\\&=-\mathrm{d}[4\pi k_{\mathrm{B}}M^2\sqrt{M^2-a^2-Q'^2}]\\&=\mathrm{d}\left[-4\pi k_{\mathrm{B}}M^2\sqrt{1-\frac{a^2+Q'^2}{M^2}}\right]\end{aligned} \tag{39}$$

完全类似于负能谱中对 K－N 黑洞熵的积分公式的处理。对(39)式积分时，为了避免出现虚假熵，必须要求质量的初始值 $M=a^2+Q'^2=\eta\geqslant 0$，积分仍然从 $M=\eta'$ 开始，于是对(39)式积分则有

$$\tilde{S}(M)\sim\tilde{S}(\eta)=-4\pi k_{\mathrm{B}}M^2\sqrt{1-\frac{\eta'^2}{M^2}} \tag{40}$$

而且仍然根据初值熵 $\tilde{S}(\eta)$ 应满足的 3 个条件(参考(21)式)，同样可以确定初值熵 $\tilde{S}(\eta')$ 对 $M=0$ 的极大熵 $\tilde{S}(0)$ 之间的关系为

$$\tilde{S}(\eta')=\tilde{S}(0)\sqrt{1-\frac{\eta'^2}{M^2}} \tag{41}$$

其中引入的极大熵 $\tilde{S}(0)$ 同样是一个极大的正数，使得当 $M\to\infty$ 时，能保证极限条件成立，即

$$\lim_{M\to\infty}(4\pi k_{\mathrm{B}}M^2)=\tilde{S}(0) \tag{42}$$

将(41)式代入(40)式中则有

$$\begin{aligned}\widetilde{S}(M)&=(\widetilde{S}(0)-4\pi k_B M^2)\sqrt{1-\frac{\eta'^2}{M^2}}\\&=(\widetilde{S}(0)-4\pi k_B M^2)\sqrt{1-\frac{a^2+Q'^2}{M^2}}\end{aligned}\tag{43}$$

(43)式给出了负能谱中 Sen 黑洞熵的演化公式，这个公式与 K－N 黑洞在负能谱中的演化公式十分相似，所不同的是这里的 $Q'=\left[\sqrt{1-\left(\frac{Q}{2M}\right)^2}\right]Q$，明显地依赖于 M，它将使熵 $\widetilde{S}(M)$ 随 M 的变化复杂化。和 K－N 黑洞一样，这里熵的演化曲线也存在两个零点，第一个零点出现在 $M\to\infty$ 的极限上，这里由(42)式保证了熵趋于零，同时又由于温度 $\widetilde{T}_\pm=-\frac{r_+-r_-}{8\pi k_B M r_\pm}$，故有极限

$$\lim_{M\to\infty}\widetilde{S}(M)\to 0 \quad \lim_{M\to\infty}\widetilde{T}_\pm\to 0\tag{44}$$

(44)式表明负能谱中 Sen 黑洞在第一个零熵点上满足热力学第三定律，第二个熵的零点出现在 r_-+r_+ 的极端极限点上，在这点上 M 满足方程：

$$M^2=a^2+Q'^2$$

于是在极端状态点近旁显然有

$$\left.\begin{aligned}\lim_{r_-\to r_+}\widetilde{S}(M)&\sim\lim_{r_-\to r_+}\sqrt{1-\frac{a^2+Q'^2}{M^2}}=0\\\lim_{r_-\to r_+}\widetilde{T}_\pm&\sim\lim_{r_-\to r_+}\sqrt{1-\frac{a^2+Q'^2}{M^2}}=0\end{aligned}\right\}\tag{45}$$

(45)式表明负能谱中的 Sen 黑洞在第二个零熵极限点上也满足热力学第三定律。

总之，从对正、负能谱中几种典型的稳态黑洞的演化和极限特征的对照分析中，我们已清楚地看出负能谱热力学在表征黑洞熵的演化规律上要比正能谱热力学合理得多。实际上，熵是标示物质分布无序化程度的物理量。当物质在空间分布愈分散时，物质必然会在更大的时空区域里出现的几率不为零，因此物质分布的无序化程度就愈高；反之，当物质在空间的分布愈集中时，它只能在集中的很小的区域里存在出现的几率，它的无序化程度显然愈低。因此，物质分布愈分散，物质的熵会愈高；物质分布愈集中，愈向黑洞聚集，物质的熵必然愈低。然而按正能谱热力学（如 Bekenstein 热力学）所给出的结论正好与上述结论相反，认为物质愈向黑洞聚集，物质的熵反而愈高。只有负能谱热力学才能给出与黑洞实际演化历程一致的结论，即物质愈向黑洞聚集，物质的熵愈低。热力学第三定律和热力学第二定律一样是普适的，它应当对所有的黑洞（包括 SW 黑洞）都成立。热力学第三定律要求当系统的温度趋于绝对零度时，系统（即物质）的熵应趋于一个不依赖于物质性质（例如物质的质量）的恒量，这个恒量可以令它为零，就是说热力学第三定律对物质的温度和熵要求存在由下式给出的极限关系：

$$\lim_{T_\pm\to 0}S(M)\to 0$$

然而在正能谱中所建立的黑洞热力学——Bekenstein 黑洞热力学，至多只能对多层黑

洞(如 K-N 黑洞、Sen 黑洞),而且只在多层黑洞的极端极限点上满足热力学第三定律;正能谱中的 SW 黑洞根本不可能满足由(46)式表示的热力学第三定律。而在负能谱中建立的黑洞热力学,不仅 SW 黑洞能满足热力学第三定律,而且多层黑洞还存在能满足热力学第三定律的两个零熵极限点。由此可见,在表征黑洞的实际演化历程上,负能谱热力学要比正能谱热力学优越得多,可以说负能谱热力学才是黑洞热力学的本征表示。

原载《西南师范大学学报》2006 年第 31 卷,第 3 期

参考文献

[1] Bekenstein J. D. Black Holes and the Second Law [J]. *Lettere al Nuoco Ciment*, 1972,4: 737.
[2] 刘文彪,李翔. 从 Schwarzchild 黑洞到极端 Kerr-Newman 黑洞[J]. 物理学报,1999,48(10): 1793-1799.
[3] 邓昭镜. 系统的能谱、温度和熵的演化[J]. 西南师范大学学报(自然科学版),2002,27(5): 794-800.
[4] 邓昭镜. Bekenstein 黑洞热力学理论的内在桎梏[J]. 西南师范大学学报(自然科学版),2005,30(1):64-69.
[5] 赵峥. 黑洞与弯曲的时空[M]. 太原:山西科技出版社,2001:204.
[6] 邓昭镜. 试论概率函数 $\beta\varepsilon_i$ 因子乘积的符号[J]. 科学研究月刊,2004,11:1-2.
[7] Morris H. DeGroot. *Probability and Statistics* [M]. Canada: Addison-Wesley Publishing company, 1974: 12-15.
[8] 李传安. 黑洞的普朗克绝对熵公式[J]. 物理学报,2001,50(5):986-988.
[9] Sen A. Rotating Charged Black Hole Solution in Heterotic String Theory [J]. *Phys Rew Letters*, 1992,69(7): 1006-1008.

自引力系统能态热力学

摘　要：以自引力系统能量密度函数为模板建立了自引力系统中大尺度热力学，首先介绍了自引力系统的内能（总结合能）和能量密度函数；其次以动力学内能密度函数为模板建立各种能量密度函数的统计平均；在此基础上引入温度、热量、熵和自引力功等热力学函数；最后，建立了自引力系统热力学的第0定律、第一定律、第二定律和第三定律，完成了自引力系统热力学的基本理论结构。

关键词：能量密度函数；熵；热量；温度

目前，黑洞主流学派所建立的自引力系统热力学理论基本上是将 Clausius 热力学形式地搬用到黑洞系统上的结果，由此所建立的"热力学"面临了许多不可克服的困难。为了建立一个能与黑洞系统适配的热力学理论，本研究特在负能谱热力学理论基础上进一步提出自引力系统能态热力学。

1. 能量密度函数和能量密度守恒

为简化分析，我们选择球对称星体的弯曲时-空作为建立大尺度热力学的典型对象。球对称星体的总结合能由下式给出[1]：

$$E = E_s - E_0 = \int_0^R 4\pi r^2 \left[\rho(r) - \frac{m_N^0 n(r)}{\sqrt{1-\dfrac{2Gm(r)}{r}}}\right] dr = \int_0^R 4\pi r^2 \varepsilon(r) dr \tag{1}$$

式中 E_s 是弯曲时-空中星体的固有总能量，E_0 是处于完全分散状态中的星前态总能量，$\rho(r)$是弯曲时-空中固有密度，m_N^0 是核子静质量，$n(r)$为星前实测的数密度，R 是星云外半径。引入参量 $\Gamma=(g_{44})^{-\frac{1}{2}}$[2]后，则星体的内能密度（或结合能密度）表示为 $\varepsilon(r) \equiv \rho(r) - \Gamma m_N^0 n(r)$。

引入弯曲时-空中实测的总能量：

$$\tilde{E} \equiv \int_0^R \frac{4\pi r^2 \rho(r) dr}{\sqrt{1-\dfrac{2Gm(r)}{r}}} = \int_0^R 4\pi r^2 \Gamma \rho(r) dr = \int_0^R 4\pi r^2 \,\tilde{\varepsilon}(r) dr \tag{2}$$

于是星体的总动能和总势能分别由下式给出：

$$E_k \equiv \int_0^R 4\pi r^2 \Gamma [\rho(r) - m_N^0 n(r)] dr = \int_0^R 4\pi r^2 \varepsilon_k(r) dr \geqslant 0 \tag{3}$$

$$E_{\mathrm{v}} \equiv \int_0^R 4\pi r^2[1-\Gamma]\rho(r)\mathrm{d}r = \int_0^R 4\pi r^2 \varepsilon_{\mathrm{v}}(r)\mathrm{d}r \leqslant 0 \tag{4}$$

由(1)、(3)、(4)三式引入三个基本的能量密度函数，即内能密度 $\varepsilon(r)$，动能密度 $\varepsilon_{\mathrm{k}}(r)$ 和引力势能密度 $\varepsilon_{\mathrm{v}}(r)$，这三个能量密度函数遵从下式给出的能量密度守恒定律：

$$\varepsilon(r)=\varepsilon_{\mathrm{k}}(r)+\varepsilon_{\mathrm{v}}(r) \tag{5}$$

三个密度函数分别具体表示如下：

$$\varepsilon(r)=\rho(r)-\Gamma m_N^0 n(r);\varepsilon_{\mathrm{k}}(r)=\Gamma[\rho(r)-m_N^0 n(r)];\varepsilon_{\mathrm{v}}(r)=(1-\Gamma)\rho(r) \tag{6}$$

式中 $\Gamma=(\sqrt{g_{44}})^{-1}$，在球对称椭圆时-空中，$\Gamma=\left(1-\dfrac{2Gm}{r}\right)^{-\frac{1}{2}}$；$\rho(r)$ 是粒子在弯曲时-空中的固有密度。显然三个密度对不同的时-空(即不同的 g_{44})将分别具有相对不同的分布，其中尤其是内能密度 $\varepsilon(r)$，在平直时-空和双曲时-空中内能密度恒正，而在椭圆时-空中恒负。图 1 绘制了球对称椭圆时-空的强引力源系统中粒子的内能密度曲线，图 2 绘制了近平直时-空中弱引力系统的内能密度曲线，图 3 则是双曲时-空中斥力系统的内能密度曲线。

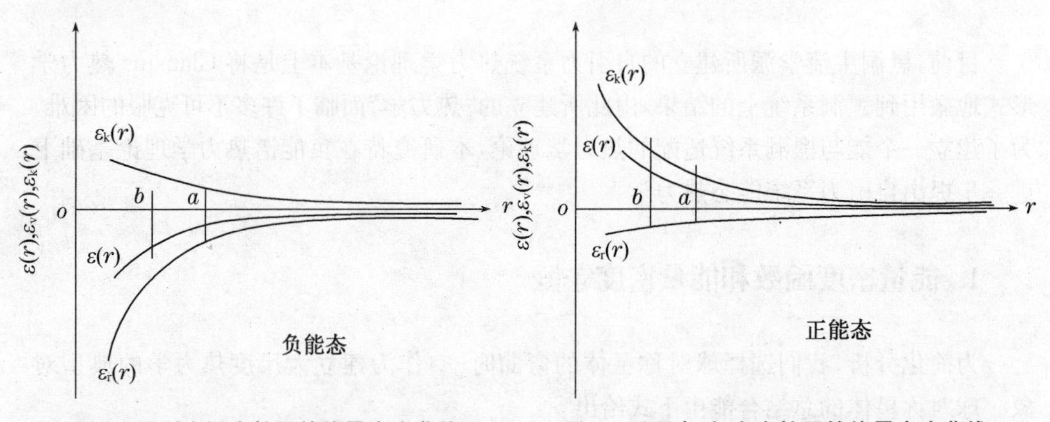

图 1　强引力源中粒子的能量密度曲线　　**图 2　近平直时-空中粒子的能量密度曲线**

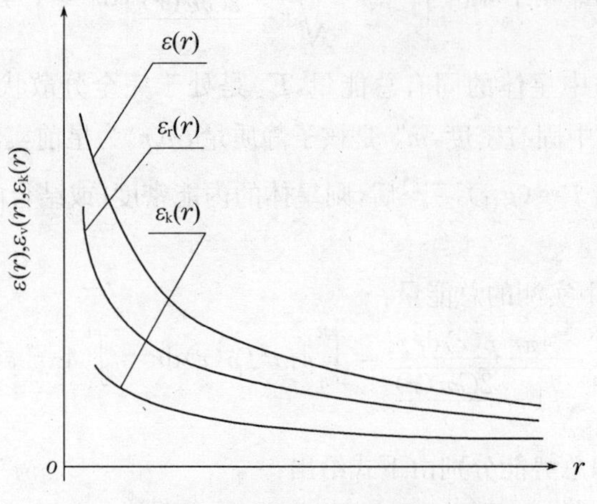

图 3　自排斥的双曲时空中的能量密度曲线

2. 以动力学能量密度为模板建立能态热力学

前面由(1)式到(5)式所建立的能量和能量密度函数，都是动力学(即引力场论)中引入的精确的动力学变量。这里每一个量都是精确的，没有随机性。现在我们研究的是热力学系统，是有"热"过程参与的热力学系统。这时系统中的总结合能 E，总动能 E_k 和总引力势能 E_v 都不再是精确的动力学函数，而是具有随机性的统计力学函数。下面以内能密度函数 $\varepsilon(r)$ 为谱(或称模板)，引入温度参量函数 $\beta(r)$，按以下三式建立三个能量密度平均[3]，即内能密度平均 $\langle\varepsilon(r)\rangle$，动能密度平均 $\langle\varepsilon_k(r)\rangle$ 和势能密度平均 $\langle\varepsilon_v(r)\rangle$，表示为

$$\left.\begin{aligned}
\langle\varepsilon(r)\rangle &= \frac{\sum_i \varepsilon(i)g(\varepsilon(i))\mathrm{e}^{-\beta\varepsilon_i}}{\sum_i g(\varepsilon(i))\mathrm{e}^{-\beta\varepsilon_i}} = \frac{\int_0^\infty \varepsilon(r)g(\varepsilon(r))\mathrm{e}^{-\beta\varepsilon}\mathrm{d}\varepsilon}{\int_0^\infty g(\varepsilon)\mathrm{e}^{-\beta\varepsilon}\mathrm{d}\varepsilon} \\
\langle\varepsilon_k(r)\rangle &= \frac{\sum_i \varepsilon_k(i)g(\varepsilon(i))\mathrm{e}^{-\beta\varepsilon(i)}}{\sum_i g(\varepsilon(i))\mathrm{e}^{-\beta\varepsilon(i)}} = \frac{\int_0^\infty \varepsilon_k(r)g(\varepsilon(r))\mathrm{e}^{-\beta\varepsilon}\mathrm{d}\varepsilon}{\int_0^\infty g(\varepsilon)\mathrm{e}^{-\beta\varepsilon}\mathrm{d}\varepsilon} \\
\langle\varepsilon_v(r)\rangle &= \frac{\sum_i \varepsilon_v(i)g(\varepsilon(i))\mathrm{e}^{-\beta\varepsilon(i)}}{\sum_i g(\varepsilon(i))\mathrm{e}^{-\beta\varepsilon(i)}} = \frac{\int_0^\infty \varepsilon_v(r)g(\varepsilon(r))\mathrm{e}^{-\beta\varepsilon}\mathrm{d}\varepsilon}{\int_0^\infty g(\varepsilon)\mathrm{e}^{-\beta\varepsilon}\mathrm{d}\varepsilon}
\end{aligned}\right\} \tag{7}$$

式中 $g(\varepsilon(r))$ 是处在能谱 $\varepsilon(r)$ 上的态密度。

3. 系统的温度和温度符号的确定

系统的温度是系统中内能密度平均的宏观反映。因此，我们提出一个对所有时-空结构普适的温度-内能密度关系，表述为：一切达到热平衡的系统，其温度只是内能密度平均 $\langle\varepsilon(r)\rangle$ 的正相关函数 $f^+(\langle\varepsilon(r)\rangle)$。当充分热激发时，系统的温度 $T(r_i)$ 将正比于系统单粒子内能密度平均 $\langle\varepsilon(r)\rangle$，即

$$T(r_i) = f^+(\langle\varepsilon(r)\rangle) \xrightarrow[\text{热充分激发时}]{} \frac{C}{k_B}\langle\varepsilon(r)\rangle \tag{8}$$

式中 C 是常数，k_B 是 Boltzmann 系数。对于平直时-空，这个关系是显然成立的，例如

$$\left.\begin{array}{ll} T=\dfrac{2}{3k_{\mathrm{B}}}\langle\varepsilon\rangle & \text{经典理想气体} \\ T=\dfrac{1}{3k_{\mathrm{B}}}\langle\varepsilon\rangle & \text{相对论理想气体} \\ T=\langle\varepsilon\rangle & \text{理想谐振子系统} \\ T=\dfrac{30}{\pi^4 k_{\mathrm{B}}}\zeta(3)\langle\varepsilon\rangle & \text{光子系统} \\ T=\dfrac{30}{3k_{\mathrm{B}}}\dfrac{g_{3/2}(z)}{g_{5/2}(z)}\langle\varepsilon\rangle & \text{Bose 系统} \\ T=\dfrac{2}{3k_{\mathrm{B}}}\dfrac{f_{3/2}(z)}{f_{5/2}(z)}\langle\varepsilon\rangle & \text{Fermi 系统} \end{array}\right\} \tag{9}$$

式中 $g_n(z)$与 $f_n(z)$分别是 n 阶 Bose 函数和 Fermi 函数。以上诸公式表明平直时-空完全符合我们提出的普适关系。当进入弯曲时-空中时,这里 T 对$\langle\varepsilon\rangle$的正相关性必然仍应保留。

既然温度 $T(r)$是内能密度函数$\langle\varepsilon(r)\rangle$的正相关函数,因此温度的符号将完全由系统内能密度的符号决定,即正定的内能密度$\langle\varepsilon(r)\rangle\geqslant 0$,决定正定的正相关温度分布:$T(r)\geqslant 0$。负定的内能密度$\langle\varepsilon(r)\rangle\leqslant 0$,决定负定的正相关温度分布:$T(r)\leqslant 0$。

4. 自引力系统中热量 đQ 与 $T\mathrm{d}S$ 之间的关系

为简化计,现在来分析球对称自引力系统中输入与输出的热 đQ。从统计物理考虑,自引力系统的热量是两点上粒子动能密度差产生的宏观反映,因此,它应当是动能密度差的平均,表示为[6]

$$đQ=\sum_{i=1}^{\mathrm{II}}\left[\overline{\varepsilon_{\mathrm{k}}(r_i+\mathrm{d}r_i,\theta_i,\varphi_i)-\varepsilon_{\mathrm{k}}(r_i,\theta_i,\varphi_i)}\right]=\sum_{i=1}^{\mathrm{II}}N_i\mathrm{d}\langle\varepsilon_{\mathrm{k}}(r_i)\rangle \tag{10}$$

式中 $\varepsilon_{\mathrm{k}}(r_i)$是 r_i 层中单粒子动能,其中包含粒子的无序化动能和有序化动能。由于有序化动能(如简并能、环流运动动能等)都不参加热过程,对热的贡献是零,因此,上式中两点粒子动能差只代表无序化动能差的贡献。根据能量密度守恒,即

$$\varepsilon(r_i)=\varepsilon_{\mathrm{k}}(r_i)+\varepsilon_{\mathrm{v}}(r_i)$$

đQ 可以化为

$$\begin{aligned}
đQ &= \sum_{i=1}^{\mathrm{II}} N_i\{\mathrm{d}\langle\varepsilon(r_i)\rangle - \mathrm{d}\langle\varepsilon_{\mathrm{v}}(r_i)\rangle\} \\
&= \sum_{i=1}^{\mathrm{II}} \left\{\frac{\langle\varepsilon(r_i)\rangle}{k_{\mathrm{B}}} k_{\mathrm{B}} N_i \frac{\mathrm{d}\langle\varepsilon(r_i)\rangle}{\langle\varepsilon(r_i)\rangle} - N_i \mathrm{d}\langle\varepsilon_{\mathrm{v}}(r_i)\rangle\right\} \\
&= \sum_{i=1}^{\mathrm{II}} \left\{\frac{\langle\varepsilon(r_i)\rangle}{k_{\mathrm{B}}} k_{\mathrm{B}} N_i \frac{\frac{\mathrm{d}\langle\varepsilon(r_i)\rangle}{\omega_0}}{\frac{\langle\varepsilon(r_i)\rangle}{\omega_0}} - N_i \mathrm{d}\langle\varepsilon_{\mathrm{v}}(r_i)\rangle\right\} \\
&= \sum_{i=1}^{\mathrm{II}} \left\{\frac{\langle\varepsilon(r_i)\rangle}{k_{\mathrm{B}}} k_{\mathrm{B}} \mathrm{dln}\left(\frac{|\langle\varepsilon(r_i)\rangle|}{\omega_0}\right)^{N_i} - N_i \mathrm{d}\langle\varepsilon_{\mathrm{v}}(r_i)\rangle\right\} \\
&= \sum_{i=1}^{\mathrm{II}} [T(r_i)\mathrm{d}S(r_i) - đW_g(r_i)] = \sum_{i=1}^{\mathrm{II}} đQ(r_i)
\end{aligned} \tag{11}$$

(11)式是以球对称引力场按 r_i 分层引入的一组热力学函数，它们分别是：T_i 为第 r_i 层的温度；$đQ_i$ 为 r_i 层输入的热量；$\mathrm{d}S_i$ 为第 r_i 层的熵增。显然，由(11)式给出 r_i 层的热量表示为

$$đQ_i = T_i \mathrm{d}S_i - đW_g(i) \tag{12}$$

(10)式表明，对于自引力系统，当达到“热-引力”交换平衡时，系统吸收的热 $đQ_i$ 并不等于 $T_i\mathrm{d}S_i$，只有当反抗自引力的功 $đW_g(i)=0$ 时，才有 $đQ_i=T_i\mathrm{d}S_i$。也就是说，只有当反抗自引力的功为零时，系统才允许有可逆的热过程存在。因此，与自引力相联系的热过程不可能是可逆的[7]。此外，(11)式中引入了第 r_i 层中单粒子的最小能量 $\omega_0 \leqslant |\langle\varepsilon(r_i)\rangle|$，这个最小能量的引入是必需的，否则会出现负熵、负几率状态。这个最小能量的存在只有通过量子统计得到证明(见第 8 节)[8]，还有一点必须指出，(11)式中的 $\langle\varepsilon(r_i)\rangle$ 当它进入对数符号 ln 后只取绝对值，实际上 $\langle\varepsilon(r_i)\rangle$ 的符号当它进入 ln 符号后必然有 $\ln\langle\varepsilon(r)\rangle = \frac{\mathrm{d}\langle\varepsilon(r\rangle}{\langle\varepsilon(r)\rangle} = \frac{\mathrm{d}|\langle\varepsilon(r)\rangle|}{|\langle\varepsilon(r)\rangle|} = \ln|\langle\varepsilon(r)\rangle|$，结果只剩下绝对值。

5. 自引力系统中热力学第 0 定律

Tolman 根据协变原理，将平直时-空的热力学第 0 定律协变地推广到弯曲时-空中，给出了如下的第 0 定律表述：当系统达到热平衡时，存在一个满足以下关系的温度函数[9]

$$T(x^i)\sqrt{g_{44}} = T(x^i)\frac{1}{\Gamma} = C_0 \tag{13}$$

但是协变规律只能将平直时-空中正定的温度函数协变到正定温度的弯曲时-空中，也即只能变换到双曲时-空中，不可能将正定的平直时-空中的温度协变到负定的弯曲时-空中，也即椭圆时-空中。正因为如此，Tolman 建立的相对论热力学第 0 定律不能描述椭圆时-空中温度函数的存在[9]。然而在实际中存在着大量的椭圆时-空的自引力系

统，这就要求修正 Tolman 的相对论热力学第 0 定律，为此，我们对 Tolman 的相对论热力学第 0 定律特提出如下的符号修正：

$$T(x^i)\frac{1}{\Gamma}=\frac{\langle\varepsilon(x^i)\rangle}{|\langle\varepsilon(x^i)\rangle|}C_0 \tag{14}$$

或者将符号$\frac{\langle\varepsilon(x^i)\rangle}{\langle\varepsilon(x^i)\rangle}=\pm1$ 吸收到常数 C_0 中，则有

$$T(x^i)\frac{1}{\Gamma}=C_0\quad\begin{cases}\geqslant0 & \text{正能态系统(平直+双曲时-空)}\\ \leqslant0 & \text{负能态系统(椭圆时-空)}\end{cases} \tag{15}$$

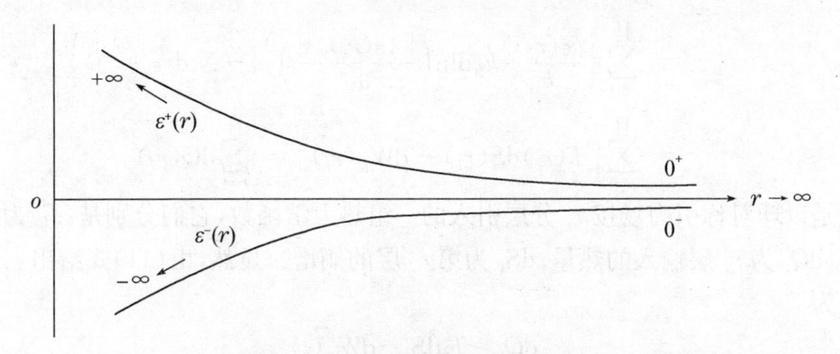

图 4　两组互不覆盖的温度(当数)

提出这一修改方案的根据：一方面，双曲时-空中正定的内能密度曲线 $\varepsilon(r)$，当 $r\to\infty$时，有$\lim\limits_{r\to\infty}\varepsilon(r)\to0^+$；另一方面在椭圆，时-空中，负定的内能密度曲线 $\varepsilon(r)$，当 $r\to\infty$时，有$\lim\limits_{x\to\infty}\varepsilon(r)\to0^-$。就是说这两条曲线当 $r\to\infty$时，都要切于 r 轴，只不过一个从 r 轴的上部切于 r 轴，另一个从下部切于 r 轴。而平直时-空中的 $\varepsilon(r)\geqslant0$，因此它只能从 r 轴的上部切平于 r 轴。既然 Tolman 在建立热力学第 0 定律时，采用从正定 $\varepsilon(r)$ 的平直时-空协变到弯曲时-空中的 $\varepsilon(r)$，这个弯曲时-空显然只能是双曲时-空。现在引入符号$\frac{\langle\varepsilon(r)\rangle}{|\langle\varepsilon(r)\rangle|}$后，就可以确定协变中不同时-空的温度在平直时-空的正负，从而保证了协变变换能在所需求的温度域中进行。

6. 自引力系统热力学第一定律

当存在自引力时，热力学第一定律应作相应的修正，表示如下：

$$\mathrm{d}E=\text{đ}Q+\text{đ}W=\sum_i^n[T_i\mathrm{d}S_i-\text{đ}W_g(i)]+\sum_i^n\text{đ}W(i) \tag{16}$$

式中，i 是对 r_i 从 $1\to n$ 求和，而当达到“热-引力”交换平衡时，每一个 r_i 层必然有稳定的内能增量 $\mathrm{d}E_i$，这时对每一层就可以写出它的热力学第一定律，表示为[10]

$$\mathrm{d}E_i=T_i\mathrm{d}S_i+\text{đ}[W(i)-W_g(i)] \tag{17}$$

式中，$\mathrm{d}E_i$ 是 r_i 层内能的增量，$T_i\mathrm{d}S_i$ 是 r_i 层输入的热，$\text{đ}[W(i)-W_g(i)]$是该层输入的功。可以看出在这个表示中，$\text{đ}[W(i)-W_g(i)]$将自动包含有反抗自引力做功的贡献。

这里，$-đ[W_g(i)]$的出现已自动地反映了由 $đ\langle\varepsilon_k(r)\rangle$ 定义的热量 $đQ_i$ 与由态密度 $g(E_i)$定义的热量 $T_i dS_i$ 之间的微小差异。前者只有粒子的无序动能产生的热，后者则除无序动能产生的热以外，还包含位形空间中粒子的引力势能作无序分布的贡献，因此，$-đW_g(i)$的出现反映了时-空弯曲所产生的热效应，这个效应是不可逆的。

7. 熵的演化——自引力系统热力学第二定律

对自引力系统的热力学第二定律，这里集中分析自引力系统熵的自发演化规律，即当系统外功为零时，$đW=0$ 的情形，而且假定系统内部（各层间）已达到“热-引力”交换平衡。这时，系统的第一定律应表示为

$$dE = đQ = \sum_i^{\mathrm{II}} đQ_i = \sum_i^{\mathrm{II}} [T_i dS_i - đW_g(i)] \tag{18}$$

既然系统内部已达到“热-引力”交换平衡，则对每一个 r_i 层有

$$dE_i = đQ_i = T_i dS_i - đW_g(i) \tag{19}$$

式中 dE_i 是 r_i 层的内能增量。(19)式是我们分析自引力系统熵自发演化过程的基本方程，为了便于今后对熵的演化分析，这里需要将 $T_i dS_i$ 用内能密度$\langle\varepsilon(r_i)\rangle$的差表示，为此，特将(19)式表示为

$$\begin{aligned} T_i dS_i &= đQ_i + đW_g(r_i) \\ &= N_i[d\langle\varepsilon_k(r_i)\rangle + d\langle(\varepsilon_v(r_i)\rangle] \\ &= N_i d\langle\varepsilon(r_i)\rangle = N_i[\langle\varepsilon(r_f)\rangle - \langle\varepsilon(r_i)\rangle] \end{aligned} \tag{20}$$

现在可以根据(19)、(20)两式来具体讨论自引力系统中熵的自发演化规律了。首先研究吸引型自引力系统熵的自发演化规律。由于吸引型自引力系统又分强引力源系统和弱引力源系统，图 1 和图 2 分别绘制了强引力源系统和近平直时-空的弱引力源系统的能量密度分布曲线，首先讨论图 1 所示的强引力源系统中熵的自发演化规律。

椭圆时空中强引力源系统，在强引力势作用下不断地吸收周围物质，增大星体的质量和半径，因此，强引力源系统的自发过程是星体的半径不断长大的过程。同时注意，椭圆时-空中的星体在吸热过程中其热量包含两部分：第一部分是由粒子的固有质量携带的无序化能量（主要是无序化分布的势能）；第二部分则是由粒子质量中可变部分所携带的无序化能量（主要是无序化动能）。显然第一部分热量是粒子携带热能中的主要部分。当粒子进入星体并与星体表面碰撞时，第二部分能量将以热辐射形式释放到太空中，结果只剩下第一部分热能被星体吸收。现在令星体在自发吸收物质的过程中，第 r_i 层吸收的热是 $đQ_i \geqslant 0$，同时注意到强引力源系统的内能密度是负定的，即$\varepsilon(r_i) \leqslant 0$，由此决定的系统的温度 $T_i \leqslant 0$，根据(19)式则有

$$đQ_i = -|T_i| dS - dW_g(r_i) \tag{21}$$

由于星体在吸引物质过程中必然增加 r_i，从而使$\langle\varepsilon(r_f)\rangle - \langle\varepsilon(r_i)\rangle \geqslant 0$。由此可得 $dW_g(r_i) \geqslant 0$，于是最后有

$$dS_i=-\frac{\text{đ}Q_i+dW_g(r_i)}{|T_i|}\leqslant 0 \tag{22}$$

(22)式表明星体在自发吸收物质的过程中，星体的熵必然自发地减少，因此，强引力源系统的自吸收过程是一个熵减少过程。

反之，星体在释放热(或释放物质)时，使 r_i 减少，从而有 $\langle\varepsilon(r_f)\rangle-\langle\varepsilon(r_i)\rangle\leqslant 0$。因此有

$$T_i dS_i=N_i[\langle\varepsilon(r_f)\rangle-\langle\varepsilon(r_i)\rangle]\leqslant 0,\quad T_i\leqslant 0$$

$$dS_i=\frac{N_i[\langle\varepsilon(r_f)\rangle-\langle\varepsilon(r_i)\rangle]}{T_i}=\frac{|N_i[\langle\varepsilon(r_f)\rangle-\langle\varepsilon(r_i)\rangle]|}{|T_i|}\geqslant 0 \tag{23}$$

(23)式表明星体在放热(释放物质)过程中必将导致熵增加，但这样的熵增加过程对于椭圆时-空中强引力源系统(除了霍金辐射外)一般是不可能自发地实现的。

对于近平直时-空的弱引力系统，它的能量密度曲线如图 2 所示，这种系统引力势很弱，起支配作用的是粒子的动能密度。因此系统的内能密度 $\varepsilon(r_i)\geqslant 0$，导致系统的温度 $T_i\geqslant 0$，根据(19)、(20)两式可知，当系统吸热(或吸收物质)时，r_i 增加，有 $\text{đ}Q_i\geqslant 0$，$\langle\varepsilon(r_f)\rangle-\langle\varepsilon(r_i)\rangle\leqslant 0$，由此可得

$$T_i\text{đ}S_i=\text{đ}Q_i+dW_g(r_i)=N_i[\langle\varepsilon(r_f)\rangle-\langle\varepsilon(r_i)\rangle]\leqslant 0$$

从而有

$$dS_i=\frac{1}{T_i}N_i[\langle\varepsilon(r_f)\rangle-\langle\varepsilon(r_i)\rangle]\leqslant 0 \tag{24}$$

(24)式表明在近平直时-空中，弱引力系统的吸热(或吸收物质)的过程是系统的熵减少过程。

对于近平直时-空的弱引力系统在放热时，r_i 减少，有 $\text{đ}Q\leqslant 0$，$T_i\geqslant 0$，以及 $\langle\varepsilon(r_f)\rangle-\langle\varepsilon(r_i)\rangle\geqslant 0$，由此可得

$$T_i dS_i=\text{đ}W_g(r_i)=N_i[\langle\varepsilon(r_f)\rangle-\langle\varepsilon(r_i)\rangle]\geqslant 0 \tag{25}$$

$$dS_i=\frac{N_i[\langle\varepsilon(r_f)\rangle-\langle\varepsilon(r_i)\rangle]}{T_i}\geqslant 0 \tag{26}$$

(26)式表明在近平直时-空中，弱引力系统在吸热(或吸收物质) 过程中引起系统的熵增加。就是说平直时-空的弱引力场系统，吸热时熵减少，放热时熵增加。因此，热流同时伴随有相反的熵流传送，但由于近平直的引力时空中的系统，其动能密度大于引力势能密度，使得系统的自发过程更趋向自膨胀过程。这就是说，熵增加过程是这类系统自发演化的基本特征。

最后讨论双曲时-空中的自排斥系统，自排斥系统的能量密度曲线如图 3 所示，当自斥力系统吸收物质(也吸收热)时，系统的 r_i 增加(由 r_i 增至 r_f)，从而导致 $\langle\varepsilon(r_i)\rangle$ 减少，即 $\langle\varepsilon(r_f)\rangle-\langle\varepsilon(r_i)\rangle\leqslant 0$，同时又考虑到自斥力系统的 $T_i\geqslant 0$，由此有

$$dS_i=\frac{N_i[\langle\varepsilon(r_f)\rangle-\langle\varepsilon(r_i)\rangle]}{T_i}\leqslant 0 \tag{27}$$

(27)式表明自排斥系统在自聚集过程中必然导致熵减少。

当自斥力系统自辐射物质(也辐射热)时，系统的 r_i 减少，从而导致系统的 $\langle\varepsilon(r_i)\rangle$

增加，即$\langle \varepsilon(r_f)\rangle - \langle \varepsilon(r_i)\rangle \geqslant 0$，同时又考虑到$T_i \geqslant 0$，于是有

$$\mathrm{d}S_i = \frac{N_i[\langle \varepsilon(r_f)\rangle - \langle \varepsilon(r_i)\rangle]}{T_i} \geqslant 0 \tag{28}$$

(28)式表明自斥力系统在自辐射、自膨胀过程中必然导致熵增加。由于双曲时-空中的自斥力系统的自发过程是自膨胀、自辐射过程，因此双曲时-空中的自斥力系统在其自发演化中必然导致熵增加。

综上所述，自引力系统的自发演化规律，即热力学第二定律可以表述如下：(1) 强引力源系统必将在自聚集过程中导致熵自发地减少；(2) 平直时-空中弱引力场系统在自膨胀、自辐射的放热过程中导致熵自发地增加；(3) 自引力双曲时-空中的自排斥作用系统，在自排斥、自辐射物质过程中，必然导致系统的熵自发地增加。

8. 熵的极限规律——热力学第三定律

由于$\varepsilon^+(r)$和$\varepsilon^-(r)$是分别定义于两个互不覆盖的正、负能域中的内能密度。例如在椭圆时-空的强引力源系统中，其内能密度恒负，而在双曲时-空和平直时-空中，内能密度恒正。正、负内能密度定义域是互相不覆盖的(见图4)，$\varepsilon^+(r)$、$\varepsilon^-(r)$分别定义于以下能域中：

$$\begin{gathered} 0^+ \leqslant \varepsilon^+(r) < \infty \\ -\infty < \varepsilon^-(r) \leqslant 0^- \end{gathered} \tag{29}$$

数域$[0^+, +\infty]$和$[0^-, -\infty]$是不覆盖的两个数集，尤其是$0^+ \neq 0 \neq 0^-$，尽管在$r \to \infty$时，0^+、0和0^-彼此可以无限地逼近，但它们不会重合。既然由(8)式定义的温度$T^+(r)$和$T^-(r)$在充分热激发时将分别正比于$\varepsilon^+(r)$和$\varepsilon^-(r)$，因此当$r \to \infty$时，有

$$\left.\begin{aligned} \lim_{r\to\infty} T^+(r) &= \lim_{r\to\infty} \frac{C^+}{k_\mathrm{B}} \langle \varepsilon^+(r)\rangle \to 0^+ \\ \lim_{r\to\infty} T^-(r) &= \lim_{r\to\infty} \frac{C^-}{k_\mathrm{B}} \langle \varepsilon^-(r)\rangle \to 0^- \end{aligned}\right\} \tag{30}$$

注意，$\varepsilon^+(r)$逼近r轴的过程是正能态系统的降温过程，同样$\varepsilon^-(r)$逼近r轴的过程则是负能态系统的升温过程。(30)式表明正能态系统通过任何有限次降温过程都不可能达到绝对零度，同样在负能态系统中任何有限次升温过程都不可能达到绝对零度，只有通过无限次升温(或降温)，即$r \to \infty$时，才能使系统的温度逼近绝对零度。

另外，物系的熵由(11)式可知被定义为

$$S^\pm = N_i k_\mathrm{B} \ln\left[\frac{\langle \varepsilon^\pm(r_i)\rangle}{\pm\omega_0}\right] = k_\mathrm{B} \ln \Omega_\pm^{N_i}, \Omega_\pm = \frac{\langle \varepsilon^\pm(r_i)\rangle}{\pm\omega_0} \geqslant 1 \tag{31}$$

在(31)式中，对正、负能域分别引入单粒子能量绝对值最小相体积$|\omega_0|$，这是非常必要的。其理由如下：(1) 量子力学中不确定原理确认相空间中每一点附近存在一个量级为$(h)^{N_i}$的“不确定”的相体积，这就有理由认为在相空间中可识别的代表点的相体积存在一个由$(h)^{N_i}$标示的极限下限相体积，因此有必要引入$|\omega_0|^{N_i} = (h\nu_0)^{N_i}$；(2) 熵的对数函数只能定义于正实数域中，这就要求$\Omega_\pm$是一个正实数，如果还要求不会出现

负熵值和负几率，则进一步要求 $\Omega_{\pm}\geqslant 1$，因此必须引入极限体积 $\pm\omega_0=\pm h\nu_0$。经实验证明，这里的 $\nu_0\approx 1$[8]。就是说，在正、负能态中所引入的极限相体积 $\pm\omega_0$ 正相当于其绝对值为谐振频率 $\nu_0=1$ 的谐振子能量。

必须指出，按(31)式由考虑了极限相体积 $\omega_0^{N_i}$ 的贡献所定义的熵，称为绝对熵，而将一般未考虑 $\omega_0^{N_i}$ 贡献的熵称为一般热力学熵。很容易看出，系统在降温(或升温)过程中，当其温度 T_i 接近 $T_i^0=\frac{|\omega_0|}{k_B}=\frac{h\nu_0}{k_B}\approx 4.8\times 10^{-11}$ K 时，系统的绝对熵将按下式迅速地趋于零：

$$\lim_{T_i\to T_i^0}(S^{\pm})=\lim_{|\langle\varepsilon(r)\rangle|\to\omega_0}\left\{N_i k_B\ln\left[\frac{\langle\varepsilon^{\pm}(r)\rangle}{\pm\omega_0}\right]\right\}=\lim_{|\Omega|\to 1}\{k_B\ln(\Omega^{\pm})^{N_i}\}=0 \tag{32}$$

(32)式就是热力学第三定律。该定律表明：量子力学的不确定性原理给出了可识别的相体积的极限 $\pm\omega_0$，由此就确定了一个极限温度 $\pm T_i^0$，它阻止系统的温度降至(或升至)绝对零度，因此无论通过什么降温(或升温)过程，绝对零度是不可能达到的。同时，当系统通过一切可能的降温(或升温)过程，使系统的温度 T_i 接近极限温度 T_i^0 时，系统的绝对熵将按(32)式迅速地趋于零。

原载《西南大学学报》2011 年第 33 卷，第 11 期

参考文献

[1] 刘辽，赵峥. 广义相对论[M]. 2 版. 北京：高等教育出版社，2004：212.

[2] C. Mφller. *The Theory of Relativity*[M]. London: Oxford University Press, 1982: 288, 246.

[3] PATHRIA. R. K. *Statistical Mechanics*[M]. New York: Pergaman Press, 1972: 65, 66.

[4] PATHRIA. R. K. *Statistical Mechanics*[M]. New York: Pergaman Press, 1972: 79,105,122.

[5] 邓昭镜. 经典的分量子的理想体系[M]. 重庆：科技文献出版社，1983：58,59,130.

[6] PATHRIA . R. K. *Statistical Mechanics*[M]. New York: Pergaman Press, 1972: 61.

[7] 邓昭镜，陈华林，陈洪，等. 负能谱及负能谱热力学[M]. 重庆：西南师范大学出版社，2007：55.

[8] 雷克 L. E. 统计物理现代教程(上)[M]. 田昀，译. 北京：北京大学出版社，1990：28.

[9] Richard C. Tolman. *Relativity Thermodynamics and Cosmology*[M]. Oxford: Oxford University Press, 1942: 212 - 318.

第四章 正、负能谱的温度，熵的演化及膨胀和收缩

本章提要

1. 系统的能谱决定系统的温度。由概率函数式中的$\beta\varepsilon(x_i)\geqslant 0$推知：正能谱系统的温度符号为正；负能谱系统的温度符号为负。只要有负能谱存在，就能像建立正温度的热力学统计理论一样，等价而平权地建立负温度的热力学统计理论。

2. 系统的温度T决定系统熵的演化规律。$T>0$表明处于正能谱区中的孤立系统的熵在不可逆过程中必然自发地增加；而$T<0$表明处于负能谱区中的孤立系统的熵在不可逆过程中必然自发地减少。

3. 系统的 Hamilton、能谱、温度和熵的逻辑关系。

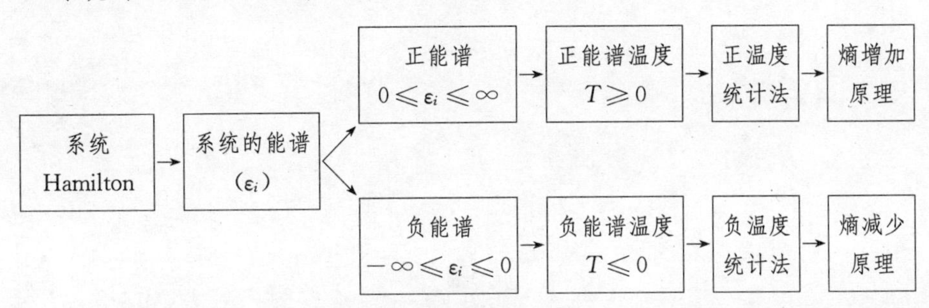

4. 正、负能谱系统之间存在着各种互补对应，这种对应不仅表现在物理特征量之间，而且还表现在物理过程和物理规律之间；不仅存在于平衡态系统间，而且存在于非平衡态系统间。

5. 时-空结构、星系内能与系统的自膨胀和自收缩相关。能产生自排斥效应的引力场呈双曲线时-空结构，其中球对称星系的内能必然正定，星系会自发地膨胀，熵增加；反之，能产生自聚集效应的引力场呈椭圆时-空结构，其中球对称星系的内能必然负定，星系会自发地收缩，熵减少。

系统的能谱、温度和熵的演化(Ⅰ)

——平衡系统

摘　要：建立了负能谱系统热力学，并进而建立了正、负能谱中平衡系统间在热力学量、物理过程和演化规律之间的互补对应关系。

关键词：正、负能谱系统；正、负温度；熵

1. 决定系统温度正、负的关键因素和根据

(1) 决定系统温度正、负的关键因素

长期以来，除极少数特殊情况外(如处于反向磁化的核磁矩系统)，人们总把热力学系统的温度规定为正。大多数学者认为系统温度正是热力学系统稳定的必要条件，将系统温度确定为正是物理学界公认的约定[1]，对它没有什么可争议之处。我们认为这是一种误解，从以下的论述中可以了解系统的温度无论是处于非平衡态还是处于平衡态，其温度既可以取正又可以取负，而决定系统温度正、负的关键因素有两个：(1) 系统能谱结构的基本类型；(2) 作为系统能量 E 的熵函数 $S(E)$ 的基本类型。先看系统能谱的基本类型，系统能谱的基本类型可分为四类：① 有下界而无上界的能谱，取其下界能级为零，这类能谱恒有 $\varepsilon_i \geqslant 0$，即呈正定型能谱。例如系统中粒子的动能谱可以从零延伸至∞，在一般情况下粒子动能的可及态能谱同样可以从零延伸至∞，这种能谱就属正定型能谱。② 有上界而无下界的能谱，取其上界能级为零，这类能谱恒有 $\varepsilon_i \leqslant 0$，即呈负定型能谱。例如粒子间存在强力吸引势 $\varphi(r)$，具体讲，$\varphi(r) \sim -\dfrac{1}{r^a}$，$a \geqslant 2$[2]。这时一方面在强力吸引势的作用下，系统中粒子的动能的实际可及态能级被限制在一个上界值 ε_u 以内；另一方面由于粒子间的吸引势 $\varphi(r) \sim -\dfrac{1}{r^a}$，当 $r \to 0$ 时存在 $-\infty^a$ 的奇异值，使系统粒子的可及态能谱有上界而无下界，这类能谱就呈负定型能谱。③ 上、下有界能谱，即所谓有界能谱，其中处于正能区中的有界能谱称为正定型有界能谱；处于负能区中的有界能谱则称为负定型有界能谱。例如晶格磁矩、电矩系统就属于正定型有界能谱系统[3]。④ 上、下无界能谱，也称全无界谱，当系统中引、斥力势，动能和辐射都很强时，系统的能谱就属于全无界谱。易于看出，前两类谱都有确定符号；第三类当它处于正能区中时为正定有界谱，若处于负能区时则为负定有界谱；只有第四类全无界能谱的符号正、负都有，对这类谱符号的确定须视系统的具体状态和进行的过程而定。不同

的能谱决定系统不同的基础温度，而系统的实际温度则需在由能谱给定的基础温度的基础上再根据熵函数 $S(E)$ 的类型决定。对于无界谱(无论是正定型无界谱，还是负定型无界谱)，系统的基础温度就是实际温度。就是说，系统的实际温度唯一地取决于由能谱确定的基础温度。正定型能谱所决定的系统的实际温度恒正，$T\geqslant 0$；负定型能谱所决定的系统的实际温度恒负，$T\leqslant 0$。但对于有界谱，系统的实际温度只在 $S(E)$ 的增函数支内才和由其能谱确定的基础温度一致，而在 $S(E)$ 的减函数支内其实际温度的符号与由能谱确定的基础温度的符号相反。例如对正定型有界谱，在 $S(E)$ 的增函数支内，其实际温度为正，与基础温度相同；而在 $S(E)$ 的减函数支内，其实际温度为负，与基础温度的符号相反。

(2) 决定系统温度正、负的根据

能谱类型之所以能决定系统的基础温度，其根据并不在现存的热力学理论的框架内，因为现存热力学总以系统温度恒正作为它立论的前提。显然现存热力学理论不可能提供决定系统温度正、负的根据，幸好统计物理还没有像现存热力学那样被正温度的不可逾越的假定所局限，它对系统温度正、负的选择颇有相当自由的可能性。对此，我们拟定从统计的物理理论的基础中去寻找系统温度取正、取负的根据。实际上，为了保证系统的概率函数：

$$P(\beta,x_i)=\frac{\mathrm{e}^{-\beta\varepsilon(x_i)}}{\sum_i \mathrm{e}^{-\beta\varepsilon(x_i)}} \tag{1}$$

能正常地归一化，必然要求配分函数 $\sum_i \mathrm{e}^{-\beta\varepsilon(x_i)}$ 能一致收敛，为此必然进一步要求 $\beta\varepsilon(x_i)\geqslant 0$[1]，又由于 $\beta\varepsilon(x_i)\geqslant 0$ 的条件，在变换 $\varepsilon(x_i)\to-\varepsilon(x_i)$，$\beta\to-\beta$ 作用下不变，由此可以得出以下两个重要结论：(1) 正、负温度系统在热力学统计理论中是等价的；(2) 系统温度的正、负将直接受系统能谱的制约。事实上，基于乘积 $\beta\varepsilon(x_i)\geqslant 0$ 在上述变换下保持不变，因此由它给出的概率函数 $P(\beta,x_i)$、熵 $S=-k_a\Sigma_i P_i\ln P_i$，以及配分函数 $Z(\beta)=\Sigma_i\mathrm{e}^{-\beta\varepsilon(x_i)}$ 都会在上述变换下保持不变。这就表明，在正能谱中显示正温度的热力学统计理论与负能谱中显示负温度的热力学统计理论是等价的，因此最关键的是，只要有负能谱存在(在这里负能谱的具体表象形式并不重要，重要的是它在系统的演化中起支配作用)，就能够像正温度一样，等价而平权地建立负温度的热力学统计理论。同时，条件 $\beta\varepsilon(x_i)\geqslant 0$ 本身，即保证配分函数一致收敛性要求本身，决定了系统温度的正、负要受而且必须受系统能谱基本类型的直接制约。就是说系统温度的正、负首先取决于系统是处在正能谱区中还是处在负能谱区中，由此可以确定系统的基础温度。对于无界谱，这个基础温度就是系统的实际温度；而对于有界谱，还必须根据熵函数 $S(E)$ 的类型在由能谱给定的基础温度的基础上进一步决定系统的实际温度。表 1 列出了正、负能谱区中实际温度分布情况。从表中可以看出，对无界谱，无论是正无界谱还是负无界谱，$S(E)$ 都是 E 的单增函数，因此在正能谱区中确定正温度域 $0\leqslant T<\infty$，在负能谱区中确定负温度域 $-\infty<T\leqslant 0$；对于有界谱，熵的极值点($S_{\max}$ 和 $S_{\min}$)将 $S(E)$ 曲线分为两支，一支是 $S(E)$ 增函数支，另一支为减函数支。在增函数支内，系统实际温度与该能谱区的基础温度相同；在减函数支内，系统实际温度与该能谱区确定的基础温度的符

号相反。在有界谱中形成的 $S(E)$ 减函数支恰是系统受外界作用迫使系统在其能谱上(或系统中某子系的能谱上)形成非平衡异常分布所导致的结果，正是这个机理才导致该温区的实际温度与其能谱区的基础温度相反。

表 1　正、负能谱区中平衡系统间互补对应

Table 1　The complemental correspondence relations between positive energy spectrum systems and negative energy spectrum systems in equilibrium states

无界能谱	负无界能谱 $-\infty<\varepsilon_i\leqslant 0$	正无界能谱 $0\leqslant\varepsilon_i<\infty$
概率函数	$P(-\beta,-\varepsilon_i)$	$P(\beta,\varepsilon_i)$
热力学函数	$-E,-F,-P,-\mu,-G,S(-E,-T)$	$E,F,P,\mu,G,S(E,T)$
熵的演化	熵减原理 $\mathrm{d}S\leqslant 0$	熵增原理 $\mathrm{d}S\geqslant 0$
热力学基本方程	$T\mathrm{d}S=-\mathrm{d}U-p\mathrm{d}V+\sum_i a_i\mathrm{d}N_i$	$T\mathrm{d}S=\mathrm{d}U+p\mathrm{d}V-\sum_i a_i\mathrm{d}N_i$
热-功转化	热可以无补偿地完全转化为功，功不可能无补偿地完全转化为热	功可以无补偿地完全转化为热，热不可能无补偿地完全转化为功
热力学第三定律	不可能通过有限个可逆过程将系统温度升高到绝对零度	不可能通过有限个可逆过程将系统温度降低到绝对零度
温-熵图	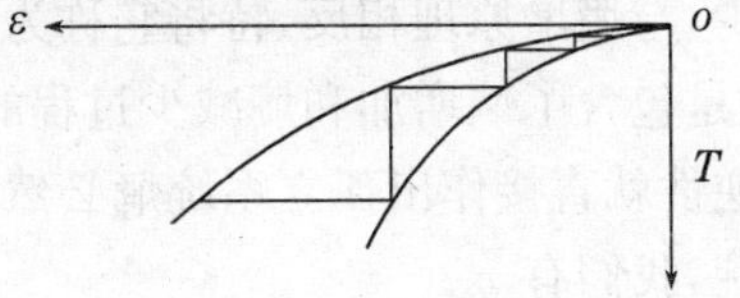 ε　o　T	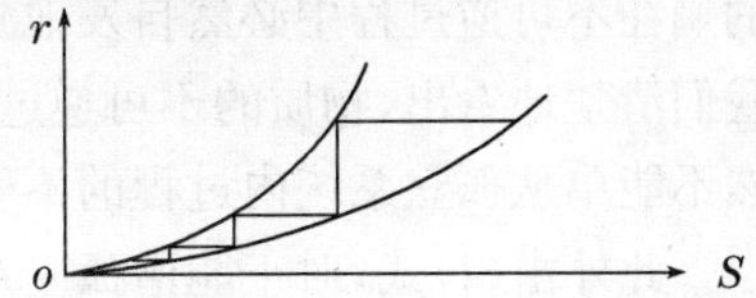 r　o　S
无界能谱中 $S(E)$ 函数之演化图	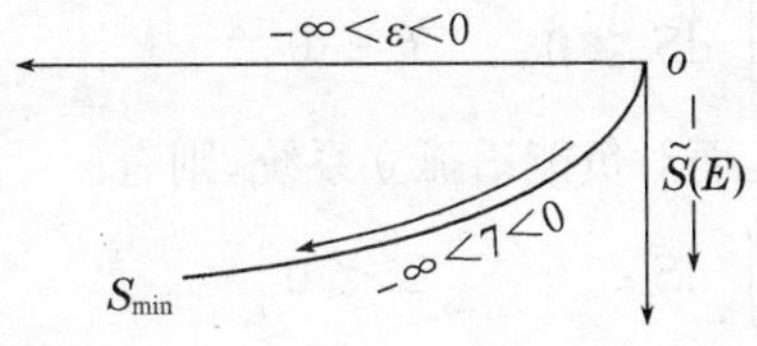 $-\infty<\varepsilon<0$　o　$\tilde{S}(E)$　$-\infty<T<0$　$S_{\min}$	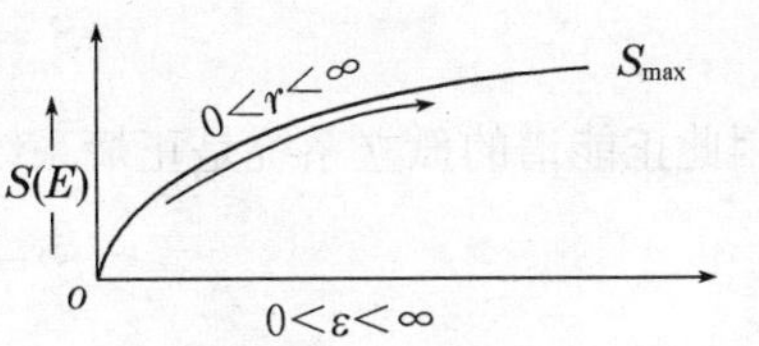 $S_{\max}$　$0<r<\infty$　$S(E)$　o　$0<\varepsilon<\infty$
有界能谱 $S(E)$ 函数 温度区	$E_{\min}<E\leqslant 0$　减函数　增函数　$T>0$　$T<0$	$0\leqslant E<E_{mnx}$　增函数　减函数　$T>0$　$T<0$
有界能谱中 $S(E)$ 函数之演化图	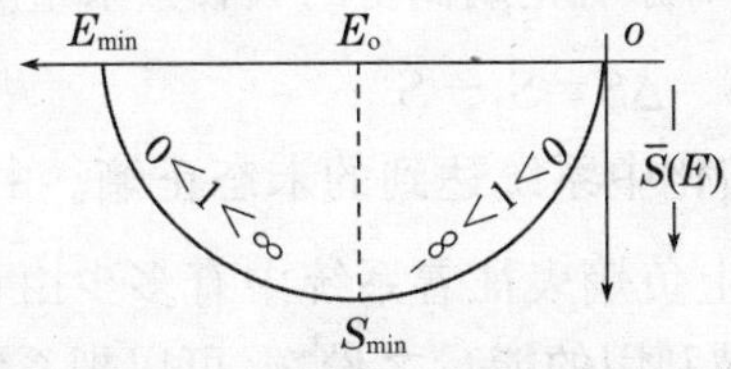 $E_{\min}$　E_o　o　$0<T<\infty$　$-\infty<T<0$　$\bar{S}(E)$　$S_{\min}$	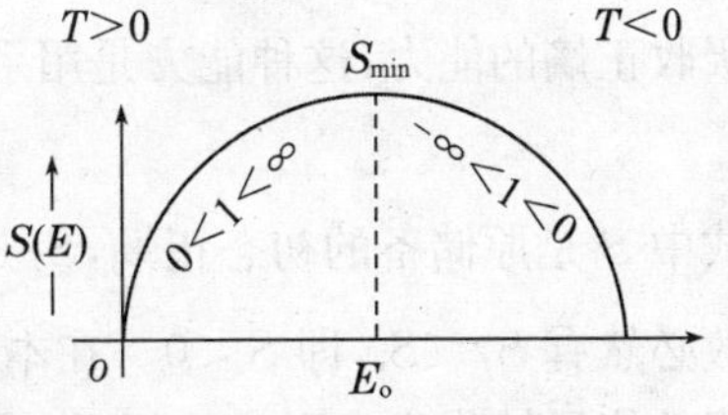 $S_{\min}$　$0<T<\infty$　$-\infty<T<0$　$S(E)$　o　E_o

2. 正、负能谱区中熵的演化

只要承认第二种永动机不可能，就可以作出如下结论：当系统由状态 1 不可逆地达到状态 2 时，系统所吸收的热 $\Delta Q_a=\sum_i \text{đ}Q_{ai}$ 必然小于由状态 1 可逆地达到状态 2 时系统所吸收的热 $\Delta Q=\sum_i \text{đ}Q_i$，即

$$\Delta Q=\sum_i đQ_i > \Delta Q_a = \Sigma đQ_{ai} \tag{2}$$

于是由状态 1 至状态 2 引起的熵变化为

$$\Delta S=\int_1^2 \mathrm{d}s=\int_1^2 \frac{đQ_a}{T}\begin{cases}\int_1^2 \frac{đQ_a}{T} & T>0 \\ \int_1^2 \frac{đQ_a}{T} & \widetilde{T}<0\end{cases} \tag{3}$$

对于绝热过程,或孤立系统,我们有[4]

$$\Delta S\begin{cases}>0 & T>0 \\ <0 & \widetilde{T}<0\end{cases} \tag{4}$$

因此,在平衡态热力学范围内,一个孤立系统当其可及态能谱有下界而无上界时,即处于正能谱区中时,系统的熵在不可逆过程中必然自发地增加。这就是通常所说的克劳修斯的熵增原理。但是,当孤立系统的可及态能谱有上界而无下界时,即处于负能谱区中时,例如按规律 $\varphi(r)\sim-\frac{1}{r^a},a\geqslant 2$ 作用时的致密星系统就属于负能谱区的系统,系统的熵在不可逆过程中必然自发地减少,与熵增原理相反,特将它称为熵减原理。在这里我们清楚地看出,物质的不可逆过程是包含了熵增加和熵减少过程的更普遍的过程,显然不能单从孤立系统内过程的不可逆性就直接作出孤立系统熵必然增加的结论。

此外由(4)式,对正能谱孤立系统,我们有

$$S=\int_0^s \mathrm{d}S\geqslant 0 \qquad T>0 \tag{5}$$

因此正能谱的孤立系统是正熵系统,而对负能谱孤立系统,则有

$$\widetilde{S}=\int_0^{\widetilde{s}} \mathrm{d}S\leqslant 0 \qquad \widetilde{T}<0 \tag{6}$$

由此可知负能谱孤立系统是负熵系统,注意,这里的负能谱系统是熵的演化规律得出的结论,并非由变换 $T\rightarrow\widetilde{T},E_i\rightarrow\widetilde{E}_i$ 给出的结果。它表示负能谱系统在其演化中具有吸收正熵的能力,这种能力是用系统对原有正熵储备的吸收量来量度的,即

$$\widetilde{S}=\Delta S=S_f-S_i \tag{6'}$$

式中 S_i 是原储备的初态正熵,S_f 是演化中系统达到的末态正熵。由于处在负能谱中,故必然有 $S_f<S_i$,即 $\widetilde{S}<0$。在本质上负熵表征着系统中有多少由正熵标示的不可利用的能量转化为由引力势标示的可被利用的能量之份额,可以把系统的正熵类比成银行的存款,而负熵则是对正熵存储的支出。显然只有当系统的正熵储备不为零时,才可能有负熵的支出。在这个意义上,由(6)式给出的负熵产生规律又可以称为熵的存取定理。表 1 同时给出了有界、无界的正、负能谱区内不同温度区中正熵与负熵的演化,可以看出在正能谱区中(包括有界和无界情况)支配熵演化的基本规律是熵增原理,而在负能谱区中(包括有界和无界情况)支配熵演化的基本规律是熵减原理。这一点在正、负无界能谱区中是非常显然的,而在有界的正、负能谱区中如何理解这两条规律的作用,倒是值得分析的。首先看有界正能谱区,有界正能谱是沉浸于无界正能谱域中的有

界能谱，例如晶格中的核磁矩系统的能谱[3]。在该区 $S(E)$ 的增函数支内，温度为正，$T>0$。$T>0$ 就是有界正能谱区的基础温度，在这个温度区内系统通常处于平衡态或近平衡态中。系统的演化规律是趋向平衡，系统的熵随时间增加而趋向极大 S_{max}。在 $S(E)$ 的减函数支内，温度为负，$T<0$。$T<0$ 为系统在该温区的实际温度，它标示系统（或系统的某子系）处于非平衡高能态中。这种非平衡的高能态相对于熵极大的平衡态而言是不稳定的，其暂留时间很短，在涨落的干扰下系统必自发地趋向熵极大的平衡态，使系统的熵仍沿着熵增加方向自发演化。例如在有界正能谱区中，晶体核磁矩的反向磁化状态就是其能量高于平衡态能量，而熵又低于平衡态熵的亚稳态，这种状态暂留时间很短，在晶格振动的干扰下很容易向晶格放出能量，自发地过渡到平衡态，导致系统熵增加。由此可见，在正能谱区中（包括有界和无界）支配系统演化的基本规律是熵增加原理。其次，有界负能谱则是沉浸于无界负能谱域中的有界能谱。在有界负能谱区内，处于 $S(E)$ 的增函数支中的温度为负，$T<0$。$T<0$ 就是负能谱区的基础温度，在这个温度区内系统常处于不稳态或亚稳态中。而处于 $S(E)$ 的减函数支内系统的温度为正，$T>0$。$T>0$ 就是系统在该温区的实际温度（该温区的基础温度为负），在这个温区中系统常处于平衡态或稳定态中。例如上述核磁矩系统的密度达到致密星密度时，粒子间的引力场已增强到足以起支配作用的地步，在这种情况下处于外磁场中的核磁矩系统就是沉浸于负无界能谱中的有界能谱，即负有界能谱（当然，当引力势相对于晶格振动势可以忽略时，则受磁化的核磁矩系统又是沉浸入晶格振动中的有界谱，即正有界能谱，由此可见引力场的强、弱在这里起着十分关键的作用）。为明确起见，假定晶格中的磁矩粒子是 $J=\frac{1}{2}$ 的自旋子。在强引力场中，由于引力负压 $\tilde{P}$ 随密度 n 迅速升高（$\tilde{P}\sim n^{5/3}$），因此自旋子的平衡除磁相互作用和晶格热振动外，还必须特别考虑引力负压和简并斥力压的作用。于是强引力场中受磁化的自旋系统应是由引力负压、泡利简并压、外磁场和晶格热扰动场四种因素共同作用的系统，而引力场恰是其中起支配作用的因素。

为了清楚地了解负熵的意义以及引力场对有界（磁自旋）系统所起的作用，我们来分析由弱引力场过渡到强引力场时，自旋系统的三个典型状态的变化。这三个典型状态是，$S(E)$ 曲线（图 1(a)）中的 E_A，$S(E_A)$ 态（简称 A 态）；E_B，$S(E_B)$ 态（简称 B 态）；E_C，$S(E_C)$ 态（简称 C 态）。其中 $E_A=0$，$S(0)=0$ 是弱引力场中自旋系统磁化的最低能态，是稳定的磁有序态；$E_B=E_0$，$S(E_0)=S_{max}$ 是自旋完全无序态，为熵极大态；而 $E_C=E_{max}$，$S(E_C)=0$ 为系统磁化的最高能态，是不稳定的磁的序态。当系统过渡到强引力场中时（系统由低密度过渡到高密度，就可以过渡到强引力场），系统中出现很强的引力负压，迫使系统进入高能量密度的简并状态。事实上，由于系统的可及态在坐标空间中受到压缩，必然导致系统的可及能态在动量空间中膨胀，形成膨胀了的高能量密度的费米球，即系统进入高能量密度的简并态。例如图 1 中 a 所示状态 B，这是自旋取向完全无序分布的熵极大态，在强引力负压压缩下，迫使系统的自旋进入自动反平行配对的高能量密度简并态。这种逐一填满费米海的高能量密度简并态在强引力场中是稳定的，

它的熵可表示为

$$S_{fB} \simeq \frac{\pi^2}{2} NK\left(\frac{KT}{\varepsilon_F}\right) \qquad \varepsilon_F \sim n^{2/3} \tag{7}$$

对致密星的密度而言，有 $\varepsilon_F \gg KT$，因此近似有 $S_{fB} \to 0$，而系统在低密度条件下的B态是自旋无序取向的熵极大态，故有 $S_{iB} = S_{max}$。于是当系统由低密度过渡到高密度时，系统B态的熵将由 S_{max} 过渡到0，也即B态在此过渡中产生的负熵为

$$\widetilde{S}_B = S_{fB} - S_{iB} \simeq -S_{max} \tag{8}$$

此式表明当系统由低密度过渡到高密度时，B态的熵将由正极大 S_{max} 演化为负极大 $-S_{max}$，即在强引力场作用下，系统的负熵趋于极小。至于A态和C态在低密度时(即弱引力场中)都是完全磁有序态(A态是平行外磁场的磁有序态；C态是反平行外磁场的磁有序态)，两者的熵都是零，即 $S_{iA} = S(E_A) = 0$；$S_{iC} = S(E_C) = 0$。同时，又由于引力场属于负能谱场，因此引力场只能吸收正熵，不可能产生系统的正熵，于是对于正熵为零的系统状态，当它由低密度过渡到高密度时，其末态熵仍然必定是零，也即 $S_{fA} = S_{fC} = 0$。由此可见，当系统由低密度过渡到高密度时，系统的A态或C态所产生的负熵必然也是零。

$$\widetilde{S}_A = S_{fA} - S_{iA} = 0; \widetilde{S}_C = S_{fC} - S_{iC} = 0 \tag{9}$$

图1中b给出了高密度(强引力场)条件下，系统进入负有界能谱的 $\widetilde{S}(E)$ 曲线。

在强引力场负压作用下，与B态比较，A态和C态是不稳定的，事实上，在自旋粒子间存在强引力势($U_{ij} \ll 0$)的条件下，系统将取引力势较低的能态，致使自旋子间的交换作用 J_{ij} 必然小于零，即 $J_{ij} < 0$。因此自旋子呈平行配对(↑↑)的能量必然高于反平行配对(↑↓)的能量。就是说自旋律系统作完全平行分布(无论是平行于外场还是反平行于外场)的压缩态(即A态或C态)相对于自旋反平行配对的高能量密度简并态而言是不稳定的(当然其中C态将是更不稳定的)。在强引力场负压下，A态和C态将自发地趋向B态，即系统将自发地趋向负熵的极小态，$\widetilde{S}_{min} = -S_{max}$。由此可见在负能谱(有界或无界能谱)系统中，系统的演化始终遵从熵减原理。

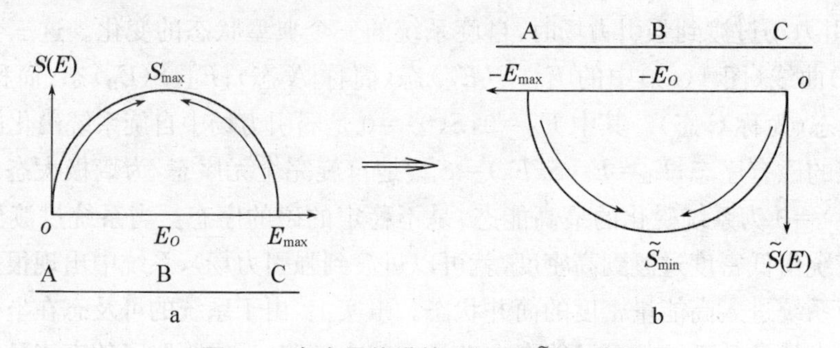

图1 正负有界能谱的 $S(E)$ 和 $\widetilde{S}(E)$ 曲线

3. 正、负能谱系统间的互补对应

在正、负能谱系统间普遍存在着各种互补对应，这种对应不仅表现在物理特征量之间，而且还表现在物理过程和演化规律之间；不仅在平衡态系统间存在互补对应，而且在非平衡系统间也存在互补对应。本文仅对正、负能谱区中平衡系统间的互补对应进行扼要的阐述。

表1已列出了平衡态情况下，正、负能谱系统间的各种互补对应关系，如正能谱系统中的热力学量有U、F、p、μ、G和S，而在负能谱系统中则对应地有$-U$、$-F$、$-p$、$-\mu$、$-G$和$-S$；在正能谱系统中存在熵增原理，而在负能谱系统中存在熵减原理；在正能谱系统中平衡态的温度恒正，而在负能谱系统中平衡态的温度恒负；在正能谱区的系统中功可以无补偿地完全转化为热，热不能无补偿地完全转化为功，而在负能谱区的系统中热可以无补偿地完全转化为功，功不能无补偿地完全转化为热；在正能谱系统中第三定律表述为“不可能通过有限个可逆过程使系统的温度降至绝对零度”，而在负能谱系统中第三定律表述为“不可能通过有限个可逆过程使系统的温度升至绝对零度”；等等。在上一节中已对熵的演化原理在正、负能谱系统中显示的互补对应作了分析，本节只对平衡系统间互补对应关系中的三个问题作扼要阐明：(1) 关于特征量间互补对应和负压强问题，由于配分函数$Z(\beta)$在变换$T\rightarrow\widetilde{T}=-T, E_i\rightarrow\widetilde{E}_i=-E_i$作用下保持不变，因此热力学特征量$U$、$F$、$p$、$\mu$、$G$、$S$在此变换下必然分别变换为$\widetilde{U}=-U, \widetilde{F}=-F, \widetilde{p}=-p, \widetilde{\mu}=-\mu, \widetilde{G}=-G, S(-E,-T)=-S(E,T)$，这里可以看出，在正能谱区中系统的压强是正的($p>0$)，而在负能谱区中系统的压强是负的($\widetilde{p}=p<0$)。多数学者往往根据负能谱(或负温度)系统中存在负压强$\widetilde{p}$就断言负能谱系统不可能存在平衡态，由此进一步否定负能谱(或负温度)系统存在，我们认为这个结论是不对的。实际上就是在通常情况下也可以存在负压强系统，例如液膜系统，表面张力膜系统都是处于负压状态的平衡系统；处于亚稳态的范德瓦耳斯过热液体也可以进入负压状态。从另一个角度看，如果正压强系统没有外壁存在(即没有无限高短程斥力壁存在)，则一切非零的有限正压强($p>0$)系统都不可能是稳定的，正压强系统(即正能谱系统)的稳定性正是靠外壁存在才得以保证的。同样在负能谱系统情况下，只要有“内壁”存在，负能谱系统在负压强($\widetilde{p}>0$)下的稳定性就可以得到保证。而这种“内壁”，正如外壁一样是由分子骨架、原子骨架、原子核骨架产生的超短程斥力场形成的，致密星在它稳定的收缩过程中(未产生核反应阶段)，由收缩压(负压)形成的近平衡态就属于负能谱系统的近平衡负压状态。(2) 关于热-功转化的互补对应问题，对于通常的由熵增原理所支配的正能谱系统，任何实际的宏观过程(即不可逆过程)，包括循环过程，都必然导致相应的热产生和热转移，这种热产生和热转移就是正能谱系统中任何实际宏观过程必然伴随的补偿。就是说在正能谱系统中，这种补偿反映了熵增原理对热-功转化间的不对称要求，使补偿偏重在无序热能的增长上；反之，由强引力场支配的负能谱系统，熵减原理起支

配作用。这时任何实际的宏观的热-功过程，尤其是由功转化为热的过程，都必然导致粒子间强引力场的变更，即必然伴随有产生引力场变更而做功。因此，即使是由功转化为热的过程，也不会是单纯的转化，它必然伴随有产生引力场变更的附加功作为补偿而出现。就是说，对负能谱系统的这种补偿反映了熵减原理对热-功转化间的不对称要求，使补偿偏重于有序能量的增长上。(3) 关于第三定律[5]，从表 1 中第三定律的温-熵图可知，负能谱中的温-熵图恰是正能谱中温-熵图经变换 $S\to -S, T\to -T$ 的映射图。因此，若第三定律在正能谱区中成立，则该定律在负能谱区中也必成立。从另一个角度论证，也可以得到同样的结论，设有一个正能谱中的系统 M。经过一系列降温步骤使其温度由 T_0 降至 $T_1, T_2\cdots$直至 $\delta T(\to 0)$，按正能谱中的热力学第三定律，在这里必然形成一个无限的降温序列，即 $T_0>T_1>T_2>\cdots>\delta T(>0)$，由于系统处在正能谱中，因此系统的熵也必然由 $S(T_0)$降至 $S(T_1), S(T_2)\cdots$直至 $S(\delta T)$，也必然形成一个熵的无限递减序列，且有如下温-熵的关系：

$$S(T_0)>S(T_1)>S(T_2)>\cdots>S(\delta T)>0 \quad T_0>T_1>T_2>\cdots>\delta T>0$$

这个温-熵关系表明：不可能通过有限个降温步骤使系统的温度降至绝对零度，即正能谱系统中的第三定律。现在引入一个系集 $\{M_i\}$，用以代替 M_0 降温过程中的系列状态，使系集中的一个体系 M_i 对应且只对应于降温过程中由 T_i 标识的状态，于是相应于这系集的熵$S(T_i)$也构成一个无限熵集 $\{S(T_i)\}$，而且这个熵集满足 $\{S(T_i)\}\simeq(S(T_0)>S(T_1)>S(T_2)>\cdots>S(\delta T)>0)$。

当系集 $\{M_i\}$ 由弱引力场转入强引力场中时，系统进入负能谱区中。根据熵的存取定理，正能谱中系集的无限熵集 $\{S(T_i)\}$ 必然转化为负能谱中的无限熵集 $\{-S(-T_i)\}=\{\tilde{S}(\tilde{T}_i)\}$，且有

$$\tilde{S}(\tilde{T}_0)<\tilde{S}(\tilde{T}_1)<\tilde{S}(\tilde{T}_2)<\cdots<\tilde{S}(\delta\tilde{T})<0 \quad \tilde{T}_0<\tilde{T}_1<\tilde{T}_2<\cdots<\delta\tilde{T}<0$$

这温-熵关系表明：不可能通过有限个升温步骤将系统的温度升至绝对零度，这正是与正能谱区中的第三定律对应的负能谱区中的第三定律。不仅如此，第三定律的存在给定了正、负能谱区的绝对界点。

原载《西南师范大学学报》2002 年第 27 卷，第 5 期

参考文献

[1] Landau L D, Lifshitz E M. 统计物理学[M]. 杨训恺，译. 北京：人民教育出版社，1964：46，134 - 135.

[2] Landau L D, Lifshitz E M. 量子力学[M]. 严肃，译. 北京：人民教育出版社，1980：140，143.

[3] Pathria R K. *Statistical Mechanics* [M]. New York: Pergamon Press, 1972:85 - 91.

[4] 邓昭镜. "热寂论"、热力学第二定律的局限性和负温度系统[J]. 西南师范大学学报(自然科学版)，2001，26(6)：661 - 667.

[5] Reichl L E. 统计物理现代教程[M]. 黄田匀，译. 北京：北京大学出版社，1983：28.

系统的能谱、温度和熵的演化（Ⅱ）

——非平衡系统

摘　要：对正、负能谱中，非平衡系统的演化规律间的互补对应进行了基础性探讨。

关键词：互补对应关系；熵漏；熵损失

1. 线性非平衡系统间的互补对应

在局域平衡假设下，类似于正能谱系统中线性非平衡热力学理论，可以同样好地建立负能谱系统中线性非平衡热力学，从而可以建立正、负能谱系统间线性非平衡（近平衡）热力学的互补对应关系，表1列出了这种互补对应的主要内容，现在对其中基础性对应关系问题作如下阐述。

（1）Onsager倒易关系在正、负能谱系统中都是成立的，这是因为Onsager倒易关系只涉及在线性不可逆热力学过程中对其微观可逆性对称原理的限制。这种限制在正、负能谱系统中都同样成立，因此Onsager倒易关系对正、负能谱系统都成立，即对正、负能谱系统都有[1]

$$L_{ik}=L_{ki} \tag{1}$$

（2）力和流间线性响应系数矩阵$\{L_{ik}\}$对正能谱系统为正定，对负能谱系统为负定。事实上，系数矩阵$\{L_{ik}\}$是正定还是负定取决于σ的双线性表示：$\sigma=\sum\limits_{ik}L_{ik}X_iX_u$是大于零还是小于零。当系统是正能谱系统时，恒有

$$P(\tau)=\frac{\mathrm{d}S_i}{\mathrm{d}t}=\int_\tau\sigma\mathrm{d}t\geqslant 0 \tag{2}$$

此式对任意体积τ都成立，由此必然要求二次型：

$$\sum_{ik}L_{ik}X_iX_u=\sigma\geqslant 0 \tag{3}$$

因此二次型的系数矩阵$\{L_{im}\}$必然是正定的[2]；反之，当系统为负能谱时，必然有

$$\tilde{p}(\tau)=\frac{\mathrm{d}S_i}{\mathrm{d}t}=\int_\tau\tilde{\sigma}\mathrm{d}t\leqslant 0 \tag{4}$$

此式同样对任意体积τ皆成立，于是也给出一个负定的二次型：

$$\sum_{ik}L_{ik}X_iX_u=\tilde{\sigma}\leqslant 0 \tag{5}$$

显然这个二次型要求其系数矩阵$\{L_{ik}\}$必然是负定的，基于σ恒正，而$\tilde{\sigma}$恒负，特将σ称为熵源，而将$\tilde{\sigma}$称为熵漏。

表 1　正、负能谱区中线性非平衡系统间的互补对应

系统	负能谱系统	正能谱系统
Onsager 倒易关系	力和流间线性响应系数满足倒易关系：$L_{ik}=L_{ki}$	力和流间线性响应系数 L_{ik} 满足倒易关系：$L_{ik}=L_{ki}$
特征矩阵	矩阵$\{L_{ik}\}$负定： $L_{11}<0$；$\begin{vmatrix} L_{11} & L_{12} \\ L_{21} & L_{22} \end{vmatrix}<0\cdots$； $\begin{vmatrix} L_{11}\cdots L_{1k} \\ L_{21}\cdots L_{2k} \\ \cdots\cdots \\ \cdots\cdots \\ \cdots\cdots \\ L_{k1}\cdots L_{kk} \end{vmatrix}<0$	矩阵$\{L_{ik}\}$正定： $L_{11}>0$；$\begin{vmatrix} L_{11} & L_{12} \\ L_{21} & L_{22} \end{vmatrix}>0\cdots$； $\begin{vmatrix} L_{11}\cdots L_{1k} \\ L_{21}\cdots L_{2k} \\ \cdots\cdots \\ \cdots\cdots \\ \cdots\cdots \\ L_{k1}\cdots L_{kk} \end{vmatrix}>0$
熵源和熵漏	熵漏： $\tilde{\sigma}=\vec{j}_q\cdot\nabla\left(\frac{1}{\tilde{T}}\right)+\Sigma_i\vec{j}_q\cdot\left[-\nabla\left(\frac{\tilde{\mu}_i}{\tilde{T}}\right)+\frac{M_i\tilde{F}_i}{\tilde{T}}\right]-\frac{1}{\tilde{T}}$ $\Pi:\nabla\vec{U}+\Sigma_\rho\frac{\&_\rho}{\tilde{T}}\tilde{\omega}\geqslant 0$	熵源： $\sigma=\vec{j}_q\cdot\nabla\left(\frac{1}{\tilde{T}}\right)+\Sigma_i\vec{j}_q\cdot\left[-\nabla\left(\frac{\mu_i}{T}\right)+\frac{M_i\tilde{F}_i}{T}\right]-\frac{1}{\tilde{T}}$ $\Pi:\nabla\vec{U}+\Sigma_\rho\frac{\&_\rho}{\tilde{T}}\tilde{\omega}\leqslant 0$
熵产生和熵损失之演化	熵损失之演化： $\frac{dP(\tilde{t})}{dt}\geqslant 0, P(\tilde{t})<0$； $\frac{dP(\tilde{t})}{dt}=0, P(\tilde{t})<0$	熵产生之演化： $\frac{dP(t)}{dt}\leqslant 0, P(t)>0$； $\frac{dP(t)}{dt}=0, P(t)<0$
熵产生和熵损失曲线	熵损失随时间逐渐增大而趋向平衡定态 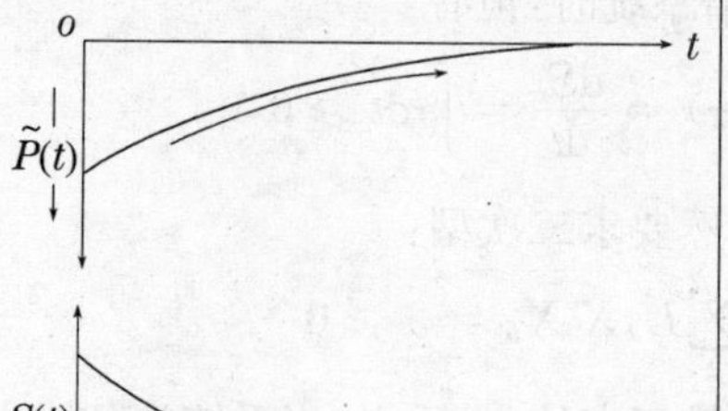 （曲线：o，t，$\tilde{P}(t)$）	熵产生随时间逐渐减小而趋向平衡定态 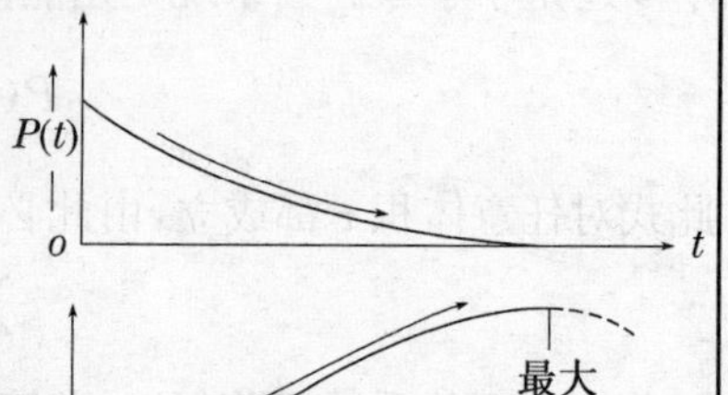 （曲线：$P(t)$，o，t）
熵的演化曲线	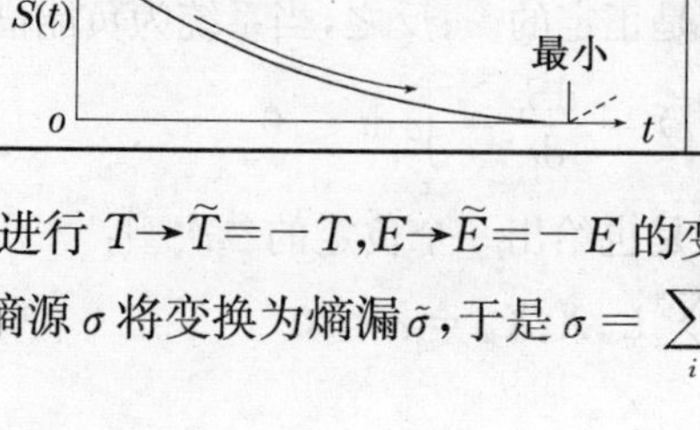 （曲线：$S(t)$，最小，o，t）	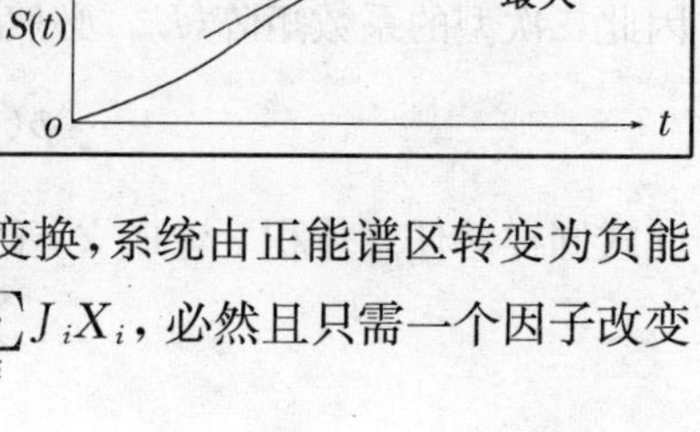 （曲线：最大，$S(t)$，o，t）

(3) 若对系统进行 $T\to\tilde{T}=-T, E\to\tilde{E}=-E$ 的变换，系统由正能谱区转变为负能谱区，这时系统的熵源σ将变换为熵漏$\tilde{\sigma}$，于是$\sigma=\sum_i J_iX_i$，必然且只需一个因子改变

符号，只有这样才能保证由熵源变换为熵漏时改变符号，例如对以下给出的 σ 的具体表示式：

$$\tilde{\sigma} = \vec{j}_q \cdot \nabla\left(\frac{1}{T}\right) - \Sigma_i j_i \cdot - \nabla\left(\frac{\mu_i}{T}\right) + \Sigma_i j_i \cdot \frac{M_i \widetilde{F}_i}{\widetilde{T}} + \sum_{\rho} \omega_\rho \frac{\&_\rho}{T} \geqslant 0 \tag{6}$$

在 $\sigma \rightarrow \tilde{\sigma}$ 的变换中，第一项力 $\nabla\left(\frac{1}{T}\right)$ 和第三项力 $\frac{M_i F_i}{T}$ 是温度的奇次函数，在此变换中必然变号，但第二项力 $\nabla\left(\frac{\mu_i}{T}\right)$ 和第四项力 $\frac{\&_\rho}{T} = \frac{\Sigma_i \mu_i v_{ip}}{T}$，由于量 $\frac{\mu_i}{T}$ 在此变换中是符号不变量，因此这两项力在此变换中必然不变号，于是在进行由 σ 到 $\tilde{\sigma}$ 的变换中必然表现为第一项、第三项力变号，第二项、第四项流变号。在这里我们看到，场力 $\vec{F}_i$ 所引起的扩散流 $\vec{j}_i$ 和因化学势梯度 $\nabla\frac{\mu_i}{T}$ 引起的扩散流是有区别的，前一种扩散流在此变换中不受影响，而后一种扩散流在此变换中必然变号。

(4) 虽然在近平衡(即线性非平衡)条件下，熵产生 $P(t)$ 和熵损失 $P(\tilde{t})$ 的演化规律都是趋向平衡定态，但是这两者趋向平衡定态的演化过程有本质区别。事实上，在正能谱区中熵产生趋向平衡定态的演化就是趋向某个相对的熵极大值的平衡定态的演化，这时熵满足趋向相对极大值的条件：

$$\frac{\mathrm{d}S_i}{\mathrm{d}t} = P(t) \geqslant 0, \ \frac{\mathrm{d}^2 S_i}{\mathrm{d}t^2} = \frac{\mathrm{d}P(t)}{\mathrm{d}t} \leqslant 0 \tag{7}$$

因此，演化过程始终导致熵增加和熵产生趋于极小。

但在负能谱区中，熵损失 $P(\tilde{t})$ 趋向平衡定态的演化恰是系统熵趋向某个相对极小值的平衡定态的演化，演化中系统的熵满足以下的极小值条件：

$$\frac{\mathrm{d}S_i}{\mathrm{d}t} = P(\tilde{t}) < 0, \ \frac{\mathrm{d}^2 S_i}{\mathrm{d}t^2} = \frac{\mathrm{d}P(\tilde{t})}{\mathrm{d}t} \geqslant 0 \tag{8}$$

因此，系统的熵在此演化中始终逐渐减小，或熵损失趋向极大。由此可见，当处于负能谱区中的星云在满足近平衡条件时，趋向平衡定态的演化并不是趋向熵极大的热平衡态的演化，而是趋向某个相对熵极小的平衡定态的演化。演化中熵不是增加，而是一致地减少，因此星云在趋向平衡定态的演化中必然走向一种稳定的有序结构。

2. 非线性非平衡系统间的互补对应

虽然正能谱系统中的非线性非平衡热力学至今尚未建立一个较完善的理论体系，在已建立的理论中也还有不少结论尚待进一步严格论证，然而在这一领域中 Prigogine 等人，对非线性非平衡正能谱系统的稳定性建立了一个很有价值的理论判据。根据这个判据就能对系统的整体演化方向给出明确的判断。可以说非线性非平衡系统稳定性判据是 Prigorine 等人所建立的耗散结构中最核心的基础理论贡献。因此，我们这里主要探讨这个判据在正、负能谱系统中的互补对应，进而判明由此产生的演化规律在两种系统中显示的互补对应关系。

首先看正能谱区中的系统，这种系统在局域平衡假定下，系统的平衡态对应于熵的极大态，因此，由任何涨落或干扰引起的系统状态对平衡的偏离必将导致系统熵减少，即

$$(\delta S)_E \leqslant 0 \tag{9}$$

将$(\delta S)_E$对平衡态作泰勒展开，取至二阶项，则有

$$(\delta S)_E = (\delta S)_E^0 + \frac{1}{2}\int(\delta^2 S)_E \mathrm{d}\upsilon$$

由于平衡态满足极值条件$(\delta S)_E^0 = 0$，于是有

$$\frac{1}{2}\int(\delta^2 S)_E \mathrm{d}\upsilon \leqslant 0 \tag{10}$$

(10) 式给出了正能谱区系统所处态的稳定性条件，利用热力学关系易于求得(10)式关于浓度涨落的具体表示形式：[3]

$$-\frac{1}{T}\int\left\{\frac{C^0}{T_0}(\delta T)^2 + \frac{1}{x_0\upsilon_0}(\delta\upsilon\{n_i^a\})^2 + \sum_{i,j}\left(\frac{\partial\mu_i}{\partial n_j}\right)T_0 p_0\{n_i^a\}\delta n_i \delta n_j\right\}\mathrm{d}\upsilon \leqslant 0 \tag{11}$$

(11)式要求正能谱区中系统的稳定性必然满足以下条件：

$$C_\upsilon^0 > 0,\ x_0 > 0,\ \sum_{i,j}\left(\frac{\partial\mu_i}{\partial n_j}\right)_0 \delta n_i \delta n_j > 0 \tag{12}$$

(12)式中前两个条件是作为正能谱区中系统达到热稳定和力学稳定的条件，因此它是正能谱区中系统在所有情况下其状态达到稳定所必须满足的稳定条件，称为正能谱区的绝对稳定性条件，而第三个条件则是系统由组分浓度涨落对其状态稳定性所加的条件，这个条件对非平衡系统，尤其是化学非均匀系统很重要。

利用(12)式的稳定性条件，在正能谱区中就能证明系统熵的二次变更必须是负定的，尤其是因浓度的偏离而引起的熵的二次变更应具有如下的负定形式：

$$\delta^2 S = \frac{1}{T}\int \mathrm{d}\upsilon \sum_{i,j}\left(\frac{\partial\mu_i}{\partial n_j}\right)\partial n_i \partial n_j \leqslant 0 \tag{13}$$

同时在超质量守恒条件下，还可以证明$\delta^2 S$对时间的导数正好等于超熵产生$\delta_x P$的两倍[2,3]：

$$\frac{\mathrm{d}}{\mathrm{d}t}\left(\frac{1}{2}\delta^2 S\right) = \delta_x P = \int\left(\sum_i \delta J_i \delta X_i\right)\mathrm{d}\upsilon \tag{14}$$

于是正能谱区中系统的演化将取决于熵的二次变更对时间的导数之符号，即超熵产生的符号。当$\frac{\mathrm{d}}{\mathrm{d}t}\left(\frac{1}{2}\delta^2 S\right)$总大于零时，表明涨落引起的熵对其参考态熵的偏离$\delta^2 S$随时间演化会愈来愈小，系统必趋向稳定；反之，当$\frac{\mathrm{d}}{\mathrm{d}t}\left(\frac{1}{2}\delta^2 S\right)$总小于零时，表明涨落引起的熵对其参考态熵的偏离$\delta^2 S$随时间演化将愈来愈大，系统必将失稳；如果有$\frac{\mathrm{d}}{\mathrm{d}t}\left(\frac{1}{2}\delta^2 S\right)=0$，则系统由涨落引起的熵的偏离$\delta^2 S$保持不变，这时系统所处的态称为临

界稳定态[4]。

因此，对正能谱区中的系统，我们有

$$\delta S<0,\ \frac{\mathrm{d}}{\mathrm{d}t}\left(\frac{1}{2}\delta^2 S\right)\begin{cases}>0 & \text{趋向稳定}\\ =0 & \text{临界稳定}\\ <0 & \text{趋向失稳}\end{cases} \tag{15}$$

对于负能谱区中的系统，在局域平衡假设下，系统的平衡态对应于熵的相对极小态，因此在一般涨落(非跨越式大涨落)引起的系统状态对平衡态的偏离必将导致系统熵增加，即

$$(\delta\widetilde{S})_E \geqslant 0 \tag{16}$$

同样将$(\delta\widetilde{S})_E$对平衡态作泰勒展开，取至二阶项，则有

$$(\delta\widetilde{S})_E = (\delta\widetilde{S})_E^0 + \frac{1}{2}\int(\delta^2\widetilde{S})_E \mathrm{d}\upsilon$$

考虑负能谱区中熵的极值条件$(\delta S)_E^0=0$，则得

$$\frac{1}{2}\int(\delta^2\widetilde{S})_E \mathrm{d}\upsilon \geqslant 0 \tag{17}$$

(17)式给出了负能谱区中系统所处状态的稳定性条件，同样利用负能谱区中对应的热力学关系可以求得(17)式关于浓度涨落的如下具体形式：

$$-\frac{1}{\widetilde{T}}\int\left\{\frac{\widetilde{C}_\upsilon^0}{\widetilde{T}_0}(\delta\widetilde{T})^2 + \frac{1}{\widetilde{x}_0\upsilon_0}(\delta\upsilon\{n_i^a\})^2 + \sum_{i,j}\left(\frac{\partial\widetilde{\mu}_i}{\partial n_j}\right)\widetilde{T}_0\bar{p}_0\{n_i^a\}\delta n_i\delta n_j\right\}\mathrm{d}\upsilon \geqslant 0 \tag{18}$$

由(18)式可知，负能谱区中系统的态达到稳定时，必须满足以下条件：

$$\widetilde{C}_\upsilon^0 < 0,\ \widetilde{x}_0 > 0,\ \frac{1}{\widetilde{T}}\sum_{i,j}\left(\frac{\partial\widetilde{\upsilon}_i}{\partial n_j}\right)_0 \delta n_i\delta n_j < 0 \tag{19}$$

(19)式中第一个条件$\widetilde{C}_\upsilon^0<0$，表示温度每降低 1 度时为转化为负的引力势能所需吸收的热能，显然是一个负量。第二个条件$\widetilde{x}_0>0$，表示负压强增大必导致体积缩小。和正能谱区一样，这两个条件给出了系统的热稳定和力学稳定条件。第三个条件则是在负能谱系统中由组分浓度涨落对状态稳定性所加的限制。

对于因浓度的偏离产生的稳定性问题，则可以利用(19)式的第三个稳定性条件，在负能谱区中我们同样可以证明系统熵的二次变更$\delta^2\widetilde{S}$必然是正定的，即

$$\delta^2\widetilde{S} = -\frac{1}{\widetilde{T}}\int\sum_{i,j}\left(\frac{\partial\widetilde{\mu}_i}{\partial n_j}\right)_0 \delta n_i\delta n_j \mathrm{d}\upsilon \geqslant 0 \tag{20}$$

而且同样在超质量守恒条件下，也可以证明$\delta^2\widetilde{S}$对时间的导数也正好等于负能谱系统中的超熵损失$\delta_x\widetilde{P}$的两倍，即

$$\frac{\mathrm{d}}{\mathrm{d}t}\left(\frac{1}{2}\delta^2\widetilde{S}\right) = \delta_x\widetilde{P} = \int\left(\sum_j \delta J_j\delta X_i\right)\mathrm{d}V \tag{21}$$

于是在负能谱区中，系统的演化仍将取决于熵的二次变更对时间的导数的符号，也即超熵损失$\delta_x\widetilde{P}$的符号。注意，由于负能谱系统中熵的二次变更是正定的，因此负能谱系

统的演化正好与正能谱系统相反，形成互补对应关系。具体而言是：当$\frac{\mathrm{d}}{\mathrm{d}t}\left(\frac{1}{2}\delta^2\widetilde{S}\right)<0$时，系统的涨落引起的熵对其参考态熵的偏离$\delta^2\widetilde{S}$随时间演化会愈来愈小，系统必趋向稳定；反之，当$\frac{\mathrm{d}}{\mathrm{d}t}\left(\frac{1}{2}\delta^2\widetilde{S}\right)>0$时，则由涨落引起的熵对其参考态熵的偏离$\delta^2\widetilde{S}$随时间演化将愈来愈大，系统必走向失稳；如果满足$\frac{\mathrm{d}}{\mathrm{d}t}\left(\frac{1}{2}\delta^2 S\right)=0$，则由涨落引起的熵对其参考态熵的偏离保持不变，这时系统处于临界稳定。因此，对负能谱系统，我们有

$$\delta^2 S>0,\ \frac{\mathrm{d}}{\mathrm{d}t}\left(\frac{1}{2}\delta^2\widetilde{S}\right)\begin{cases}<0 & \text{趋向稳定}\\ =0 & \text{临界稳定}\\ >0 & \text{趋向失稳}\end{cases} \tag{22}$$

表2列出了正、负能谱区中，非线性非平衡系统的稳定性判据及其演化规律的互补对应关系。在这里我们清楚地看出，在非线性非平衡情况下，对正能谱系统是稳定的结构恰好对负能谱而言是不稳定的，而对负能谱系统稳定的结构又正好对正能谱是不稳定的。这种稳定不稳定的相对关系正符合宇宙永恒循环之必然要求。

表2　非线性非平衡系统间的互补对应

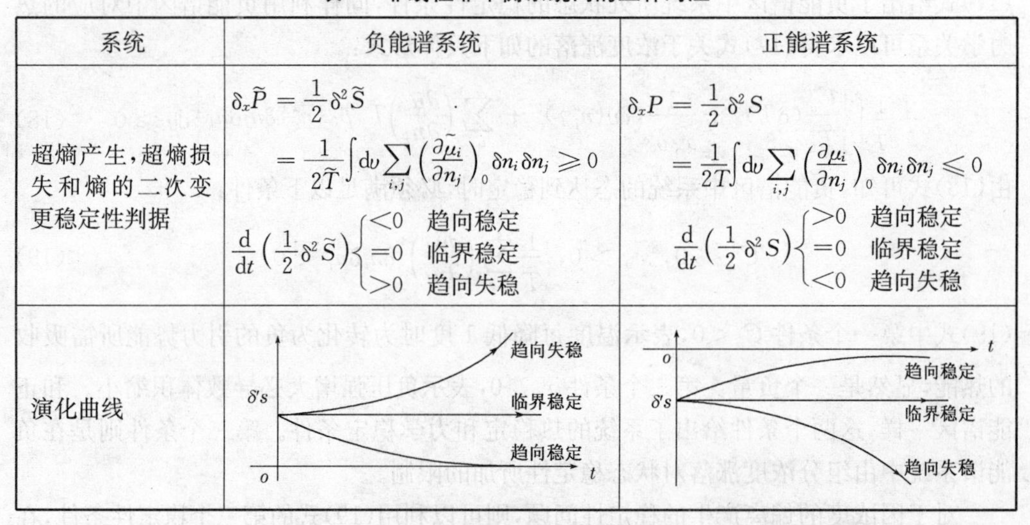

系统	负能谱系统	正能谱系统
超熵产生，超熵损失和熵的二次变更稳定性判据	$\delta_x\widetilde{P}=\frac{1}{2}\delta^2\widetilde{S}=\frac{1}{2\widetilde{T}}\int\mathrm{d}\upsilon\sum_{i,j}\left(\frac{\partial\widetilde{\mu}_i}{\partial n_j}\right)_0\delta n_i\delta n_j\geqslant 0$ $\frac{\mathrm{d}}{\mathrm{d}t}\left(\frac{1}{2}\delta^2\widetilde{S}\right)\begin{cases}<0 & \text{趋向稳定}\\ =0 & \text{临界稳定}\\ >0 & \text{趋向失稳}\end{cases}$	$\delta_x P=\frac{1}{2}\delta^2 S=\frac{1}{2T}\int\mathrm{d}\upsilon\sum_{i,j}\left(\frac{\partial\mu_i}{\partial n_j}\right)_0\delta n_i\delta n_j\leqslant 0$ $\frac{\mathrm{d}}{\mathrm{d}t}\left(\frac{1}{2}\delta^2 S\right)\begin{cases}>0 & \text{趋向稳定}\\ =0 & \text{临界稳定}\\ <0 & \text{趋向失稳}\end{cases}$
演化曲线	趋向失稳 δs 临界稳定 趋向稳定 o t	t o 趋向稳定 δs 临界稳定 趋向失稳

原载《西南师范大学学报》2002年第27卷，第5期

参考文献

[1] Kreuaer H. J. *Nonequilibrium Thermodynamics and its Statistical Foundations* [M]. London: Oxford University Press, 1981:46-47.

[2] DE Groot S R, Mazur P. *Nonequilibrium Thermodynamics* [M]. New York: North-Holland Publishing Company, 1962:35-40,84.

[3] 李如生. 非平衡态热力学和耗散结构[M]. 北京：清华大学出版社，1986:144-146,26-29.

[4] 郝柏林，于渌. 统计物理学进展[M]. 北京：科学出版社，1981:41-418.

温度 T 是物系内能密度 $\langle\varepsilon_i\rangle$ 的正相关函数[①]

摘　要:“温度是物系内能密度的正相关函数”这条规律在正能态统计物理中并没有显示出它的重要性，但是当我们将这条规律的应用范围扩展到负能态领域时，就会显示出它那特有的重要性。本文所阐述的正是这个特有的重要性。

关键词:温度；内能密度；正相关函数；负能态系统

1. 正相关函数和负相关函数

如果在表征物系稳定态的性状时，有两个量的乘积，在物系的一切稳定状态中，始终是正定的，我们则称这两个量在表征物系间稳定状态中是正相关的；反之，如果这两个量的乘积是负定的，则称这两个量在表征物系稳定状态中是负相关的。例如在统计物理中，表征系统稳定态的概率函数 $p(\varepsilon_i,\beta)$ 可以表示如下：

$$p(\varepsilon_i,\beta)=\frac{e^{-\beta\varepsilon_i}}{\sum_{i}^{\infty}e^{-\beta\varepsilon_i}},\ \beta\equiv\frac{1}{k_B T} \tag{1}$$

式中 ε_i 是系统的能级因子，或称能量密度，β 是系统的温度参量，T 是系统的温度。易于看出，(1)式中能量密度参量 ε_i 和温度参量 β 之积必须恒正，否则会出现虚粒子能量和虚温度过程，在这类虚能量和虚温度的过程中，两个因子的乘积 $\beta\cdot\varepsilon_i$ 才始终小于零，即 $\beta\cdot\varepsilon_i\leqslant 0$。因此，在虚粒子和虚温度的过程中，必然有 $-\beta\cdot\varepsilon_i\geqslant 0$，这时系统的概率函数应表示为

$$p(\varepsilon_i,\beta)=\frac{e^{-\beta\varepsilon_i}}{\sum_{k=1}^{\infty}e^{-\beta\varepsilon_k}} \tag{2}$$

注意(2)式中的分子 $e^{-\beta\varepsilon_i}$ 是一个有限量 Q_0，而(2)式中的分母却是一个正定的无穷级数，因此(2)式中的分母必然是一个趋于无穷大的级数。显然，$e^{-\beta\varepsilon_k}$ 与 $\left(\sum_{k=1}^{\infty}e^{-\beta\varepsilon_k}\right)^{-1}$ 之积必然是零，即下式成立：

$$p(\varepsilon_i,T)=\frac{e^{-\beta\varepsilon_i}}{\sum_{k}^{\infty}e^{-\beta\varepsilon_k}}=\frac{Q_0}{\infty}\rightarrow 0 \tag{3}$$

---

① 本文作者为邓昭镜和张庆生。

(3)式表明,在虚温度条件下,由虚粒子系统参与的过程的概率是零,因此我们完全可以不考虑虚温度条件下的虚粒子过程。也就是说,我们只认定(1)式中的 $\beta \cdot \varepsilon_i$ 两个因子之积始终大于零,即只确认下式成立[1]:

$$\beta \cdot \varepsilon_i \geqslant 0 \tag{4}$$

这时我们称 β 因子和 ε_i 因子的乘积是正相关的。在正相关情况下,处于正能态的系统,$\varepsilon_i \geqslant 0$,其温度必然恒正,有 $\beta \equiv (k_B T)^{-1} \geqslant 0$;而处于负能态的系统,$\varepsilon_i \leqslant 0$,其温度必然负定,即 $\beta \equiv (k_B T)^{-1} \leqslant 0$[1]。由此可见,在 $\beta \cdot \varepsilon_i \geqslant 0$ 的条件下,允许有两类热力学系统存在:一类是由正能态粒子系形成的正温度系统;另一类则是由正相关的负能态粒子系形成的负温度系统[2]。当然在地球上人类所接触的系统,只能是正温度系统。只有当人类能进入浩瀚的宇宙中探索时,才有条件允许我们去探索负温度系统。下表列出宇宙中可实现与不可实现的热力学系统。

表 1　可实现与不可实现的热力学系统

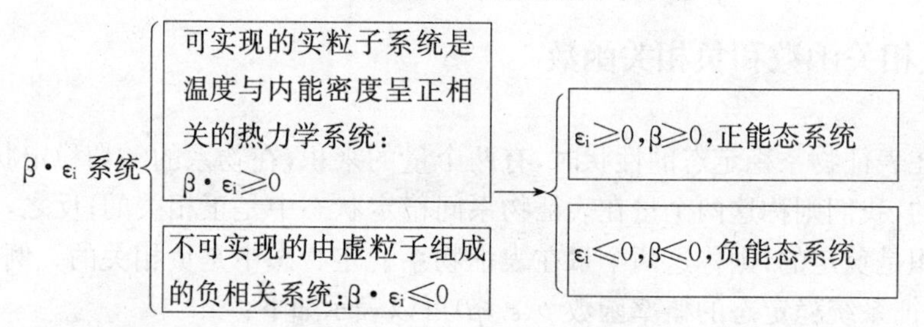

2. 正相关函数的两种存在形式

上一节我们论述了温度是内能密度的正相关函数,这种正相关函数有两种存在形式。第一种存在形式是当能量密度正定时,即 $\varepsilon_i \geqslant 0$ 时,必然有 $T(r) \geqslant 0$ 的正温度系统,这类系统就是通常地球上呈现的系统;另一类系统是当粒子间的相互作用能负定时的负温度系统,例如当系统中粒子间的引力势能占优势时,粒子间的相互作用能就是负定的,$\varepsilon_i \leqslant 0$,这时物系的温度就是负定的,$T(r) \leqslant 0$。尽管在地球上没有见到过负温度系统,但在天体中却大量地存在着负温度系统,例如天体中存在的白矮星、中子星和黑洞等就是典型的负能态系统。根据正相关函数的要求,这类星体的温度必然是负定的。但在 Tolman 的 Relativity Thermodynamics and Cosmology 理论[2]中,恰好没有建立热力学温度的第 0 定律,在这里 Tolman 下意识地认定了经典热力学对温度的定义就是相对论热力学对温度的定义,因此 Tolman 的相对论热力学中没有负能态以及与负能态相应的负温度存在[2],更谈不上建立负温度热力学了。现在我们将这类实际存在的负能态粒子系及其相应的负能态热力学补充进来,只有这样才能使我们建立的理论正确完善。有鉴于此,我们对 Tolman 的 Relativity Thermodynamics and Cosmology)提出如下修正:

在已达到热平衡的相对论粒子系中,其温度由下式给出[5]:

$$T(r)=\frac{\langle \varepsilon(r)\rangle}{|\langle \varepsilon(r)\rangle|}\Gamma(r)C,\ \Gamma(r)=\frac{1}{\sqrt{1-\frac{2Gm}{r}}} \tag{5}$$

式中$\langle \varepsilon(r)\rangle$是粒子系的内能密度，$\langle \varepsilon(r)\rangle$对于正能态粒子系是正定的，即$\langle \varepsilon(r)\rangle \geqslant 0$；对于负能态粒子系，其内能密度是负定的，即$\langle \varepsilon(r)\rangle \leqslant 0$。(5)式中引入由粒子系密度$\langle \varepsilon(r)\rangle$所显示的符号因子$\langle \varepsilon(r)\rangle/|\langle \varepsilon(r)\rangle|$，正是我们对 Tolman 相对论热力学提出的修正。易于看出，当内能密度$\langle \varepsilon(r)\rangle$正定时，比值$\langle \varepsilon(r)\rangle/|\langle \varepsilon(r)\rangle|=+1$；反之，当内能密度$\langle \varepsilon(r)\rangle$负定时，比值$\langle \varepsilon(r)\rangle/|\langle \varepsilon(r)\rangle|=-1$。因此，对于正能态系统，其温度必然正定：

$$T(r)=\Gamma(r)C\geqslant 0 \tag{6}$$

而对于负能态系统，其温度必然负定：

$$T(r)=-\Gamma(r)C\leqslant 0 \tag{7}$$

(6)、(7)两式表明，物系温度的正、负完全取决于物系能量密度$\varepsilon(r)$的正、负。由此可知，物系的正、负能态必将形成互不覆盖的温度域，如图1所示。在这里，我们提出了对 Tolman"相对论热力学"理论的重要修改，它开辟了由于引力场存在而必然产生的负温度域[3]。由(6)式和(7)式建立了互不覆盖的温度域，正、负温度域的极限也只能无限靠近，不会覆盖，就是说当$r\to\infty$时，双曲时-空中的能量密度$\varepsilon^{+}(r)$将存在由下式给出的极限：

$$\lim_{r\to\infty}\ \varepsilon^{+}(r)\to 0^{+} \tag{8}$$

因此与$\varepsilon^{+}(r)$成正比的双曲时-空的温度$T(r)$也必然存在由下式给出的极限：

$$\lim_{r\to\infty}\ T^{+}(r)\to 0^{+} \tag{9}$$

同样在椭圆时-空中，又有负定的能量密度曲线$\varepsilon^{-}(r)$，当$r\to\infty$时，有从负能域趋向平直时-空的极限：

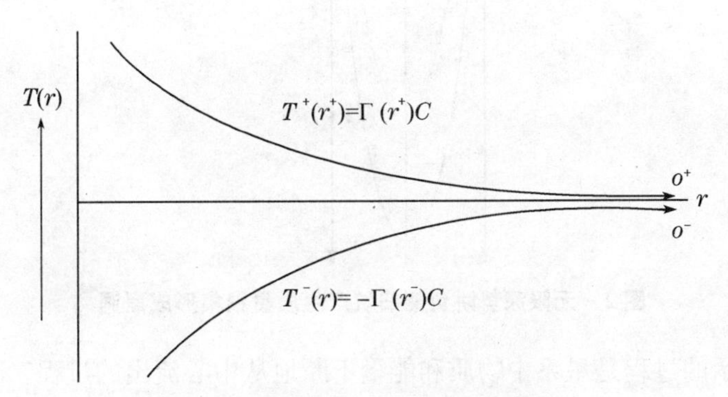

图1　星系中两种互不覆盖的温度域

$$\lim_{r\to\infty}\ \varepsilon^{-}(r)\to 0^{-} \tag{10}$$

也必然有由下式给出的温度极限：

$$\lim_{r\to\infty}\ T^{-}(r)\to 0^{-} \tag{11}$$

由(9)式和(11)式可知，当$r\to\infty$时，温度$T^{+}(r)$与温度$T^{-}(r)$是无限逼近的，但它们绝不重合，即当 $r\to\infty$ 时，$T^{+}(r)$ 与 $T^{-}(r)$ 之差可以逼近零点，但不会达到零点。

3. 星系走向

当星系内部存在正能域和负能域分布时，星体的自发演化就是必然的了。星系内部正能域区趋向膨胀，而负能域区则趋向收缩，或者说，星系中正能域区有走向大爆炸的趋势，而负能域区则有走向黑洞的趋势。现在的问题是星系最终是走向大爆炸还是走向黑洞，必须有一个可判断的结论，图 2 和图 3 分别绘制了星系可能存在的两种典型的内能密度分布。第一种内能密度分布是星系走向黑洞的内能密度分布；第二种内能密度分布则是星系走向大爆炸的内能密度分布。下面我们来具体地分析由这两种内能密度分布所确立的星系的演化趋势。

图 2 中显示了星系中物质和能量不断地流入中心——黑洞的过程，图中的虚线所显示的状态是星系尚未形成黑洞时的状态，这时中心的负能区还没有形成无限深的黑洞坑，图中的细实线所表示的状态虽然在中心区比虚线区经历的过程能吸入更多的能量，但是这种状态还不是黑洞，只有当中心区由粗实线表示时，星体才真正进入无限吸收能量的黑洞状态，这时中心区将沿柱体延伸至无限深。

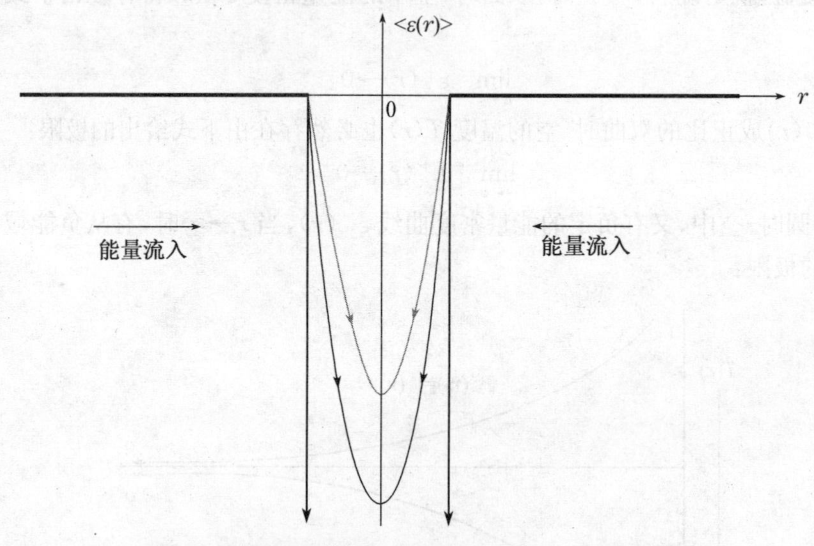

图 2　无限深势阱负能凹坑产生质量聚集形成黑洞

图 3 中显示的过程是星系中物质和能量不断地从中心流出的过程。图中由虚线所显示的过程，正是星系尚未产生爆炸时从中心向外部输出有限能量的过程，细实线在星系中虽然有比虚线更强的能量输出，但是细实线状态还是不足以产生爆炸的能量输出过程，只有粗实线的直角式的能量发射，才会在星系中产生剧烈的大爆炸。

星系的演化是星系通过星体爆炸与黑洞形成相互交织的过程实现的。这个相互交织的过程完全出自于物质中引力势能和核反应能之间的较量，为了说明这一交织的较量过程，我们来考察一个球对称的正要爆炸的球状星系。可以判明星系基本上可以分

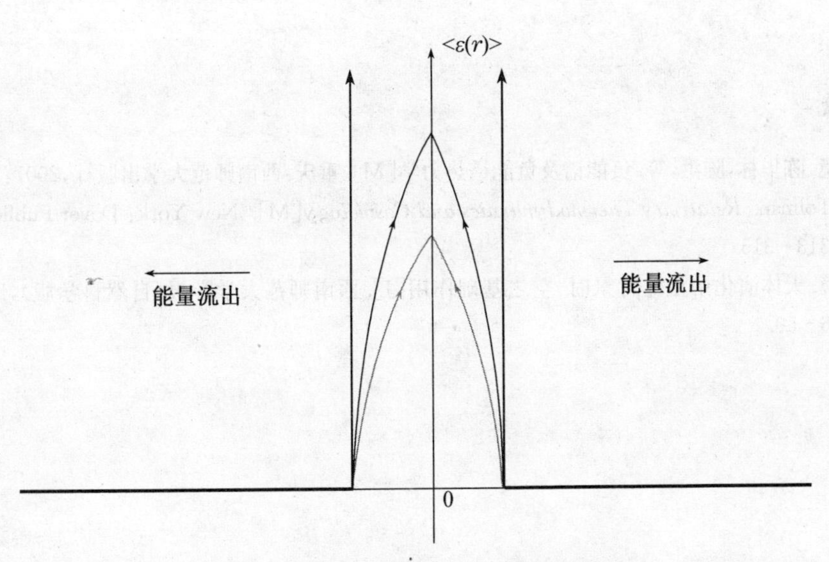

图 3 延伸正无限势垒必将导致星系爆炸

为三个区域，其中第 1 个区域是处于星系中心区内由铁族元素组成的超高密度的硬核（必须指出只有铁族元素才能安全地进入这个超高压区，其他元素粒子在它们还没有进入这个区域之前就触发了核反应，因此，其他元素不可能进入超高密度区，超高密度区自然选择由铁族元素组成）。也正由于此，它可以成为星系中特高强度的引力源而不会爆炸。于是星系中物质在特高强度引力源的吸引下，处于该引力源而不爆炸。但是星系中物质在特高强度引力源的吸引下，在该引力源的外部将形成高密度的可触发核能的核反应区，这是第 2 区。而在核反应区外部由于密度下降，粒子间的核反应也随之减小而逐步消失，从而形成了无核反应的外围膨胀区，即第 3 区。图 4 给出了引力与核能较量的示意图。可以看出这个星系的演化模型是合理的。因为首先由铁族元素组成了硬核，就其引力聚集效应而言是星系中最稳定的区域，这个硬核又以强引力作用触发了高密度核反应区（第 2 区）中粒子的核反应，产生了核爆炸，爆炸后留下一个婴儿黑洞（即第 1 区的遗核）。

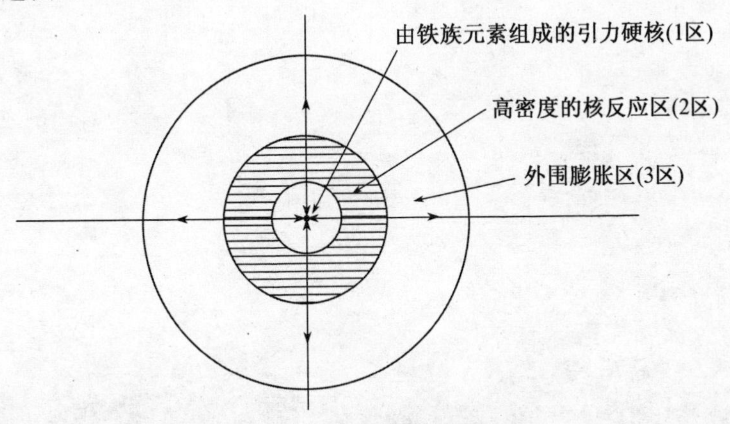

图 4 星系演化中的核反应和婴儿黑洞

参考文献

[1] 邓昭镜,陈华林,陈洪,等.负能谱及负能谱热力学[M].重庆:西南师范大学出版社,2007:38-72.
[2] R. C. Tolman. *Relativity Thermodynarnics and Cosmology*[M]. New York: Dover Publications, 1932:313-315.
[3] 邓昭镜.天体演化中星体背景时-空之基础作用[J].西南师范大学学报(自然科学版),2013,38(3):46-50.

自膨胀与自收缩星系的演化①

摘　要：根据 Einstein 场方程确立的星系(星云、星系或恒星)在自膨胀或自收缩过程中的能量变化，提出了星系在其自膨胀和自收缩过程中的热力学模型。

关键词：Einstein 场方程；量纲平衡；工作物质；热机循环

1. 星系系统的能量与标曲率的关系

写出 Einstein 场方程[1]：

$$R_i^k-\frac{1}{2}\delta_i^k R=\frac{8\pi G}{c^4}T_i^k \tag{1}$$

式中：R_i^k 是曲率张量，R 是标曲率，T_i^k 是混合型能量动量张量。将(1)式 k、i 缩并，则有

$$R=\frac{8\pi G}{c^4}T \tag{2}$$

式中：R 为标曲率；T 是系统的总能量，不是系统的内能，系统的内能是参与热力学过程的反应能。因此必须从(2)式的 T 中扣除不参与热力学反应过程的固定能 T_0 后才能求得系统的内能 $E=T-T_0$，于是(2)式被写成

$$\Delta R=\frac{8\pi G}{c^4}E \tag{2'}$$

这里 $\Delta R=R-R_0$ 是反应前后标曲率之差；$E=T-T_0$ 是星系的内能。内能的量纲是 $\frac{[\mathrm{m}]^2[\mathrm{kg}]}{[\mathrm{s}]^2}$。现在可以写出(2′)式的量纲表示：

$$E\frac{[\mathrm{m}]^2[\mathrm{kg}]}{[\mathrm{s}]^2}\cong 3.2\times10^{43}\frac{[\mathrm{m}]}{[\mathrm{s}]^2}[\mathrm{kg}]\Delta R[\mathrm{x}] \tag{3}$$

(3)式中的[x]表示标曲率的待定量纲。根据一切物理等式必须保证等式两端的量纲平衡，因此必然有

$$[\mathrm{x}]=[\mathrm{m}]$$

就是说(3)式中标曲率的未知量纲恰是长度量纲[m]——米，即(3)式应表示为

$$E\frac{[\mathrm{m}]^2[\mathrm{kg}]}{[\mathrm{s}]^2}\cong 3.2\times10^{43}\frac{[\mathrm{m}]}{[\mathrm{s}]^2}[\mathrm{kg}]\Delta R[\mathrm{m}] \tag{3'}$$

---

① 本文作者为邓昭镜和陈华林。

消去等式两端的量纲，则有

$$E \cong 3.2 \times 10^{43} \Delta R \tag{3''}$$

(3″)式表明星系系统的内能 E 正比于星系系统标曲率所标示的星系线度的变更 ΔR。对于球对称星系，标曲率线度 R 就是星系系统径向线度的量度。因此，当球对称星系的内能正定时，$E \geqslant 0$，则有 $\Delta R \geqslant 0$，即星系自发地膨胀；反之，当球对称星系内能负定时，$E \leqslant 0$，则有 $\Delta R \leqslant 0$，即星系自发地收缩。

可以证明星系系统内能 E 的符号，在最大对称的条件下，由 Einstein 标度因子方程决定[2]：

$$E(t) = -\frac{1}{2} Nm \frac{|x(t_0)|^2}{R^2(t_0)} k(t) \tag{4}$$

式中：N 是粒子数，m 是粒子质量。$x(t_0)$ 是粒子在 t_0 时刻的坐标，$R(t_0)$ 是 t_0 时刻粒子系的标度因子，$k(t)$ 是 t 时刻星系系统的曲率符号因子，注意曲率符号因子取 3 个常数。其中 $k=0$ 为平直时-空；$k=1$ 为椭圆时-空；$k=-1$ 为双曲时-空。于是内能 E 的符号由(4)式确定，当系统处于平直时-空时，$k(t)=0$，表示系统刚好能膨胀到无限；当系统处在 $k(t)=-1$ 时，系统内能 E 始终正定，负定的引力完全不能阻止星系以有限速度(即能量)膨胀至无限；当系统的 $k(t)=1$ 时，系统处于负能态，内能 E 负定，表示引力有足够的(负定的)能量将一切处于膨胀状态的粒子系的体积压缩至零[2]。

由(3′)式和(4)式可知，当星系处于平直时-空，或双曲时-空时($k=0$ 或 $k=-1$)，系统的内能正定，$E \geqslant 0$，表示星系中所激发的正定的物质能量(如核反应能)等于或超过星系负定的自引力能，这时星云必将自发地膨胀；反之，当星系处在椭圆时-空时($k=1$)，系统的内能负定，$E<0$，表示星系中所激发的正定的物质能量始终小于负定的自引力能量，星系处于负能态中，这时星系必将自发地收缩。因此星系系统的内能 E 必将同时满足以下两组关系：

$$E \begin{cases} \geqslant 0 & k=0, k=-1 \\ \leqslant 0 & k=1 \end{cases} \tag{5}$$

$$E = 3.2 \times 10^{43} \Delta R \begin{cases} \geqslant 0 & k=1, k=-1 \\ \leqslant 0 & k=1 \end{cases} \tag{6}$$

(5)、(6)两式表明：只要星系的内能是正定的($E \geqslant 0$)，星系必然自发地膨胀(($\Delta R \geqslant 0$)；反之，当星系的内能负定时($E \leqslant 0$)，星系必将自发地收缩($\Delta R \leqslant 0$)。或者说，自发膨胀的星系，其内能必然正定，星系必然处于平直时-空和双曲时-空中；而自发收缩的星系，其内能必然负定，星系必然处于椭圆时-空中。

2. 自膨胀星系中的热机系统

自膨胀星系之所以能自膨胀，是由于星系在其自引力压缩下触发了星体内的热核反应，产生了大量正定的核辐射能。而且这种正定的核辐射能超过了负定的自引力能，使星体的内能 $E>0$，从而决定了星体处于平直或双曲时-空中，进而导致星系自膨胀：

$E=3\times10^{43}\Delta R\geqslant0$。更具体分析是，当自引力压缩到粒子间足以产生热核反应的线度时，而且所产生的热核反应能 E_{nr} 足以超过引力势能 E_v 时，星体的内能必然正定 $E=E_v+E_{nr}>0$，这时星系必然自发地膨胀：$E\propto\Delta R\geqslant0$。天体物理已经判明太阳量级的星体，所产生的热核反应能恰好维持它的辐射损失，使星体的内能处于较稳定的正定的双曲时-空中，因而星体的内能处于较稳定的正能态中，星体缓慢而平稳地膨胀。维持这种核反应的粒子过程是"质子链"热核反应。在"质子链"核反应中，"质子链"是产生核反应的工作物质。在每次"质子链"循环中可以产生 2.6×10^7 电子伏特的能量。图 1 给出了"质子链"反应循环，而质子链反应方程为[3]

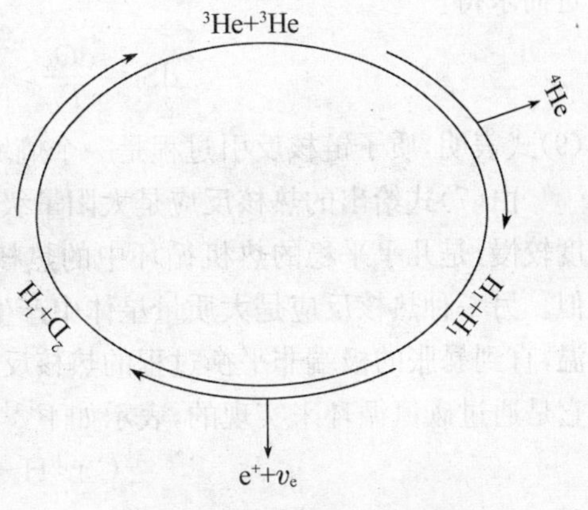

图 1　质子链循环反应图

$$\left.\begin{aligned}&^{1}H+^{1}H\longrightarrow{}^{2}D+e^{+}+\nu_e\\&^{2}D+^{1}H\longrightarrow{}^{3}He\\&^{3}He+^{3}He\longrightarrow{}^{4}He+^{1}H+^{1}H\end{aligned}\right\}\tag{7}$$

从反应方程和图 1 可以清楚地看出，质子链 $^1H+^1H$ 是循环反应中的工作物质，e^+、ν_e 和 ^4He 则是循环中产生的粒子。由此，热核反应的热机过程是：一个处于负能态中的星体，在自引力压缩下使物质粒子间距达到足以产生"质子链"热核反应的线度时，星体被引燃"质子链"热核反应，产生了以氦气 He、正电子气体 e^+ 和光辐射 ν_e 标示的正定的核反应能。当这种正定的核反应能足以超过星体中负定的引力势能时，星体就进入正能态。这时星体的内能正定：$E>0$；温度正定：$T>0$；星体开始膨胀：$\Delta R\geqslant0$。图 2 给出了"质子链"热机循环。显然在自引力压缩下，星体的中心区是高密度区，是核反应最剧烈区，表明中心区是星体的高温区，而星体的外围属于低温区。现在令高温区温度为 T_h，低温区的温度为 T_l。星体在高温区吸收核反应能为 $đQ_h$，在低温区放出热量为 $đQ_l$。热机在自引力压缩功 $đW_g$ 的强制下，在中心高温区中触发了"质子链"核反应，产生了以 $đQ_h$ 表示的核反应热。当星体在此过程中无外界对星体做功时，这里的核反应热与自引力功之差就是星体的内能增加，$đQ_h-đW_g=dE\geqslant0$，也就是流入低温热源的热 $đQ_l$，故有

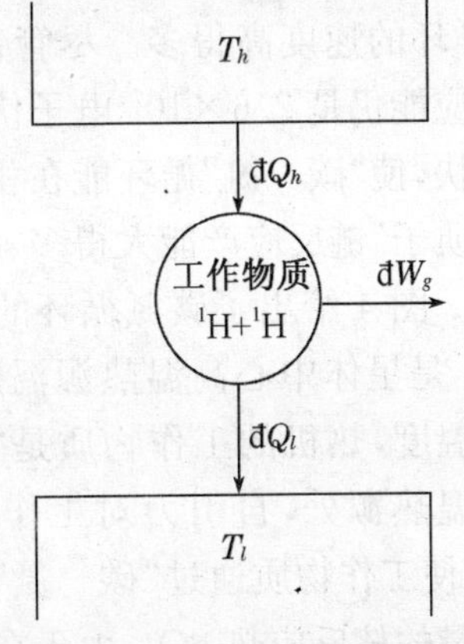

图 2　以质子链作为工作物质的热机循环

$$dE=đQ_h-đW_g=đQ_l\tag{8}$$

另外还可以证明[4]

$$\text{đ}Q_l = T_l \mathrm{d}S_l - \text{đ}W_g \tag{8'}$$

进而求得

$$\mathrm{d}S_l = \frac{\text{đ}Q_h}{T_l} \geqslant 0,\ T_l \geqslant 0,\ \text{đ}Q_l \geqslant 0 \tag{9}$$

(9)式表明,质子链核反引过程是一个熵增加的过程。

由(7)式给出的热核反应是太阳量级星体产生的热核反应。这种热核反应升温速度较慢,是几乎平稳的热机循环中的热核反应,这种核反应可以用平衡态热力学来近似。另一种热核反应是大质量星体中产生的热核反应。这种热核反应是使星体快速升温,直到暴胀的极端非平衡过程的热核反应。大质量星体的热核反应就是这类核反应,它是通过碳氮循环来实现的,表示如下[3]:

$$\left.\begin{aligned} &{}^{12}\mathrm{C} + {}^{1}\mathrm{H} \longrightarrow {}^{13}\mathrm{N} \\ &{}^{13}\mathrm{N} \longrightarrow {}^{13}\mathrm{C} + \mathrm{e}^{+} + \mathrm{v}_{\mathrm{e}} \\ &{}^{14}\mathrm{N} + {}^{1}\mathrm{H} \longrightarrow {}^{15}\mathrm{O} \\ &{}^{15}\mathrm{O} \longrightarrow {}^{15}\mathrm{N} + \mathrm{e}^{+} + \mathrm{v}_{\mathrm{e}} \\ &{}^{15}\mathrm{N} + {}^{1}\mathrm{H} \longrightarrow {}^{12}\mathrm{C} + {}^{4}\mathrm{He} \end{aligned}\right\} \tag{10}$$

由(10)式给出的热机循环称为碳氮循环,如图 3 所示。

与"质子—质子"链比较,以"碳—氮"链作为工作物质所实现的循环必然具有大得多的速度和高得多的温度。这是因为碳、氮的核电荷数远大于质子的核电荷数。因此,由(10)式给出的"碳—氮"循环的速度高得多。尽管每次循环所产生的核反应能仍是 2.6×10^{7} 电子伏特,但其反应速度非常快,使"碳—氮"循环能在相同的时间内比"质子—质子"链反应产能大得多,从而能使星体迅速暴胀。图 4 给出了碳氮循环的热机模型示意,图中 T_h 是星体中心高温热源温度,T_l 是星体低温热源温度,热机的工作物质是"碳—氮"循环链。在高温热源处,自引力对工作物质施以压缩功 $\text{đ}W_g$,使工作物质通过"碳—氮"循环热核反应产生大量的核反应热 $\text{đ}Q_h$,由于在此过程中无外界做功,因此,由差额 $\text{đ}Q_h - \text{đ}W_g$ 给出的热量 $\text{đ}Q_l$ 就是星体的内能增量 $\mathrm{d}E$。这个内能增量通过星体表面低温热源流入太空。于是 $\mathrm{d}E$、$\text{đ}Q_h$、$\text{đ}W_g$ 和 $\text{đ}Q_l$ 四者间有以下关系:

$$\mathrm{d}E = \text{đ}Q_h - \text{đ}W_g = \text{đ}Q_l \tag{11}$$

不过在这里有一点必须指出:由于"碳—氮"链反应产能速度非常高,因此它的热机运行过程

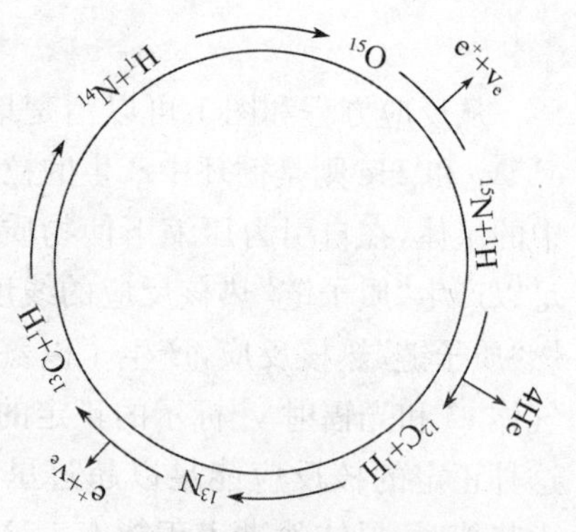

图 3 碳氮循环反应图

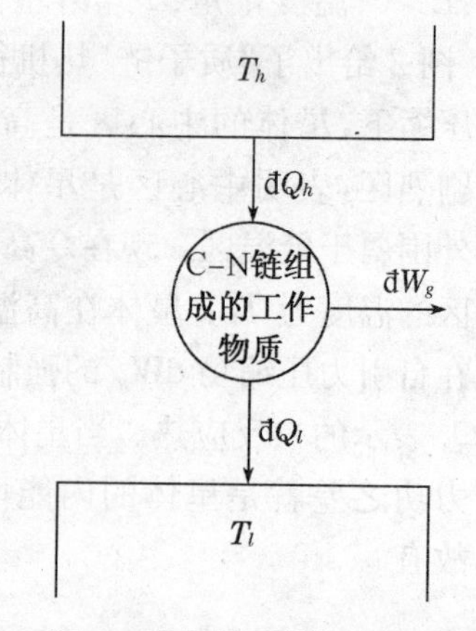

图 4 碳氮循环热机运行图

是非平衡的，高、低温热源之间必然存在对流甚至涡旋等非平衡的热过程显示的热机循环。因此，这里给出的热机模型必须采用非平衡热力学热机模型才能得到正确地表述。

3. 自收缩星系中的热机模型

自收缩星体有 $\Delta R<0$，根据(6)式则有 $E\leqslant 0$，表示星体的内能负定，表明这类星体是负能态星体，因此它的温度是负定的，$T<0$。由此可见，自收缩星体属于椭圆时-空中的星体，星体的演化遵从负能态热力学规律，即星体的熵在自发地收缩过程中自发地减少[5]。自收缩星体的温度分布，从表面到中心由于其密度迅速升高，导致其温度愈来愈负。因此，它的中心区是低温区，表面是高温区。由于支配自收缩星体演化的场主要是它的自引力场。显然，自收缩星体的热机模拟中其工作物质就是星体的"吸收核"(即星体吸收外部物质的星体本身)。星体在其演化中，"吸收核"的自引力对外部被吸收物质做功 $đW_g$，将 dM 物质从"吸收核"外部吸入"吸收核"内。随着质量 dM 吸入，同时也有能量 $c^2 dM\equiv đQ_h$ 从星体外部(高温热源)吸入。从 $đQ_h$ 中扣除自引力功 $đW_g$ 后，剩余的热量 $đQ_l$ 流入低温热源(星体中心)，这个流入低温热源的热就是星体增加的内能。故有：

$$dE=đQ_h-đW_g=đQ_l \tag{12}$$

同样利用关系[4]：$đQ_l=T_l dS_l-đW_g$，并注意这里的温度 $T_l\leqslant 0$ 和热量 $đQ_h\geqslant 0$，求得

$$dS_l=\frac{đQ_h}{T_l}\leqslant 0 \tag{13}$$

(13)式表明自收缩星体的自收缩过程是一个熵减少过程。

另外，又根据负能态热力学中热的自发传输规律：热量将自发地由低温流向高温。[5]因此，自收缩星体必然有热量 $đQ_s$ 自发地由吸引中心(低温区)流向星体表面(高温区)。图 5 给出了自收缩星体的热机模拟。在这里值得指出的是：对于自收缩、自聚集星系系统，一方面自引力将物质从星系外部吸入星系内部，形成从星系外流入星系的物质流；另一方面又有热量 $đQ_s$ 从星系中心自发地流向星系表面[6]。这种自发的对立过程，经天文观测证实在天体演化中实际存在着[7]。

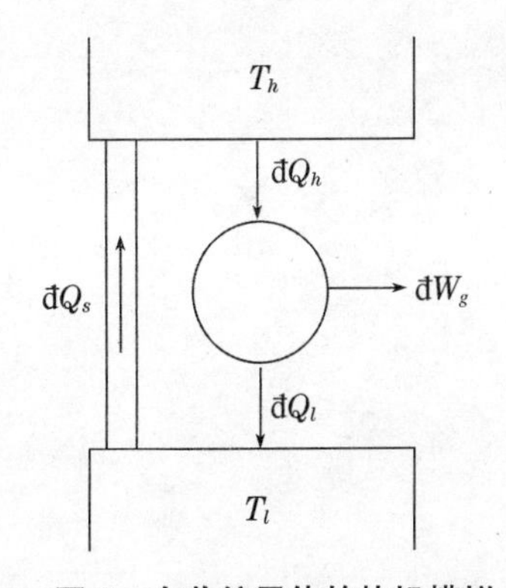

图 5　自收缩星体的热机模拟

原载《西南大学学报》2012 年第 37 卷，第 7 期

参考文献

[1] 刘辽,赵峥. 广义相对论[M]. 北京:高等教育出版社,2004:80-81.

[2] 温伯格. 引力论和宇宙论[M]. 邹振隆,张历宁,译. 北京:科学出版社,1980:546-549.

[3] F. 霍伊尔,J. 纳里卡. 物理天文学前沿[M]. 何香涛,赵君亮,译. 长沙:湖南科技出版社,2005:253-258.

[4] 邓昭镜. 自引力系统能态热力学[J]. 西南大学学报(自然科学版),2011:33(11):55-62.

[5] 邓昭镜,等. 负能谱及负能谱热力学[M]. 重庆:西南师范大学出版社,2007:38-46.

[6] 邓昭镜. 负能态系统中热量自发地由低温流向高温[J]. 西南大学学报(自然科学版),2011,33(3):37-40.

[7] 约翰·马利,玻·瑞普斯. 恒星与行星的诞生[M]. 萧耐园,译. 长沙:湖南科技出版社,2009:232-233.

自膨胀星体的内能和它的熵的演化

摘　要：本文根据宇宙中存在两类自发演化的实际过程提出了"物系自发演化的逻辑判据"，进一步阐明了物系内能的涵义，然后针对球对称自膨胀星体讨论了它的内能和熵的自发演化。

关键词：内能；引力势能；核反应；熵

1. 引言

大量有关天体演化的观测资料表明[1-2]，宇宙中同时存在着两类本质不同的自发演化过程，第一类自发演化过程是地球上熟知的自发演化过程，即物系状态会自发地趋向无序化的自膨胀的熵增加过程；第二类自发演化过程则是地球上从未见到过的，使物系状态自发地趋向有序化自聚集的熵减少过程。对第一类自发演化过程，克劳修斯热力学的熵增加原理已给出了令人信服的解释。但对第二类自发演化过程，虽然由贝肯斯坦、彭罗斯等人在他们所建立的黑洞热力学中作过许多努力，企图仍在熵增原理基础上给予统一解释，却并未成功。笔者在深入考察贝肯斯坦等人的理论结果后，决定另辟蹊径，即不是将克劳修斯的熵增加原理先入为主地硬性地移植到第二类自发演化过程中，而是将两类自发演化过程中物系的性状进行对比，从对比的结果中寻求规律。通过对比，笔者发现了以下三个重要结果：

(1) 在第一类自发演化过程的物系中，物质间产生自聚集效应的自引力作用可以完全忽略，甚至有排斥型力场占优势，而在第二类自发演化过程的物系中，物质间产生自聚集效应的自引力场起着支配作用。

(2) 凡是能产生自聚集效应的自引力场，其时空（高斯）曲率必然为正，呈椭圆型时-空结构；而产生自排斥效应的自引力场，其时空曲率必然为负，呈双曲时-空结构；曲率为零的平直时-空中，物质粒子自身的惯性场也具有排斥效应[3]。

(3) 在第一类自发演化过程的物系中，物系的内能总大于零，系统处于正能态中，而在第二类自发演化过程的物系中，物系的内能总小于零，系统处于负能态中[4-5]。

在此基础上，又可以建立两个基础性推论：

(4) 在第一类自发演化过程的物系中，其基础温度恒正，而在第二类自发演化过程的物系中，其基础温度恒负[6]。

(5) 在第一类自发演化过程中，物系的熵必然按熵增加原理演化，而在第二类自发演化过程中，物系的熵必然按熵减少原理演化[7]。

综上所述，可以根据以上五项结果对物系的自发演化提出如表 1 所示的基本逻辑判据。

表 1 自引力系统演化的基本逻辑判据

时空高斯曲率 K	自引力效应	系统的内能 E	系统的基础温度 T	系统熵的改变 dS
$K>0$（椭圆时-空）	自聚集过程	$E\leqslant 0$	$T\leqslant 0$	$dS\leqslant 0$
$K=0$（平直时-空）	自引力趋于零	$E\geqslant 0$	$T\geqslant 0$	$dS\geqslant 0$
$K<0$（双曲时-空）	自排斥过程	$E\geqslant 0$	$T\geqslant 0$	$dS\geqslant 0$

上述有关物系演化的基本逻辑判据（或负能谱热力学理论）发表以后，就得到一些学者的支持和关注，同时也受到一些学者的质疑和否定。学术上有不同意见是很正常的，它有利于科学发展，而这里产生分歧的基本点，正是由对热力学系统内能本质涵义的理解不同而产生的。笔者认为，反映物系热力学性状的内能是也只能是物系中已被激发的那一部分能量之总和，而和物系中那些未被激发的（或隐藏变量表征的）能量无关，这是因为只有已被激发的那一部分能量才能参与系统内和系统与外界的“热”、“功”交换过程。这就是说，物系中被激发的层次愈多，物系中参与内能的自然变数就愈多。当激发属于放能激发时，将引起系统的内能增加；反之，当激发属于吸能激发时，则会导致系统内能减少。因此，物系的内能是可正可负的，这就进一步决定了物系中单粒子平均能量，也即物系的基础温度是可正可负的，更进一步必然导致物系的熵分别按熵增加或熵减少规律自发演化；反之，若确认物系的内能就是物系中物质的总能量（包括一切隐藏变量表征的能量），那么物系的内能必然是正定的，由此决定的物系的基础温度也只能是正定的，进而导致物系熵的演化只能按熵增原理演化。就是说无论系统是否是孤立的，也无论系统中进行的是第一类还是第二类自发演化过程，都同样会导致物系熵的增加。另一方面，我们又知道熵是质量（或能量）的增函数，这样一来无论什么系统，随着时间流逝，系统中的物质（质量）将会不断地创生，显然这是荒谬的[7]。

“自聚集与自膨胀星体的内能和它的熵的演化”一文正是从我们所坚持的对系统内能的本质涵义的基本认识出发，以最典型的球对称自引力系统（或星体）为例，通过具体理论分析来阐明上述建立的物系自发演化的基本逻辑判据，进而对两类自发演化过程给出一个自洽的统一的理论表述。

2. 自膨胀星体的内能

为简化计，这里假定星体始终是球对称的，根据大量的天体观测资料显示，一切自膨胀星体都是在自引力压缩下激发了核反应的系统[8-9]。现在假定所研究星体中的核反应能 $\Delta M_\varphi = M_\varphi - M'_\varphi$，其中 M_φ 为核反应前星体的质量，M'_φ 是核反应后星体的质量。由于核反应要改变星体的质量，因此，它必然会改变星体中自引力对内能的贡献，从而

使星体中自引力内能贡献由 E 改变为 E'，E 和 E' 分别表示为

$$E=-4\pi\int_0^R m_N^0 n(r)\beta^2\left\{\frac{1}{2}+\frac{3}{2}\frac{Gm(r)}{r}+\frac{3}{2}\left[\frac{Gm(r)}{r}\right]^2+\frac{3}{8}\beta^2+\cdots\right\}\mathrm{d}r \tag{1}$$

$$E'=-4\pi\int_0^R m_N^0 n'(r)\beta'^2\left\{\frac{1}{2}+\frac{3}{2}\frac{Gm'(r)}{r}+\frac{3}{2}\left[\frac{Gm'(r)}{r}\right]^2+\frac{3}{8}\beta'^2+\cdots\right\}\mathrm{d}r \tag{2}$$

式中 $n(r)$，β 和 $m(r)$ 分别是核反应前的数密度、粒子速度和半径为 r 的球的质量；$n'(r)$，β' 和 $m'(r)$ 则分别是反应后的数密度、粒子速度和半径为 r 的球的质量。另外再加上核反应能对内能的贡献，系统的内能应表示为

$$E_{\text{tot}}=E'+|\Delta M_\varphi| \tag{3}$$

虽然(2)式中的 E' 是一个负量，但这个负量比起核反应产生的核反应能 $|\Delta M_\varphi|$ 要小得多，否则星体不会膨胀。实际上，由核反应所导致的星体内能增加，其强度直接和星体质量改变 $|\Delta M_\varphi|$ 成正比，而由质量变化引起的星体引力势能变化的强度要低得多，至少小二三十个量级，因此由(1)式给出的核反应后星体的内能是一个远大于零的正量，即

$$E_{\text{tot}}=E'+|\Delta M_\varphi|=|\Delta M_\varphi|-|E'|\gg 0 \tag{3'}$$

这就是说，核反应实际上是将星体由自引力占优势的负能态系统一蹴而转变成核反应后的正能态系统。根据前述的判据，系统的温度也将由核反应前的负温度系统一蹴而转变为核反应后的正温度系统，系统熵的演化将由核反应前按熵减少原理演化转变为核反应后熵按熵增原理演化。

现在我们直接根据热力学第一定律来分析自膨胀星体的热力学过程，首先让我们仍假定系统是球对称的，并令这个自膨胀星体和它周围能被引力吸引的物质组成一个孤立系统，对这个孤立系统写出它的热力学第一定律，即

$$\mathrm{d}E=\mathrm{d}W+T\mathrm{d}S=(\mathrm{d}W)_e+(\mathrm{d}W)_i+(T\mathrm{d}S)_e+(T\mathrm{d}S)_i \tag{4}$$

式中，$(\mathrm{d}W)_e$ 和 $(T\mathrm{d}S)_e$ 表示由外部过程引起的功和热，$(\mathrm{d}W)_i$ 和 $(T\mathrm{d}S)_i$ 是内部过程对系统做的功和产生的热，对于孤立系统，显然有

$$(\mathrm{d}W)_e+(T\mathrm{d}S)_e=0 \tag{5}$$

由于核反应是放能核反应，由此引起的内能的增量是

$$\mathrm{d}E=E_{\text{tot}}-E=\Delta M_\varphi+(E'-E) \tag{6}$$

将(5)、(6)两式代入(4)式，则有

$$\Delta M_\varphi+(E'-E)=(T\mathrm{d}S)_i+(\mathrm{d}W)_i \tag{7}$$

而内部过程做的功只有自引力做功，在自膨胀过程中自引力做负功，故有

$$(\mathrm{d}W)_i=-\frac{\kappa_+}{8\pi}\mathrm{d}A_+ \tag{8}$$

式中 $\mathrm{d}A_+$ 表示由核反应产生的视界面积增量与引力自聚集过程产生的视界面积增量之和，于是由(7)、(8)两式可进一步求得系统熵的改变为

$$\mathrm{d}S=\frac{1}{T}\left[\Delta M_\varphi+(E'-E)+\frac{\kappa_+}{8\pi}\mathrm{d}A_+\right] \tag{9}$$

既然核反应后系统是 $E_{\text{tot}}>0$ 的正能谱系统，因此它的温度 $T\geqslant 0$。又由于 $|E'-$

$E|\ll\Delta M_\varphi,\frac{\kappa_+}{8\pi}dA_+>0$，故有 $\Delta S\gg 0$，系统的熵在核反应中剧烈地增长。在(9)式中略去 $|E'-E|$ 这一项不会引起多大误差，这时 dS 可表示为

$$dS=\frac{1}{T}\left[\Delta M_\varphi+\frac{\kappa_+}{8\pi}dA_+\right]\gg 0 \tag{10}$$

原载《西南大学学报》2009 年第 12 卷，第 1 期

参考文献

[1] Hoyle F, Norliker J. 物理天文学前沿[M]. 长沙：湖南科技出版社，2005：76－81，130－131，135－136，154－158，390－400.

[2] 吴鑫基，温学诗. 现代天文学十五讲[M]. 北京：北京大学出版社，2005：130－133，136－142，147－152，196－205，284－290.

[3] 费保俊. 相对论与非欧几何[M]. 北京：科学出版社，2005：20－23，30－31.

[4] 刘辽. 广义相对论[M]. 北京：高等教育出版社，2004：116－117，121－123.

[5] Landau L D. Lifshitz E M. *The Classical Theory of Field*[M]. 北京：世界图书出版公司北京分公司，2007：280－282.

[6] 邓昭镜. 概率函数中 $\beta\varepsilon_i$ 因子乘积的符号与能谱结构[J]. 西南师范大学学报（自然科学版），2005，30(4)：642－647.

[7] 邓昭镜. 负能谱及负能谱热力学[M]. 重庆：西南师范大学出版社，2007：50－56，146.

[8] 朱栋培，陈宏芳，石名俊. 原子物理与量子力学[M]. 北京：科学出版社，2008：263－265.

[9] 徐尤道，等. 物理学词典[M]. 北京：科学出版社，2004：645.

自聚集星体的内能和它的熵的演化

摘　要：首先从热力学角度阐述了系统内能的本质涵义；进一步又对自引力系统（尤其是球对称自引力系统）阐明了自引力系统内能的涵义；最后又以球对称自引力系统为例具体地分析了自引力系统熵的演化取决于系统内能所处的能态，当系统的能态为正能态时，系统的熵按熵增原理演化，反之，当系统内的内能处于负能态时，系统的熵必然按熵减原理演化。

关键词：内能；引力势能；温度；熵

大量有关天体演化的观测资料表明[1-2]，宇宙中同时存在着两类本质不同的自发演化过程，第一类自发演化过程是地球上熟知的自发演化过程，即物系状态会自发地趋向无序化的自膨胀的熵增加过程；第二类自发演化过程则是地球上从未见到过的，使物系状态自发地趋向有序化自聚集的熵减少过程。对第一类自发演化过程，克劳修斯热力学的熵增加原理已给出了令人信服的解释。但对第二类自发演化过程，虽然由贝肯斯坦、彭若斯等人在他们所建立的黑洞热力学中作过许多努力，企图仍在熵增原理基础上给予统一解释，却并未成功。笔者在深入考察贝肯斯坦等人的理论结果后，决定另辟蹊径，即不是将克劳修斯的熵增加原理先入为主地硬性地移植到第二类自发演化过程中，而是将两类自发演化过程中物系的性状进行对比，从对比的结果中寻求规律。通过对比，笔者发现了以下三个重要结果：

(1) 在第一类自发演化过程的物系中，物质间产生自聚集效应的自引力作用可以完全忽略，甚至有排斥型力场占优势，而在第二类自发演化过程的物系中，物质间产生自聚集效应的自引力场起着支配作用。

(2) 凡是能产生自聚集效应的自引力场，其时空（高斯）曲率必然为正，呈椭圆型时空结构；而产生自排斥效应的自引力场，其时空曲率必然为负，呈双曲时-空结构；曲率为零的平直时-空中，物质粒子自身的惯性场也具有排斥效应[3]。

(3) 在第一类自发演化过程的物系中，物系的内能总大于零，系统处于正能态中，而在第二类自发演化过程的物系中，物系的内能总小于零，系统处于负能态中[4-5]。

在此基础上，又可以建立两个基础性推论：

(4) 在第一类自发演化过程的物系中，其基础温度恒正，而在第二类自发演化过程的物系中，其基础温度恒负[6]。

(5) 在第一类自发演化过程中，物系的熵必然按熵增加原理演化，而在第二类自发演化过程中，物系的熵必然按熵减少原理演化[7]。

综上所述，可以根据以上五项结果对物系的自发演化提出如表1所示的基本逻辑判据。

表 1　自引力系统演化的基本逻辑判据

时空高斯曲率 K	自引力效应	系统的内能 E	系统的基础温度 T	系统熵的改变 $\mathrm{d}S$
$K>0$(椭圆时-空)	自聚集过程	$E\leqslant 0$	$T\leqslant 0$	$\mathrm{d}S\leqslant 0$
$K=0$(平直时-空)	自引力趋于零	$E\geqslant 0$	$T\geqslant 0$	$\mathrm{d}S\geqslant 0$
$K<0$(双曲时-空)	自排斥过程	$E\geqslant 0$	$T\geqslant 0$	$\mathrm{d}S\geqslant 0$

上述有关物系演化的基本逻辑判据(或负能谱热力学理论)发表以后,就得到一些学者的支持和关注,同时也受到一些学者的质疑和否定。学术上有不同意见是很正常的,它有利于科学发展,而这里产生分歧的基本点,正是由对热力学系统内能本质涵义的理解不同而产生的。笔者认为,反映物系热力学性状的内能是也只能是物系中已被激发的那一部分能量之总和,而和物系中那些未被激发的(或隐藏变量表征的)能量无关。因此,物系的内能是可正可负的,这就进一步决定了物系中单粒子平均能量,也即物系的基础温度是可正可负的,更进一步必然导致物系的熵分别按熵增加或熵减少规律自发演化;反之,若确认物系的内能就是物系中物质的总能量(包括一切隐藏变量表征的能量),那么物系的内能必然是正定的,由此决定的物系的基础温度也只能是正定的,进而导致的物系熵的演化只能是按熵增原理演化。"自聚集与自膨胀星体的内能和它的熵的演化"一文正是从我们所坚持的对系统内能的本质涵义的基本认识出发,以最典型的球对称自引力系统(或星体)为例,通过具体理论分析来阐明上述建立的物系自发演化的基本逻辑判据,进而对两类自发演化过程给出一个自洽的统一的理论表述。

1. 星体的内能[4]

在热力学中总把能量分为外能和内能,外能是物质作为整体参与的各种运动的动能和物系在外场中势能之总和,内能是指系统内物体间,粒子间,分子、原子间,核子间等所有内部物质间的相互作用,以及物系中各类粒子的平动、转动、振动、置换等运动形式能量之总合。在具体问题中(即具体过程中),说到内能总是指参与过程变化的属于物系粒子的那一部分能量,而把物系中那些未被激发的一部分(由隐藏变量表征的)能量均视为与所论问题无关的常数——"0"。因此,对能量激发层次不同的热力学系统,表征系统内能的独立的自然变量数是不同的,激发层次愈多,内能独立的自然变数也就愈多,则表示引起热力学系统状态变化所参与的能量转化和能量转移的形式也就愈多。例如最简单的理想气体,其内能独立的自然变量是熵 S 和体积 V,其基本等式表示:$\mathrm{d}E=T\mathrm{d}S-p\mathrm{d}V$。而一缸由多种粒子组成的且存在化学反应的混合气体,气体内能独立的自然变数将多得多,可以有 $2+n$ 个,这时基本等式表示为:$\mathrm{d}E=T\mathrm{d}S-p\mathrm{d}V+\sum_{i=1}^{\mu}\mu_i\mathrm{d}N_i$。因此,内能不是物系中物质的所有能量之总和,而是由参与热力学过程,并能引起变化的那些已被激发的能量之总和。由此可见,不仅内能增量在 $\mathrm{d}E$ 是可正可负的，而且内能 E 本身也是可正可负的。为了能清楚地理解这一点，特引注刘辽先生关于"星体的内能"的论述[3]，他首先引入了两个量，一个是星体在弯曲时-空中的总质量 M_φ（这里 M_φ 就是能量，已令光速 $c=1$），定义为

$$M_\varphi=\int_0^R\rho(r)\left[1-\frac{2Gm}{r}\right]^{\frac{1}{2}}\mathrm{d}V \tag{1}$$

对于球对称引力体，如 Schwarzschild(SW)黑洞，(1)式中的 $\mathrm{d}V$ 可以表示为

$$\mathrm{d}V=\sqrt{g_{rr}}\,4\pi r^2\mathrm{d}r,\ \sqrt{g_{rr}}=\left[1-\frac{2Gm(r)}{r}\right]^{-\frac{1}{2}} \tag{2}$$

另一个是用自由粒子静止质量 m_N^0 定义的星前总质量 M_0，表示为

$$M_0=\int_0^R m_N^0 n(r)\mathrm{d}V \tag{3}$$

式中 $n(r)$ 是所形成星体内核子的数密度，由此可以给出星体的内能（也即星体的结合能）E：

$$E=M_\varphi-M_0\leqslant 0 \tag{4}$$

此式表明，通过引力坍缩形成星体的过程，星体的内能是负定的，为了确定星体内能中的总动量和总势能，特引入由星体固有密度 $\rho(r)$ 表示的星体的总质量 M，表示为

$$M=\int_0^R\rho(r)\mathrm{d}V=\int_0^R 4\pi r^2\rho(r)\left(1-\frac{2Gm(r)}{r}\right)^{-\frac{1}{2}}\mathrm{d}r \tag{5}$$

于是有

$$E=(M_\varphi-M)+(M-M_0)=U+T \tag{6}$$

式中，U 是星体内能中的总引力势能，T 是星体内能中的总动能，U 和 T 可以按 $\frac{Gm(r)}{r}$ 的幂次积分展开如下：

$$U=-\int_0^R\rho(r)\left[\frac{Gm(r)}{r}+\frac{3}{2}\left(\frac{Gm(r)}{r}\right)^2+\cdots\right]4\pi r^2\mathrm{d}r\leqslant 0 \tag{7}$$

$$T=-\int_0^R\tilde{\rho}(r)\left[\frac{Gm(r)}{r}+\frac{3}{2}\left(\frac{Gm(r)}{r}\right)^2+\cdots\right]4\pi r^2\mathrm{d}r\geqslant 0 \tag{8}$$

式中 $\tilde{\rho}(r)$ 称为差额密度，定义为：$\tilde{\rho}(r)=\rho(r)-m_N^0 n(r)$。由(6)式可知，星体内能的正负完全取决于星体内部的引力势能与动能之间的竞争，当星体内能为正时（星体的动能超过引力势能），星体处于正能态中，星体的演化将遵从熵增加原理。当星体内能为负时（星体的引力势能超过动能），星体处于负能态中，星体的演化将遵从熵减少原理。为了进一步阐明上面关于熵演化的基本结论，特以 SW 型星球为例，具体地分析系统在不同条件下的熵的演化。

2. 自聚集星体的内能和熵的演化

现在试考虑半径为 R 的球对称引力系统，例如 SW 型黑洞式的星球，令组成星球的核子质量为 m_N，而 SW 黑洞球内 r 点的引力势为 $\frac{2Gm(r)}{r}$，核子速度为 $\beta=\frac{u}{c}$，由此核

子的质量 m_N 可以通过它的固有质量 m_N^0 表示为[8]

$$m_N=\frac{m_N^0}{\sqrt{1-\left(\frac{2Gm(r)}{r}+\beta^2\right)}}\quad \beta=\frac{u}{c}<1 \tag{9}$$

式中 $m(r)$ 是半径为 r 的球体的总质量，$m(r)$ 由下式定义：

$$m(r)=4\pi\int_0^r r'^2\rho(r')\mathrm{d}r' \tag{10}$$

其中 $\rho(r')$ 是 r' 点的密度，利用(9)式密度，$\rho(r')$ 可以表示为

$$\rho(r')=m_N n(r')=\frac{m_N^0 n(r')}{\sqrt{1-\left(\frac{2Gm(r')}{r}+\beta^2\right)}} \tag{11}$$

其中 $n(r')$ 为星体内核子的数密度，于是(7)、(8)两式又可以表示为

$$U=-4\pi\int_0^R B(A-1)m_N^0 n(r)r^2\mathrm{d}r\quad T=4\pi\int_0^R A(B-1)m_N^0 n(r)r^2\mathrm{d}r \tag{12}$$

于是系统的内能 E 应表示为

$$E=T+U=4\pi\int_0^R m_N^0 n(r)(B-A)r^2\mathrm{d}r \tag{13}$$

其中

$$B=\frac{1}{\sqrt{1-\frac{2Gm(r)}{r}}}\quad A=\frac{1}{\sqrt{1-\left(\frac{2Gm(r)}{r}\right)-\beta^2}}\quad \beta=\frac{u}{c} \tag{14}$$

从而有

$$\begin{aligned}B-A&=\frac{1}{\sqrt{1-\frac{2Gm(r)}{r}}}-\frac{1}{\sqrt{1-\left(\frac{2Gm(r)}{r}+\beta^2\right)}}\\&=\left[1+\frac{Gm(r)}{r}+\frac{3}{2}\left(\frac{Gm(r)}{r}\right)^2+\cdots\right]-\left[1+\left(\frac{Gm(r)}{r}+\frac{1}{2}\beta^2\right)+\frac{3}{2}\left(\frac{Gm(r)}{r}+\frac{1}{2}\beta^2\right)^2+\cdots\right]\\&=-\beta^2\left[\frac{1}{2}+\frac{3}{2}\left(\frac{Gm(r)}{r}\right)^2+\frac{3}{2}\left(\frac{Gm(r)}{r}\right)+\frac{3}{8}\beta^2+\cdots\right]\leqslant 0\end{aligned} \tag{15}$$

由此有

$$\begin{aligned}E&=T+U\\&=-4\pi\int_0^R m_N^0 n(r)\beta^2\left[\frac{1}{2}+\frac{3}{2}\left(\frac{Gm(r)}{r}\right)+\frac{3}{8}\beta^2+\cdots\right]r^2\mathrm{d}V\leqslant 0\end{aligned} \tag{16}$$

此式表明静态 SW 黑洞(或球对称孤立的自引力聚集体)是处于负能态的系统，因此 SW 黑洞的基础温度恒负[5]，系统的演化必然遵从熵减少原理[6]。

现在根据热力学第一定律来进一步分析自引力系统在自聚集过程中系统熵的演化，试考虑由 SW 黑洞和它周围可吸引的物质组成的孤立系统，这个系统的热力学第一定律应表示为

$$\mathrm{d}E=\mathrm{d}W+T\mathrm{d}S=(\mathrm{d}W)_e+(\mathrm{d}W)_i+(T\mathrm{d}S)_e+(T\mathrm{d}S)_i \tag{17}$$

式中，$(\mathrm{d}W)_e$，$(T\mathrm{d}S)_e$ 表示由外部过程引起的功和热，由于系统是孤立的，故有

$$dE=0 \quad (dW)_e=(TdS)_e=0 \tag{18}$$

由此(17)式化为

$$(dW)_i+(TdS)_i=0 \tag{19}$$

(19)式表明内部过程所做的功$(dW)_i$与所产生的热$(TdS)_i$之和为零，而对自聚集的SW型黑洞而言，只存在自引力在自聚集形式中使其视界面积增加的过程。对于这样的过程，自引力做负功。实际上，由于自引力的方向沿着$-\boldsymbol{e}_r$方向，视界面积沿$\boldsymbol{e}_r$方向增加，两者数积给出的自引力所做的功是

$$(dW)_i=\left(-\frac{\kappa_+}{8\pi}\right)(dA_+)=-\frac{\kappa_+}{8\pi}dA_+\leqslant 0 \tag{20}$$

由此通过自引力做功所转化的内部热能应表示为

$$(TdS)_i=-(dW)_i=\frac{\kappa_+}{8\pi}dA_+\geqslant 0 \tag{21}$$

又由(16)式可知SW黑洞系统是一个负能态系统，系统的基础温度恒负，故有$T\leqslant 0$，因此系统在内部自聚集过程中所引起的熵的改变应表示为

$$(dS)_i=\frac{\kappa_+}{8\pi(-|T|)}dA_+=-\frac{\kappa_+}{8\pi|T|}dA_+\leqslant 0 \tag{22}$$

(22)式表明孤立的SW黑洞在吸收周围物质使它的视界面积增加的自聚集过程是一个使系统熵减少的过程，$\Delta S\leqslant 0$。实际上，在星体坍缩中，引力场将分散分布在广阔宇宙中的物质自发地聚集到黑洞视界面上形成有序结构，这样的过程显然是熵减少过程。

原载《西南大学学报》2010年第32卷，第1期

参考文献

[1] Hoyle F, Norliker J. 物理天文学前沿[M]. 长沙：湖南科技出版社，2005：76－81，130－131，135－136，154－158，390－400.

[2] 吴鑫基，温学诗. 现代天文学十五讲[M]. 北京：北京大学出版社，2005：130－133，136－142，147－152，196－205，284－290.

[3] 费保俊. 相对论与非欧几何[M]. 北京：科学出版社，2005：20－23，30－31.

[4] 刘辽. 广义相对论[M]. 北京：高等教育出版社，2004：116－117，121－123.

[5] Landau L D, Lifshitz E M. *The Classical Theory of Field*[M]. 北京：世界图书出版公司北京分公司，2007：280－282.

[6] 邓昭镜. 概率函数中$\beta\varepsilon_i$因子乘积的符号与能谱结构[J]. 西南师范大学学报(自然科学版)，2005，30(4)：642－647.

[7] 邓昭镜. 负能谱及负能谱热力学[M]. 重庆：西南师范大学出版社，2007：50－56.

[8] Mφller C. *Theory of Relativity* [M]. London：Oxford University Press，1952：219.

一个实际存在的负能谱系统——白矮星

摘　要:详细地剖析了初期演化过程中的白矮星的基本特性,在此基础上进一步论述了白矮星是一个实际存在的负能谱系统。

关键词:引力势能;简并能;热运动能

1. 白矮星是一个高密度等离子体

白矮星属于高密度恒星,它是恒星演化的后期阶段,当主星序中恒星的中心区域的核燃料——氢已消耗殆尽时,星体将先膨胀为红巨星(或超红巨星),然后经坍缩形成高密度的中子星或白矮星。当星体质量超过 $8M_{\odot}$ 时,星体在坍缩中形成白矮星[1]。坍缩中白矮星的形成过程主要分两个阶段:第一阶段(即初期阶段)是从红巨星的内核中刚脱胎出来的白矮星胚芽,这一阶段是耗尽氢燃料以聚合氦的过程,因此,这一阶段中的白矮星的主要成分是氦;第二阶段是成熟的白矮星的形成过程,这一阶段中首先通过 3α 过程由氦聚合成碳,然后又通过碳—氦反应进一步聚合成氧,这一阶段以耗尽氦燃料为标志,因此,第二阶段中白矮星的主要成分是碳和氧[2]。坍缩中的白矮星的密度可以高达(1～100)×10^6 g/cm^3,星体中心区的温度可以达到 10^7 K。综上所述,在初期演化阶段中的白矮星完全可视为由氦原子组成的高密度星。同时,处于温度达到 10^7 K的高密度白矮星中的氦原子,一方面原子的热运动能足以超过氦原子的电离能,使得热碰撞就足以电离氦原子;另一方面由于高密度产生了极强的引力负压,这种引力负压绝非一般的辐射压和热运动压力所能抗衡,于是氦原子便会在引力负压下被压碎,形成由氦离子沉浸入电子海内的高密度等离子体。显然白矮星内存在两个相互作用的子系,一个是电子子系,另一个则是氦离子子系。下面的论述将对这两个子系的几个主要基本特性进行分析和比较。

2. 白矮星中两个系粒子间的引力势能

白矮星粒子间的引力势能有氦离子间的引力势能 $\varepsilon_{Gi}(r)=\dfrac{Gm_im_i}{r}$,氦离子与电子间的引力势能 $\varepsilon_{Gi-e}(r)=\dfrac{Gm_im_e}{r}$ 以及电子之间的引力势能 $\varepsilon_{Ge}(r)=\dfrac{Gm_em_e}{r}$,这三种引力势能以氦离子引力势最强。首先讨论氦离子间的引力势能,一个氦离子处在周围氦离子的引力场中，其引力势能不仅取决于氦离子的质量 $m_i(\equiv m_{He})$，而且还取决于周围氦离子的密度分布，因此，处在氦离子密度分布的引力场中，一个氦离子的平均引力势能应表示为

$$\langle \varepsilon_{Gi}(r)\rangle = \frac{U_i}{N} = -\frac{1}{N}\left(\frac{2q}{2\beta}\right)z'v = \frac{1}{N}\sum_{\varepsilon_{Gi}} \frac{\varepsilon_{Gi}(r)}{z'^{-1}\exp(\beta'\varepsilon_{Gi}(r))+1} \tag{1}$$

式中 $\langle \varepsilon_{Gi}(r)\rangle$ 是单个氦离子平均引力势能，N 是总氦离子数，$\beta'=\frac{1}{k\tilde{T}_i}$ 是氦离子子系的温度参量，U_i 是氦离子子系总引力势能，$z'=e^{(\mu_i/k\tilde{T}_i)}$ 是氦离子逸度。(1)式可以通过以下变换将求和化为积分

$$\sum_{\varepsilon_{Gi}}(\cdots) \to \int(\cdots)a(\varepsilon_{Gi})d\varepsilon_{Gi} \quad a(\varepsilon_{Gi}) = \frac{4\pi V(p_F)}{\varepsilon_{Gi}^4(r)}\left(\frac{rGm_i^2}{h}\right)^3 \tag{2}$$

由此(1)式变为

$$\langle \varepsilon_{Gi}(r)\rangle = \frac{4\pi}{3N}\left(\frac{rGm_i^2}{h}\right)^3 V(p_F)\int_{\varepsilon_{Gi(r\to 0)}}^{\varepsilon_{Gi(R)}} \frac{d\varepsilon_{Gi}}{\varepsilon_{Gi}^3[z'^{-1}\exp(\beta'\varepsilon_{Gi})+1]} \tag{3}$$

由于(3)式中逸度 $z'=\exp\left(\frac{\mu(r)}{k\tilde{T}}\right)$ 中的 $\mu(r)\approx -\varepsilon_{Fi}$，而 ε_{Fi} 比 $|k\tilde{T}|$ 大 3 至 4 个量级，所以 $z'^{-1}\to 0$，而 $\varepsilon_{Gi}(r)=\frac{rGm_{He}^2}{r}\sim 10^{-50}$ J，又比 $k\tilde{T}$ 小 30 个量级，因此有 $e^{\beta\varepsilon_{Gi}}\to 1$。由此(3)式进一步化为

$$\langle \varepsilon_{Gi}(r)\rangle = \frac{4\pi}{3N}\left(\frac{rGm_i^2}{h}\right)^3 V(p_F)\int_{\varepsilon_{Gi(r\to 0)}}^{\varepsilon_{Gi(R)}} \frac{d\varepsilon_{Gi}}{\varepsilon_{Gi}^3} \tag{4}$$

注意 $V(p_F)=2N\frac{4\pi}{3}p_F^3=\frac{2Nn_ih^3}{g}$，$g=2$，则(4)式积分后得出一个只取决于密度 n_i 的势

$$\langle \varepsilon_{Gi}(r)\rangle \approx -\frac{2\pi}{3}n_iR^2(\gamma Gm_{He}^2) \tag{5}$$

引入数据：$n_i\approx 10^{36}/m^3$；$R\approx 2.88\times 10^6$ m；$G\approx 6.67\times 10^{-11}$ N·m²·(kg)⁻²；$m_{He}\approx 6.69\times 10^{-27}$ kg。形成分布因子 γ，对于完全均匀的球取 $\gamma=1$，对于中心聚集的非均匀球 $\gamma>1$，对于中心分散的非均匀球 $\gamma<1$，这里取 $\gamma=2$，代入这些数据，最后得到在离子引力场中一个离子的平均引力势能为

$$\langle \varepsilon_{Gi}(r)\rangle = \langle \varepsilon_i(G)\rangle \approx 1.04\times 10^{-13}\text{ J} \tag{6}$$

至于在离子引力场中一个电子的平均引力势能 $\langle \varepsilon_{i-e}(G)\rangle$，以及在电子引力场中一个电子的引力势能 $\langle \varepsilon_e(G)\rangle$，可以从以下比式中求得

$$\frac{\langle \varepsilon_i(G)\rangle}{\langle \varepsilon_{i-e}(G)\rangle}\approx 10^3 \quad \frac{\langle \varepsilon_{i-e}(G)\rangle}{\langle \varepsilon_e(G)\rangle}\approx 10^3 \quad \frac{\langle \varepsilon_i(G)\rangle}{\langle \varepsilon_e(G)\rangle}\approx 10^6 \tag{7}$$

从(7)式可知，氦离子间的引力势能最强，达 10^{-13} J，氦离子与电子间的引力势能次之，为 10^{-16} J，而电子间的引力势能最弱，仅有 10^{-19} J，因此与氦离子间的引力势能比较，电子间的引力势能，电子与离子间的引力势能皆可忽略。

3. 白矮星中两个子系的热运动能

在正能谱系统中热运动是用 kT 来量度的，$kT>0$。对于费米系统，kT 标示着将粒子从费米海中激发到费米面上的平均激发能。但对于负能谱中的费米系统，$k\tilde{T}(<0)$ 是一个负值，它标示着系统具有将费米面外已储备的平均热激发能为 $k|\tilde{T}|(>0)$ 的粒子冻结入费米海中的能力[3]。在正能谱中，费米系统内热运动的强弱是用 kT 对费米能 ε_F 之比 kT/ε_F 来量度的。这个比值愈小，表示靠热激发产生的能飞出费米面的粒子数在总粒子数中占有的比例愈小；反之，比值愈大则表示激发粒子所占的比例就愈大。但在负能谱中，费米系统内热运动效应的强弱则必须用 $k(\tilde{T}+T')$ 对费米能 ε_F 之比 $k(\tilde{T}+T')/\varepsilon_F$ 来量度。其中 kT' 是外界正能谱系统（环境）输入的热激发能，而 $k\tilde{T}(<0)$ 则是将粒子钳制在费米海中阻止激发的平均"钳制"能[4]，显然只有当 $kT'>k|\tilde{T}|$ 时，才可能产生热激发，否则粒子将始终被冻结在费米海中，为了反映系统热激发效应的强弱，必须确定系统的费米能 ε_F，对于白矮星的密度（$n_e=2n_p$），两个子系的费米能可表示为

$$\left.\begin{aligned}&\text{电子系统：}\varepsilon_{F,e}=\left(\frac{3n_e}{8\pi}\right)^{2/3}\frac{h^2}{2m_e}\cong 1.16\times10^{-13}\,\text{J}\\&\text{氦离子系统：}\varepsilon_{F,He}=\left(\frac{3n_p}{4\pi g}\right)^{2/3}\frac{h^2}{8m_p}\cong 4.9\times10^{-18}\,\text{J}\end{aligned}\right\}\tag{8}$$

(8)式表明氦离子的费米能 $\varepsilon_{F,He}$ 要比电子的费米能 $\varepsilon_{F,e}$ 小 5 个量级。

此外，白矮星是一个高密度等离子体，天体物理中给出的白矮星的温度 $T\approx10^6\sim10^7$ K，仅表示出电子子系的温度，即 $T_e=T\approx10^6\sim10^7$ K。如果将氦离子子系视为正温度系统，则氦离子子系的温度 T_i 应由下式确定

$$T_i=\frac{m_e}{m_i}T_e\approx1.36\times10^{-4}\,T_e\tag{9}$$

于是有

$$\left.\begin{aligned}kT_e&\approx1.38\times(10^{-17}\sim10^{-16})\,\text{J}\\kT_i&\approx1.38\times(10^{-21}\sim10^{-20})\,\text{J}\end{aligned}\right\}\tag{10}$$

由(8)，(10)两式可知两个子系热运动能对其费米能之比分别为

$$\left.\begin{aligned}&\frac{kT_e}{\varepsilon_{F,e}}\approx1.19\times(10^{-4}\sim10^{-3})\\&\frac{kT_e}{\varepsilon_{F,He}}\approx1.75\times(10^{-4}\sim10^{-3})\end{aligned}\right\}\tag{11}$$

(11)式表明两个子系的热运动能比起相应的费米能要小 3 至 4 个量级。因此，即使将氦离子子系视为正温度系统，与费米能比较，白矮星中两个子系的热运动能都是可以忽略的。

4. 白矮星中两个子系的简并压和相对论性

两个子系的简并压是指两个子系的基态压强，即绝对零度时的压强，分别用 $P_{0,\mathrm{He}}$ 和 $P_{0,\mathrm{e}}$ 来表示氦离子子系和电子子系的基态压强，它们由下式给出：

$$\begin{aligned} P_{0,\mathrm{He}} &= \frac{2}{5} h_{\mathrm{He}} \varepsilon_{\mathrm{F,He}} \\ P_{0,\mathrm{e}} &= \frac{2}{5} h_{\mathrm{e}} \varepsilon_{\mathrm{F,e}} \end{aligned} \tag{12}$$

易于看出两个子系的简并压之比为

$$\frac{P_{0,\mathrm{e}}}{P_{0,\mathrm{He}}} \approx \frac{\varepsilon_{\mathrm{F,e}}}{\varepsilon_{\mathrm{F,He}}} \approx 10^3 \tag{13}$$

(13)式表明与电子系统比较，氦离子子系的简并压可以忽略，同时由(12)式可知两个子系的费米能(或简并能)$\varepsilon_{\mathrm{F,He}}$和 $\varepsilon_{\mathrm{F,He}}$就是该子系中粒子(电子或氦离子)对其简并压的贡献，也即单粒子简并压。

两个子系的相对论性可以通过两个子系的简并动量 $P_{\mathrm{F,e}}$，$P_{\mathrm{F,He}}$与其相应的相对论动量 $m_{\mathrm{e}}c$，$m_{\mathrm{i}}c$ 之比来表示，对于电子和氦离子子系，这个比值分别是

$$\frac{P_{\mathrm{F,e}}}{m_{\mathrm{e}}c} \sim 0(1) \quad \frac{P_{\mathrm{F,He}}}{m_{\mathrm{i}}c} \sim 10^{-3} \tag{14}$$

(14)式表明电子子系是近相对论的，而氦离子子系则是非相对论的，同时粒子的简并动量 P_{F} 与其相应的简并能 ε_{F} 之间有简单关系：$P_{\mathrm{F}}=(2m\varepsilon_{\mathrm{F}})^{1/2}$，因此子系的相对论性又可以表示为

$$\frac{\varepsilon_{\mathrm{F,e}}}{m_{\mathrm{e}}c^2} \sim 0(1) \quad \frac{\varepsilon_{\mathrm{F,He}}}{m_{\mathrm{i}}c^2} \sim 10^{-6} \tag{15}$$

由(13)式和(15)式可知，子系简并能的高低不仅可以量度子系的简并压之强弱，同时还可以衡量子系的相对论性程度。

5. 白矮星中电磁作用与电磁辐射

电磁作用比引力作用应大 37 个量级，在白矮星中应显示比引力强得多的电磁效应。但因电磁屏蔽作用将电磁作用紧密地禁锢在离子周围很小的区域里，使得粒子在其主要活动区域里，除电磁辐射外基本上显示不出电磁效应，于是主要活动区域仍由自引力作用和简并能起主导作用。下面具体分析由电磁屏蔽所引起的效应，由于存在电磁屏蔽，电磁势将取如下形式[4]

$$\left.\begin{aligned} \varphi(r) &= \pm \frac{e\Delta n}{r} \exp\left(-\frac{r}{\lambda_D}\right) \\ \lambda_D &= \left(\frac{kT}{4\pi n_0 e^2}\right) \quad n = n_0 + \Delta n \end{aligned}\right\} \tag{16}$$

式中：λ_D 为屏蔽线度，n_0 是电磁平衡时(即电中性时)离子的密度，Δn 为偏离平衡(偏离

电中性)的密度增量。(16)式表明屏蔽线度将电磁作用主要禁锢于离子附近的λ_D线度内,在λ_D之外电磁作用强度降到e^{-1}($\approx$0.36)以下。由(16)式中的λ_D表示式可知,$\lambda_D \sim n_0^{-\frac{1}{2}}$,密度愈高,屏蔽线度愈小,表1列出了不同的$n$所对应的$\lambda_D$值。

$$\lambda_0=\left(\frac{kT}{4\pi e^2}\right)\approx 6.9\sqrt{T}$$

表1　各种n值对应的λ_D值

Table 1　The Corresponding Between Various n and λ_D

n	1	10^6	10^8	10^{12}	10^{16}	10^{30}	10^{36}	10^{40}
λ_D	λ_0	$10^{-3}\lambda_0$	$10^{-4}\lambda_0$	$10^{-6}\lambda_0$	$10^{-8}\lambda_0$	$10^{-15}\lambda_0$	$10^{-18}\lambda_0$	$10^{-20}\lambda_0$

对于白矮星,$n\cong 10^{36}\ \mathrm{m^{-3}}$,$T\cong(10^6\sim 10^7)$K,将数据代入$\lambda_D$则有

$$\lambda_D(W)\cong 6.9\times 10^{-14}\ \mathrm{m}\sim 2.1\times 10^{-13}\ \mathrm{m} \tag{17}$$

同时白矮星中粒子的平均间距为$\langle r\rangle=\left(\frac{6}{\pi n}\right)^{1\sim 3}\cong 1.2\times 10^8$ m。因此$\lambda_D=(0.01\sim 0.1)\langle r\rangle$,表明白矮星中的电子大部分(约2/3)被禁锢在每个氦离子周围的狭小区域内,这个区域的线度不到离子平均间距的0.1。因此在离子间的广大区域($r>0.9\langle r\rangle$)中只存在很弱的(约1/3的电子参与的)电磁作用,它的主要表现形式是电磁辐射,就是说在离子间90%以上的广大区域内主要起作用的仍然是自引力场和简并能。而电磁辐射,可以证明它和热运动一样完全可以被忽略。为了说明这一点,现将白矮星的电磁辐射压(也即辐射能密度)P_R与电子的简并压P_0作一比较,可以证明P_0对P_R之比在非相对论情况下满足下式[5]:

$$\frac{P_0}{P_R}=\frac{3^{8/3}(n_e\lambda_e^3)^{5/3}}{\pi^{19/6}2^{5/6}}\left(\frac{m_e c^2}{kT}\right)\sim 7.3\times 10^8\gg 1 \tag{18}$$

式中:$\lambda_e=\frac{h}{\sqrt{2\pi m_e kT}}\sim 2.3\times 10^{-9}$ cm,$n_e\cong 10^{36}\ \mathrm{m^{-3}}$,$m_e=9.109\times 10^{-31}$ kg,$c=3\times 10^8$ m/s,将数据代入后可得$\frac{P_0}{P_R}\sim 10^8\gg 1$,可见相对于简并压而言,辐射压完全可以被忽略,同样可以证明在相对论情况下,P_0对P_R之比为[6]

$$\frac{P_0}{P_R}=\frac{30}{8\pi^4}\left(\frac{3n_e}{8\pi}\right)^{4/3}\left(\frac{hc}{kT}\right)^4\sim 1.2\times 10^8 \tag{19}$$

(19)式表明在相对论情况下$P_0\gg P_R$,辐射能仍然可以被忽略。

综合以上各点的分析,可以把离子间主要活动区内的几个主要作用能的强度列入表2中。从表中可以明显地看出,氦离子子系的平均自引力场密度$\langle\varepsilon_{Gi}(r)\rangle$和电子子系的简并能$\varepsilon_{F,e}$在所有的作用中是最强的,都达到了$10^{-13}$ J。因此在白矮星初期演化阶段中对演化起支配作用的一组对立因素正是:(1) 氦离子间的自引力作用;(2) 电子的简并能(斥力势能)。所有其他的作用都是可以被忽略的次要因素。

表 2　各种作用能之比较

Table 2　The Comparision of Various Interaction energy

自引力作用	简并能	热运动能	单粒子电磁辐射
$\langle\varepsilon_{Gi}(r)\rangle\approx10^{-13}$ J $\langle\varepsilon_{Gi-e}(r)\rangle\approx10^{-16}$ J $\langle\varepsilon_{Ge}(r)\rangle\approx10^{-19}$ J	$\varepsilon_{F,i}\approx10^{-18}$ J $\varepsilon_{F,e}\approx10^{-13}$ J	$kT_i\approx10^{-21}\sim10^{-20}$ J $kT_e\approx10^{-17}\sim10^{-16}$ J	$R=\frac{P_R}{n_e}\sim10^{-15}$ J

6. 白矮星是实际存在的负能谱系统

在第 3 节中曾指出如果氦离子子系处于正能谱中，其热运动可以忽略，则当氦离子子系处于负能谱中，该子系的热运动将更可以忽略。这是因为负能谱系统中的$k\tilde{T}$是一个负值，它标示着系统具有一种“钳制”能力，这种能力可以将费米面外的已储备的平均热激发能为$k|\tilde{T}|(>0)$的粒子重新冻结入费米海中。现在证明氦离子子系正是一个不折不扣的负能谱系统。不仅如此，进一步还将证明白矮星恰是一个实际存在的负能谱系统。

注意(5)式，氦离子子系中一个氦离子的平均引力势能可以改写成如下形式：

$$\langle\varepsilon_{Gi}(r)\rangle=-\frac{2\pi}{3}R^2n_i(r)(\gamma Gm_i^2)-3\left(\frac{\gamma}{\pi}\right)\left(\frac{V}{R}\right)\left(\frac{Gm_i^2}{r^3}\right)\tag{20}$$

(20)式表明白矮星中氦离子间的引力势是r的负 3 次幂(即r^{-3})的引力势，同时由(20)式给出的引力势能$\langle\varepsilon_{Gi}(r)\rangle$具有 10^{-13} J 量级，在氦离子子系中它大大超过所有其他形式的能量(如$\varepsilon_{F,He}$，kT_i，$\langle\varepsilon_{Gi-e}(r)\rangle$以及$R$等)，因此它是氦离子子系中唯一的起支配作用的因素。根据 Landau L. D. 关于负能谱存在条件的论述可知[6]：只要系统演化的控制因素中引力势具有$-\frac{a}{r^s}$形式，且$s>2$，则系统必然是呈现无下界的负能谱系统[6]。既然(20)式给出的单个氦离子的平均势能$\langle\varepsilon_{Gi}(r)\rangle$呈$r^{-3}$次幂，而且又是氦离子子系中唯一的控制因素，因此，氦离子子系是确定无疑的无下界能级的负能谱系统。不仅如此，正由于白矮星中有完全的负能谱系统——氦离子子系存在，这就必然导致整个白矮星也是一个负能谱系统。事实上如上所述，对白矮星起支配作用的两个主要的对立因素是：(1) 强度为 10^{-13} J 的电子子系的简并能$\varepsilon_{F,e}\equiv\varepsilon_{F_e}(r)$；(2) 强度为 10^{-13} J 的氦离子子系的平均氦离子引力势能$\langle\varepsilon_{Gi}(r)\rangle$。于是由这两个对白矮星演化起支配作用的对立因素所给出的能谱函数$E(r)$将是一个r的负幂次方程。实际上，能谱函数$E(r)$应是所有参与作用的能谱函数之和。在这里，$E(r)$应表示为$\langle\varepsilon_{Gi}(r)\rangle$与$\varepsilon_{F,e}$之和，即

$$E(r)=\varepsilon_{F,e}+\langle\varepsilon_{Gi}(r)\rangle=\frac{A}{r^2}-\frac{B}{r^3}\tag{21}$$

式中：$\varepsilon_{F,e}=\frac{h^2}{2m_e}\left(\frac{9}{4\pi^2}\right)^{2/3}r^{-2}$；$\langle\varepsilon_{Gi}(r)\rangle=-3\left(\frac{\gamma}{\pi}\right)\left(\frac{V}{R}\right)(Gm_i^2r^{-3})$，系数$A$，$B$分别为：$A\approx0.89\times10^{-26}$，$B=1.89\times10^{-36}$。

(21)式表明白矮星的能谱函数 $E(r)$ 中含有 r^{-3} 次幂的吸引项。根据 Landau L. D. 的负能谱存在理论，白矮星就是一个无下界能级的负能谱系统，而且由于这个负能谱系统的能量函数 $E(r)$ 在 r^* 处存在极值

$$\left.\begin{array}{l} r^* \approx 3.3\times 10^{-12}\ \mathrm{m} \\ \text{或以 } n_i \text{ 表示 } n_i^* \approx 0.5\times 10^{35}\ \mathrm{m}^{-3} \end{array}\right\} \tag{22}$$

因此，白矮星是一个存在平衡态的可实现的负能谱系统。应当指出的是，这里引入的能量函数 $E(r)$ 实际上略去了热运动能的自由能密度函数(因为热运动能比 $E(r)$ 中的两个项都要小 3 至 4 个量级)，同时又由于(21)式给出的函数 $E(r)$ 在极值点满足关系：

$$\left.\frac{\mathrm{d}E}{\mathrm{d}r}\right|_{r=r^*}=0 \quad \left.\frac{\mathrm{d}^2E}{\mathrm{d}r^2}\right|_{r=r^*}=\frac{6A}{r^{*4}}\left(1-\frac{B}{2Ar^*}\right)<0$$

因此，极值 $E(r^*)$ 并非 $E(r)$ 的极小值，而是 $E(r)$ 的极大值。如果白矮星系统是正能谱系统，则极值点 r^* 确定的是系统的不稳定态。但是，现在白矮星是负能谱系统，于是在 r^* 上的极值 $E(r^*)$ 给出的恰是系统的稳定态[3]。既然白矮星在其缓慢的自坍缩过程中是稳定的，这就反证了白矮星是一个负能谱系统。另外，更由于白矮星是高密度等离子体，因此系统的平衡必然伴随着各种模式的电磁振荡所产生的电磁辐射，以及电磁湍动和热扰动等过程。虽然这些过程在能量的量级上比起 $E(r)$ 中的($\varepsilon_{F,e}$ 和 $\varepsilon_{Gi}(r)$)要小 7～8 个量级，但它们在白矮星的长期演化中却起着相当重要的作用。表 3 列出了白矮星初期坍缩中两个子系的基本特性。

表 3　白矮星两个子系的基本特征

Table 3　The Basic Characteristics of the Electron-System and the Helium-Ion-System

系统	电子系统	氦离子气体
简并性	高度简并气体	近简并气体
简并能(单粒子简并压)ε_F	起支配作用 $\langle\varepsilon_{F,e}\rangle\approx 1.16\times 10^{-13}$ J	可以忽略 $\langle\varepsilon_{F,He}\rangle\approx 4.9\times 10^{-18}$ J
相对论性	近相对论系统 $\frac{P_{F,e}}{m_e c}\sim 0(1)$	非相对论系统 $\frac{P_{F,He}}{m_{He} c}\sim 10^{-3}$
万有引力	可以忽略引力作用 $\langle\varepsilon_e(G)\rangle\sim 10^{-19}$ J	起支配作用 $\langle\varepsilon_i(G)\rangle\sim 10\times 10^{-13}$ J
热运动	可以忽略 $rT_e\approx 1.38\times(10^{-10}\sim 10^{-16}$ J	可以忽略 $rT_i\approx 1.38\times(10^{-14}\sim 10^{-20}$ J
质量	电子质量占星体总质量 0.001	氦离子子系质量占星体总质量的 9.99%
系统能谱特性	正定型能谱	负定型能谱

原载《西南师范大学学报》2003 年第 28 卷，第 6 期

参考文献

[1] 赵峥. 黑洞与弯曲的时空[M]. 太原：山西科技出版社，2001：113－114.

[2] Shklovshii I S. 恒星的诞生、发展和死亡[M]. 黄磷，蔡德贤，译. 北京：科学出版社，1986：154－157，176.
[3] 邓昭镜. 系统的能量、温度和熵的演化[J]. 西南师范大学学报（自然科学版），2002，27(5)：794－800.
[4] Kaplan S A，Teytovich V N. 等离子体天体物理[M]. 章振大，李晓卿，译. 北京：科学出版社，1982：18.
[5] 邓昭镜. 经典的与量子的理想体系[M]. 重庆：科技文献出版社，1983：194－196.
[6] Landau L D. 量子力学[M]. 严肃，译. 北京：人民教育出版社，1980：65－68.

第五章　对 J. D. Bekenstein 黑洞热力学理论的批判

本章提要

1. 宇宙中既存在自发膨胀的正能谱系统，它的演化遵守熵增原理，同时也存在自发收缩的负能谱系统，它的演化遵守熵减原理。故 Clausius 热力学熵增原理不是宇宙物质演化过程的普适原理。

2. Bekenstein 黑洞热力学第 0 定律中黑洞的视界温度是正的，但严格来讲，Hawking 赋予黑洞的视界正温度并不满足经典热力学对温度的定义；从能量的观点看，如果黑洞的视界温度是正的，也无法解释黑洞是粒子的绝对接收源这一事实。

3. Hawking 量子辐射与黑体辐射有本质的区别。黑洞有别于黑体，最本质的区别在于黑洞除量子辐射(蒸发)外，还存在因负能谱而产生的引力中心对粒子的吸收过程，如果不考虑引力中心对粒子的吸收，黑洞跟平直时-空的高温黑体没有区别，Hawking 辐射才可以看成黑体辐射。

4. 用 Bekenstein-Smarr 公式表述黑洞热力学第一定律是错误的。错误之一是把公式中的"功"类比为黑洞视界面上产生的"热"，功和热虽然都是过程量，但它们也有着质的区别；错误之二是把总功(过程量)类比成内能(状态量)的增量，这也是不科学的。

5. 黑洞热力学第二定律(面积熵定理)遇到的理论困难，主要是熵增原理与热力学中熵是无序化程度的定义相悖，与物质实际无序演化历程相反；其次面积熵定理与 Hawking 辐射熵"随视界面积减小而增大"是相对立的；还有如果面积熵定理与量子辐射定律同时成立，则必然会导致物质在某个孤立区域中自发地创生，从而破坏了物质守恒定律。

6. 黑洞若按熵增原理演化，它将不具有或不同时存在共同零极限点，因此熵增原理不满足热力学第三定律。

7. Bekenstein-Hawking 熵不是黑洞熵。根据全无界能谱理论、黑洞熵的起源及黑洞形成过程，证明了 Bekenstein-Hawking 熵是黑洞向黑洞外抛射的无序化量子气态物质的熵，不是黑洞的熵。

J. D. Bekenstein 黑洞热力学理论的内在桎梏

摘　要:J. D. Bekenstein 将正能谱条件下(即通常低密度条件下)建立的热力学(主要是它的熵增原理)形式地推广到负能谱条件下的自引力系统,这样一来必然带来许多矛盾。笔者从几个重要方面分析了 Bekenstein 热力学中存在的内在桎梏。

关键词:熵增原理;热力学第三定律;Penrose 过程;Hawking 辐射

1972 年由 J. D. Bekenstein 等人直接将正能谱条件中(即低密度条件)所建立的 Clausius 熵增原理推广到高密度自引力系统(即负能谱系统)中,提出了黑洞熵正比于黑洞视界面积的猜想,建立了 Bekenstein 黑洞熵增原理[1]。这一原理一经提出就遭到 Hawking 等人的反对。Hawking 指出:"……黑洞是随机的对头,是单纯性的化身。一旦黑洞处于宁静状态,它就完全'无毛'了:一切性质都由三个数决定,质量、角动量和电荷。黑洞无论如何没有随机性。"[2] 1973 年 Bekenstein 修改了他的黑洞熵增原理,进一步提出黑洞的"广义熵增原理"[3]。1974 年 Hawking 证明了一切黑洞(旋转、带电的和不旋转非带电的黑洞)都表现为一个正比于表面引力强度 κ_+ 的视界温度 T,并证明黑洞存在量子黑体辐射。于是 Hawking 改变看法,支持 Bekenstein 的"广义熵增原理"[4]。至此 Bekenstein 的黑洞热力学几乎得到了理论天体物理、黑洞物理学学术界名家的认可。然而被名家认可的内容并不一定是真理,Bekenstein 的"广义熵增原理"也是如此,这里将就几个基本问题来阐述 Bekenstein 的黑洞热力学所存在的内在矛盾。

1. 热力学演化规律的基础条件

热力学演化规律,具体讲是孤立系统物质状态的自发演化规律,其表现形式不是绝对的,是在一定基础条件下显示的[5]。这个基础条件就是系统所具有的能谱的基本类型。当系统是正能谱系统时,它的量子态能谱有下界而无上界,即量子态能级 ε_i 处于 $0 \leqslant \varepsilon_i < \infty$ 之间。这样的系统很多,通常密度下粒子的简并能和无序动能就是有下界而无上界的能谱。因此,通常温度下的系统都属于正能谱系统。正能谱系统所建立的热力学统计规律必须且只能建立在正定的温度域中,即 T 必须满足:$0 \leqslant T < \infty$。对于温度恒正的孤立系统,即正定型能谱的孤立系统,系统的熵 S 满足 Clausius 熵增原理:

$$dS \geqslant 0, \quad T \geqslant 0 \tag{1}$$

当系统是负能谱时，能谱$\{\varepsilon_i\}$有上界而无下界，ε_i处于$-\infty<\varepsilon_i\leqslant 0$的能量域中，高密度下自引力坍缩系统由于有极强的无下界的负引力场存在，这种系统就属于负能谱系统[6]。负能谱系统所建立的热力学统计规律必须且只能建立在负定的温度域中，否则就不能按概率平均确定所有热力学量[7]。就是说，负能谱系统的温度$\tilde{T}$必须满足$-\infty<\tilde{T}\leqslant 0$（这里为特别注明起见将负能谱系统的热力学量注以～）。同样，对于温度恒负的孤立系统，可以证明系统的熵$\tilde{S}$遵从熵减原理[6,7]：

$$d\tilde{S}\leqslant 0,\ \tilde{T}\leqslant 0 \tag{2}$$

Bekenstein不加考证地通过他所导出的黑洞能量基本微分等式与传统热力学（即正温度热力学）的基本微分等式之间的类比，就得出了如下一组基本关系：

$$TdS=\frac{\kappa_+}{8\pi}dA_+\begin{cases}T=\dfrac{\kappa_+}{2\pi k_B}\geqslant 0\\[2ex] dS=\dfrac{k_B}{4}dA_+\geqslant 0\end{cases} \tag{3}$$

即黑洞视界温度恒正，黑洞广义熵随其视界面积增加而增加的黑洞熵增原理。Bekenstein这组关系存在的基本问题：① 温度恒正是要求黑洞中所有物质粒子恒处于正能量状态中，即$\varepsilon_i\geqslant 0$。但是黑洞是强引力能占绝对优势的系统，即负能态占绝对优势的系统，黑洞中所有物质粒子的平均能量应当恒负，即$\varepsilon_i\leqslant 0$。这就要求视界引力强度κ_+应当对应负温度$\tilde{T}\leqslant 0$，而不是正温度，即$\tilde{T}=-\dfrac{\kappa_+}{2\pi k_B}\leqslant 0$。② 黑洞是物质的高度聚集态，进入黑洞的物质愈多，表示物质愈聚集，其相应的广义熵应当愈小，而不是愈大，即黑洞广义熵应随其视界面积增加而减少，这正是负能谱系统热力学所要求的。对$TdS=\dfrac{\kappa_+}{8\pi}dA_+$式子中的$T$和$S$，根据负能谱热力学的要求，应改变为

$$\tilde{T}=-\frac{\kappa_+}{2\pi k_B}\leqslant 0,\ d\tilde{S}=-\frac{k_B}{4}dA_+\leqslant 0 \tag{4}$$

即黑洞的广义熵应随黑洞视界面积增加而减少。下面对(3)式和(4)式所能给出的几个基本结果进行分析比较，从而揭示出(3)式热力学（即Bekenstein热力学）存在的内在矛盾。

2. Bekenstein黑洞广义熵增原理与黑洞实际的熵演化规律直接对立

按(3)式给出Bekenstein广义熵增原理，有

$$dS=\frac{\kappa_B}{4}dA_+\geqslant 0,\ S(A_+)=\frac{k_B}{4}A_+ \tag{3'}$$

视界面积愈大，其相应的广义熵就愈大，广义熵随视界面积增加，以Schwarzschild(SW)黑洞为例，视界面积$A_+=16\pi M^2$，即视界面积愈大，黑洞聚集的物质愈多，则黑洞的广义熵就愈大。就是说，物质分布愈是聚集（愈向黑洞集中），物质的熵愈大；相反，物

质分布愈均匀分散，物质的熵愈小。这说明由(3′)表述的广义熵演化规律正好与物质中表征熵本质的无序化程度的演化历程相反，显示出由(3)式给出的黑洞广义熵的演化规律恰与物质中实际熵的演化规律相对应。

如果确认自引力坍缩系统——黑洞是负能谱系统，则上述的基本矛盾迎刃而解。实际上若按(4)式，黑洞广义熵 $\tilde{S}$ 将随黑洞视界面积 A_+ 增加而减少：$d\tilde{S}=-\frac{k_B}{4}dA_+\leqslant 0$。由此可得[7]

$$S(A_{+2})-S(A_{+1})=-\frac{k_B}{4}(A_{+2}-A_{+1}),\ A_{+2}>A_{+1} \tag{5}$$

其中：$S(A_{+1})$ 和 $S(A_{+2})$ 分别是黑洞视界为 A_{+1} 和 A_{+2} 时的广义熵。(5)式表明黑洞的视界面积愈大，其广义熵就愈小，显示出物质分布愈向黑洞集中，物质的广义熵就愈小，物质愈走向有序。在这一点上正反映出黑洞是“无毛”的，是“简单”(即有序)的化身，物质进入黑洞就是物质走向有序化。

3. 关于黑洞热力学和第三定律

热力学第三定律也和第二定律一样是普适的，它应当对所有类型的黑洞成立，但是若按 Bekenstein 的广义熵增原理，至少 SW 黑洞不满足力学第三定律，事实上对于 SW 黑洞，按(3)式有

$$S(A_+)=\frac{k_B}{4}A_+=4\pi k_B M^2,\ T=\frac{\kappa_+}{2\pi k_B}=\frac{1}{8\pi k_B M} \tag{6}$$

由此可以给出两组极限值

$$\begin{array}{ll}\lim\limits_{M\to\infty}T\to 0 & \lim\limits_{M\to\infty}S(A_+)\to\infty \\ \lim\limits_{M\to 0}T\to\infty & \lim\limits_{M\to 0}S(A_+)\to 0\end{array} \tag{7}$$

由这两种极限可以清楚地看出，温度和熵都不能同时趋于零，不仅如此，当温度趋于零时，黑洞的广义熵绝对不可能趋于一个与物质性质(特别是质量 M)无关的常数值。因此，Bekenstein 黑洞广义熵增原理不能保证所有黑洞系统满足热力学第三定律。

如果将黑洞热力学建立在负能谱中，根据(4)式对 SW 黑洞可以证明最大视界面积的黑洞广义熵 $S(A_{max})$ 满足如下演化方程[7]：

$$S(A_{max}+\Delta A_{max})-S(A_{max})=-\frac{k_B}{4}\Delta A_{max} \tag{8}$$

其中 $S(A_{max})$ 表示区域 Σ 中所有物质皆进入黑洞的广义熵，$S(A_{max}+\Delta A_{max})$ 表示再对区域 Σ 注入物质，使黑洞的最大视界面积增大到 $(A_{max}+\Delta A_{max})$ 时的广义熵。最大视界面积的黑洞的广义熵是 Σ 中所有物质皆进入黑洞时的熵，这个熵只取决于黑洞本身的性质(如质量、转动和电荷)，因此称为固有熵。(8)式表明黑洞的固有熵随其最大视界面积增加而减少。当对区域 Σ 中不断注入物质时，黑洞的固有熵将不断地减少，当 Σ 区中物质的质量趋于无限大时，黑洞的固有熵必将减小到零[7]，故有 $\lim\limits_{M\to\infty}S(A_{max})\to 0$。

同时又考虑到 SW 黑洞的视界温度 $\widetilde{T}=-\dfrac{1}{8\pi k_{\mathrm{B}}M}$，于是有如下一组极限：

$$\lim_{M\to\infty}S(A_{\max})\to\infty \quad \lim_{M\to\infty}\widetilde{T}\to 0 \tag{9}$$

(9)式确立了 SW 黑洞热力学的基态，在基态上 SW 黑洞满足热力学第三定律。同时，比较(7)、(9)两式可知，只有在负能谱中建立的热力学才存在 SW 黑洞的热力学第三定律极限。SW 黑洞在 $M\to\infty$ 的条件下所达到的黑洞热力学的基态是黑洞热力学的第一类基态。

黑洞热力学还存在第二类基态，那是由能层机制形成的基态。由于在一般转动和带电的黑洞中出现了能层，存在内视界，使黑洞成为多层黑洞。什么是能层？有人提出能层是使黑洞激发的机制，能层使黑洞从处于基态的 SW 黑洞转变到多层黑洞[8]。笔者认为这种观点显然是错误的。原因很简单，因为黑洞中能层出现（或因内视界出现）的第一效应是降低黑洞的熵。因此，能层（或存在内视界）绝不是使黑洞"激发"的机制，相反是使黑洞结构更有序化，从而更趋向黑洞的零熵基态的机制。这里所说的零熵基态就是下面将要阐述的由能层机制形成的第二类基态，文献[9,10]证明了多层黑洞的熵可由下式表示（该结果对正、负能谱系统都成立）：

$$S(M)=S_{\mathrm{SW}}(M)-S_{-}(M)=\pi k_{\mathrm{B}}r_{+}^{2}-\pi k_{\mathrm{B}}r_{-}^{2}=4\pi k_{\mathrm{B}}M^{2}\sqrt{1-\frac{a^{2}+Q^{2}}{M^{2}}} \tag{10}$$

其中：$S_{\mathrm{SW}}(M)$是质量为 M 的 SW 黑洞的熵，$S_{-}(M)$为能层的熵，$a=J/M$，J 是动量矩，Q 是电荷。(10)式表明多层黑洞是由 SW 黑洞子系和能层子系组成的复合系统。多层黑洞的熵 $S(M)$则是从 SW 黑洞子系所存储的熵 $S_{\mathrm{SW}}(M)$中扣除能层子系所提取的熵 $S_{-}(M)$之后的剩余熵。当 $r_{-}=0$ 时，也即 $a^{2}+Q^{2}=0$ 时，多层黑洞的质量为 M_{D}，这时有 $S(M_{\mathrm{D}})=S_{\mathrm{SW}}(M_{\mathrm{D}})=4\pi k_{\mathrm{B}}M_{D}^{2}$。它表示当能层（或内视界）不存在时，多层黑洞的熵就是 SW 黑洞所储存的熵，多层黑洞退化为 SW 黑洞。对负能谱系统而言，可以证明这个熵就是多层黑洞的极大熵。随着 r_{-} 从 0 增加，$S(M)$开始从 $S(M_{\mathrm{D}})$减少，直到当 $r_{-}=r_{+}$时，多层黑洞的质量也减少到 M_{E}，这时有 $S_{-}(M_{\mathrm{E}})=S_{\mathrm{SW}}(M_{\mathrm{E}})$，$S(M_{\mathrm{E}})=0$，即多层黑洞的熵在 M_{E} 点上降至零。同时由于 $r_{-}=r_{+}$，多层黑洞的视界温度在 M_{E} 点上

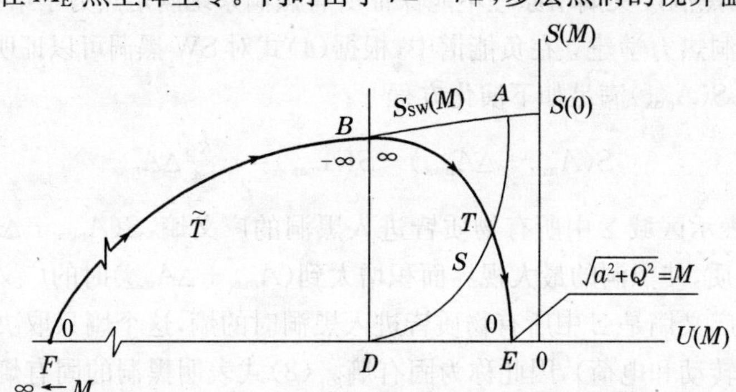

图1　多层黑洞的熵 $S(M)$对其能量 $U(M)$（或质量 M）的演化曲线

也会变为零，即 $T_{\pm}=\frac{r_{+}-r_{-}}{4\pi k_{B}(r_{\pm}^{2}+a^{2})}=0$，于是在 M_{E} 点多层黑洞具有如下极限：

$$\lim_{r_{-}\to r_{+}} S(M)\to S(M_{E})=0 \quad T_{\pm}=\lim_{r_{-}\to r_{+}}\frac{r_{+}-r_{-}}{4\pi k_{B}(r_{\pm}^{2}+a^{2})}\to 0 \tag{11}$$

(11)式给出了多层黑洞的第二类基态，在第二类基态上多层黑洞遵从热力学第三定律。

图 1 中的粗实线是在负能谱基础上绘制的多层黑洞的熵 $S(M)$ 对其能量 $U(M)$（或质量 M）的演化曲线，图中演化曲线存在 2 个零熵基态的极限点 E，F。F 点是当 $M\to\infty$ 时产生的零熵基态极限点，即第一类基态的极限点。E 点则是当 $r_{-}\to r_{+}$ 时产生的第二类零熵基态极限点，也即通常所说的极端黑洞极限点。而 D 点则是多层黑洞熵的极大点。然而若在正能谱热力学框架内建立的黑洞热力学，即 Bekenstein 热力学，则无论如何都不可能得到 2 个零熵基态极限点，因此由 Bekenstein 在正能谱框架内建立的黑洞热力学是不能自洽的。

4. 关于 Penrose 过程

Penrose 过程是能层提取熵的逆过程，属于非热辐射，它从任何给定的能层状态（包括第二类基态）出发，不断地"吞噬"能层，并将能层已提取的熵重新产生出来，使多层黑洞的熵不断增加，直到能层被 Penrose 过程完全"吞噬"为止。这时多层黑洞的熵便达到它的极大值 $S(M_{D})$，同时退化为由质量 M_{D} 所表征的一般的 SW 黑洞状态。在负能谱热力学理论中，对 Penrose 过程给出了明确的限制，这是因为能层子系在 SW 黑洞子系中"提取"的熵不是任意的，要受到 SW 黑洞子系的质量的限制。也就是在给定条件下，能层子系从 SW 黑洞子系中所能"提取"的最大熵 $S_{SW}(M_{D})$ 取决于 SW 黑洞子系的质量 M_{D}；而 SW 黑洞子系的熵 $S_{SW}(M)$ 要随质量增大而减少。当 $M\to 0$ 时，SW 黑洞子系的熵达到极大值 $S_{SW}(0)$，M 增大 $S_{SW}(M)$ 减小，只要 $M\neq 0$，则有 $S_{SW}(M)<S_{SW}(0)$。于是质量愈大的 SW 黑洞中所产生的能层可能提取的最大熵将愈小，反之则愈大。即与大质量的 SW 黑洞比较，小质量的 SW 黑洞更易于被其中产生的能层提取熵。Penrose 过程是"吞噬"能层的过程，是把能层已"提取（即有序化）"的熵重新产生出来的过程。因此，Penrose 过程所能产生的最大熵的大小将完全受能层在给定黑洞质量条件所能"提取"的最大熵的大小所限制，也即 Penrose 过程所能产生的最大熵的大小将完全受黑洞质量的限制。在负能谱热力学中，这个限制表现为：与质量较大的黑洞比较，质量较小的黑洞中所进行的 Penrose 过程将产生更大的熵，当黑洞质量 $M\to\infty$ 时，Penrose 过程将不可能产生任何熵。可以看出，对 Penrose 过程的这一限制之根本基础应归结为黑洞中所存储的熵之多少。黑洞愈小，它储存的熵愈多，因而 Penrose 过程产生的熵就愈大；反之就愈小。当黑洞质量 $M\to\infty$ 时，黑洞趋于它的第一类基态，它所储存的熵趋于零，这时 Penrose 过程就不可能从中产生任何熵。但是在正能谱热力学中，即 Bekenstein 热力学中，对 Penrose 过程不会存在这种限制；相反，由于黑洞的广义熵正比于黑洞的视界面积，黑洞愈大，它所储存的广义熵就愈多，因而

Penrose 过程所产生的熵也会愈多。当 $M\to\infty$ 时，黑洞将储存无限大的熵，于是 Penrose 过程也必然可以产生无限大的熵，显然这和黑洞的实际演化过程是不相容的。

5. Hawking 辐射

Hawking 量子辐射[11]是减少黑洞中冻结物质的蒸发过程，由于视界温度 T 反比于黑洞所冻结的质量 M，因此，随着黑洞质量减少，Hawking 辐射将不断地增强，直到整个黑洞被 Hawking 辐射完全蒸发为止。根据 Bekenstein 的广义熵增原理，黑洞的广义熵将随 Hawking 辐射的进行而不断地减少，直到其广义熵降至零为止。Bekenstein 理论对 Hawking 辐射的逻辑论断显然与熵作为物质分布的无序化程度的量度这一本质含义相对立。试考虑宇宙中一孤立区域 Σ，令初始时(t_0)，Σ 中除存在视界半径为 r_+ 的黑洞外，一无所有，也就是 Σ 中所有实验粒子在 t_0 时刻以前全部冻结在黑洞中。现在假定从 t_0 时刻开始产生 Hawking 辐射，黑洞中的物质不断地向外蒸发，并散布于 Σ 区域中，直到 t_1 时刻黑洞中所有物质皆通过 Hawking 辐射全部都散于 Σ 区域中，并在 Σ 中近似地均匀分布为止。现在来比较 Σ 区域中两个时态物质的熵 $S(t_0)$ 和 $S(t_1)$。稍有热力学常识的人都能知道这里的 $S(t_1)\gg S(t_0)$。就是说 Σ 中物质熵的实际演化是物质的熵随黑洞视界面积减少而增加。Bekenstein 的广义熵增原理，显然与 Σ 区域中黑洞的广义熵的实际演化规律相对立。

另外，Hawking 在量子场论基础上，结合引力度规场导出他的著名的黑洞辐射公式[4,10]：

$$n_\varepsilon=\frac{1}{\exp\left(\frac{\varepsilon}{k_B T}\right)\pm 1},\varepsilon=\omega-\omega_0,\omega_0=m\Omega_+ +eV_+,T=\frac{\kappa_+}{2\pi\kappa_B} \tag{12}$$

这是 Hawking 在 1974 年的结果，(12)式中 n_ε 是能量 ε 的辐射粒子数密度，m 为质量，Ω_+ 为旋转角速度，e 是电子电荷，V_+ 是外视界电势，κ_+ 是外视界引力强度，T 是视界温度。Hawking 根据他的这个结果就宣布无论旋转、带电的或非旋转、非带电的黑洞都存在辐射，而且是和高温物体一样的黑体辐射。因此黑洞的行为仿佛表现为它的视界具有一个(正)温度 T，这个温度与视界引力强度 κ_+ 成比例，同时黑洞还具有一个正比于视界表面积的熵，所有这些都和两年前(1972)Bekenstein 的热力学结果一致，至此，Hawking 一下子从 Bekenstein 理论的反对者转变为 Bekenstein 理论的支持者[11]。

然而 Hawking 建立的黑洞辐射理论与一般密度下高温物体的黑体辐射理论(即 Planck 黑体辐射理论)之间是有本质区别的。在一般密度下，高温物体的黑体辐射理论是建立在引力场不存在(或可以忽略)的条件下的正能谱基础上的理论，而 Hawking 黑洞辐射理论则是建立在强引力场中(即弯曲时-空中)的辐射理论。根据弯曲时-空中的相对论量子的运动方程(如 Dirac 方程)，可以证明相对论量子的能谱必将自动地分为两个不同的区域，一个是有下界 ε_+ 而无上界的正能谱：$\varepsilon_+\leqslant\varepsilon<\infty$；另一个则是有上界 ε_- 而无下界的负能谱：$-\infty<\varepsilon\leqslant\varepsilon_-$；正、负能谱之间存在禁带能隙 $\Delta\varepsilon_\pm$，而且 ε_+、ε_-

和 $\Delta\varepsilon_\pm$ 具有如下一组极限[12]：

$$\left.\begin{aligned}&\lim_{x=1}\varepsilon_\pm=\omega_0 \qquad \lim_{x\to\infty}\varepsilon_\pm=\pm m_0\\&\lim_{x=1}\Delta\varepsilon_\pm=0 \qquad \lim_{x\to\infty}\Delta\varepsilon_\pm=\pm 2m_0\end{aligned}\right\} \tag{13}$$

式中 $x=1$ 是黑洞的外视界，$x\to\infty$ 则表示远离黑洞视界而趋向平直时-空。方程(13)表明：当粒子从无穷远趋向黑洞视界时，粒子的正、负能谱间的禁带能隙消失。而正、负能谱间禁带能隙 $\Delta\varepsilon_+$ 在黑洞视界($x=1$)上消失这一结果表明黑洞视界本身不仅允许有无上界的正能谱存在，同时还允许有无下界的负能谱存在，因此 Hawking 辐射公式在黑洞视界上应当存在两种表示。第 1 种表示是建立在正能谱 $\{\omega_+\}$ 中的 Hawking 辐射公式：

$$\left.\begin{aligned}&N_{\omega_+}=\frac{1}{\exp(\varepsilon/k_B T)\pm 1} \qquad T\geqslant 0\\&\varepsilon=\omega_+-\omega_0\geqslant 0 \quad \omega_0=m_\mu\Omega_++eV_+ \quad \omega_0\leqslant\omega_+<\infty\end{aligned}\right\} \tag{14}$$

式中 m_μ 是粒子的磁量子数，Ω_+ 是角速度，V_+ 为外视界极电势，$\{\omega_+\}$ 是下界为 ω_0 的正能谱。在正能谱中建立的量子辐射公式就是通常的 Bose 系统的黑体辐射和 Fermi 系统的粒子蒸发公式。公式中的温度恒正，$T\geqslant 0$。

第 2 种则是建立在负能谱中的 Hawking“辐射”公式：

$$\left.\begin{aligned}&N_{\omega_-}=\frac{1}{\exp(\tilde{\varepsilon}/k_B \tilde{T})\pm 1} \qquad \tilde{T}\leqslant 0\\&\tilde{\varepsilon}=\omega_--\omega_0\leqslant 0 \quad \omega_0=m_\mu\Omega_++eV_+ \quad \omega_0\geqslant\omega_->-\infty\end{aligned}\right\} \tag{15}$$

在(15)式中由于能量 $\tilde{\varepsilon}$ 恒负，因此公式中的温度 $\tilde{T}$ 必须是一个非正数。否则，对 Bose 系统，会出现负粒子数分布(或负几率分布)；对 Fermi 系统，则会出现空心 Fermi 球分布。显然，这些分布都是物理上不允许存在的分布。换言之，这里温度取负乃物理学之必然，然而也正因为对负能谱引入了负温度场 $\tilde{T}$，就使得(15)式具有与(14)式完全不同的物理内涵。的确，与(14)式不同，(15)式实际上不是一个粒子的辐射蒸发公式，而是一个在负温度场作用下粒子向引力中心(奇点)汇聚的公式，负温度场 $\tilde{T}$ 正是显示了引力场在负能谱系统中的热力学效应。易于看出，(15)式正是(14)式对参量 ε, T 经反射变换：$\tilde{\varepsilon}=-\varepsilon, \tilde{T}=-T$ 而得到的公式，因此和正温度一样，这里的负温度 $\tilde{T}$ 与引力场强度 κ_+ 仍具有正比关系：$\tilde{T}=-\frac{\kappa_+}{2\pi k_B}\leqslant 0$。(15)式表明引力场 κ_+ 愈强，负温度场 $\tilde{T}$ 就愈强，因而粒子向引力中心汇聚集的程度就愈高；反之，引力场愈弱，负温度 $\tilde{T}$ 愈弱，粒子向引力中心汇聚的程度就愈低。

(14)式是正温度场中物质分布的辐射蒸发过程，是使黑洞的广义熵增加的过程，而(15)式则是在负温度场中物质分布向引力中心汇聚的过程，是使黑洞的广义熵减少的过程。因此，黑洞熵的总变化将取决于这两个过程产生熵变化贡献的代数和。如果不考虑负能谱中引力中心(奇点)对粒子吸收的贡献，而只考虑(14)式的辐射贡献，则黑洞就和平直空间中的高温黑体没有区别。黑洞之所以能区别于平直空间的高温黑体，最本质的因素在于黑洞存在负能谱,在于黑洞除辐射之外,还必然存在因负能谱存在而产生的引力中心对物质粒子的吸收过程,黑洞必然要吸收物质这一事实已表明黑洞就是负能谱实体。

原载《西南师范大学学报》2005 年第 30 卷,第 1 期

参考文献

[1] Bekenstein J D. Black Hole and Second Law [J]. *Lettere al Nuovo Cimento*, 1972,4:737.
[2] 基普·S·索恩. 黑洞与时间弯曲[M]. 李泳,译. 长沙:湖南科技出版社,2002:392. 394,404-405.
[3] Bekenstein J D. Black Hole and Second Law [J]. *Physical Review D*, 1973, T:2333.
[4] Hawking S W. Black Hole Explosions[J]. *Nature*, 1974,248:30.
[5] 邓昭镜. 系统的能谱、温度和熵的演化[J]. 西南师范大学学报(自然科学版), 2002,27(5): 794-800.
[6] 邓昭镜. 高密度物质是负能谱系统存在的必然形式[J]. 西南师范大学学报(自然科学版),2003, 28(6):907-911.
[7] 邓昭镜. 负能谱中的黑洞热力学[J]. 西南师范大学学报(自然科学版),2004,29(3):383-389.
[8] 赵峥. 黑洞与弯曲的时空[M]. 太原:山西科技出版社,2001:178-179.
[9] 李传安. 黑洞的普朗克绝对熵公式[J]. 物理学报,2001,50(5):986-988.
[10] Zhao Ren, Wueqin, Zhang Lichun. Nernst Theorem and Statistical Entropy of 5-Dimensional rotating Black Hole [J]. *Commun Theor Phys*, 2003,745-748.
[11] Hawking S W. Particle Creation by Black Holes [J]. *Communications in Mathematical Physics*, 1975,43:199.
[12] Yang Shuzheng. Lin Libin. New Kinds of Dirac Energy Levels and Their Crossing Regions [J]. *Chin Phys Soc*, 2001:1066-1070.

关于黑洞热力学第0定律

摘　要：文章分析了 J. D. Bekentein 黑洞热力学第0定律的基本矛盾，根据热力学第0定律的本质含义，Bekentein 黑洞热力学第0定律中引入的温度并不具有通常意义下的热平衡传递性。因此 Bekentein 黑洞热力学第0定律并不满足一般热力学第0定律的基本要求。若把引力场对时空弯曲的因素考虑在内，则在黑洞视界内可以形式地引入一个能在视界内保持"热平衡传递性"的温度，即视界温度。然而这个温度不是任意的，而是受动力学参量——视界引力加速度 κ_+ 完全控制的温度。因此黑洞热力学中温度的传递性不仅局限于黑洞视界面上，而且还只能对由 κ_+ 所决定的视界温度才具有热平衡的传递性，即使这样，由于纯引力场能量是负定的，因此由视界引力加速度决定的温度也必然是负定的，而不可能是正定的。

关键词：热力学第0定律；热平衡的可传递性；温度

1. J. D. Bekenstein 黑洞热力学的温度引入和第0定律

在 J. D. Bekenstein 黑洞热力学中视界温度的引入可以说全凭类比和假定。例如在文献[1]中有这样一段论述："……黑洞是一颗这样的星，任何物质都可以掉进去，任何物质都跑不出来，辐射当然也不例外，射到黑洞上的任何辐射将只被吸收，而不会被反射。在物理学上，只吸收而不反射任何辐射的物体被称为黑体。……黑体的性质只由一个量决定，那就是温度，……"这个类比表明"黑洞与黑体类似，由此看来，……似乎黑洞也应具有温度和熵？"于是进一步又将 Hawking 的面积不减定理（这条定理是严格正确的）与热力学中熵增加原理类比（这个类比就成问题了），即将 $\delta A\geqslant 0$ 与 $\delta S\geqslant 0$ 类比，从而得出 $S\propto A$；进一步又将 Bekenstein-Smarr 公式$\left(\text{即 } dM-\frac{\kappa_+}{8\pi}dA+\Omega_+ dJ+V_+ dQ\right)$与热力学中基本微分等式（$dU=TdS+\Omega dJ+VdQ$）类比，由此给出关系：$\frac{\kappa_+}{8\pi}dA_+=TdS$，最后确立了由视界引力加速度 κ_+ 决定的正定的温度：$T=\frac{\kappa_+}{2\pi k_B}$。

另一种引入温度的方法是靠直接假定，如文献[2]介绍的 Geroch 引力-热机模型就是按这种方式引入温度的，这个模型首先假定黑洞是一个热力学平衡系统，由它构成 Geroch 引力-热机中温度为 T_B 的冷源，然后利用与无穷远处的高温热源之间的热机循环来决定冷源的温度 $T_B \propto \kappa_+$。

以上就是靠类比和模型假设在黑洞理论中引入热力学温度和熵的基本思路，并在此基础上建立了 Bekenstein 黑洞热力学（也即正能谱黑洞热力学）。既然正能谱黑洞热力学是在类比和模型假设基础上建立起来的，可以看出由此建立的黑洞热力学理论是何等的脆弱，难怪这个正能谱黑洞热力学自建立起就遭遇到许多难以克服的，甚至是不可克服的困难。文献[3,4]揭示了 Bekenstein 黑洞热力学的第二、第三定律中存在的内存矛盾。现在将进一步分析这个热力学中所建立的热力学第 0 定律中的问题。

在 Bekenstein 黑洞热力学（即正能谱黑洞热力学）中，第 0 定律被表述为以下两种形式：

(1)"稳态黑洞的表面引力加速度 κ_+ 是一个恒量"[1]；

(2)"稳态黑洞的表面引力加速度 κ_+ 在视界面上是恒定的，而黑洞的表面引力加速度与黑洞的温度成正比，故对黑洞可以定义温度"[2]。

下面我们将对这两种表述所面临的基本困难进行具体分析。

2. J. D. Bekenstein 黑洞热力学第 0 定律面临的基本困难

在第一段中表述了 J. D. Bekenstein 黑洞热力学的第 0 定律，我们不禁要问这两个表述是热力学中的第 0 定律吗？显然不是，事实上，第一个表述根本没有涉及热力学量，只提出黑洞视界引力加速度 κ_+ 是恒量。而引力加速度 κ_+ 恒定只能表示黑洞的动力学状态的稳定性，和黑洞热力学毫无关系。因此第一种表述根本谈不上是热力学第 0 定律的表述。第二种表述虽然引入了温度概念，而且还将温度表述为与视界引力加速度 κ_+ 成正比，既然稳态黑洞具有恒定的视界引力加速度，因此稳态黑洞也会具有恒定的正定的视界温度。这里虽然引入了热力学基础参量——温度，但仍然不是热力学第 0 定律。因为这个表述至少存在以下两个基本问题：① 黑洞温度的引入，以及黑洞温度和视界引力加速度成正比的根据是什么？到目前为止所能找到的根据是将黑洞类比成黑体，或者通过引力-热机模型直接假定黑洞是一个温度为 T_B 并作为热机低温热源的热力学平衡系统。在这里无论是将黑洞类比成温度为 T_B 的黑体，或是假定黑洞是引力-热机中温度为 T_B 的冷源，两者都首先认定黑洞是一个热平衡的，温度为 $T_B(\geqslant 0)$的热力学平衡系统，然后再去论证这个系统的温度和黑洞的视界引力加速度成正比。这样的论证正如审案人首先假定某人是杀人嫌疑人，然后再去寻找该"嫌疑人"杀人的"罪证"一样不科学。实际上如果假定黑洞是一个绝对吸收体（不辐射），这时按同样的论证方式，仍然可以得到一个与视界引力加速度 κ_+ 成正比的视界温度 $\tilde{T}$，不过这时所得到的温度 $\tilde{T} \leqslant 0$ 罢了。② 黑洞是不是热平衡体？按照前面类比和模型假设方式所引入的温度能标示黑洞的热平衡状态吗？或者说按这样的方式所引入的温度能具有热平衡的传递性吗？这是一个最核心的问题，它在本质上提出了黑洞究竟是一个动力学对象还是一个热力学对象问题。事实上，热力学中存在两类状态参量，一类是扩延量，另一类是强度量[5]。对系统的平衡态(或局域平衡态),扩延量具有可加性。例如熵 S、体积 V 和系统的粒子数 N 都是具有可加性的扩延量。而强度量则具有可传递性,比如温度 T,压强 P 和化学势 μ 都是具有可传递性的强度量。当两个系统间达到力学平衡时,两个系统的压强必然相等,表明压强对达到力学平衡的两个系统具有可传递性;当两个系统达到化学反应平衡时,其化学势必然相等,表明化学势对达到化学平衡的两个系统具有可传递性;最后,当两个系统达到热平衡时,两个系统的温度必然相等,表明温度对达到热平衡的两个系统具有可传递性。因此,热力学第 0 定律就严格意义上讲应当表述为:“处于热平衡的系统存在一个状态参量,称为温度,它标示着系统是否处于热平衡态,或者能否与其他系统达到热平衡。如果存在两个热力学系统能同时与第三个热力学系统达到热平衡,则这两个系统之间也必然处于热平衡中。”[5]很清楚热力学第 0 定律的核心思想是温度不仅标示系统的热平衡,而且还具有热平衡的可传递性,如果用这个严格意义上的热力学第 0 定律去判定 Bekenstein 黑洞热力学第 0 定律是否正确的话,就应该抓住这个核心思想。那就是说应该抓住由 Bekenstein 建立的黑洞热力学中引入的温度概念是否具有热平衡的可传递性。遗憾的是由 Bekenstein 建立的黑洞热力学中引入的温度并不具有热平衡的可传递性。事实上,按 Bekenstein 黑洞热力学,当两个视界温度相等的黑洞[例如 Schwarzschild(SW)黑洞]彼此接触时,两个黑洞不能保持平衡,它们的温度立即下降(SW 黑洞温度下降一半)。由此可见就严格意义上讲,由 Bekenstein 黑洞热力学所建立的热力学第 0 定律并不满足严格意义上的热力学第 0 定律的要求,这也正是 Bekenstein 黑洞热力学所面临的第一个基本困难。

3. 面对黑洞热力学第 0 定律基本困难的两种观点

面对这一基本困难有两种观点,第一种观点认为既然对黑洞所引入的视界温度不具有“热平衡”的可传递性,这就足以表明对黑洞不能定义温度。因此,黑洞不是一个热力学系统,没有随机性,而是一个纯粹的动力学系统,物质进入黑洞就是物质进入完全有序、其信息量极其单纯而清晰的王国中,正如霍金(Hawking)所说的:“……黑洞没有什么随机性,黑洞是随机的对头,是简单性的化身,一旦黑洞处于一种宁静状态,它就完全‘无毛’了;一切性质都由 3 个数决定:质量、角动量和电荷。黑洞无论如何没有随机性。”[6]第二种观点认为过去所建立的热力学是在平直空间中建立的热力学,这种处处均匀且各向同性的时空中,粒子的能量只由微观无序动能和微观简并能决定,因此当系统达到热平衡时,其温度必然会在整个系统的体积内处处相等,不会受到宏观动力学变量(特别是引力场)的干扰。在这种条件下温度不仅能在整个三维体积中具有传递性,而且能对任何温度具有可传递性。而黑洞是处于强引力场(即弯曲时-空)中的系统,其空间、时间不可能是处处均匀的和各向同性的,这时如果要对黑洞引入温度,必然会受到引力场动力学变量(如引力加速度)的极大限制,其结果不仅温度的恒定区域被引力加速度限制在一个视界面上,而且在视界面上温度的恒定值也会由引力加速度所决定。这样一来温度的可传递性在黑洞中不仅被限制在视界面上,而且还只能对视界温度有传递性。于是按 Bekenstein 黑洞热力学根据和黑体类比很自然会认定黑洞具有由视界引力加速度决定的正定的视界温度：$T_+\geqslant 0$。因此，Bekenstein 黑洞热力学第 0 定律被表述为：在黑洞视界面上所有处于热平衡的系统必然具有由视界引力加速度 κ_+ 决定的正定的视界温度 $T_+=\frac{\kappa_+}{2\pi k_B}\geqslant 0$。然而引力场是能量负定的场[8]，按理由这样的场所决定的温度必然是负温度，因此在负能谱热力学中自然会认定黑洞应具有由视界引力加速度 κ_+ 决定的负定的视界温度 $\widetilde{T}_+\leqslant 0$，表示为：$\widetilde{T}_+=-\frac{\kappa_+}{2\pi k_B}\leqslant 0$。这样一来在黑洞视界面上热平衡系统的温度究竟应当采用哪一种温度表示呢，是正温度还是负温度呢？

4. 黑洞视界面上热平衡系统的温度所应具有的符号

我们采用气体模型来讨论黑洞视界面上，一个达到热平衡的系统其温度所应具有的符号。我们讨论的思路是，假设在平直空间中有一缸热力学参量为 N,V,T 的理想气体，若将这缸气体移入引力场中时，由于引力场的作用，气体将不再是理想的了，它的宏观参量 N,V,T 都会随之变化，而引起这些宏观参量变化的根本因素是气体粒子的能谱改变。于是可以通过将气体由平直空间移入引力场时所产生的气体粒子的能谱变化，来分析黑洞视界面上一个达到热平衡的系统其温度所应具有的符号。

首先假定平直空间中有一缸理想气体，显然这缸气体粒子不会受引力场作用，同时处于气态粒子其无序动能必然明显地大于它们的简并能，于是有

$$\frac{(\widetilde{P}_i-P_F)}{2m}\gg\frac{P_F^2}{2m}\geqslant\frac{P_i^2}{2m}\quad \widetilde{P}_i\gg P_F\geqslant P_i \tag{1}$$

式中：$\widetilde{P}_i$ 是与无序动能相应的粒子动量，P_F 是粒子系的 Fermi 动量，P_i 为粒子的简并动量。(1)式表明平直时-空中理想气体粒子的能量 ε_i 将只取决于它的无序动能，即

$$\varepsilon_i\simeq\frac{(\widetilde{P}_i-P_F)^2}{2m}=\frac{1}{2}mu_i^2\qquad u_i=\frac{\widetilde{P}_i-P_F}{m} \tag{2}$$

式中：u_i 是粒子的速度，对于理想气体，粒子的平均能量与气体的温度之间有如下关系：

$$\varepsilon_i\simeq\frac{(\widetilde{P}_i-P_F)^2}{2m}=\frac{1}{2}mu_i^2\qquad u_i=\frac{\widetilde{P}_i-P_F}{m} \tag{3}$$

(3)式表明平直空间中理想气体的温度可以由气体粒子的平均能量决定：

$$T=[2/(3k_B)]\langle\varepsilon_i\rangle=[m/(3k_B)]\langle u_i^2\rangle\geqslant 0 \tag{4}$$

由于粒子无序动能的平均始终是非负量，所以平直时-空中理想气体的温度恒正，这就是说这里的正温度是粒子正定的无序动能的平均量度。

现在将气体置入弱引力场中，这里有两种方式置入弱引力场：第一种情况是置入地球表面的弱引力场中；第二种形式是气体处在温度极低且密度很低的条件下，致使气体粒子间能显示引力场的支配效应。现在首先讨论第一种情况，将气体置于地球表面上，这时每个气体粒子除了正定的无序动能 $\left(\frac{1}{2}mu_i^2\right)$ 外，还应具有负定的引力势能

$-G\dfrac{Mm}{R_0}$的贡献，这里 R_0 是地球半径，M 是地球质量，G 是万有引力常数，这样一来，气体粒子的实际的基础温度 T'应表示为

$$\begin{aligned}T' &= [2/(3k_B)]\langle\varepsilon_i'\rangle = [2/(3k_B)][(1/2)m\langle u_i^2\rangle - mR_0(GM/R_0^2)] \\ &= [2/(3k_B)][(1/2)m\langle u_i^2\rangle - mR_0 g_0]\end{aligned} \tag{5}$$

式中：$g_0=(GM/R_0^2)$是地球表面引力加速度。(5)式表明：① 由于地球引力场的出现，它会降低原来平直时-空中粒子的无序动能，使平直时-空中的气体的温度降低，因此，负定的引力场出现必然会对气体贡献一个负温度；② 原来气体中所有动能 $R_0\varepsilon_0=(1/2)mu_i^2$ 小于引力势能$|(GmM/R_0)|$的粒子都会被地球表面吸收，只有其动能 ε_i 超过引力势能$|(GmM/R_0)|$的那一部分粒子才能在地球外部引力场中保持气态形式的无序运动；③处于地球外部引力场中的气体虽然还能保持无序运动的形式，但它已失去了平直时-空中气体处处均匀和各向同性的对称性，就是说气体由平直时-空转入地球引力场中时，气体会立即产生对称性破缺。以上所论述的第一种弱引力场对平直时-空理想气体产生的 3 个效应，对于强引力场不仅依然存在而且会更强，这是因为强引力场能量 $\tilde{t}^{00}<0$，仍然是负定的[2,7]，所以它对气体必然要贡献一个负温度，这时粒子的温度应表示为

$$(3/2)k_B\tilde{T}=(1/2)m\langle u_i^2\rangle - a\kappa_+ \qquad a=(3h)/(4\pi c) \tag{6}$$

式中：$(-a\kappa_+)$是用黑洞视界引力加速度表示的负定的引力能，因此它对气体必然会贡献一个负温度[试比较(5)、(6)两式中右端的第二项，颇具启示性。在(5)式中地球引力加速度 g_0 前的因子 mR_0 具有质量矩量纲，同样(6)式中黑洞视界引力加速度 κ_+ 前的系数 $a\sim(h/c)$也具有质量矩量纲，两者是彼此对应的]。由于(6)式中由$-a\kappa_+$表示的引力场是如此的强，它几乎能大大地超过气体中所有粒子的无序动能，即$|a\kappa_+|\gg(1/2)mu_i^2$，因此在强引力场中几乎所有粒子都会被引力源吸收，这时必然进一步有

$$\tilde{T}=-\frac{2a}{3k_B}\kappa_+\left(1-\frac{m\langle u_i^2\rangle}{2a\kappa}\right)\cong-\frac{2a}{3k_B}\kappa_+\leqslant 0 \tag{7}$$

(7)式清楚地表明由负定的引力能$(-a\kappa_+)$所决定的黑洞视界温度 $\tilde{T}$ 是一个负温度，这个温度和引力加速度成正比。(7)式的结论是在完全略去物质粒子的无序动能$\left(\dfrac{1}{2}m\langle u_i^2\rangle\right)$的极限条件下得到的，由此可见由负定的强引力场所决定的负定的黑洞视界温度 $\tilde{T}(\leqslant 0)$，恰好反映了粒子在强引力场作用下完全克服了所有粒子的无序动能后将它们全部吸收进黑洞的有序化过程，这类过程正好与在自引力作用下经坍缩聚集物质使物质的熵自发地减少的演化规律是一致的。

第二种情况是极冷的稀薄气体，这种气体不仅相应于粒子无序动能的温度极低，而且由于密度很低使得粒子的简并能也很低，在这种情况下，粒子间的引力场(即使是弱引力场)必然会对气体的宏观演化和性状起支配作用，例如星际云就属于这类系统，星际云在自引力作用下导致自聚集自坍缩演化，这时星际云中粒子的能量可以表示为

$$\frac{3}{2}k_{\mathrm{B}}\widetilde{T}=\langle\frac{P_i^2}{2m}\rangle-\langle G\frac{mm'}{r}\rangle\leqslant 0 \tag{8}$$

式中：$\langle\frac{P_i^2}{2m}\rangle$是粒子的简并能与无序动能之和的平均，$-\langle G\frac{mm'}{r}\rangle$是粒子间的引力势能平均，$r$为粒子间距，由于“极冷”和“极稀薄”条件必然要求(8)式中第一项小于第二项，从而导致系统实际的基础温度为负，因此在“极冷”和“极稀薄”条件下系统的温度的符号是负定的。这样的星际云气体必然会在自引力作用下自发地聚集，但是Bekenstein黑洞热力学通过将黑洞与黑体类比，把黑洞作为一个“黑体”辐射源，并用它来表征黑洞吸收物质的过程，从而确定了一个正定的正比于κ_+的正温度，然而这个正温度所标示的引力场能量必然是正定的，因此它无论如何不可能克服或抑制粒子所具有的正定的无序动能，因而也无法解释黑洞是物质粒子的绝对吸收体的事实，这也正是Bekenstein黑洞热力学第0定律所存在的基本困难，而且这个困难也是导致Bekenstein黑洞热力学所有错误之根源，因为只要规定黑洞的视界温度为正，这就必然会进一步导致由它建立的黑洞热力学第二、第三定律中各种难以克服的矛盾。

原载《科学研究月刊》2006年总第20期

参考文献

[1] 赵峥. 黑洞与弯曲的时空[M]. 太原：山西科技出版社，2001：185-186，181.
[2] 刘辽，赵峥. 广义相对论[M]. 第2版. 北京：高等教育出版社，2004：286-287，116-117.
[3] 邓昭镜. J. D. Bekenstein黑洞热力学理论的内在桎梏[J]. 西南师范大学学报(自然科学版)，2005，30(1)：64-69.
[4] 邓昭镜，黑洞熵的演化规律与热力学第三定律[J]. 西南师范大学学报(自然科学版)，2006：31(3)：32-38.
[5] Kubo R. *Thermodynamics* [M]. New York: American Elseuier Publishing Company, 1958：3-4.
[6] 赵峥. 黑洞与弯曲的时空[M]. 太原：山西科技出版社，2001：181.
[7] 基普·S·索恩. 黑洞与时间弯曲[M]. 李泳，译. 长沙：湖南科技出版社，2002：392.
[8] Landau L D, Lifshitz E M. 场论[M]. 任朗，袁炳南，译. 北京：高等教育出版社，1960：352-353.
[9] 刘辽，赵峥. 广义相对论[M]. 第2版. 北京：高等教育出版社，2004：116-117.

热力学第一定律和黑洞热力学第一定律

摘 要: 首先对热力学第一定律的普适内涵作了较全面的阐述,其中尤其是对定律中的内能、功和热各项的本质内涵,结合自引力存在的情况,作了深刻的阐述。进一步对当今黑洞理论主流学派建立的黑洞热力学第一定律中的问题作了较详细的剖析,揭示了当今主流学派所建立的黑洞热力学第一定律中的基本问题。在此基础上提出了复合热力学第一定律内涵的黑洞热力学第一定律。最后将我们建立的黑洞热力学第一定律应用于 K－N 黑洞中,较好地克服了当今主流学派在其黑洞热力学第一定律中所存在的矛盾。

关键词: 内能;功;热;熵

在当今黑洞热力学中,将 Bekenstein-Smarr(B-S)公式确定为黑洞热力学第一定律,又将 B-S 公式中的自引力做的功$\frac{\kappa_\pm}{8\pi}\mathrm{d}A_\pm$定义为黑洞所释放的热。我们认为用 B-S 公式建立黑洞热力学第一定律,并将其中的$\frac{\kappa_\pm}{8\pi}\mathrm{d}A_\pm$定义为热 TdS,这样的理论是直接破坏热力学第一定律中对内能、功和热的普适内涵的正确表述的。由此所建立的黑洞热力学第一定律必然会带来许多难以克服,甚至不可克服的矛盾。本文基于热力学第一定律中内能、功和热量的普适内涵分析了当今黑洞热力学第一定律中存在的基本问题。进一步又根据热力学第一定律的普适内涵重新建立了黑洞热力学第一定律。最后将新建立的黑洞热力学第一定律应用于 K-N 黑洞熵的演化问题上,对 K-N 黑洞的自发演化性状给出了合理的阐述。

1. 热力学第一定律的内涵——功、热和内能

热力学第一定律是物系在反应过程中普遍遵循的能量守恒和转化定律,这条定律普遍地被表示为

$$\mathrm{d}E = đW + đQ \tag{1}$$

式中:$\mathrm{d}E$ 是物系中内能的增量,$đQ$ 是物系从外界吸收的热,$đW$ 是外界对物系做的功。(1)式中只有内能是状态函数,它的变更只取决于始末状态内能的差,而外界对系统做的功和从外界吸收的热都不是状态函数的变更,它们的变更都直接依赖于过程的进行,称为过程量。为了标明对过程依赖的这个特点,在热力学中将外界输入的功和外界传入的热皆用 $đW$ 和 $đQ$ 表示[1]。

"功"是过程量,不是状态函数。外界对系统输入的"功"就是物系的外参量(一切直接依赖于外场和外界条件的参量称为外参量,如体积 V、表面积 A、线长 l、角动量 J 以及极电荷 q 等)在外场作用下产生了一定的宏观变更(如 $\mathrm{d}V$、$\mathrm{d}A$、$\mathrm{d}l$、$\mathrm{d}J$ 和 $\mathrm{d}q$ 等)时外界对系统所输入的能量。如外压强 p_e 的压缩功 $p_e\mathrm{d}V=-p\mathrm{d}V$,$p$ 是与 p_e 平衡的内压强;表面张力 σ 使液面增加时做的功 $\sigma\mathrm{d}A$;拉伸弹簧的外力对弹簧所做的功 $F_s\mathrm{d}l$ 等都会对改变物系的内能作出贡献。因此,一切做功必须有两个要素:(a) 外参量 x 的宏观变更,(b) 外场的力密度 f。表示如下[2]:

$$\boxed{\text{系统输入或输出功}\ \text{đ}W} = \boxed{\text{外场(内场)作用力密度}\ f} \times \boxed{\text{系统外参量宏观增量}\ \mathrm{d}x} \tag{2}$$

(2)式表明一切由外参量的宏观变更所产生的能量转化都必然是"功"。反之,如果系统中存在某种能量转移和转化,但找不到与之对应的任何外参量的变更,则这种能量转移和转化统称为"热"。例如,由 $T\mathrm{d}S$ 表示的系统能量的转移和转化就不是"功",因为熵 S 是系统状态数 Ω 的对数量度 $k_{\mathrm{B}}\ln\Omega$,而状态数 Ω 是一个显然的内参量,因此 $\mathrm{d}S$ 是内参量的变更,所以 $T\mathrm{d}S$ 不是功,只能是热。"功"这个过程量可以通过(2)式具体地表示出来,因而可以直接计算。而"热"这个过程量又应当如何表示呢?为了说明这个问题,我们在正能态系统中,试考虑一个温度为 T_{A} 的物体 A,与一个温度为 T_{B} 的大热库 B 接触,而且 $T_{\mathrm{B}}>T_{\mathrm{A}}$。很容易了解,热库 B 必然要向物体 A 输入热量。又假定热库 B 对物体 A 注入热量为 đQ,热量 đQ 注入后,只使物体的温度由 T_{A} 升高到 T'_{A}。尽管这个热量注入过程是不可逆的,但总可以设想一个可逆的多方过程使系统的状态由温度 T_{A} 升至 T'_{A},易于求得该多方过程中注入的热量,表示为

$$\Delta Q=\int_{T_{\mathrm{A}}}^{T'_{\mathrm{A}}}\text{đ}Q=\int_{T_{\mathrm{A}}}^{T'_{\mathrm{A}}}C_X\mathrm{d}T=\int_{T_{\mathrm{A}}}^{T'_{\mathrm{A}}}\left(\frac{\partial S}{\partial T}\right)_X\mathrm{d}T=\int_{T_{\mathrm{A}}}^{T'_{\mathrm{A}}}T\mathrm{d}S \tag{3}$$

式中 C_X 表示多方过程的比热容。由此可见,通过准静态过程不仅能具体计算物系吸收的热,而且还给出了对热量 đQ 的具体计算表示式[3]:

$$\text{đ}Q=T\mathrm{d}S \tag{4}$$

在热力学中可以普遍地证明,所有对系统输入(或输出)的热量 đQ,在数值上总可以表示为 $T\mathrm{d}S$。因此 đQ 在数值上等于 $T\mathrm{d}S$ 是一个普适表示,将(4)式代入(1)式则有

$$\mathrm{d}E=\text{đ}W+T\mathrm{d}S \tag{5}$$

(5)式中的 $T\mathrm{d}S$ 就是通过所设想的可逆的准静态过程对(1)式中的热量 đQ 给出的计算表示,从而使(5)式实现了对第一定律的实际计算。(5)式是一个十分重要的公式,称之为热力学的基本等式。

在热力学中总把物系的能量分为外能和内能[2],外能是物系作为整体参与的各种运动的动能和物系在外场中势能之总和;内能是指物系中物体间、粒子间、分子间、原子间,以及核子间等所有内部物质已被激发的相互作用能,和物系中各种粒子的平动、转动、振动与置换等运动的动能之总和。在这里需要特别强调的是:在各种具体问题中,说到物系的内能总是指参与过程变化的属于物系粒子的那一部分能量,而把物系中那

些未被激发的那一部分“内能”均视为与所论问题无关的常数——“0”。就是说对于具有不同“激发”层次状态的热力学系统，表征系统内能的独立的自然变量数是不同的。内能的独立自然变量愈多，则表示引起系统状态变化所参与的能量转化和转移的形式也就愈多。例如，最简单的理想气体，其内能的独立自然变数是熵 S 和体积 V，其基本等式是 $\mathrm{d}E=T\mathrm{d}S-p\mathrm{d}V$。而对于一缸由多种粒子组成的可以彼此反应的混合气体，其独立的自然变量数就多得多，可以有 $2+n$ 个，这时系统的基本等式表示为 $\mathrm{d}E=T\mathrm{d}S-p\mathrm{d}V+\sum_{i=1}^{n}\mu_i\mathrm{d}N_i$。可以看出，内能不是物系中所有能量之总和，更不是物系中物质的固有能之总和，而是参与热力学过程，并能引起反应的已被激发的那部分能量之总和。因此，物系的内能又称反应能或结合能。显然，内能是可正、可负的。内能与功和热的基本区别在于，内能不是过程量而是状态函数。因此，内能的一次微分 $\mathrm{d}E$ 满足全微分条件。但作为过程量的功与热的一次微分 $\text{đ}W$ 和 $\text{đ}Q$ 都不是全微分，都不满足全微分条件。

2. 黑洞热力学第一定律与 B-S 公式

在当今黑洞热力学中，把 B-S 公式确定为黑洞热力学的第一定律，同时又把 B-S 公式中的 $\frac{\kappa_\pm}{8\pi}\mathrm{d}A_\pm$ 规定为第一定律中的“热”$T\mathrm{d}S$，表述如下[4,5]：

$$\begin{aligned}&\text{黑洞热力学第一定律：}\quad \mathrm{d}M=\frac{\kappa_\pm}{8\pi}\mathrm{d}A_\pm+\Omega_\pm\mathrm{d}J_\pm+V_\pm\mathrm{d}Q_\pm\\&\text{黑洞视界面上产生的“热”：}\quad T\mathrm{d}S=\frac{\kappa_\pm}{8\pi}\mathrm{d}A_\pm\end{aligned}\tag{6}$$

(6)式就是当今黑洞热力学第一定律的基本表述，现在来分析由(6)式给出的黑洞热力学第一定律的这个表述中的问题。

首先根据热力学中关于功、热的普适内涵可知，B-S 公式右端所有三项都只能是“功”不可能是“热”。事实上，B-S 公式右端的第一项是由视界面上自引力密度 $\left(\frac{\kappa_\pm}{8\pi}\right)$ 的作用使黑洞的广义外参量（视界面积 $A_\pm$）增加 $\mathrm{d}A_\pm$ 的过程中所做的功；第二项是在自引力场作用下使黑洞的广义外参量 $J_\pm$ 增加 $\mathrm{d}J_\pm$ 的过程中所做的功；第三项是在自引力场吸收物质的同时又吸收电荷，从而使外参量 $Q_\pm$ 增加 $\mathrm{d}Q_\pm$ 时所做的功。因此，B-S公式仅表示由黑洞自引力对黑洞所做的总功恰等于黑洞质量的增加，即 B-S 公式：

$$\frac{\kappa_\pm}{8\pi}\mathrm{d}A_\pm+\Omega_\pm\mathrm{d}J_\pm+V_\pm\mathrm{d}Q_\pm=\mathrm{d}M\tag{7}$$

进一步可以判明该公式右端的 $\mathrm{d}M$ 不是全微分，因为 M 已是三个以上独立变量 $A_\pm$、$J_\pm$ 和 $Q_\pm$ 的函数，所以 M 除极特殊情况外一般不可能存在积分因子，它的一次微分 $\mathrm{d}M$ 不可能是全微分。可以验算 B-S 公式左端各项的系数 $\frac{\kappa_\pm}{8\pi}$、$\Omega_\pm$ 和 $V_\pm$ 不满足全微分条件,即这些系数相关的一次偏导数不可能都相等。例如$\frac{\partial}{\partial J_{\pm}}\left(\frac{\kappa_{\pm}}{8\pi}\right)\neq\frac{\partial\Omega_{\pm}}{\partial A_{\pm}}$等。因此,$M$不可能是状态函数——内能。由此可见,B-S公式不能作为热力学第一定律,它只是在热力学第一定律中仅反映由自引力所做的功产生的那一些项的总贡献。将$\frac{\kappa_{\pm}}{8\pi}dA_{\pm}$规定为黑洞热力学第一定律中的"热"更是错误的,因为在这里实际上存在两个过程,首先是自引力做了有序化功$\frac{\kappa_{\pm}}{8\pi}dA_{\pm}$,它使黑洞的视界面积产生了宏观变更 $dA_{\pm}$,然后通过被吸收物质和视界面物质相互撞击的形式,将其从引力场中获得的能量转化为无序化"热"。前者是自引力做了有序化功,后者是物质间直接相互作用产生的无序化"热",显然不能将$\frac{\kappa_{\pm}}{8\pi}dA_{\pm}$定义为"热"。

现在根据普适的热力学第一定律来讨论正确的黑洞热力学第一定律的表示。为此,我们首先对黑洞与其周围物质组成的系统写出这个系统的热力学第一定律:

$$dE=đW+đQ=đW+TdS$$

E 是该系统的内能,TdS 是黑洞吸收的热。现将(5)式中的功 $đW$ 分为两项:

$$đW=đW_{e}+đW_{g} \tag{8}$$

式中 $đW_{e}$ 是除自引力功以外的外界输入功,$đW_{g}$ 是自引力做的功。由于自引力做功是消耗物系自身引力势能做的功,因此 $đW_{g}$ 是负定的自引力功,即

$$đW_{g}=-dM \tag{9}$$

代入(5)式,则有

$$dE=TdS+đW_{e}-dM \tag{10}$$

如果除自引力做功外,外界输入功为零,则有

$$dE=TdS-dM \tag{11}$$

$$dM=\frac{\kappa_{\pm}}{8\pi}dA_{\pm}+\Omega_{\pm}dJ_{\pm}+V_{\pm}dQ_{\pm} \tag{11$'$}$$

(11′)式才是黑洞热力学第一定律的正确表示。当黑洞与其周围物质组成孤立系统时,则有

$$dE=0 \qquad TdS=dM \tag{12}$$

此式表明,黑洞吸收的质量等于它所释放的热。当系统是孤立的 Schwarzschild(SW)黑洞时,或者是保持其宏观转动能和静电能恒定的 Kerr-Mewman(K-N)黑洞时,则有

$$TdS=\frac{\kappa_{\pm}}{8\pi}dA_{\pm} \tag{13}$$

这里可以看出,仅对孤立的 SW 黑洞和满足上述条件的 K-N 黑洞时,才能由(13)式给出当今黑洞热力学定义热量的公式。

3. 黑洞热力学第一定律对稳态黑洞的应用

为确定计,假定研究的是 K-N 黑洞,这种黑洞是一个球对称自引力系统,可以证

明球对称自引力系统的内能恒负，表示为[6]

$$E=-4\pi\int_0^R m_N^0 n(r)\beta\left\{\frac{1}{2}+\frac{3}{2}\frac{Gm(r)}{r}+\frac{3}{2}\left(\frac{Gm(r)}{r}\right)^2+\frac{3}{8}\beta^2+\cdots\right\}\mathrm{d}r\leqslant 0 \tag{14}$$

式中：R 是（黑洞＋周围物质）系统的外边界；m_N^0 是核子的固有质量；$n(r)$是引力球中 r 点粒子的数密度；$\beta=\frac{u}{c}$为粒子的速度；$m(r)$是半径为 r 的引力球内总质量，定义为

$$m(r)=4\pi\int_0^r \rho(r)r^2\mathrm{d}r \tag{15}$$

其中 $\rho(r)$是 r 点的密度。

(14)式表明，球对称引力系统无论是已形成的黑洞，或者是一般星体，这类球对称引力系统的内能总是负定的，$E\leqslant 0$，是处于负能态中的系统。因此系统的基础温度恒负[7]，$T\leqslant 0$。这个结论非常重要，是我们研究问题的基础。对于 K－N 黑洞，由于 $a^2+Q^2\neq 0$，黑洞内部出现了内视界，于是处于负能态的 K－N 黑洞其内、外视界的温度应表示为[7]

$$T_{\pm}=-\frac{r_+-r_-}{4\pi k_B(r_{\pm}^2+a^2)}\leqslant 0 \tag{16}$$

r_+、r_-是黑洞外、内视界半径，$a=\frac{J}{M}$是比动量矩。(16)式前的负号正是考虑到 K－N 黑洞是处于负能态系统这个基本因素。

在应用我们建立的黑洞热力学第一定律讨论 K－N 黑洞的问题之前，有一个重要问题必须考虑，那就是我们所建立的热力学[即(5)式、(10)式、(11)式和(12)式]是属于小尺度系统热力学，而 K－N 黑洞却是大尺度系统，K－N 黑洞中如温度、密度、压强等所有强度量都是时-空度规的函数，在系统中呈分布特征，一般不具有可传递性。对这类大尺度系统，若要严格地讨论它的热力学性状和演化，就必须采用大尺度 Tolman 的相对论热力学，但是，Tolman 热力学属于正能态热力学，显然不能直接应用于负能态的 K－N 黑洞上。然而，K－N 黑洞又是一个内部具有严格有序化结构的球对称实体，这个有序化结构的重要标志是黑洞存在由外、内视界划分的时-空区域，黑洞的特征和演化集中地体现在外、内视界的特征和演化上。而在外、内视界面内却是小尺度热力学的实用区域，就是说在外、内视界面内所有强度量（T、P、μ 等）都是可传递的，所有扩延量（U、S、V 等）都是可加的，如果我们只要求通过 K－N 黑洞中典型的外、内视界热力学性状和演化来了解 K－N 黑洞的基本演化特征的话，则我们所建立的小尺度热力学大有用处，以下我们正是按这一考虑来讨论 K－N 黑洞基本特征的演化的。

现在假定有一个处于负能态的孤立的且保持其有序化转动能和静电能稳定的 K－N黑洞。这个黑洞由外、内视界两个热平衡子系组成。对于已达到热平衡的黑洞，可以近似地采用已达到“热—引力”交换平衡的两个子系组合系统来表征 K－N 黑洞的熵的演化，于是 dS 可以典型地（但非精确地）用两个子系熵增之和表示，即

$$\mathrm{d}S=\mathrm{d}S_++\mathrm{d}S_- \tag{17}$$

既然 K－N 黑洞的宏观有序转动能和静电能保持稳定，即 $\mathrm{d}J_{\pm}=0$，$\mathrm{d}Q_{\pm}=0$。在这样的

条件下,根据文献[7]易于求得满足所论条件的K-N黑洞的熵增公式,表示为

$$dS=-\pi k_B(dr_+^2-dr_-^2)=-4\pi k_B d\left[M^2\sqrt{1-\left(\frac{\eta}{M}\right)^2}\right]\leqslant 0 \tag{18}$$

(18)式表明K-N黑洞的熵遵循熵减原理演化。为了进一步确定K-N黑洞的熵表示,必须积分(18)式。积分时会发现积分的下限不能小于η值,否则会出现虚值熵。于是(18)式的积分应表示为

$$S(M)-S(\eta)=-4\pi k_B M^2\sqrt{1-\left(\frac{\eta}{M}\right)^2} \tag{19}$$

(19)式中的初值熵$S(\eta)$必须满足以下三个条件:

a. 既然K-N黑洞是负能态系统,因此$S(\eta)$应是η的减函数;

b. 当$\eta=0$时,K-N黑洞退化为SW黑洞,要求$S(\eta)$也必须退化为SW的初值熵,即$S(0)=4\pi k_B M_0^2$,这里的M_0是形成K-N黑洞时星云的总质量;

c. 当$\eta=M$时,应保证极端状态的零熵条件$\lim\limits_{\eta=M}S(\eta)=0$。

由此我们确定了初值熵表示:

$$S(\eta)=S(0)\sqrt{1-\left(\frac{\eta}{M}\right)^2} \tag{20}$$

将(20)式代入(19)式则得出熵的表示式:

$$S(M)=[S(0)-4\pi k_B M^2]\sqrt{1-\left(\frac{\eta}{M}\right)^2} \tag{21}$$

由(21)式给出的K-N黑洞的熵$S(M)$是质量M的减函数,正如前面已指出了的K-N黑洞在自收缩过程中满足熵减少原理。在这里应当指出:(21)式是在满足$dJ_\pm=0$,$dQ_\pm=0$的条件下得到的,如果放宽此条件,则由(21)式给出的熵的表示式必然会多出一些用以反映有序化转动能和静电能与无序化热能之间的转化的附加项,这一点正说明我们所建立的热力学第一定律将自动包含转动能、静电能与热能间的转化,而用(13)式表示的热是不能表示这类转化的。此外由(21)式给出的熵函数$S(M)$具有两个熵的零点和一个熵的极大点,它们分别表示为:

$$\lim_{M\to\infty}S(M)=0 \tag{22}$$

$$\lim_{M=\eta}S(M)=0 \tag{23}$$

$$\left.\begin{aligned}&\lim_{M=0}\frac{\partial S(M)}{\partial M}=\left(\frac{\partial S_{SW}(M)}{\partial M}\right)_{M=0}=-8\pi k_B M\Big|_{M=0}=0\\&\lim_{M\to 0}\frac{\partial^2 S(M)}{\partial M^2}=\left(\frac{\partial^2 S_{SW}(M)}{\partial M^2}\right)_{M=0}=-8\pi k_B<0\end{aligned}\right\} \tag{24}$$

其中,由(22)式给出的第一个熵的零点,是绝对零点能状态零点。在这一点上,每个粒子不仅动能为零,而且相互作用的势能也为零。该式表明当系统趋于绝对零点能状态时,它的熵必然趋于零。由(23)式给出的第二个熵的零点,是极端零点能状态零点。在这一点上,每个粒子因转动所受的惯性离心力正好与它所受的引力平衡。该式表明当系统趋于极端零点时,它的熵也必然趋于零。由(24)式给出的熵极大状态,是一种由自

引力支配的，其密度又均匀分布的状态。在这种状态上，虽然系统中粒子的空间占有数达到最大，使系统的熵也达到极大，但它是一个极不稳定的状态，作用在每个粒子上的负压，必然会自发地沿熵减少方向使系统迅速离开这个熵极大态。图 1 在以 M 为径向坐标中绘制了 K－N 黑洞视界熵函数随其质量变化曲线，该曲线上存在两个熵的零点和一个熵的极大点。

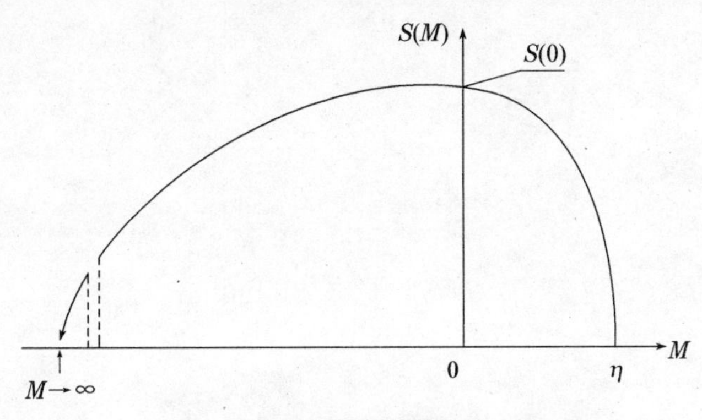

图 1　K－N 黑洞视界熵演化函数

4. 基本结论

(1) B－S 公式右端三项分别是由外参量 $A_\pm$、$J_\pm$ 和 $Q_\pm$ 的宏观位移产生的功，不是热；黑洞的质量(能量)M 不是黑洞系统的状态函数，dM 不是全微分。因此，不能用 M 定义黑洞的内能，不能用 dM 定义黑洞内能的增量。由此可见用 B－S 公式表述黑洞热力学第一定律是错误的。

(2) 黑洞吸收物质产生热的过程存在两个本质不同的阶段：(a) 黑洞的自引力将物质吸入黑洞做了有序化功$\frac{\kappa_\pm}{8\pi}dA_\pm$；(b) 当物质被自引力吸入黑洞后获得了动能，并通过与黑洞视界间的撞击过程将有序化功$\frac{\kappa_\pm}{8\pi}dA_\pm$转化为热。

(3) 由于球对称引力体的内能是负定的，黑洞处于负能态中，因此它必然遵从熵减少原理演化。在此基础上才能对 K－N 黑洞熵的演化作出合理的理论解释。

原载《西南大学学报》2010 年第 32 卷，第 9 期

参考文献

[1] 汪志诚. 热力学，统计物理[M]. 北京：高等教育出版社，1993：50－52.
[2] и. л. 巴扎洛夫. 热力学[M]. 沙振舜，张毓昌，译. 北京：高等教育出版社，1988：17－22.
[3] 徐龙道，等. 物理学词典[M]. 北京：科学出版社，2004：401－409.
[4] 刘辽，赵峥，等. 黑洞与时间的性质[M]. 北京：北京大学出版社，2008：98.

[5] 王永久. 经典黑洞和量子黑洞[M]. 北京:科学出版社,2008:51-52.
[6] 刘辽. 广义相对论[M]. 北京:高等教育出版社,2004:212-213.
[7] 邓昭镜,等. 负能谱及负能谱热力学[M]. 重庆:西南师范大学出版社,2007:45-49,156.
[8] 李传安. 黑洞的普朗克绝对熵公式[J]. 物理学报,2001,50(5):986-988.

引力场是产生熵之源还是吸收熵之沟

摘　要:首先对 Penrose 以及 Bekenstein 等人有关物质熵和熵的演化的基本论述作了扼要介绍,揭示出他们理论的核心论点:确认 Clausius 熵增加原理是适用于宇宙物质一切演化过程的普适原理,把物质熵的增加方向规定为唯一(可观测)的时间箭头方向。进一步剖析了 Penrose 等人关于熵的演化理论中存在的基本矛盾,最后通过对正、负能谱系统中熵的演化理论的建立,有力地批驳了 Penrose 等关于熵和熵的演化理论中的错误论点,并对物质熵的具体演化过程进行了理论自洽的论述。

关键词:熵;引力场;热力学;黑洞

1. Penrose 等人关于物质及其演化的论述

Bekenstein 和 Penrose 等人将 Clausius 熵增加原理绝对化,将它扩展到宇宙的一切过程和系统中,把物质熵增加方向规定为唯一(可观测)的时间箭头方向,从而建立了引力场是物质熵产生之源的理论。最能说明 Penrose 等人这些观点的莫过于《果壳里的 60 年》一书中有关熵的论述:“熵在某种意义上指的是无序,所以宇宙正在变得越来越无序,人们通常拿图 1 中的图像来说明无序是‘宇宙的热死’,我们来看图 1 中的一团气体。开始,它可能被塞在一个角落,随着时间流逝,它们扩散开去,越来越均匀,于是我们的宇宙就这样变得越来越单调和乏味。图 1 中时间从左向右增加,熵也从左向右增加,这是 Clausius 热力学第二定律的结果。现在如果把引力作用考虑进来,气体的演化则沿图 2 所示的方式进行,我们发现还存在相反方向的演化趋势。这时看来,起初近似均匀分布的气体(如星云)慢慢地聚集并最终形成一个黑洞,Clausius 热力学第二定律以这种方式对引力物质发生作用。”[1]“Hawking 的伟大功绩之一,是能给黑洞赋予一个确定数值的正比于视界面积的熵,这是一个惊人的公式,它告诉我们,当物质坍缩成为黑洞时,它的熵要远大于我们在宇宙中看到的其他任何事物的熵,所以,到目前为止我们在宇宙中能看到的熵最大的东西就是黑洞。”[1] 于是按 Penrose 的理论,图 2 中的熵仍然随时间增加,完全符合 Clausius 熵增加原理的要求。一句话:具有引力场的物质是产生熵之源。于是当粒子具有引力时,粒子似乎被赋予了储存熵的能力,使得粒子在自引力作用下自聚集,无论是形成太阳,形成黑洞,产生纷纭万千的宇宙结构,所有这一切都无一例外地会导致熵增加。于是 Penrose 又说:“熵在引力聚集作用下增大,这是我们讨论的关键因素,太阳的出现虽然是我们赖以生存的源泉,却几乎是熵增大过程中的一个偶然事件而已……”以上就是 Penrose，Bekenstein 等人关于物质熵和熵的演化的基本论点，概而言之，他们首先认定 Clausius 熵增加原理是必须遵守的最普适的原理，把物质演化中熵增加方向规定为唯一的(可观测的)时间箭头方向，为此他们必然要赋予引力场具有产生(或储备)熵的特殊功能，他们认为有引力场参与和没有引力场参与的过程和状态是迥然不同的，尽管这两类过程和状态可能在形式上相同，比如都是“聚集态”形式，但前者是因为有引力场参与的过程，它必将使其相应的聚集态拥有更大的熵。因此，黑洞比通常的聚集拥有超乎寻常的更大的熵，就是说物质通过引力聚集形成黑洞的过程仍然是一个熵增加过程。我们认为 Penrose 和 Bekenstein 等人关于物质熵和熵的演化的理论基本上是错误的，他们理论错误的核心在于将 Clausius 熵增原理无条件地扩展到宇宙中物质的一切存在形式中，并将物质熵的增加方向规定成唯一的(可观测的)时间箭头方向[2]。事实上，我们已严格地论证了 Clausius 熵增加原理不是普适的，它只能适用于正能谱系统的演化，对负能谱系统的演化是不适用的；而且还证明了宇宙中既有正能谱系统存在，同时又有负能谱系统存在；此外还论证了宇宙中一切自发膨胀的系统都是正能谱系统，而一切自引力收缩的系统都是负能谱系统。这些基本结果在理论上已严格地完全否定了 Penrose 等人关于熵和熵的演化的基本论点。

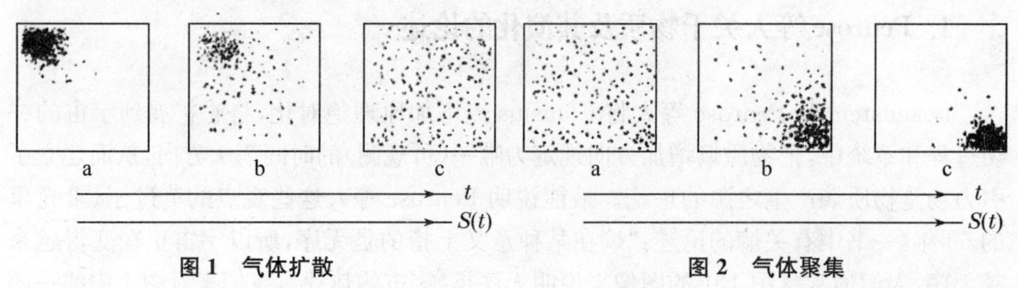

图 1　气体扩散　　　　**图 2　气体聚集**

另外，还有一个关于黑洞熵的演化过程值得讨论，那就是 Hawking 辐射。Hawking 提出，在强引力场作用下，黑洞视界面附近通过真空涨落产生辐射(使正物质粒子向外辐射，反物质粒子被黑洞吸收)，Hawking 证明这种辐射正是黑体辐射，辐射的粒子数密度由下式给出[3]：

$$\langle n(\varepsilon)\rangle=(\mathrm{e}^{8\pi M\varepsilon}\pm1)^{-1}=\left[\exp\left(\frac{\varepsilon}{k_{\mathrm{B}}T}\right)\pm1\right]^{-1}\tag{1}$$

由此 Hawking 从理论上确立了黑洞视界温度 T 与视界引力加速度 κ_{+} 成正比的关系：

$$T=\frac{\hbar}{2\pi k_{\mathrm{B}}c}\kappa_{+}\qquad \kappa_{+}=\frac{c^4}{4GM}\tag{2}$$

这也正是 Hawking 把黑洞作为高温黑体的根据，因此黑洞将不断地以黑体辐射形式向外辐射(蒸发)质量，使黑洞质量不断地减少，其减少率为[3]

$$\frac{\mathrm{d}M}{\mathrm{d}t}=-\frac{1}{2\pi}\sum_{l,m,s}\int_0^{\infty}\Gamma_{\omega}[\exp(\varepsilon/k_{\mathrm{B}}T)\pm1]^{-1}\varepsilon\mathrm{d}\varepsilon\tag{3}$$

式中：Γ_{ω} 为势贯穿系数；l,m,s 分别是粒子的角量子数、磁量子数和自旋量子数。因此

Hawking 辐射是使黑洞质量减少的过程，按 Bekenstein 的面积熵定律必然会导致与视界面积成正比的黑洞的广义熵减少。然而根据黑体辐射理论，温度为 T 的黑体的熵应由下式给出[4]：

$$S(T,V)=\frac{32}{45}\pi^5\frac{k_B^4}{(hc)^2}T^3V=\frac{1}{45}\frac{k_B\hbar}{c^5}\kappa_+^3V\approx 5N_R\geqslant 0 \tag{4}$$

其中：V 是黑洞蒸发粒子所占有的体积，N_R 是辐射的总粒子数。(4)式表明作为黑体辐射的黑洞，其广义熵与视界引力加速度 κ_+^3 成正比例，同时还和蒸发(辐射)粒子在空间占有体积 V 成正比例，或者更直接些说与辐射总量 N_R 成正比例。因此随着黑体辐射过程的进行，黑洞的广义熵必然要迅速增加。显然这个结论是和黑洞的广义熵随视界面积减少而减少的结论直接对立的。面对这个矛盾，Penrose 等人解释说："Hawking 辐射属于量子辐射过程，这类过程会导致黑洞的不可约质量减少，但在建立黑洞热力学中，我们始终把引力场或时-空背景只当作经典对象，因此不涉及引力场的量子化问题。"[5]这种解释只是承认矛盾，却根本没有解决矛盾。

2. 热力学第二定律的表述形式及其相应的适用条件

Clausius 熵增加原理(即热力学第二定律)并不是普适的，它只适用于对正能谱系统中熵演化过程的描述，对负能谱系统 Clausius 熵增加原理是不适用的，它应被代之以与之对立的熵减原理。

(1) 稳定的概率函数中 β、ε_i 因子乘积非负定理

稳定的概率分布 $\beta\cdot\varepsilon_i$ 非负[4]：

$$\beta\cdot\varepsilon_i\geqslant 0 \tag{5}$$

式中：$\beta=(k_BT)^{-1}$，k_B 是 Boltzmann 常数，T 是温度，ε_i 是粒子处于第 i 个能级的能量。可以证明如果不满足(5)式给出的条件，则所论系统不仅不可能具有稳定的概率分布，因而不可能建立平衡态热力学；而且还会出现负几率、负粒子数密度分布以及空心 Fermi 球分布等非物理表示。因此，为了保证系统能给出可实现的稳定的物理分布结果，必然要求 $\beta\cdot\varepsilon_i\geqslant 0$。由于(5)式中涉及能谱$\{\varepsilon_i\}$，为此有必要对粒子的能谱作一确切界定，能谱是系统 Hamilton 本征值集合。当系统能谱本征值有下界而无上界时(例如粒子的动能谱 $\varepsilon_i=p_i^2/(2m)$，振动谱 $\varepsilon_i=\hbar\omega_i$ 等)，可以令其下界能级为零：$\varepsilon_0=0$，则这类能谱恒有：$\{\varepsilon_i\}\geqslant 0$。于是称这类能谱为正能谱，具有这类能谱的系统称为正能谱系统。反之，当系统能谱本征值有上界而无下界时(例如各种引力能谱：$\varepsilon_i=-a_ir^{-s}$，$s\geqslant 2$)，可以取其上界能级为零：$\varepsilon_u=0$，则这类能谱恒有$\{\varepsilon_i\}\leqslant 0$，于是称这类能谱为负能谱，具有这类能谱的系统称为负能谱系统。

根据(5)式可知，对于正能谱系统，其温度必然恒正：$T\geqslant 0$；而对于负能谱系统，其温度必然恒负：$\tilde{T}\leqslant 0$。这里为明确起见，对于负能谱系统中的参量皆注以"～"符号。总之，β，ε_i 因子乘积非负定理是一条基本定理，由它给出的逻辑结论是

$\boxed{\beta,\varepsilon_i\geqslant 0}\rightarrow\begin{cases}\text{对于正能谱系统}\{\varepsilon\}\geqslant 0\rightarrow\text{系统的温度恒正：}T\geqslant 0\\ \text{对于负能谱系统}\{\varepsilon\}\leqslant 0\rightarrow\text{系统的温度恒负：}T\leqslant 0\end{cases}$

(2) 正、负能谱系统中熵的演化规律[5]

只要承认第二种永动机不可能，则系统由状态 1 不可逆地达到状态 2 时由系统所吸收的热 $\Delta Q_a=\sum\limits_i \mathrm{d}Q_{ai}$ 必然小于由状态 1 可逆地达到状态 2 时由系统所吸收的热 $\Delta Q=\sum\limits_i \mathrm{d}Q_i$，即

$$\Delta Q=\sum_i \text{đ}Q_i>\sum_i \text{đ}Q_{ai}=\Delta Q_a \tag{6}$$

于是由状态 1 至状态 2 所引起的熵的变化是

$$(\Delta S)_+=\int_1^2 \mathrm{d}S=\int_1^2\frac{\text{đ}Q}{T}>\int_1^2\frac{\text{đ}Q_a}{T},\ T\geqslant 0 \tag{7}$$

$$(\Delta S)_-=\int_1^2 \mathrm{d}S=\int_1^2\frac{\text{đ}Q}{T}<\int_1^2\frac{\text{đ}Q_a}{T},\ \tilde{T}\leqslant 0 \tag{7'}$$

(7)式中 $(\Delta S)_+$ 表示正能谱系统中熵的变化，(7′)式中 $(\Delta S)_-$ 表示负能谱系统中熵的变化。如果系统是孤立的，或者过程是绝对的，则有

$$(\Delta S)_+>0,\ T\geqslant 0^+ \tag{8}$$

$$(\Delta S)_-<0,\ \tilde{T}\leqslant 0^- \tag{8'}$$

因此，处于正能谱中的孤立系统，其熵在不可逆过程中必然自发地增加，这就是通常所说的 Clausius 熵增加原理。Clausius 熵增加原理标示着孤立的正能谱系统中的物质在不可逆过程中必然具有产生熵的能力。因此，可以说孤立的正能谱系统中物质的运动是熵的产生之源。处于负能谱中的孤立系统，其熵在不可逆过程中必然自发地减少，这就是我们提出来的熵减原理。熵减原理标示着孤立的负能谱系统中的物质，在不可逆过程中必然具有吸收系统中原有正熵储备的能力。因此，可以说孤立的负能谱系统中物质的运动是吞噬熵的沟。在不可逆过程中，负能谱系统所具有的吞噬正熵的能力是用所吸收的原有储备正熵的量来量度的。

$$\tilde{S}=(\Delta S)_-=S_f-S_i<0,\ S_f<S_i \tag{9}$$

式中：S_i 是负能谱系统初态中储备的正熵，S_f 是负能谱系统末态中剩余的正熵。当末态剩余(正)熵为零时($S_f=0$)，系统就达到了最大熵的吸收 $\tilde{S}_\mathrm{m}$：

$$\tilde{S}_\mathrm{m}=-S_i<0 \tag{10}$$

至此，我们已建立了有关物质演化理论的严格逻辑结论：

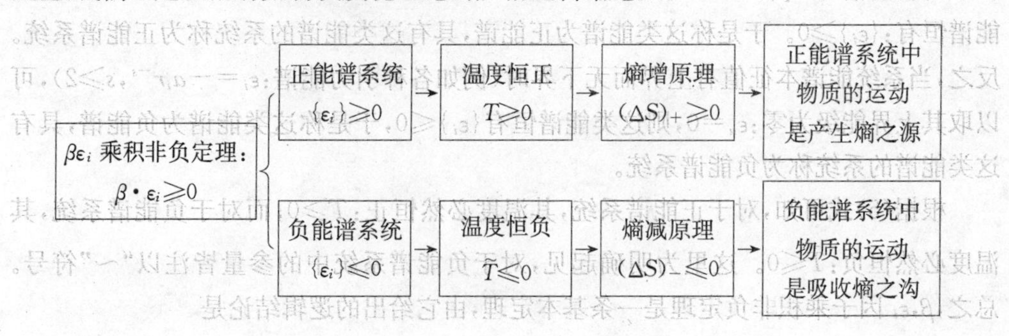

由此可见，物质熵的增加方向并不是唯一的(可观测的)时间箭头方向，它只能代表正能谱系统中的时间箭头方向，在负能谱中则应当以物质熵减少的方向代表时间的箭头方向。

3. 负能谱系统

(1) 由引力场支配的系统是负能谱系统

一般说来当系统中绝大多数粒子处于负能态中，这类系统就可以认定为负能谱系统，例如星际云气体就属于这类负能谱系统，事实上星际云不仅密度极低(因此粒子的简并能 $\varepsilon_{\text{dog}} \sim n^{2/3}$ 非常低)，同时气体的温度又接近绝对零度(因而粒子的无序动能也非常低)，这样一来对星际云气体中绝大多数粒子而言，粒子间负定的引力势能将超过正定的粒子动能，使得单粒子的平均能量呈负定形式：

$$\langle \varepsilon_i \rangle = \langle \frac{p_i^2}{2m} \rangle - G \langle \frac{m_i m_i}{r_{ij}} \rangle < 0 \tag{11}$$

在这样的条件下，星际云气体就是负能谱系统，它的自发演化规律必然是熵减原理。事实上，条件(11)将使星际云不断地收缩、聚集，产生结构，导致有序化，使星际云的熵不断地减少[6]。

当然由条件(11)确定的负能谱系统，只能是有限条件下存在的负能谱系统。当系统的温度(无序动能)、密度(简并能)升高后，这个条件有可能被破坏，这时(星际云)系统将由负能谱系统转变为正能谱系统。形成负能谱的严格条件是由 Landau 提出来的，Landau 指出[7]：在物质中负能谱的形成取决于作用于系统中粒子间引力势 $\varphi(r) = -\frac{a}{r^s}$ 的形式，也就是取决于引力势的负幂次 s 和它的系数 a。当引力势的负幂次 $s>2$ 或 $s=2$，且有 $a > \frac{\hbar^2}{8m}$ 时，系统的能谱必然是负能谱。可以证明中子星内部和稳态黑洞内部都能很好地满足 Landau 建立的负能谱条件，因此就严格意义讲，中子星和稳态黑洞的内部都是负能谱系统。

(2) 自发膨胀系统与自发收缩系统

现在我们将物态方程的维里展开式加以推广，即将这个方程中的温度 T 由区域 $[0,\infty]$ 延拓到区域 $(-\infty,\infty)$。经这样延拓后，粒子系的压强 $p(T,n)$ 就可以一般地表示为[8]

$$p(T,n) = nk_{\mathrm{B}}T\left[1 - \sum_{v=2} \frac{v-1}{v} \beta_{v-1} n^{v-1}\right] = \frac{2}{3} n \langle \varepsilon_i \rangle \left[1 - \sum_{v=2} \frac{v-1}{v} \beta_{v-1} n^{v-1}\right] \tag{12}$$

式中：n 是粒子数密度，$\langle \varepsilon_i \rangle$ 是单粒子平均能量，β_v 是取决于粒子间相互作用势的第 v 阶不可约积分。而且在一般密度下，可以证明(12)式中方括号内的量是一个正量，也就是说级数 $\left(\sum_{v=2} \frac{v-1}{v} \beta_{v-1} n^{v-1}\right)$ 至多收敛于 1。于是(12)式表明：当粒子系处在正能谱中时，粒子系中单粒子平均能量 $\langle \varepsilon_i \rangle$ 恒正，即 $\langle \varepsilon_i \rangle \geqslant 0$。因此，正能谱中系统的压强是正定的，$p\geqslant 0$，即正能谱中粒子系的压强是排斥型的膨胀压。由此可见，只有正能谱系统才会自发地膨胀，而一切能自发膨胀的系统必然是正能谱系统，这些正是正能谱系统中熵增加原理的必然要求。反之，当粒子处于负能谱中时，粒子系中单粒子平均能量$\langle \varepsilon_i \rangle \leqslant 0$。因此，负能谱中系统的压强是负定的，$p\leqslant 0$，即负能谱中粒子系的压强是吸收型的收缩压。由此可见，只有负能谱系统才会自发地收缩，而一切能自发收缩的系统必然是负能谱系统，这也正是负能谱系统中熵减少原理的必然结论。据此，我们可以判定宇宙中自收缩的星际云，自聚集的星团，自坍缩的中子星、白矮星和黑洞都是负能谱系统，这类系统在其演化中遵从熵减少原理。而宇宙中高温辐射黑体、自膨胀气团和宇宙爆炸的火球等系统皆属于正能谱系统，它们在其演化中遵循熵增加原理。

4. 正、负能谱演化理论关于物质熵及其演化的分析

(1) 关于图 1 和图 2 中物质熵的演化分析

由于 Penrose，Bekenstein 等人将仅适用于正能谱系统的熵的演化规律——Clausius 熵增加原理绝对化，将它扩展到物质所有的存在形式中(包括负能谱存在形式中)，因此，我们所建立的正、负能谱演化理论与 Penrose，Bekenstein 等人的演化理论的分歧只表现在对负能谱系统演化问题的分析中，对于正能谱系统的演化分析，两种演化理论显然是一致的。而图 1 的系统，正如 Penrose 所说的是高温、高密度火球的演化问题，这显然是关于正能谱系统的演化问题，遵从熵增原理。因此，对图 1 中系统演化的分析，两种演化理论的结论是一致的，都得出同样的结论：随着火球爆炸、膨胀和扩散，图 1 中系统的熵将不断增加。但对图 2 演化的分析，负能谱演化理论与 Penrose 等人演化理论所得出的结论完全相反。实际上，图 2 中的气团是引力场在其中起支配作用的负能谱系统，按照能谱演化理论，图 2 中气团的演化必然遵从熵减原理，但是按 Penrose 等人的演化理论气团的演化仍然遵从 Clausius 熵增原理。现在用能谱演化理论来具体地分析图 2。在图 2(a)中是一缸初态呈均匀分布的气体，只要这缸气体的温度足够低，密度也非常低，使得气体粒子的动能平均$\langle \varepsilon_k(i) \rangle$(无序动能与简并能之和)小于粒子间的引力势能的平均$\langle \varepsilon_G(i) \rangle$，这样一来气体粒子的平均能量满足(11)式条件，使单粒子平均能量呈负定形式。

$$\langle \varepsilon(i) \rangle = \langle \varepsilon_k(i) \rangle + \langle \varepsilon_G(i) \rangle = \left(\frac{p_i^2}{2m} \right) - G\langle \frac{m_i m_j}{r_{ij}} \rangle \leqslant 0 \qquad (11')$$

因此，这缸气体属于负能谱系统，必然要按熵减原理演化。事实上，一缸在自引力支配下均匀分布的气体是极不稳定的，如果气体中某处由于粒子密度涨落形成该处粒子的密度略大于周围环境的密度，则该处立即就会成为吸引中心，而且该中心每吸引一个粒子都将增强它进一步吸引粒子的能力，因此吸引中心聚集粒子的过程是一个正反馈过程。气体在这种正反馈聚集过程中不断地形成结构而有序化，从而使气体的熵在自引力聚集中自发地减少。由此可见，在自引力支配的负能谱系统中，引力场具有吸收熵的能力，这种能力反映着物质的某种存在形式，在这种存在形式中，引力场才能更有效地

支配物质的有序化运动。例如在收缩过程中星云气体团能否收缩成高密度的黑洞，其关键因素不仅取决于星云气团的总质量 $M(>25M_{\odot})$，更重要的还要取决于在星云气团中是否已形成了一个高度集中的密度分布 $\rho(r)$。具体讲，如果粒子密度分布是球对称的 $\rho(r)=\frac{\gamma}{r^{v}}$，则由此决定的引力场也必然是球对称的 $\varphi(r)=\frac{a}{r^{s}}$。同时可以证明两个负幂次 v 和 s 之间存在如下关系[9]：

$$s=2(v-1) \qquad v>1 \tag{13}$$

于是当密度负幂次 $v\geqslant 2$ 时，引力势 $\varphi(r)$ 的负幂次 s 也必然有 $s\geqslant 2$，引力场将转化为负幂次 $s\geqslant 2$ 的强引力场。在这种条件下，物质中的热压力和简并压都不能抗衡强引力场的收缩作用，星云气团必将不可抗拒地收缩成黑洞。按熵减原理，星云气团初始所具有的熵在形成黑洞的过程中基本上都丧失掉，因此，作为由强引力场控制的黑洞已成为吸收物质熵的沟。

然而根据 Bekenstein 和 Penrose 等人的理论，武断地把熵增加方向规定为唯一的时间箭头方向[2]，将仅适用于正能谱系统的 Clausius 熵增加原理强加在负能谱系统上，这就必然要赋予引力场具有产生熵的功能，因而必然导致受强引力场控制的高密度聚集态——黑洞拥有异乎寻常的最大熵。这样一来，这个理论必然会否定物质和能量守恒这个最基本的原理。为说明这一点，设想一个理想的演化过程，假定宇宙空间某处有一孤立的质量为 M 的 Schwarzschild(SW) 黑洞，这个黑洞通过 Hawking 辐射自发地完全蒸发为宇宙中的一团孤立的粒子气体，这团气体在自引力场中扩散、降温、降低密度，逐渐地使它达到自引力聚集的条件，于是这团粒子气体在自聚集中又重新形成质量为 M' 的 SW 黑洞。注意，根据 Penrose 等人关于熵的演化理论，这里整个演化过程的每一步都是沿时间箭头方向自发地进行的过程，这就要求熵在演化过程的每一步只能增加，不能减少。设 S_{SW} 为初始 SW 黑洞的熵，S_{R} 为黑洞转变成辐射气团的熵，再令 S'_{SW} 为通过自聚集重新形成的 SW 黑洞的熵，由于这里的演化始终是按照熵增加方向进行的，因此必然有

$$4\pi k_{\mathrm{B}}M^2=S_{\mathrm{SW}}(M)<S_R<S'_{\mathrm{SW}}(M')=4\pi k_{\mathrm{B}}M'^2 \tag{14}$$

由方程(14)式显然给出：$M<M'$。这表明在宇宙的一个孤立区域中，黑洞通过上述的自发循环后其质量将自发增加，既然整个循环过程都是自发地进行的，因此这样的自发循环将不断地在这个孤立系统中继续运行，这样一来孤立系统中的质量将无限制地增加。显然这个结果是荒谬的，它直接违反物质和能量守恒原理，由此可见 Penrose 等人关于熵的演化理论是错误的。

(2) 关于 Hawking 辐射

负能谱的存在并不是引力场(或时-空弯曲)所导致的结果，而是由平直的 4-度时-空对称性(即 $p_u p_u$ 在 Lorentz 变换下的不变性)所得出的必然结论，但是引力场的出现却是导致正、负能谱间禁带能隙在黑洞外视界面上消失，从而形成正、负能谱中粒子可以彼此自由度越的基础条件，如果用 ε_{+}^{0} 表示正能谱的下界，ε_{-}^{0} 表示负能谱的上界，并用 x 表示无量纲的时空参量，且当 $x=1$ 时，表示黑洞的外视界，而当 $x\rightarrow\infty$ 时，则表示远

离黑洞而趋于平直时-空，可以证明，ε_+^0存在以下极限[8]：

$$\begin{aligned}&\lim_{x=1}\Delta\varepsilon_\pm^0=0,\ \lim_{x\to\infty}\varepsilon_\pm^0=\pm m\\&\lim_{x=1}\Delta\varepsilon_\pm^0=0,\ \lim_{x\to\infty}\Delta\varepsilon_x^0=2m,\ \Delta\varepsilon_\pm^0=\varepsilon_+^0-\varepsilon_-^0\end{aligned}\tag{15}$$

(15)式表明在黑洞外视界面上正、负能谱将连成一片，呈如下形式的全无界能谱结构，即

$$-\infty<\varepsilon_i<\infty\tag{16}$$

一般情况下，在黑洞外视界以外的广大区域中不满足 Landau 提出的负能谱条件，只有在黑洞外视界以内才能严格地满足形成负能谱的 Landau 条件。由此可以作出结论：在黑洞外视界以外是正能谱的易实现区，而在黑洞外视界之内则是负能谱的易实现区。因此，在黑洞外视界以外物质的演化必然遵从熵增加原理，而在外视界以内的负能谱区中物质演化则遵从熵减原理。Hawking 通过外视界附近强引力场作用下实现的真空涨落，提出了 Hawking 的黑洞辐射理论，这个理论恰是在黑洞视界以外的正能谱中建立的 Hawking 黑体辐射公式，显然这个黑体辐射的温度恒正。

$$\langle n(\varepsilon_+)\rangle=[\exp(\varepsilon_+/k_BT)\pm1]^{-1},\ T=\frac{\kappa_+}{2\pi k_B}\geqslant0,\varepsilon_+^0\leqslant\varepsilon_+<\infty\tag{17}$$

必须强调：Hawking 的这个辐射公式只适用于黑洞外视界以外的区域，并不适用于黑洞的内部(尤其是黑洞内部的负能谱区)。但是，这个公式可以延拓到黑洞内部的负能谱区中，办法是对正能谱区的参量 ε_+ 和 T 作反射变换。

$$\varepsilon_+\to-\varepsilon_+=\varepsilon_-\leqslant0,\ T\to-T=\tilde{T}\leqslant0\tag{18}$$

这样方程(17)变为

$$\langle n(\varepsilon_-)\rangle=[\exp(\varepsilon_-/k_B\tilde{T})\pm1]^{-1},\ \tilde{T}=\frac{\kappa_+}{2\pi k_B}\leqslant0,\ -\infty<\varepsilon_-\leqslant\varepsilon_-^0\tag{19}$$

通过这一延拓，虽然在形式上(19)式与(17)式完全一样，但(19)式的内涵却与(17)式完全不同。实际上(19)式反映的过程正好是(17)式的逆过程。按 Hawking 的说法，(17)式是黑洞辐射正能态(正质量)粒子，使黑洞质量增加的公式；而(19)式正好相反，它恰是黑洞吸收正能态(正质量)粒子，使黑洞质量增加的公式。就是说(19)式根本不是一个辐射正能态(正质量)粒子的公式，而是在负温度场 $\tilde{T}$ 中正能态(正质量)粒子向引力中心奇点汇聚的公式。这里的负温度场 $\tilde{T}$ 显示了引力场在负能谱系统(黑洞)中的热力学效应，这种热力学效应使黑洞在宏观上成为物质和其熵的吸收源，这也正是弯曲时-空中强引力源的黑洞与平直空间中高温黑体的本质区别，正因为平直空间中的高温黑体的温度必然为正，所以它只能成为物质粒子和它的熵的辐射源，绝对不可能成为物质粒子和其熵的吸收源。

原载《西南师范大学学报》2007 年第 32 卷，第 4 期

参考文献

[1] Hawking S W. 果壳里的 60 年[M]. 李泳，译. 长沙：湖南科技出版社，2004：130－133.

[2] 赵峰. 黑洞与弯曲时空[M]. 太原：山西科技出版社，2001：180.
[3] 刘辽，赵峥. 广义相对论[M]. 第 2 版. 北京：高等教育出版社，2004：307.
[4] 邓昭镜. 概率函数中 $\beta\varepsilon_i$ 因子乘积的符号与能谱结构[J]. 西南师范大学学报(自然科学版)，2005，30(4)：642 - 647.
[5] 邓昭镜. 系统的能谱、温度和熵的演化[J]. 西南师范大学学报(自然科学版)，2002，27(5)：794 - 800.
[6] 邓昭镜. 地球弱引力场的热力学效应[J]. 科学研究月刊，2006(6)：83 - 84.
[7] Landau. 量子力学[M]. 严肃，译. 北京：人民教育出版社，1980：65 - 68，140 - 144.
[8] 徐锡申，张万箱. 实用物态方程理论导引[M]. 北京：科学出版社，1986：116 - 120.
[9] 邓昭镜. 再论负能谱系统存在的必然性[J]. 西南师范大学学报(自然科学版)，2005，30：1030 - 1037.

星系内黑洞形成过程的熵演化①

摘　要:本文将星系中黑洞形成过程分为两个阶段:第一个阶段是有序化的"整肃"阶段,第二个阶段是无序化的"撞击"阶段。并从热力学角度和引力场论、量子辐射的角度详细地分析了这两个阶段中星系系统熵(黑洞广义熵)的演化,得出星系中黑洞的形成过程是一个熵减少过程的结论。

关键词:整肃过程;撞击辐射过程;温度;熵

1. 问题的提出

20 世纪七八十年代中,引力-黑洞学术界围绕熵及其演化问题发生了一次大争论,争论的一方是以 Bekenstein 为主的学派,另一方则是以 Hawking 为主的学派。

Bekenstein 将黑洞类比于黑体,提出:如果将黑洞的视界面积类比成黑洞的熵,又将黑洞视界面上的引力加速度类比成黑洞的温度,这样一来 Hawking 的视界面积定理,就是一个典型的 Clausius 熵增加原理了,黑洞形成长大过程就是一个典型的熵增加过程[1]。

当时 Hawking 坚决反对这种类比,Hawking 指出:"……毕竟黑洞没有什么随机性,黑洞倒是随机的对头,是简单性(单纯性)的化身,一旦黑洞处于宁静状态,它就完全"无毛"了;一切性质都只由三个数决定,即质量、角动量和电荷。黑洞无论如何没有随机性。"[2]

Bekenstein 反驳道:"假如黑洞的视界面积不是熵,假如黑洞像 Hawking 所说的那样没有熵(没有任何随机性),那么黑洞就可以用来减少宇宙的熵,这样就违背热力学第二定律了。于是我们只稍将某个空间中取来的空气分子装进一个小口袋,然后扔进黑洞就行了,当口袋落进黑洞时,这些气体分子和它们携带的熵便从宇宙中消失了,这将违反一切自发过程必然导致熵增加的 Clausius 热力学第二原理。"显然,Bekenstein 确信 Clausius 熵增加原理是不能违反的最普适的原理。随后,1972—1976 年年间 Hawking 从量子场论角度提出了黑洞蒸发模型,论述了黑洞就像一个具有温度的火球,它会把视界面近旁的量子气体完全散开,使黑洞蒸发掉[3]。这时,Hawking 与 Bekenstein 便走到一起了。Bekenstein 认为 Hawking 从理论上"精确"地论证了他提

① 本文作者为邓昭镜和陈华林。

出的“黑洞与黑体类比的设想”,从理论上给出了视界温度表示的严格理论证明,又证明了黑洞熵与视界面积成正比的关系;而 Hawking 则认为他发现了黑洞通过量子辐射被蒸发掉的理论机制,“找到了”黑洞具有温度的“根据”。然而他们哪里知道 Hawking 的黑洞蒸发理论会对他们的“黑洞热力学”带来更大的困难。事实上 Bekenstein 的面积熵定理与 Hawking 的量子蒸发理论正好表述的是两个相反的“自发”过程。前者是黑洞在自发形成长大过程中导致熵增加的过程;后者则是黑洞在自发蒸发消亡的过程中导致熵增加的过程。黑洞熵在这两个相反的“自发”过程中都导致熵增加,这就表示在状态空间中孤立星云的熵没有不可及点,因而否定了熵作为状态函数存在之理论根据。同时,更由于黑洞视界面积与黑洞的质量平方成正比,因此通过这两个相反的导致熵增加的自发过程必将导致星系中物质创生[4],这更是荒谬的。由此可见,当今主流派的“黑洞热力学”在理论上已面临不可克服的基本困难,其中必须对以下几个基本问题给出肯定的结论,才能使黑洞热力学走出困境,这些基本问题是:

(1) Clausius 热力学第二定律是不是物质演化的最普适的规律?[4]

(2) Hawking 的量子蒸发过程是熵增加过程,还是熵减少过程?[5]

(3) 黑洞形成自发地长大的过程是熵增加过程,还是熵减少过程?

第一个问题我们已在《负能谱及负能谱热力学》一书中作了很清晰的论述(参见该书第二章),书中明确地指出:“……本来 Clausius 热力学并非绝对普适,以它为基础建立的所有热力学理论,应该且只能适用于正能态系统,不应该适用于物质的一切运动过程,尤其不能适用于负能态系统的物质状态和演化……”[4]另外,2011 年 1 月在西南大学学报上发表的题为《Carathéodory 定理与热力学第二定律》的论文更严格地论述了 Clausius 热力学第二定律可适用的最基本的条件[5],论证了 Clausius 热力学第二定律并非绝对普适。黑洞蒸发必然是一个熵增加过程,这个结论又与 Bekenstein 的面积熵定理直接对立,从而否定了熵作为态函数的基本性质,这就导致必须正确回答第三个问题:黑洞形成过程是熵增加过程,还是熵减少过程? 下面将集中分析这几个问题。

2. 黑洞形成中必然存在的两个基本过程

黑洞在星系中形成必然要通过两个基本过程:第一个过程是物质粒子在黑洞中心体的引力场中被吸向黑洞视界面的过程,这个过程我们称为“整肃”过程;第二个过程是高速粒子沿径向正面撞击黑洞视界面产生热辐射的过程,这个过程称为“撞击辐射”过程。

(1) “整肃”过程

“整肃”过程是在黑洞中心体引力场的强制下,粒子的引力势能和动矩作无序分布的粒子系状态,统统地被“整肃”到沿径向射入视界的粒子系状态。这些被“整肃”的粒子将根据粒子所具有的动能大小和到达视界的先后,自动地在视界面上按能级分层,形成粒子系的有序化分布。这个过程是“无毛定理”的必然结论[1],如图 1 所示。实际上,所有粒子在星系中心体引力场中根据它们的动矩的大小和方向,各自绕着中心体以似椭圆轨道绕行，绕行中不断地调整其运行方向，直到粒子的运行方向调整到中心体的径向时，粒子就沿径向射入视界。于是星系中作无序动矩和无序势能分布的粒子系，在“整肃”过程中被演化成视界面上沿径向作有序化分布的粒子系。由此可见，这里的“整肃”过程不是一个纯粹的动力学过程，而是一个携带熵变化的不可逆的热力学过程[2]，是将星系中处于无序分布的高熵态粒子系转变为视界面上作有序分布的低熵态粒子系，进而使视界面积增加的熵减少过程。在这里，黑洞形成导致视界面积增加的过程是一个熵减少过程的演化信息是很清晰的。这也正是黑洞主流学派所谓的已被“丢失了的熵信息”，我们把它找了回来。

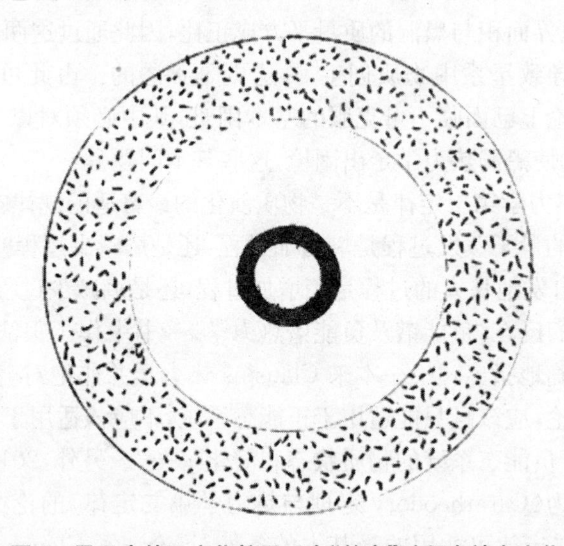

图1　星云中的无序化粒子系在“整肃”过程中被有序化

(2) “撞击辐射”过程

当粒子被黑洞吸收时，粒子将以它所获取的动量沿径向撞击视界，从而在视界附近激发起热辐射。这个热辐射激发过程，仅从引力场论角度看，也是必然的。事实上，由于所有落入视界的粒子必须相对视界静止，也就是说一切质量为 m 的粒子，当它落入视界后，它的质量都将变为 m_0（m_0 是粒子相对于视界的固有质量），于是质量差额 $\Delta m = m - m_o$ 将用于产生光量子辐射。不过有一点必须指出，这里由于粒子撞击视界的能量一般不是很高，使得撞击一般不会产生粒子的核结构变化，因此不会产生由粒子核结构变化的辐射反应[3]。此外，由于 Hawking 的虚粒子反应产生的辐射只是一种非零温度条件下的温度效应[4]，这种效应与“撞击”过程无关，也不予考虑。于是“撞击辐射”过程只是入射粒子的动能转化为热辐射能的过程，这样的过程必然导致熵增加。

“整肃”过程导致熵减少，“撞击辐射”过程导致熵增加，因此星系内形成黑洞的过程中熵的变化就是由这两个过程所产生的熵变化之和决定。

3. 两个基本过程的热力学分析

(1) 温度域判定

根据能态热力学第 0 定律[7]，热力学系统的温度是内能密度函数 $\varepsilon(r)$ 的正相关函数，因此当星系系统的内能密度正定时，系统的温度正定；当星系系统的内能密度负定时，系统的温度负定。现在，球对称强引力源星系的内能密度函数 $\varepsilon(r)$ 是负定的，$\varepsilon(r)\leqslant 0$，如图 2 所示。因此，球对称强引力源星系的温度也必然是负定的，$T_i\leqslant 0$。

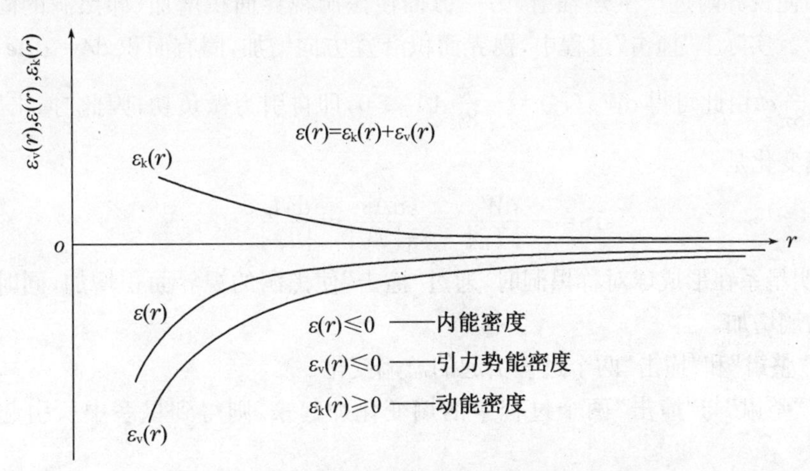

图 2　球对称强引力源星云系统的能量密度函数

(2) "整肃"过程中熵的演化

根据能态热力学第一定律[7]，球对称强引力源星系系统的热力学第一定律由下式给出：

$$\mathrm{d}E_i = T_i\,\mathrm{d}S_i + \text{đ}[W(r_i) - W_g(r_i)] \tag{1}$$

式中：角标 i 表示第 i 球层中的量；$\mathrm{d}E_i$ 是第 i 球层中的内能增量；T_i 是第 i 球层的温度；$\mathrm{d}S_i$ 是第 i 层的熵增；$\text{đ}W(r_i)$是第 i 层输入的外功；$\text{đ}W_g(r_i)$是第 i 层中自引力做的功。为简化讨论，假定球对称强引力源系统是孤立的，于是有

$$\mathrm{d}E_i = 0,\ \text{đ}W(r_i) = 0 \tag{2}$$

(1) 式化为

$$T_i\,\mathrm{d}S_i - \text{đ}W_g(r_i) = 0 \tag{3}$$

故有

$$\mathrm{d}S_i = \frac{\text{đ}W_g(r_i)}{T_i} \tag{4}$$

注意我们现在研究的自引力强引力源系统，其温度是负定的，$T_i\leqslant 0$。在这个系统中，粒子在"整肃"过程中被引力加速(直到视界)，在未撞击视界之前粒子所处的球面在缩小，因此在这个加速过程中粒子的自引力做正功，故有

$$\text{đ}W_g(r_i) = \boldsymbol{f}\cdot \mathrm{d}\boldsymbol{A} = \frac{\boldsymbol{\kappa}}{8\pi}\cdot \mathrm{d}\boldsymbol{A}_i = \left(-\boldsymbol{e}\frac{\kappa}{8\pi}\right)\cdot(-\boldsymbol{e}\,\mathrm{d}A_i) = \frac{\kappa}{8\pi}\mathrm{d}A_i \geqslant 0 \tag{5}$$

由此得

$$dS_i = -\frac{\text{đ}W_g(r_i)}{|T_i|} = -\frac{\kappa dA_i}{8\pi|T_i|} = -\frac{dM}{|T_i|} \leqslant 0 \tag{6}$$

(6)式表明:球对称强引力源星系系统在自聚集的“整肃”阶段中必然导致星系的广义熵减少。

(3)“撞击”过程

“撞击”过程显然也是发生在负温度域中的过程,因此,“撞击”过程中系统的温度$T_R \leqslant 0$,同时在“撞击”中粒子打击在视界面上,自引力在视界面反抗下做负功,这个负功一方面使视界附近产生热辐射,另一方面使黑洞视界面积增加(即黑洞的固有质量M_0增加)。实际上“撞击”过程中,视界面积沿r_i方向增加,固有面积$d\boldsymbol{A} = dA\boldsymbol{e}$,而自引力$\boldsymbol{f} = -\frac{\kappa}{8\pi}\boldsymbol{e}$,由此可得$\text{đ}W_R(r_i) = -\frac{\kappa}{8\pi}dA_R \leqslant 0$,即自引力做负功,因此“撞击”过程中引起的熵变化是

$$dS = -\frac{\text{đ}W_g}{|T_R|} = \frac{\kappa dA_R}{8\pi|T_R|} = \frac{dM_R}{|T_R|} \geqslant 0 \tag{7}$$

(7)式表明星系在形成球对称黑洞时,通过“撞击”使黑洞的视界面积增加,同时又使黑洞的广义熵增加。

(4)“整肃”和“撞击”两个过程引起的总熵变化

现将“整肃”与“撞击”两个过程中的熵变化加起来,则得到星系中所引起的总熵变化:

$$dS_{tot} = dS_i + dS_R = -\frac{dM}{|T_g|} + \frac{dM_R}{|T_R|} = -\frac{dM_0}{|T_g|} \leqslant 0,\ T_g = T_R \tag{8}$$

式中:M_0是固有质量。(8)式表明:自收缩强引力源系统通过“整肃”和“撞击”形成黑洞的过程是一个使黑洞的广义熵减少的过程。

4. 引力场的“整肃”过程分析[8]

现在从引力场动力学角度来分析“整肃”过程,为简化计,这里只对中心对称场写出粒子在场中的运动方程——Hamilton-Jacobi 方程:

$$\frac{1}{1-\frac{r_g}{r}}\left(\frac{\partial\zeta}{c\partial t}\right)^2 - \left(1-\frac{r_g}{r}\right)\left(\frac{\partial\zeta}{\partial r}\right)^2 - \frac{1}{r^2}\left(\frac{\partial\zeta}{\partial\varphi}\right)^2 - m^2c^2 = 0 \tag{9}$$

式中:$r_g = \frac{2GM}{c^2}$,M是中心体质量;ζ是作用量。根据引力场中心对称性要求,在能量守恒和动量矩守恒条件下,$\zeta(t,\varphi,r)$应表示为

$$\zeta(t,\varphi,r) = -\varepsilon_o t + J\varphi + \zeta_r(r) \tag{10}$$

式中:ε_o是星系的总能量常数,J是角动量。将(10)式代入(9)式可以求出$\zeta_r(r)$函数:

$$\zeta_r(r) = \int\sqrt{\frac{\varepsilon_o^2}{c^2}\left(1-\frac{r_g}{r}\right)^{-2} - \left(m^2c^2 + \frac{J^2}{r^2}\right)\left(1-\frac{r_g}{r}\right)^{-1}}\,dr \tag{11}$$

对(11)式作积分变量变换

$$r(r-r_g)=r'^2,\text{即 } r'=r-\frac{1}{2}r_g-\frac{1}{8}r_g\left(\frac{r_g}{r}\right)\cdots \tag{12}$$

若只取一级近似,则有 $r'=r-\frac{1}{2}r_g$,代入(11)式则有 $\zeta_r(r)$ 的一级近似表示:

$$\zeta_r(r)=\int\left[\left(2\varepsilon'm+\frac{\varepsilon'^2}{c^2}\right)+\frac{1}{r'}(2m^2MG+4\varepsilon'mr_g)-\frac{J^2}{r'^2}\left(1-\frac{3m^2c^2r_g^2}{2J^2}\right)\right]^{\frac{1}{2}}\mathrm{d}r \tag{13}$$

(13)式中的 ε' 表示非相对论能量。该式中头两项仅是对牛顿椭圆运动的微小修正,意义不大,只有 $\frac{1}{r'^2}$ 项才会出现如近日点移动之类的系统变化。注意粒子对称场中的轨迹是由方程 $\varphi(r')+\frac{\partial\zeta_r(r)}{\partial J}=\text{Const}$ 决定的。由此,粒子绕中心体旋转的轨道角变更为[9]

$$\Delta\varphi=-\frac{\partial}{\partial J}\Delta\zeta_r \tag{14}$$

当粒子旋转 2π 角后,φ 角引起的改变应表示为

$$\Delta\varphi=2\pi+\delta\varphi=2\pi+\frac{\partial}{\partial J}\delta\zeta_r \tag{15}$$

将(13)式代入(15)式,并求 $\zeta_r(r')$ 对 J 的导量,保留到 $\left(\frac{1}{J^2}\right)$ 量级,则得

$$\Delta\varphi=2\pi+\frac{3\pi m^2c^2r_g^2}{2J^2}=2\pi+\frac{6\pi Gm^2M^2}{c^2J^2} \tag{16}$$

此式表明粒子旋转一周后,φ 角增量 $\delta\varphi$ 应是

$$\delta\varphi=\frac{6\pi Gm^2M^2}{c^2J^2} \tag{17}$$

用椭圆离心率 e 表示时,则有

$$\delta\varphi=\frac{6\pi GM^2}{c^2a^2(1-e)^2},\ e=\left[1-\frac{J^2}{Gm^2aM}\right]^{\frac{1}{2}} \tag{18}$$

式中,a 是椭圆长半轴。注意,当粒子在旋转中只受到中心引力作用时,粒子的角动量 J 和粒子的质量 m 的比值是基本不变的量。因此,(17)、(18)两式表明:粒子绕中心体的轨道角位移 $\delta\varphi$ 将随 M 或 e 增加而迅速增加。同时,由于中心体质量增加,必然导致轨道离心率增加,使粒子运行的椭圆轨道更加沿径向扁窄,从而更有利于粒子沿径向射入视界。在这里,我们清楚地看到中心体引力场是如何强制(或"整肃")粒子的运行轨道,使之必然沿径向射入视界的历程。图 3 绘制了球对称引力场中粒子运行轨道变化的示意图。

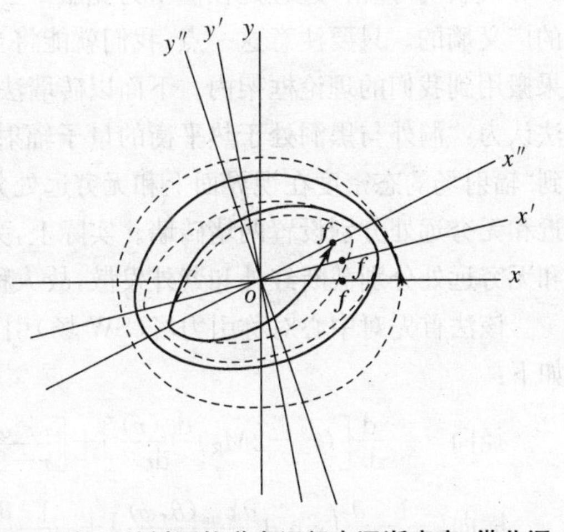

图 3　粒子的椭圆轨道在运行中逐渐扁窄,借此调整粒子的轨道方向,以便于粒子沿径向射入焦点上的视界

5. “撞击”的量子辐射过程分析[9]

在“整肃”阶段中，所有入射视界的粒子都以各种不同的动量沿径向撞击视界面，从而使粒子在“整肃”过程中已获得的有序化动能通过“碰撞”转化为热能。这个过程是易于理解的，实际上每个粒子在视界强引力场作用下经过碰撞后会在视界面内留下固有能，从而使也只能使粒子的有序化动能转化为无序化辐射热。显然伴随热辐射产生必然会产生熵，这个熵也正是当今黑洞热力学主流派所表述的黑洞的熵[9]，对于这个熵当今黑洞热力学做了大量研究，提出了各种模型，其结果都是一致的，即黑洞在吸收物质的“碰撞”过程中所产生的熵 ΔS_{R}，与黑洞视界面积的增加成正比：

$$\Delta S_{\mathrm{R}}=\frac{k_{\mathrm{B}}}{4}\Delta A\geqslant 0 \tag{19}$$

ΔS_{R} 是黑洞“撞击”过程中产生的辐射熵增，ΔA 是“撞击”过程中所增加的视界面积。但是“撞击”过程是将黑洞在吸收物质过程中本应增加的全部面积中撞掉一部分，即粒子的动能所显示的面积增加部分。因此，在“撞击”过程中黑洞所增加的视界面积，应当比没有“撞击”过程时黑洞所增加的视界面积减少了。就是说“撞击”过程中视界面 A 仍然是增加的 $\Delta \boldsymbol{A}_{\mathrm{R}}\geqslant 0$，而撞击力方向与视界面积反向，$\boldsymbol{f}=-\frac{\kappa}{8\pi}\boldsymbol{e}$，因此撞击力 $\boldsymbol{f}$ 在此过程中做负功，即：$\boldsymbol{f}\cdot\Delta\boldsymbol{A}\leqslant 0$。按照孤立系统热力学第一定律，则有

$$T_{\mathrm{R}}\,\mathrm{d}S_{\mathrm{R}}=\mathrm{đ}W_{\mathrm{g}}=-f\mathrm{d}A_{\mathrm{R}} \tag{20}$$

同时又考虑到“撞击”过程发生在视界面上，是处于负温度域中的过程，故有 $T_{\mathrm{R}}\leqslant 0$，由此可得

$$\Delta S_{\mathrm{R}}=-\frac{f\mathrm{d}A_{\mathrm{R}}}{T_{\mathrm{R}}}=\frac{f\mathrm{d}A_{\mathrm{R}}}{|T_{\mathrm{R}}|}=\frac{k_{\mathrm{B}}}{4}\mathrm{d}A_{\mathrm{R}}\geqslant 0 \tag{21}$$

(21)式表明“撞击”过程是在撞击力克服不了视界面积增加趋势的情况下，来增加黑洞的广义熵的。只要注意这一点，我们就能将当今主流学派黑洞热力学关于熵的导出结果搬用到我们的理论框架内。下面以砖墙法为例来求解“撞击”过程中熵的改变。砖墙法认为：“洞外与黑洞处于热平衡的量子辐射气体的熵，就是黑洞的熵。”[9]模型中考虑到“辐射场的态密度在视界面上和无穷远处分别存在红外和紫外发散，因此特在视界附近和无穷远处分别设置两堵砖墙。实际上，为保证形成平衡量子气体，必须在视界近旁和无穷远处分别截断红外和紫外发散，故人称此法为“砖墙法”[9]。

该法首先对中心对称引力场(SW 场)引入满足 Klein-Gordon 方程的量子场，表示如下：

径向 $$\frac{\mathrm{d}}{\mathrm{d}r}\left[(r^2-2M_{\mathrm{R}})\frac{\mathrm{d}\psi(r)}{\mathrm{d}r}\right]+\left[\frac{r^2\omega^2}{r-2M}-\frac{\mu_o^2}{\hbar}r^2-(l+1)\right]\psi(r)=0 \tag{22}$$

横向 $$\frac{1}{\sin\theta 2\theta}\frac{\partial}{}\left(\sin\theta\frac{\partial Y_{\mathrm{cm}}(\theta,\varphi)}{\partial\theta}\right)+\frac{1}{\sin^2\theta}\frac{\partial^2 Y_{\mathrm{cm}}(\theta,\varphi)}{\partial\varphi^2}=-l(l+1)Y_{\mathrm{cm}}(\theta,\varphi) \tag{22'}$$

然后对径向方程作 WKB 近似，并由径向方程决定平衡的量子气体所必须具有的

驻波表示：

$$k^2=\left(1-\frac{2M_{\mathrm{R}}}{r}\right)^{-1}\left[\omega^2\left(1-\frac{2M_{\mathrm{R}}}{r}\right)^{-1}-\mu_0^2-\frac{l(l+1)}{r^2}\right] \tag{23}$$

既然已在洞外和无穷远处设立了两堵砖墙，则量子气体达到平衡时就必须满足驻波条件。因此要求(23)式中的 k 满足下式给出的条件：

$$n\pi=\int_{r_H+h}^{L}k(r,l,\omega)\mathrm{d}r \qquad n\text{ 为整数} \tag{24}$$

式中：L 是星系线度，r_H+h 是黑洞视界线度。由(24)式确定了平衡的正则系综的连续谱$\{\omega\}$。有了连续谱就可以按统计力学传统步骤，给出平衡量子气体的自由能：

$$F_{\mathrm{R}}=-\frac{1}{\pi}\int_{\Delta}^{\infty}\mathrm{d}\omega\int_r\mathrm{d}r\int_l\frac{(2l+1)}{\mathrm{e}^{\beta\omega}-1}\left\{\left[\frac{\omega^2}{1-\frac{2M_{\mathrm{R}}}{r}}-\left(\mu_0^2+\frac{l+1}{r^2}\right)\right]\frac{1}{1-\frac{2M_{\mathrm{R}}}{r}}\right\}^{\frac{1}{2}}\mathrm{d}l \tag{25}$$

式中：$\beta=\dfrac{1}{k_{\mathrm{B}}T}$为温度参量，只稍考虑砖墙限制和 $\mu\geqslant 0$ 的小质量近似，最后求得黑洞视界附近以及洞外平衡量子气体的自由能 F_{R} 的具体表示：

$$F_{\mathrm{R}}=-\frac{2\pi^3}{45h}\left(\frac{2M_{\mathrm{R}}}{\beta}\right)^4-\frac{2\pi^3}{135\beta^4}L^3-\frac{8(2\pi M_{\mathrm{R}})^3}{45\beta^4}\ln\left(\frac{L}{h}\right) \tag{26}$$

进一步由 $S_{\mathrm{R}}=\beta^2\dfrac{\partial F_{\mathrm{R}}}{\partial\beta}$可以求得黑洞视界近旁和洞外量子气体的熵：

$$S_{\mathrm{R}}=+\frac{8\pi^3}{45h\beta^3}(2M_{\mathrm{R}})^4+\frac{8\pi^3L^3}{135\beta^3}+\frac{32(2\pi M_{\mathrm{R}})^3}{45\beta^3}\ln\left(\frac{L}{h}\right) \tag{27}$$

式中：温度参量 $\beta=\dfrac{1}{k_{\mathrm{B}}T}$，对于正能域 $\beta\geqslant 0$，负能域 $\beta\leqslant 0$；L 是洞外星系内的广阔的限度，h 是待定系数。(27)式第一项中的参量 h 是温度的函数，这里只要选取 $h=(90\beta)^{-1}$，就可以保证(27)式的第 1 项是 β 的偶次幂函，同时还可以将第一项化为黑洞熵的标准形式，即 $4\pi k_{\mathrm{B}}M_{\mathrm{R}}^2=\dfrac{1}{4}k_{\mathrm{B}}A_{\mathrm{R}}$，这时(27)式化为

$$S_{\mathrm{R}}=\frac{1}{4}k_{\mathrm{B}}A_{\mathrm{R}}+\frac{8\pi^3L^3}{135\beta^3}+\frac{32(2\pi M_{\mathrm{R}})^3}{45\beta^3}\ln\left(\frac{L}{h}\right) \tag{27'}$$

通过“撞击”过程，黑洞的视界面积由 A_{R} 增加至 A_{R}'，星系中洞外区域的线度由于黑洞长大而略为缩小，即由 L 缩小至 L'，因此通过“撞击”后星系的熵变为

$$S'=\frac{1}{4}k_{\mathrm{B}}A_{\mathrm{R}}'+\frac{8\pi^3L'^3}{135\beta'^3}+\frac{32(2\pi M_{\mathrm{R}}')^3}{45\beta'^3}\ln\left(\frac{L'}{h}\right) \tag{28}$$

于是由“未撞击”到“撞击”所引起的熵增应表示为

$$\mathrm{d}S_{\mathrm{R}}=\frac{1}{4}k_{\mathrm{B}}(A_{\mathrm{R}}'-A_{\mathrm{R}})+\frac{8\pi^3}{135}\left[\left(\frac{L'}{\beta'}\right)^3-\left(\frac{L}{\beta}\right)^3\right]+\frac{32(2\pi)^3}{45}\ln\frac{(L')^{\mu'}}{(L)^{\mu}} \tag{29}$$

式中：$\mu=\left(\dfrac{M_{\mathrm{R}}}{\beta}\right)^3$，$\mu'=\left(\dfrac{M_{\mathrm{R}}'}{\beta'}\right)^3$。由于黑洞体积长大对星系内洞外体积的影响很小，星系内洞外的体积线度基本上没有变化，故有 $L'^3=L^3\left(1-\dfrac{\delta}{L}\right)^3=L^3$。同时洞外气体的温度变化也很小，即 $\beta'=\beta$，因此最后有

$$dS_R = \frac{1}{4} k_B dA_R \geqslant 0 \tag{30}$$

(30)式表明被黑洞吸引的粒子,在“撞击视界”的过程中必然导致熵增加。

6. “整肃”与“撞击”过程引起的熵的总变化

现在将“整肃”过程与“撞击”过程所导致的星云的熵变化加起来,就得到了黑洞形成过程中引起星云熵的总变化,令熵的总变化为 dS_{tot},则

$$dS_{tot} = dS_g + dS_R$$

而

$$dS_g = S(r_g) - S(0) = -\frac{dM}{|T_g|} \leqslant 0, \ T_g \leqslant 0 \tag{4}$$

$$dS_R = S(r_R) - S(r_g) = \frac{dM_R}{|T_R|} \geqslant 0, \ T_R = T_g \leqslant 0 \tag{31}$$

于是熵的总改变 dS_{tot} 表示为

$$dS_{tot} = dS_g + dS_R = S(r_R) - S(0) = -\frac{d(M - M_R)}{|T_R|} = -\frac{dM_0}{|T_g|} \leqslant 0 \tag{32}$$

式中:M 是粒子系的总质量,M_R 是它的运动质量,M_0 是粒子相对于视界的固有质量。(32)式表明,星云内形成黑洞的过程是一个熵减少过程。

原载《西南大学学报》2012 年第 37 卷,第 1 期

参考文献

[1] Bekenstein. Black Holes and the Entropy[J]. *Physical Review*, 1973(7):2333.
[2] 基普·S·索恩. 黑洞与时间弯曲[M]. 李泳,译. 长沙:湖南科技出版社,2007:392-393.
[3] Hawking S. W. Particle Creation by Black Holes[J]. *Communication in Math Physics*, 1973,43:199.
[4] 邓昭镜,等. 负能谱及负能谱热力学[M]. 重庆:西南师范大学出版社,2007:53.
[5] 邓昭镜. Caratheódory 定理与热力学第二定律[J]. 西南大学学报(自然科学版),2011,33(1):39-42.
[6] 刘辽,赵峥. 广义相对论[M]. 北京:高等教育出版社,2004:267-273.
[7] 邓昭镜. 自引力系统能态热力学[J]. 西南大学学报(自然科学版),2011,33(11):55-62.
[8] Landau L D, Lifshitz E M. *The Classical Theory of Fields*[M]. 北京:世界图书出版公司,2007:306-309.
[9] 刘辽,等. 黑洞与时间的性质[M]. 北京:北京大学出版社,2008:90-96.

黑洞熵与贝肯斯坦-霍金熵①

摘　要：本文研究了黑洞形成过程中的熵演化，确立了一个基本观点，那就是引力场是将无序化星云转变成有序化黑洞的唯一的基本因素，而贝肯斯坦-霍金熵正是引力场在形成有序化黑洞的过程中，黑洞向黑洞外抛射的无序化量子气态物质的熵，它已是不属于黑洞的熵。因此，黑洞的熵应是黑洞抛射量子气态物质的熵之后的剩余熵。

关键词：视界面积；熵；贝肯斯坦-霍金熵；黑洞

黑洞是否有熵？开始霍金和贝肯斯坦的看法是相反的。1970 年霍金提出了面积不减定理，指出黑洞面积在顺时方向永不减少。贝肯斯坦立即想到黑洞的视界面积与热力学第二定律的熵极为相似，它们均在顺时方向永不减少，由此他提出黑洞有熵，而视界面积则是黑洞熵的量度。贝肯斯坦的黑洞有熵的猜想，开初遭到霍金及其支持者的强烈反对。1974 年霍金发现了黑洞的量子辐射后，他改变了自己的看法[1]。霍金通过星系坍缩成黑洞时的弯曲时空量子场论计算，发现在树图近似下黑洞的熵 S 与黑洞的视界面积 A 的比例系数在自然单位制中为$\frac{1}{4}$[2]，即 $S=\frac{1}{4}A$ 或 $S=\frac{k_B}{4}A$，后式写成微分形式为

$$dS=\frac{k_B}{4}dA\geqslant 0 \tag{1}$$

在非自然单位制中，熵的公式为 $S=\frac{k_B c^3}{4\hbar G}A$，称为面积熵公式。霍金发现面积熵公式后，他才认识到黑洞的量子辐射正是把视界面积等同于黑洞熵的量度所需要的[3]。这个公式比贝肯斯坦得出的同一结论要精确得多。于是学术界称这个与视界面积成正比的黑洞的熵为贝肯斯坦-霍金熵。这样的计算后来被其他人以不同的模型和不同的方式重复过，其结果与贝肯斯坦-霍金熵值相符合。于是这些计算支持了贝肯斯坦-霍金熵的正确性，并对黑洞熵的本质作出了他们自己的解释。这样贝肯斯坦-霍金熵在黑洞热力学中建立起了自己的主流权威地位。长期以来黑洞的研究者们都把贝肯斯坦-霍金熵看成黑洞的熵，它随黑洞面积增大而增加。然而，贝肯斯坦-霍金熵真的是黑洞的熵吗？如果是，这种说法有何依据？其依据是否合理？如果不是，这个熵又应该属于谁的熵呢？其熵都随黑洞面积增大而增加吗？本文试从全无界能谱理论、黑洞熵的起

① 本文作者为邓昭镜和陈华林。

源及黑洞形成过程三个方面去回答这些问题，去探讨黑洞熵的本质，去辨别黑洞随着视界面积增大，它的熵是增是减的真伪，以澄清有关黑洞熵的一些误解，并对贝肯斯坦-霍金熵的合理性作出新的合理的解释。

1. 全无界能谱理论中的黑洞熵和贝肯斯坦-霍金熵

系统的能谱是系统 Hamiltonian 本征值的集合，它决定了系统的统计行为，也就是系统的宏观性质及系统的运行和演化规律。能谱有正定域能谱（简称正能谱）和负定域能谱（简称负能谱）两大类。正能谱的能级是有下界（取该能级为零）而无上界的能谱分布，即$\varepsilon_i \geqslant 0$呈正定域能谱。如一个自由粒子系统（密度 $n \leqslant 10^{30}/\mathrm{m}^3$），其能谱定义域是$0 \leqslant \varepsilon_i = \dfrac{p_i^2}{2m} < \infty$。负能谱的能级是有上界（取上界能级为零）而无下界的能谱分布，即$\varepsilon_i \leqslant 0$呈负定域能谱。如中子星（密度 $n \approx 10^{46}/\mathrm{m}^3$），当引力场对物质演化将起重要作用，甚至会起支配作用状态，其能谱定义域将是$-\infty \leqslant \varepsilon_i < \varepsilon_{\max}$。在相对论中，相对论粒子在没有引力场的 4 -度平直时-空中存在两组能谱[4]：

正能谱 $\quad \varepsilon_+^0 \leqslant \varepsilon_+ = +c\sqrt{p^2+m^2c^2} < \infty,\ \varepsilon_+^0 = +mc^2$

负能谱 $\quad -\infty \leqslant \varepsilon_- = -c\sqrt{p^2+m^2c^2} < \varepsilon_-^0,\ \varepsilon_-^0 = -mc^2$

正、负能谱间存在着宽度为 $\Delta\varepsilon_\pm^0 = \varepsilon_+^0 - \varepsilon_-^0 = 2mc^2$ 的禁带阻隔区，当相对论粒子处于引力场的弯曲时-空中时，禁带的宽度要变窄，特别是当这些粒子处于黑洞视界面的强引力场中时，正、负能谱间的禁带将完全消失，$\Delta\varepsilon_\pm^0 = \varepsilon_+^0 - \varepsilon_-^0 = 0$，使正、负能谱连成一片，成为全无界能谱。这样处于全无界能谱中的黑洞，视界面成为正、负能谱的交界面。在视界面外的粒子处于正能谱中，而在视界面上及黑洞内部的粒子则处于负能谱中。正、负能谱粒子系统的熵的演化遵从不同的演化规律，正能谱粒子系统的熵的演化遵从熵增原理，而负能谱粒子系统的熵的演化则遵从熵减原理[5]。也就是说，处于负能谱中的黑洞在形成过程中它的熵是会减少的，这个论断与贝肯斯坦-霍金熵跟视界面积成正比增加的结论恰好相反。

现今我们了解的所有计算贝肯斯坦-霍金熵的理论模型都是把紧靠黑洞视界面外的量子气体作为黑洞熵的研究对象的。有学者认为，洞外与黑洞处于热平衡的量子气体（霍金辐射）的熵就是黑洞的熵[2]。根据这一观点，他们就把对洞外量子气体计算的熵看成黑洞的熵，这只是一个无依据的主观推断。也有学者提出，贝肯斯坦-霍金熵实际是黑洞表面（视界面）二维膜上二维量子气所贡献的熵[2]，他们仍选择了分布在紧靠黑洞表面的薄层中的量子气体作为计算对象，然后将这个薄层厚度和它到黑洞视界面的距离都趋于零，这样薄层内量子气体的熵就变成黑洞视界面二维膜上的二维量子气的熵了。然而，趋于零并非等于零，趋于零只表示薄层无限薄，它无限靠近黑洞的视界面而已。实际上，黑洞视界面只是这个薄层的渐近面，薄层永远也达不到视界面，始终存在于黑洞的视界面之外。因此，该计算仍是把洞外量子气体的熵看成黑洞的熵。然而这个数学推理的结论是不可能实现的。按照全无界能谱理论，存在于黑洞视界面之外的量子气体是处于正能谱之中的量子气体，而黑洞是负能谱系统，二者的宏观性质及熵的演化规律是不相同的。贝肯斯坦-霍金熵正确反映了正能谱系统中量子辐射气体熵增加的客观规律。然而在建立黑洞热力学理论之初，研究者通过不恰当的类比把负能谱中黑洞视界面积增大与正能谱中量子气体的熵增加做了因果错接，混淆了全无界能谱关于正、负能谱的区域的界定，违反了物理定律产生背景的同一性原则。由此得出的黑洞的熵与黑洞视界面成正比的结论显然是错误的。

那么在正能谱中霍金辐射的熵的增加又与什么有关？霍金辐射的量子气体实际上是分布在黑洞视界面外的薄层之中，由于薄层紧贴视界面，它的面积与黑洞视界面积渐进相等，我们称它为量子辐射面积或辐射面积。黑洞吸收物质视界面增大，紧贴视界面的辐射面积也随着增大，量子气的熵也随着增加，因此与量子气体的熵的增加直接关联的是量子辐射面积。如果我们把紧贴(1)式中的黑洞视界面积 A 理解为量子辐射面积，(1)式便有了新的解释，它表明贝肯斯坦-霍金熵跟紧靠视界面的量子辐射面积成正比。这时，辐射熵和辐射面积均是正能谱中的量，不违反物理定律发生背景的同一性。辐射面增大而辐射熵增加符合正能谱粒子系统熵增加的演化规律。这就是说按全无界能谱理论，处在视界面内的负能谱中的物质，随黑洞视界面积增大，黑洞的熵必然减少；而在正能谱中，紧靠视界面的辐射面积增大，贝肯斯坦-霍金熵必然增加。

2. 从熵之起源去辨别黑洞熵与贝肯斯坦-霍金熵的真伪

现在我们进一步以星系内黑洞形成过程去探究熵之起源，去认识黑洞熵和贝肯斯坦-霍金熵形成的过程及其本质。现在设定宇宙中有一个孤立的三维空间封闭超曲面，假定黑洞坍缩之初，星系内的物质粒子(如庞大的星云或气团)几乎均匀分散在此封闭超曲面内，这些粒子在曲面内的位置分布和速度分布是随机的，粒子的引力势能和动矩呈无序分布状态。根据熵是无序程度的量度的定义，量度这些完全处于无序状态粒子系的熵是黑洞形成过程的初态熵(或叫总熵)，用 $S(0)$表示。几乎完全无序分布的粒子系，由于引力场的存在必然会形成由引力场聚集的粒子聚集中心，这个中心体的表面就是视界，进一步该中心的强引力场最终必然沿径向将物质吸向黑洞视界面，在视界面上形成有序分布的新的视界面。又由于粒子撞击视界面，必然会在其附近激发起热辐射，这个热辐射与霍金辐射是等价的。热辐射的熵是黑洞在形成有序结构过程中从初态熵(总熵)中提取的，并向太空辐射的熵。这个熵也就是发生在黑洞视界面外的贝肯斯坦-霍金熵$\frac{k_B}{4}A$(A 是霍金辐射的辐射面积)。当黑洞吸收物质粒子形成视界面 A_+时，其辐射熵为$\frac{k_B}{4}A(A=A_+)$，此时黑洞从初态总熵 $S(0)$中扣除掉热辐射熵后，黑洞将呈现已聚集物质的熵 $S(A_+)$，这个熵才应该称为黑洞的广义熵。而 $S(0)$则是形成黑洞的星云的初始熵，它也是黑洞视界内和视界外的物质熵之总和，即黑洞初始总熵。它们之间的数量关系由下式给出：

$$S(A_{+})=S(0)-\frac{k_{\mathrm{B}}}{4}A \tag{2}$$

在黑洞形成过程中，(2)式中的初态熵 $S(0)$ 是不变的。从(2)式看出，随着黑洞视界面积 A_{+} 增大，辐射面积 A 也增大，热辐射熵 $\frac{k_{\mathrm{B}}}{4}A$ 逐渐增大，这样黑洞的广义熵 $S(A_{+})$ 必然逐渐减少。因此，黑洞吸收物质其广义熵是随视界面积增大而减小的。这说明黑洞熵 $S(A_{+})$ 与贝肯斯坦-霍金熵 $\frac{k_{\mathrm{B}}}{4}A$ 虽然同根同源，都来自黑洞坍缩之初星系粒子的熵 $S(0)$，但二者的本质和演化规律是不同的，显然，我们不能把霍金辐射的熵看成黑洞的熵。

如果将(2)式变换为 $S(A_{+})-S(0)=-\frac{k_{\mathrm{B}}}{4}A$，则其微分等式写为

$$\mathrm{d}S=-\frac{k_{\mathrm{B}}}{4}\mathrm{d}A\leqslant 0 \tag{2'}$$

此式即负能谱黑洞热力学第二定律的数学表达式[5]。这个结果与负能谱黑洞热力学关于黑洞熵演化规律的叙述是一致的。

3. 星系坍缩成黑洞的过程中黑洞的熵与贝肯斯坦-霍金熵

星系因引力坍缩成黑洞要经历两个过渡阶段，第一阶段是星系内作无序势能和无序动矩分布的粒子系，在黑洞中心体的引力场中被“整肃”，沿径向射向黑洞视界面，然后在视界面上形成有序分布的粒子系，我们称这个过程为整肃过程，其特征是将无序分布的粒子系的(一部分)整肃为有序分布的粒子系[6]。第二阶段是粒子将它在引力场中获取的动量高速沿径向“撞击”黑洞视界面，从而在增大的视界面附近激发起热辐射，这个过程称为撞击辐射过程，其特征是将有序分布的粒子系的一部分能量(也即除粒子静止质量之外的运动质量)转变为无序分布的热辐射。下面我们对孤立的球对称星体来具体分析星体熵的演化。

在孤立的球对称强引力源系统中，设第 i 球层的熵增[6]为

$$\mathrm{d}S_i=\frac{\mathrm{d}W_{\mathrm{g}}(r_i)}{T_i},\ T_i\leqslant 0 \tag{3}$$

式中：$\mathrm{d}W_{\mathrm{g}}(r_i)$ 表示第 i 球层中自引力所做的功，T_i 表示第 i 球层的温度。由于球对称吸引型强引力源系统的内能密度为负，因此它的温度必然是负定的。

设 A_r 是 $i=r$ 的球层面积，它处在黑洞的视界面外。整肃过程中球层外的无序粒子在未撞击视界面之前被引力加速，粒子所处的球面沿径向缩小，直至与 A_r 重合。在此过程中，自引力 $\boldsymbol{f}=-\frac{k}{8\pi}\boldsymbol{e}$ 方向与粒子沿球面径向缩小方向一致，故 $\boldsymbol{f}$ 相对于粒子所在的收缩球面的运动做正功，同时又注意到粒子所在的球面使视界面增大，因此 $\mathrm{d}A_r$ 也是正值，对此必然有

$$dW_g(r_r)=\boldsymbol{f}\cdot d\boldsymbol{A}_r=\frac{k}{8\pi}dA_r\geqslant 0 \tag{4}$$

由(3)、(4)两式求得整肃过程引起的熵变化是

$$dS_r=\frac{dW_g(r_r)}{T_r}=\frac{kdA_r}{8\pi T_r}=-\frac{kdA_r}{8\pi|T_r|}=-\frac{dM}{|T_r|}\leqslant 0 \tag{5}$$

(5)式表明:球对称引力源星系系统在自聚集整肃阶段中,其熵是减少的。

从引力场论的角度来看,在"撞击"辐射过程中,质量 M 的星云粒子被整肃为有序分布的粒子进入黑洞视界后,M 一部分将变为相对视界面静止的固有质量 M_0,M 与 M_0 之差 $M_R=M-M_0$ 便是"撞击"辐射过程中辐射粒子的质量。"撞击"辐射开始,视界面吸收粒子后沿径向增大到 $i=R$ 球层 A_R,此过程中自引力 $\boldsymbol{f}=-\frac{k}{8\pi}\boldsymbol{e}$ 方向与视界面沿径向增加方向相反,故 $\boldsymbol{f}$ 做负功

$$dW_g(r_R)=\boldsymbol{f}\cdot d\boldsymbol{A}_R=-\frac{k}{8\pi}dA_R\leqslant 0 \tag{6}$$

由(3)、(6)两式求得撞击过程引起的熵变化

$$dS_R=\frac{dW_g(r_R)}{T_R}=-\frac{kdA_R}{8\pi T_R}=\frac{kdA_R}{8\pi|T_R|}=\frac{dM_R}{|T_R|}\geqslant 0 \tag{7}$$

(7)式表明:星系在形成球对称黑洞时,撞击辐射过程使辐射粒子(M_R)熵增加。

整肃和撞击两个过程引起的总熵变化由(5)式+(7)式得

$$dS=dS_r+dS_R=-\frac{dM}{|T_r|}+\frac{dM_R}{|T_R|}=-\frac{d(M-M_R)}{|T_R|}=-\frac{dM_0}{|T_R|}\leqslant 0,\ T_R=T_r \tag{8}$$

(8)式表明:自收缩强引力源星系,通过"整肃"和"撞击"辐射形成球对称黑洞的过程是一个熵减少过程。

球层 A_R 是"撞击"辐射过程中有序动能粒子转变为无序动能粒子的交界面,A_R 上的 M_R 粒子状态处于有序变无序的临界状态,因此,球层 A_R 既是黑洞的视界面,也是质量为 M_R 的辐射粒子的辐射面。可这样理解:在"撞击"辐射过程中,质量为 M 的有序动能粒子的一部分转变为固有质量 M_0 留在 A_R 上,这时视 A_R 为黑洞的视界面;另一部分质量 $M_R=M-M_0$ 在 A_R 上变成无序动能粒子而形成辐射热,此时又可将 A_R 视为辐射面。显然留在黑洞视界 A_R 上的 M_0 粒子的熵才是黑洞的熵(固有熵),其演化规律由(8)式决定。而在辐射面上的 M_R 粒子的熵则是热辐射熵,其演化规律由(7)式决定,并可以证明

$$dS_R=\frac{dM_R}{|T_R|}=\frac{k_B}{4}dA_R\geqslant 0 \tag{9}$$

(9)式与贝肯斯坦-霍金熵的公式(1)式是相同的,这就是说撞击辐射的质量为 M_R 粒子与霍金辐射的量子气是等价的,它们均在黑洞的视界之外,它们均遵从熵增原理,因此(1)式和(9)式是同一个公式。

这里要说明一点,能否把(7)式看成视界面 dA_R 上质量为 dM_R 的有序化动能粒子的熵,或黑洞的熵呢?如果可以这样的话,把黑洞外量子气的熵视为黑洞的熵就有理可依了。我们的回答是不能!它与"撞击"辐射的实际过程不符。按处理临界态的方法可

以视 A_R 为黑洞的视界面，但在"撞击"辐射过程中，当有序化动能粒子变为无序化动能粒子，有 dM_R 转化热辐射时，它就在 A_R 上消失了，当然不可能有 dM_R 产生的熵，当然不可能有 dM_R 产生黑洞的熵。实际情形是，M 的一部分 M_R 在 A_R 上消失时，却在 A_R 上留下了固有质量 M_0，固有质量对应的熵才是黑洞的熵，这正是(8)式所表明的。

我们的结论是：物质在引力坍缩形成黑洞的过程中，黑洞的视界面和辐射面同时增大，黑洞熵随视界面增大而减少，黑洞外辐射熵随辐射面增大而增加；贝肯斯坦-霍金熵等价于辐射熵，跟辐射面积成正比，但它是离开黑洞视界的向外辐射粒子的熵，因此不是黑洞的熵。

总之，黑洞有熵，但不是贝肯斯坦-霍金熵。贝肯斯坦-霍金熵就是黑洞的辐射熵 $\frac{k_B}{4}A_+$，而黑洞的熵则是从形成黑洞的初始总熵 $S(0)$ 中扣除黑洞的辐射熵 $\frac{k_B}{4}A_+$ 之后的剩余熵 $S(A_+)$，即本文中的(2)式。

原载《西南大学学报》2014 年第 39 卷，第 3 期

参考文献

[1] 霍金. 宇宙简史[M]. 长沙：湖南少年儿童出版社，2007.

[2] 刘辽，等. 黑洞与时间的性质[M]. 北京：北京大学出版社. 2008：85 - 86，90 - 91，96 - 97.

[3] 霍金，等. 果壳里的 60 年[M]. 长沙：湖南科学技术出版社. 2007：203.

[4] Landau L D, Lifshitz E M. 场论[M]. 任朗，袁炳南，译. 北京：高等教育出版社，1960：300.

[5] 邓昭镜，等. 负能谱及负能谱热力学[M]. 重庆：西南师范大学出版社. 2007：55，151.

[6] 邓昭镜，等. 星系内黑洞形成过程的熵演化[J]. 西南师范大学学报（自然科学版），2012，37(1)：21 - 22.

致　谢

我的研究工作多年来一直受到重庆老年高等教育工作者协会的各级领导，特别是杨鉴秋副会长、吴云鹏理事长、张百建秘书长、任庭枢主任等的肯定和鼓励；受到物理科学技术学院领导的热情关怀。他们的帮助使我能在古稀之年把天体演化热力学的研究坚持下去，并取得了一定的成果。

此文集的出版，得到了西南大学张卫国校长、张耀光副书记的大力支持和资助；我的两位好友陈华林、张庆生及我的女儿邓玉兰在整理、编辑我的论文时付出了辛勤的劳动。

在此我衷心地向他们致以诚挚的感谢！

感谢南京大学出版社的同仁为出版本书所付出的辛勤劳动，并为我的书稿给他们的工作带来的不便表示歉意。

这里我要由衷地感谢我的夫人周永秀女士，她几十年如一日地包揽了全部家务，才使我能全力以赴地从事教学科研工作。

最后，我要特别感谢都有为院士。他高风亮节，素以鼓励创新、奖掖后进为己任，两次为拙作写序。

在这本书面世之时，向所有关心、支持和帮助我的领导、学长、同事及家人说一声：谢谢你们！

邓昭镜

2014 年 12 月